纺织服装高等教育“十二五”部委级规划教材

应用数学

YINGYONG SHUXUE

主　编　初东丽　张玉惕
副主编　丛国超　王　岳

東華大學出版社
·上海·

内 容 提 要

本教材紧密结合高职学生的基础水平和认知能力及其专业需求，力求实现“必需、够用为度”“学生能力为本”“数学与专业融合”“数学为专业服务”的最新职教理念。

在内容编排上，采取“模块化”及“项目导向、任务驱动”模式，起到了明晰任务、提高“可执行性”的效果；在案例选择上，精选与专业相关的生产生活实例，体现“数学与专业”“数学与生产生活实际”的融合性；在每个项目后增加数学实验，实现了简化计算、强化应用、拓展能力的目的。

本教材内容包括一元函数微积分、概率论与数理统计初步、线性代数基础三个模块，内设数学实验和数学史知识，体现了素质与能力兼顾、知识与技能双修的特色。

本教材可作为高等职业院校、成人高校及本科院校等相关专业的教材或教参，也可作为数学建模培训或数学实验的教学参考书。

图书在版编目(CIP)数据

应用数学/初东丽，张玉惕主编. —上海：东华大学出版社，2015.8

ISBN 978-7-5669-0813-1

Ⅰ.①应…　Ⅱ.①初…　②张…　Ⅲ.①应用数学—高等学校—教材　Ⅳ.①O29

中国版本图书馆 CIP 数据核字(2015)第 143254 号

责任编辑：张　静
封面设计：魏依东

出　　版：东华大学出版社(上海市延安西路 1882 号，200051)
本 社 网 址：http://www.dhupress.net
天猫旗舰店：http://dhdx.tmall.com
营 销 中 心：021-62193056　62373056　62379558
印　　刷：常熟大宏印刷有限公司
开　　本：787 mm×1 092 mm　1/16　印张　17.75
字　　数：486 千字
版　　次：2015 年 8 月第 1 版
印　　次：2019 年 8 月第 3 次印刷
书　　号：ISBN 978-7-5669-0813-1
定　　价：41.00 元

前　言

数学是思维的体操，数学是智者的游戏；数学以其思想的深邃性和应用的广泛性，其作用和地位已经在当今科技水平高速发展的各行各业得到充分体现。

本教材作为中国纺织服装高等教育“十二五”规划教材，力求以高职高专人才培养为目标，以专业需求为核心，以学生能力发展为本位，以《国务院关于大力发展职业教育的决定》和《国家中长期教育改革和发展规划纲要》为依据，在强调数学应用的广泛性同时，兼顾数学(建模)思想的渗透和数学软件应用的拓广。

在内容设计上，秉持“淡化理论、渗透思想、结合实例、引入软件、强化应用”的理念。第一，注重概念的产生、发展背景介绍，做到返璞归真，追根索源，启迪学生的创新思维；第二，通过“实例引入、问题驱动”等方式，增强知识的趣味性、新颖性；第三，通过“项目导向、任务驱动”等方式，起到明晰任务、提高可执行性的效果；第四，通过引入数学软件教学、数学建模实训等实践环节，来提高学生的“自主学习与解决问题能力”，体现“教、学、做”一体化。

在内容选择上，首先，根据专业需求设定核心模块“概率论与数理统计初步”，或“线性代数基础”，体现“数学与专业融合，数学为专业服务”的原则；其次，根据“必需、够用为度”的原则，合理配置基础模块“一元函数微积分”，体现淡化理论、强化思想的教学理念；最后，“以实现学生综合素质提高和能力发展为目标”，引入数学实验“MATLAB基础与EXCEL的数学应用”，实现简化计算、强化应用的目的。

本教材的主编为山东轻工职业学院的初东丽副教授及张玉惕教授；副主编为山东轻工职业学院丛国超老师及济南职业学院的王岳副教授；编委为山东轻工职业学院的曹荔和周磊老师及田卫东和刘学昌副教授。其中，“模块一”由初东丽、周磊、王岳、田卫东、刘学昌合作编写，“模块二”由曹荔、丛国超、初东丽合作编写，“模块三”由初东丽编写；各模块中的“数学实验”部分，由王岳、丛国超合作编写；“数学史知识”由初东丽编写；附录一由王岳编写，附录二、三由丛国超编写，附录四由初东丽、王岳、曹荔合作编写；全书由初东丽统稿，张玉惕主审。

本教材在编写过程中得到了学院领导和部分专业教师及企业专家的大力支持，同行专家及同事也提出了许多宝贵意见，在此一并表示感谢。

附1：参编人员分工详解

编者姓名	编者单位	编写的内容
初东丽	山东轻工职业学院	模块一(项目一、二)(不含数学实验)(合作)
		模块二(项目三)(不含数学实验)(合作)
		模块三(不含数学实验)
		数学史知识
丛国超	山东轻工职业学院	模块二(项目三)(不含数学实验)(合作)
		数学实验(模块一(项目四)及模块二、三)
		附录二、附录三
王　岳	济南职业学院	模块一(项目四)(不含数学实验)
		模块一(项目三)(不含数学实验)(合作)
		数学实验(模块一(项目一、二、三))
		附录一
曹　荔	山东轻工职业学院	模块二(项目一、二)(不含数学实验)
周　磊	山东轻工职业学院	模块一(项目三)(不含数学实验)(合作)
田卫东	山东轻工职业学院	模块一(项目一)(不含数学实验)(合作)
刘学昌	山东轻工职业学院	模块一(项目二)(不含数学实验)(合作)

附2：建议学时分配表

模块	项目	项目名称	必修学时	选修学时	合计
一、一元函数微积分	1	函数、极限与连续	10	2	12
	2	导数、微分及应用	10	2	12
	3	积分及应用	12	4	16
	4	简易微分方程	6	6	12
	小计		38	14	52
二、概率论与数理统计初步	1	随机事件及概率	10	0	10
	2	随机变量及数字特征	10	2	12
	3	数理统计初步	10	4	14
	小计		30	6	36
三、线性代数基础	1	矩阵及运算	12	4	16
	2	线性方程组	6	2	8
	小计		18	6	24
	合计		86	26	112

编者

2015年6月

目　　录

模块一　一元函数微积分

模块二　概率论与数理统计初步

模块三　线性代数基础

说明：

1. *号标注的内容为选学内容；

2. 模块二和模块三可以根据专业需求及学时进行选学。

模块一　一元函数微积分

项目一 函数、极限与连续

知识目标

理解概念：函数，复合函数，极限，连续性.

掌握题型：求函数的定义域，分析函数的性质，写复合函数复合步骤，求数列与函数的极限，判断函数的连续性，求函数的间断点并判别类型.

能力目标

通过学习函数关系、极限思想、连续性等数学知识，让学生领会数学思想的严谨性、灵活性、概括性，培养学生严谨的思维习惯，提高学生的逻辑思维能力.

函数、极限与连续的概念是微积分学中的奠基性概念. 一方面，微积分学的概念建立在极限的基础上，函数的连续性、导数与积分等都将借助于极限方法来描述；另一方面，极限的思想和分析方法是微积分学的精髓.

本项目将通过实例，在介绍函数与复合函数、初等函数等基本概念的基础上，重点研究极限与连续的概念、性质和运算法则及其实际应用.

任务一　初等函数及性质

知识目标

理解概念：函数，基本初等函数，复合函数，初等函数，分段函数.

掌握题型：列函数式，求函数的定义域，分析函数的性质，写复合函数复合步骤.

能力目标

提高将实际问题化为数学问题的化归能力（建立数学模型的能力），提高运用数学知识解决实际问题的能力（解数学模型的能力）.

一、函数的认识

历史上，函数这个数学名词是莱布尼兹首先开始使用的.

1673 年，莱布尼兹（Leibniz，德国，1646—1716，哲学家、数学家）首次使用“function”（函数）表示“幂”；后来他又用该词表示曲线上点的横坐标、纵坐标、切线长等曲线上点的有关几何量. 与此同时，牛顿在微积分的讨论中使用“流量”来表示变量间的关系.

那么什么是函数呢?

简单地说，函数就是变量与变量之间的某种依存关系.

以下将结合生产、生活实例，介绍变量间的函数关系，以及如何表述它们之间的函数关系：

例 1.1(成本问题)　设某企业生产某种产品的固定成本为 10 万元，又每生产一件产品需增加成本 0.8 万元，求总成本 y 与产品量 x 之间的关系.

解　设由题意知固定成本 $C_1 = 10$ 万元，变动成本 $C_2(x) = 0.8x$，则总成本函数为

$$y = 10 + 0.8x.$$

例 1.2(乘车费用问题)　某城市的出租车费用不超过 3 公里为 10 元，超过 3 公里每公里按 1.4 元收取费用，列出乘车距离 x 与费用 y 之间的关系式.

解　根据题意，乘出租车行驶超过 3 公里时，费用为 $y = 10 + 1.4x$，于是所求函数关系为

$$y = \begin{cases} 10, & 0 < x \leqslant 3, \\ 10 + 1.4(x - 3), & x > 3. \end{cases}$$

例 1.3(GDP 世界排名问题)　国际货币基金组织(IMF)发布了 2014 年的全球经济展望，根据各国经济成长率以及货币汇率的变化，预估了仅剩下 1 个月即将结束的 2014 财年各国 GDP (单位：10 亿美元)的排位，列表如下：

名次	1	2	3	4	5	6	7	8	9	10
GDP	17 416	10 355	4 769	3 428	2 896	2 849	2 244	2 047	2 039	1 829
国家	美国	中国	日本	德国	英国	法国	巴西	印度	意大利	加拿大

抛去实际意义，以上实例都给出了变量与变量间的对应关系，其共同特征是：一个变量按照某种关系依存于另一变量的取值而变化. 这种对应关系就是函数.

二、函数的概念与性质

1. 函数的定义

定义 1.1　设 x、y 是两个变量，D 是给定的一个数集，如果对于 D 中的每一个 x 值，按照某种对应法则，变量 y 都有唯一确定的值与之对应，那么，称变量 y 是变量 x 的函数，记作 $y = f(x)$.

x 称为自变量，y 称为函数. 自变量 x 的取值范围 D 称为函数 $y = f(x)$ 的定义域.

当自变量取定 $x_0 \in D$ 时，与 x_0 对应的数值称为函数在 x_0 处的函数值，记作 $f(x_0)$ 或 $y|_{x=x_0}$；而当 x 取遍 D 中的每个值时，对应的函数值所组成的集合称为函数 $y = f(x)$ 的值域，记作 M.

2. 函数的实质

函数实际上是从定义域 D 到值域 M 的一个映射，如图 1-1.

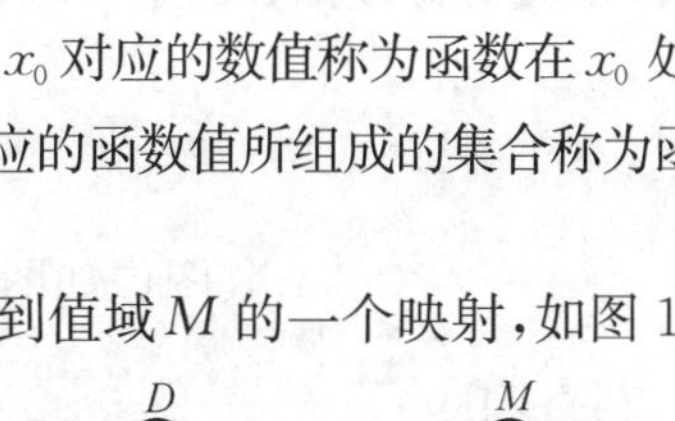

图 1-1

3. 函数的要素

函数的定义域、对应关系是构成函数的两个要素.

应用 当且仅当两个函数的定义域和对应关系均相同时，两个函数相同.

例 1.4 判别下列各对函数是否为相同函数：

(1) $y=x$ 和 $y=(\sqrt{x})^2$；　　(2) $y=x$ 和 $y=\sqrt{x^2}$；

(3) $y=x^2$ 和 $s=t^2$.

解 (1) 不同函数. 因为，$y=x$ 的定义域为 $(-\infty, +\infty)$，而 $y=(\sqrt{x})^2$ 的定义域为 $[0, +\infty)$.

(2) 不同函数. 因为定义域虽然相同，但 $y=\sqrt{x^2}=|x|=\begin{cases} x, & x\geqslant 0, \\ -x, & x<0. \end{cases}$

显然，当 $x<0$ 时，两个函数的对应关系不同.

(3) 相同函数. 因为两个函数的定义域、对应关系都一样.

例 1.5 求下列函数的定义域：

(1) $y=\dfrac{2-x}{x^2-5x+6}$；　　(2) $y=\sqrt{2x-1}+\lg(3-x)$.

解 (1) 要使函数有意义，则分母 $x^2-5x+6\neq 0$，即 $x\neq 2$ 且 $x\neq 3$，所以函数的定义域为 $(-\infty, 2)\cup(2, 3)\cup(3, +\infty)$.

(2) 要使函数有意义，必须 $\begin{cases} 2x-1\geqslant 0 \\ 3-x>0 \end{cases}$，解得 $\dfrac{1}{2}\leqslant x<3$，所以定义域为 $\left[\dfrac{1}{2}, 3\right)$.

总结 求函数定义域的类型和方法(其中 $f(x)$ 为关于自变量 x 的表达式)如下：

(1) $y=\dfrac{1}{f(x)}$，定义域 $D=\{x \mid f(x)\neq 0\}$；

(2) $y=\sqrt{f(x)}$，定义域 $D=\{x \mid f(x)\geqslant 0\}$；

(3) $y=\log_a f(x)$，定义域 $D=\{x \mid f(x)>0\}$.

4. 函数的表示法

表示一个函数通常有解析法、图像法、表格法，如例 1.3.

解析法又称公式法，是数学中用得最多的表示法. 解析法表示的函数又可分为显函数、隐函数(显函数：$y=f(x)$；隐函数：由方程 $F(x, y)=0$ 确定的函数).

5. 分段函数

为了反映函数关系，有的函数需要用分段形式来表达. 这种用分段形式表达的函数，称为分段函数. 分段函数的表示方法是：自变量在不同范围内取值时，用不同的对应关系来表示. 如例 1.6 中的函数就属于分段函数. (分段函数的定义域，就是自变量各个取值范围的并集).

例 1.6 $f(x)=\begin{cases} x^2-1, & x<-1, \\ 1, & x=-1, \\ x, & -1<x<1, \\ 1-x, & x>1. \end{cases}$ 其图像如图 1-2(a).

例 1.7 已知 $f(x)=\begin{cases} x+1, & x<0, \\ x-1, & x>0. \end{cases}$

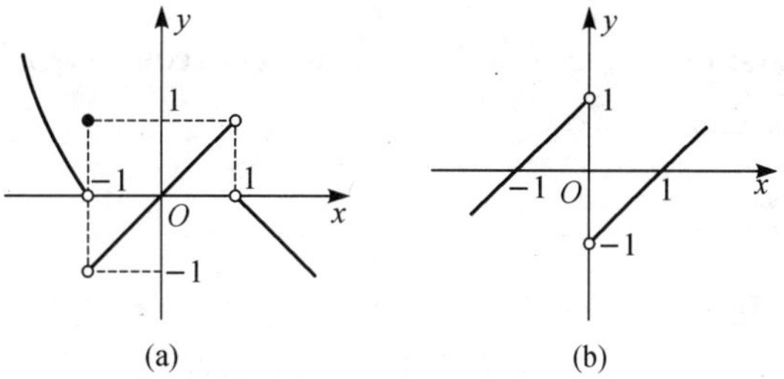

图 1-2

求(1) 定义域;(2) $f\left(\frac{1}{2}\right)$, $f\left[f\left(\frac{1}{2}\right)\right]$; (3) 做出 $f(x)$ 的图像.

解　(1) 定义域为 $x \neq 0$, 即 $(-\infty, 0) \cup (0, +\infty)$;

(2) 因为 $\frac{1}{2} > 0$, 所以 $f\left(\frac{1}{2}\right) = \frac{1}{2} - 1 = -\frac{1}{2}$, $f\left[f\left(\frac{1}{2}\right)\right] = f\left(-\frac{1}{2}\right) = -\frac{1}{2} + 1 = \frac{1}{2}$;

(3) $f(x)$ 的图像如图 1-2(b).

6. 函数的性质

1) 单调性

设函数 $y = f(x)$ 在区间 I 内的任意两点 x_1 和 x_2,

当 $x_1 < x_2$ 时,有 $f(x_1) < f(x_2)$, 则称函数 $f(x)$ 在 I 内是单调增加的;

当 $x_1 < x_2$ 时,有 $f(x_1) > f(x_2)$, 则称函数 $f(x)$ 在 I 内是单调减少的.

单调增加函数的曲线从左向右是上升的;单调减少函数的曲线从左向右是下降的.

如:函数 $y = x^2$ 在区间$[0, +\infty)$内是单调增加的,在区间$(-\infty, 0]$内是单调减少的.

2) 奇偶性

设函数 $y = f(x)$ 在关于原点对称的区间 I 内有定义,

若对于任意的 $x \in I$, 恒有 $f(-x) = f(x)$, 则称 $y = f(x)$ 为偶函数, 如 $y = x^2$;

若对于任意的 $x \in I$, 恒有 $f(-x) = -f(x)$, 则称 $y = f(x)$ 为奇函数, 如 $y = x^3$.

偶函数的图像关于 y 轴对称;奇函数的图像关于原点对称.

常见的奇函数有: $y = x$, $y = x^3$, $y = \frac{1}{x}$, …, $y = x^{2n+1}$, $n \in \mathbf{Z}$ 及 $y = \sin x$, $y = \tan x$ 等.

常见的偶函数有: $y = x^2$, $y = \frac{1}{x^2}$, …, $y = x^{2n}$, $n \in \mathbf{Z}$ 及 $y = \cos x$ 等.

3) 周期性

设函数 $y = f(x)$ 在区间 I 内有定义,如果存在一个不为零的 T, 对于任意的 $x \in I$, 恒有 $f(x+T) = f(x)$, 则称 $y = f(x)$ 为周期函数,实数 T 称为周期. 通常所说的周期函数的周期指的是函数的最小正周期.

如: $y = \sin x$, $y = \cos x$ 的周期均为 2π; $y=\tan x$, $y=\cot x$ 的周期均为 π.

4) 有界性

设函数 $y = f(x)$ 在关于原点对称的区间 I 内有定义,如果存在一个正数 M, 对于任意的 $x \in I$, 恒有 $|f(x)| \leqslant M$, 则称 $f(x)$ 在 I 上有界;否则称为无界.

常见的有界函数有：

正弦型函数：$y=A\sin(\omega x+\varphi)$（含 $y=\sin x$，$y=\cos x$）；及反三角函数：$y=\arcsin x$，$y=\arccos x$，$y=\arctan x$；等.

三、基本初等函数

1. 基本初等函数的定义

幂函数、指数函数、对数函数、三角函数、反三角函数统称为基本初等函数.

2. 基本初等函数的函数式、定义域及简要性质

1）幂函数

$y=x^{\alpha}$（α 为任意实数），定义域随着 α 值的确定而确定，$\alpha>0$ 时函数在第一象限内为增函数，$\alpha<0$ 时函数在第一象限内为减函数.

2）指数函数

$y=a^{x}$（$a>0$ 且 $a\neq 1$），定义域为 $\mathbf{R}$，$a>1$ 时函数为增函数，$0<a<1$ 时函数为减函数.

3）对数函数

$y=\log_{a}x$（$a>0$ 且 $a\neq 1$；当 $a=\mathrm{e}$ 时，记为 $y=\ln x$，称为自然对数），定义域为 $\mathbf{R}^{+}$，$a>1$ 时函数为增函数，$0<a<1$ 时函数为减函数.

4）三角函数

正弦函数：$y=\sin x$，定义域为 $\mathbf{R}$，值域为 $[-1,1]$，有界，奇函数，周期为 2π.

余弦函数：$y=\cos x$，定义域为 $\mathbf{R}$，值域为 $[-1,1]$，有界，偶函数，周期为 2π.

正切函数：$y=\tan x$，定义域为 $\left\{x\,\middle|\,x\neq k\pi+\dfrac{\pi}{2},\ k\in\mathbf{Z}\right\}$，值域为 $\mathbf{R}$，无界，奇函数，周期为 π.

余切函数：$y=\cot x$，定义域为 $\{x\mid x\neq k\pi,\ k\in\mathbf{Z}\}$，值域为 $\mathbf{R}$，无界，奇函数，周期为 π.

正割函数：$y=\sec x$，定义域为 $\left\{x\,\middle|\,x\neq k\pi+\dfrac{\pi}{2},\ k\in\mathbf{Z}\right\}$，值域为 $(-\infty,-1]\cup[1,+\infty)$.

余割函数：$y=\csc x$，定义域为 $\{x\mid x\neq k\pi,\ k\in\mathbf{Z}\}$，值域为 $(-\infty,-1]\cup[1,+\infty)$.

5）反三角函数

反正弦：$y=\arcsin x$，定义域为 $[-1,1]$，值域为 $\left[-\dfrac{\pi}{2},\dfrac{\pi}{2}\right]$，有界，奇函数，增函数.

反余弦：$y=\arccos x$，定义域为 $[-1,1]$，值域为 $[0,\pi]$，有界，非偶非奇，减函数.

反正切：$y=\arctan x$，定义域为 $\mathbf{R}$，值域为 $\left(-\dfrac{\pi}{2},\dfrac{\pi}{2}\right)$，有界，奇函数，增函数.

反余切：$y=\operatorname{arccot} x$，定义域为 $\mathbf{R}$，值域为 $(0,\pi)$，有界，非偶非奇，减函数.

四、复合函数

定义 1.2 如果 y 是 u 的函数 $y=f(u)$，u 是 x 的函数 $u=g(x)$，当 x 在某一范围内取值时，相应的 u 能使 $y=f(u)$ 有意义，则称 y 为由函数 $y=f(u)$ 和函数 $u=g(x)$ 构成的复合函数，记为 $y=f[g(x)]$；其中，x 是自变量，u 称为中间变量，f 称为外层函数，g 称为内层函数.

注 函数的复合是有限制的，即并非任意两个函数均能复合.

例如 $y=\ln u$，$u=-2+\sin x$，因为内层函数 $u=-2+\sin x\ (x\in\mathbf{R})$ 的值域为 $u\in[-3,-1]$，而外层函数 $y=\ln u$ 的定义域为 $u\in(0,+\infty)$，即所有的 $u\ (u\in[-3,-1])$ 值都使函数 $y=\ln u$ 无意义，因此，形式上的复合函数 $y=\ln(-2+\sin x)$ 是没有意义的，亦即函数 $y=\ln u$ 和 $u=-2+\sin x$ 不能够成复合函数.

上述定义给出了只有一次复合过程的复合函数. 事实上，存在具有多层复合过程的更为复杂的复合函数. 例如：$y=\ln\sin 2x$. 熟练掌握复合函数复合过程拆分的的基本方法，对学习后续知识——导数、微分和积分的运算非常重要.

例 1.8　设函数 $y=u^2$，$u=\sin v$，$v=1-2x$，写出复合函数 $y(x)$.

解　$y=\sin^2(1-2x)$.

此复合函数由三层函数复合而成：

外层：$y=u^2$ ——幂函数；

中层：$u=\sin v$ ——三角函数；

内层：$v=1-2x$ ——幂函数与常数的四则运算.

例 1.9　写出下列函数的复合过程：

(1) $y=\sqrt{1-x^2}$；　(2) $y=\ln(2+3x^2)$；　(3) $y=\mathrm{e}^{\arctan\sqrt{1+x^2}}$.

解　(1) 函数 $y=\sqrt{1-x^2}$ 由 $y=\sqrt{u}$，$u=1-x^2$ 复合而成；

(2) 函数 $y=\ln(2+3x^2)$ 由 $y=\ln u$，$u=2+3x^2$ 复合而成；

(3) 函数 $y=\mathrm{e}^{\arctan\sqrt{1+x^2}}$ 由 $y=\mathrm{e}^u$，$u=\arctan v$，$v=\sqrt{w}$，$w=1+x^2$ 复合而成.

复合函数复合过程的分解要求包括：

(1) 每一步，均为基本初等函数或多项式函数；

(2) 最后一步，是关于自变量的基本初等函数或多项式函数.

五、初等函数

定义 1.3　由基本初等函数与常数，经过有限次的四则运算和有限次的复合步骤所构成的函数，并且用一个式子表示的函数，称为初等函数. 例如：

(1) $y=3\mathrm{e}^{\cos 2x}+\lg(\sin x)$，$y=\cos\left(\dfrac{\ln x}{x}\right)$ 是初等函数.

(2) 取整函数 $y=[x]$，狄利克雷函数 $y=D(x)=\begin{cases}1, & x\in\mathbf{Q},\\ 0, & x\notin\mathbf{Q}\end{cases}$ 是非初等函数.

注　分段函数一般为非初等函数，但也有例外. 如 $y=|x|=\sqrt{x^2}$ 是分段函数，也是初等函数.

结语　初等函数不仅是初等数学讨论的内容，也是高等数学研究的对象. 我们所研究的函数，大部分为初等函数，初等函数的更多性质将在后续的项目中加以研究.

测试训练一

1. 请说出基本初等函数包括的类型，并指出下列哪些函数为基本初等函数？为什么？

(1) $y=\sin 2x$；　(2) $y=\left(\dfrac{2}{3}\right)^x$；　(3) $y=(1+x)^2$；　(4) $y=\dfrac{1}{x}$.

2. 求下列函数的定义域.

(1) $y=\dfrac{x}{x^2-3x-4}$；　　(2) $y=\sqrt{2-\log_{\frac{1}{2}}x}$.

3. 下列各对函数是否为相同函数？为什么？

(1) $y=\ln x^2$ 与 $y=2\ln x$；　　(2) $y=\dfrac{x^2-1}{x+1}$ 与 $y=x-1$.

4. 设 $f(x)$ 为奇函数，判断下列函数的奇偶性.

(1) $xf(x)$；　(2) $(x^2+1)f(x)$；　(3) $|f(x)|$；　(4) $-f(-x)$.

5. 已知函数 $f(x+1)$ 的定义域为 $[-1, 2]$，求函数 $f(x-1)$ 的定义域.

6. 设 $f(x)=\begin{cases} x^2-1, & x<0, \\ x-1, & 0<x<1, \\ \dfrac{1}{4}x, & x\geqslant 1. \end{cases}$

求(1) 函数 $f(x)$ 的定义域；(2) 计算 $f\left(\dfrac{1}{2}\right)$，$f\{f[f(2)]\}$；(3) 画出 $f(x)$ 的图像.

7. 写出下列复合函数的复合过程：

(1) $y=\ln(1-3x)$；　(2) $y=\sin^2\left(2x+\dfrac{\pi}{4}\right)$；　(3) $y=e^{\cos(3x-1)}$.

8. 已知 $f(x)=\sqrt{x}$，$g(x)=\ln x$，试求 $f[g(x)]$，$g[f(x)]$ 及其定义域.

9. (外币兑换模型)已知1美元兑换成加拿大元时，币面数值增加12%；1加拿大元兑换成美元时，币面数值减少12%. (1)试建立“美元兑换加拿大元”及“美元兑换加拿大元”的函数式. (2)设一美国人准备到加拿大度假，他把1 000美元兑换成了加拿大元，结果他因故未能成行，所以又把兑换的加拿大元兑换成美元. 试计算他损失了多少美元？

任务二　极限及运算

知识目标

理解概念：极限，无穷小，无穷大，两个重要极限.

掌握题型：观察法求数列的极限，定义法判别极限的存在性，求极限的类型及方法.

能力目标

通过求数列的极限，提高观察问题、分析问题、概括问题的能力；通过判别极限类型，探求求极限方法与技巧，提高变形能力及分析问题、解决问题的能力.

一、极限的认识

2 000多年前，我国《庄子·天下篇》中有一段记载“一尺之棰，日取其半，万世不竭”. 这其中除了蕴含着辨证的哲学思想外，还体现出一种观察事物的发展趋势和目标的思想方法. 这种思想方法即是本任务要介绍的极限的概念.《庄子·天下篇》中的内容，用数学形式表达出来就是：

$$\frac{1}{2}, \frac{1}{4}, \frac{1}{8}, \frac{1}{16}, \cdots$$

可以看出，这个过程是越分越小，逐渐趋向于0.

1. 数列的极限

定义 1.4　设数列 $\{y_n\}$：$y_1, y_2, \cdots, y_n, \cdots$

若 n 无限增大 $(n\to\infty)$，则数列的项 y_n 无限趋近一个确定的常数 A，称 A 为数列 $\{y_n\}$ 的极限(或称数列收敛于 A)，记作

$$\lim_{n\to\infty} y_n = A \quad 或 \quad y_n \to A\ (n\to\infty).$$

此时，也称数列 $\{y_n\}$ 的极限存在；否则，称数列 $\{y_n\}$ 的极限不存在(或称数列是发散的).

根据定义，可以说引例中给出的数列，它的极限是"0"，记作 $\lim\limits_{n\to\infty}\dfrac{1}{2^n}=0$.

例 1.10　列出下列数列的前四项，并观察极限 $\lim\limits_{n\to\infty} y_n$.

(1) $\left\{\left(-\dfrac{2}{3}\right)^n\right\}$；　　(2) $\left\{\left(-\dfrac{3}{2}\right)^n\right\}$.

解　(1) $\left\{\left(-\dfrac{2}{3}\right)^n\right\}$：$-\dfrac{2}{3}, \dfrac{4}{9}, -\dfrac{8}{27}, \dfrac{16}{81}, \cdots$

所以，$\lim\limits_{n\to\infty}\left(-\dfrac{2}{3}\right)^n=0$；

(2) $\left\{\left(-\dfrac{3}{2}\right)^n\right\}$：$-\dfrac{3}{2}, \dfrac{9}{4}, -\dfrac{27}{8}, \dfrac{81}{16}, \cdots$

$\lim\limits_{n\to\infty}\left(-\dfrac{3}{2}\right)^n=\infty$ (不存在，也称之为无穷大).

例 1.11　通过图形观察数列 $\left\{\dfrac{n+(-1)^{n-1}}{n}\right\}$ 的极限.

解　将数列 $\left\{\dfrac{n+(-1)^{n-1}}{n}\right\}$ 的各项列出：$2, \dfrac{1}{2}, \dfrac{4}{3}, \dfrac{3}{4}, \dfrac{6}{5}, \dfrac{5}{6}, \cdots$；

将这些项在图形上标出来(图 1-3)，可以看出，各项的值随 n 增大在"1"的上下摆动，并越来越靠近"1"，即 $\lim\limits_{n\to\infty}\dfrac{n+(-1)^{n-1}}{n}=1$.

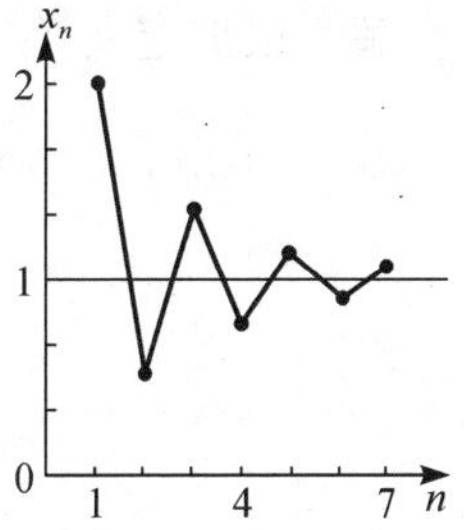

图 1-3

当一个数列随 n 增大而趋于无穷大时，根据极限定义，说它的极限是不存在的. 但是从"极限是揭示变量的变化趋势"这一点来说，也可以说数列的极限是无穷大.

我们知道，数列 $\{y_n\}$：$y_1, y_2, \cdots, y_n, \cdots$ 的通项 y_n 是以自然数 n 为自变量的函数. 这种函数也称为整标函数，即 $y_n = f(n)\,(n\in\mathbf{N})$.

2. 函数的极限

x 的绝对值无限增大，记为 $x\to\infty$，包括 $\begin{cases} x\to-\infty \\ x\to+\infty \end{cases}$；

x 无限接近于一个有限数 x_0，记为 $x\to x_0$，包括 $\begin{cases} x\to x_0^- & (从\ x_0\ 的左侧接近于\ x_0) \\ x\to x_0^+ & (从\ x_0\ 的右侧接近于\ x_0). \end{cases}$

下面分别就这两种情况,讨论一般函数的极限问题.

1) 当 $x\to\infty$ 时,函数 $f(x)$ 的极限

观察函数 $f(x)=\dfrac{1}{x}$,当 $x\to\infty$ 时的变化趋势.

当 x 的绝对值无限增大($x\to\infty$)时,函数 $f(x)=\dfrac{1}{x}$ 图像无限贴近 x 轴,即函数 $f(x)=\dfrac{1}{x}$ 的值无限趋近于"0".

对于函数的这种变化特性,给出 $x\to\infty$ 时函数 $f(x)$ 极限的概念.

定义 1.5 如果 $x\to\infty$ 时函数 $f(x)$ 有定义,且其值无限接近一个确定的常数 A,则称 A 为函数 $f(x)$ 当 $x\to\infty$ 时的极限,记作 $\lim\limits_{x\to\infty}f(x)=A$.

也可记作:当 $x\to\infty$ 时,$f(x)\to A$.

此时,也称极限 $\lim\limits_{x\to\infty}f(x)$ 存在;否则,称极限 $\lim\limits_{x\to\infty}f(x)$ 不存在.

于是,上述观察的函数 $f(x)=\dfrac{1}{x}$ 的变化趋势(即极限),可以表示为 $\lim\limits_{x\to\infty}\dfrac{1}{x}=0$.

将定义中的"$x\to\infty$"换成"$x\to-\infty$"或"$x\to+\infty$"时,可以类似地得到 $x\to-\infty$ 或 $x\to+\infty$ 时函数极限的定义,这里不再赘述.

定义中的"$x\to\infty$"包含"$x\to-\infty$"和"$x\to+\infty$"两种情况,因此,不难得出下面的结论:

$$\begin{cases}\lim\limits_{x\to+\infty}f(x)=A,\\ \lim\limits_{x\to-\infty}f(x)=B,\\ A=B,\end{cases}\Leftrightarrow \lim\limits_{x\to\infty}f(x)=A.$$

也可以表示为 $\lim\limits_{x\to+\infty}f(x)=\lim\limits_{x\to-\infty}f(x)=A\Leftrightarrow\lim\limits_{x\to\infty}f(x)=A$.

这就是说,极限 $\lim\limits_{x\to\infty}f(x)$ 存在的充要条件是 $\lim\limits_{x\to+\infty}f(x)$ 与 $\lim\limits_{x\to-\infty}f(x)$ 都存在且相等.

例 1.12 讨论极限 $\lim\limits_{x\to\infty}\arctan x$,$\lim\limits_{x\to\infty}e^x$ 是否存在.

解 根据定义,结合图 1-4 和图 1-5,可得:

$$\lim_{x\to+\infty}\arctan x=\frac{\pi}{2},\ \lim_{x\to-\infty}\arctan x=-\frac{\pi}{2},\text{所以}\lim_{x\to\infty}\arctan x\text{不存在}.$$

$$\lim_{x\to+\infty}e^x=+\infty\,(\text{不存在}),\ \lim_{x\to-\infty}e^x=0,\text{所以}\lim_{x\to\infty}e^x\text{不存在}.$$

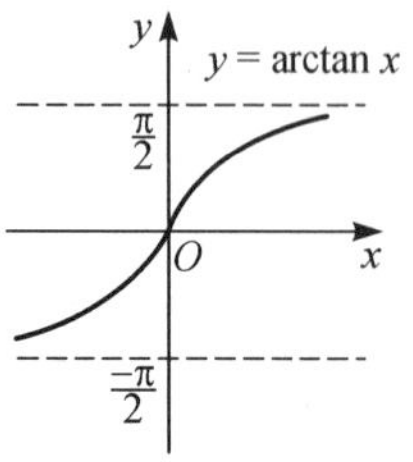

图 1-4

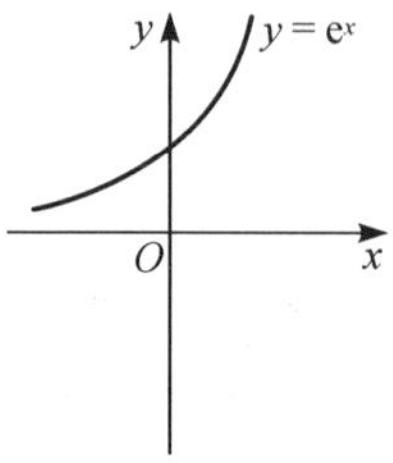

图 1-5

2) 当 $x\to x_0$ 时,函数 $f(x)$ 的极限

引例　讨论当 $x\to 1$ 时，函数 $y=\dfrac{x^2-1}{x-1}$ 的变化趋势.

可以看出，当 x 的取值越接近“1”，函数 $y=\dfrac{x^2-1}{x-1}$ 的值就越接近确定的值“2”. 再做出函数 $y=\dfrac{x^2-1}{x-1}$ 的图像（图 1-6），观察图像，可得到同样的结论.

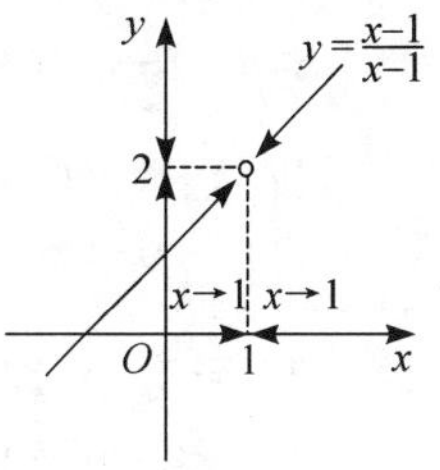

图 1-6

定义 1.6　如果函数 $y=f(x)$ 在 x_0 的左（右）邻域有定义，且当 $x\to x_0$ 时，函数 $f(x)$ 无限接近一个确定的常数 A，则称 A 为函数 $f(x)$ 当 $x\to x_0$ 时的极限，记作 $\lim\limits_{x\to x_0} f(x)=A$ 或 当 $x\to x_0$ 时，$f(x)\to A$.

此时，也称极限 $\lim\limits_{x\to x_0} f(x)$ 存在；否则，称极限 $\lim\limits_{x\to x_0} f(x)$ 不存在.

根据定义，上述引例中当 $x\to 1$ 时，函数的变化趋势可以用极限表示为：

$$\lim_{x\to 1}\frac{x^2-1}{x-1}=2.$$

由于 $x\to x_0$ 包含 $\begin{cases} x\to x_0^- & (\text{从 } x_0 \text{ 的左侧接近于 } x_0) \\ x\to x_0^+ & (\text{从 } x_0 \text{ 的右侧接近于 } x_0) \end{cases}$ 的情况，人们把 $\lim\limits_{x\to x_0^-} f(x)$ 叫作 $x\to x_0$ 时的左极限，把 $\lim\limits_{x\to x_0^+} f(x)$ 叫作 $x\to x_0$ 时的右极限.

定义 1.7　如果函数 $y=f(x)$ 在 x_0 的左（右）邻域有定义，且当 $x\to x_0^-$（$x\to x_0^+$）时，函数 $f(x)$ 无限接近一个确定的常数 A，则称 A 为函数 $f(x)$ 当 $x\to x_0$ 时的左（右）极限，记作 $\lim\limits_{\substack{x\to x_0^- \\ (x\to x_0^+)}} f(x)=A$.

由定义 1.7，显然可以得到 $\begin{cases} \lim\limits_{x\to x_0^-} f(x)=A, \\ \lim\limits_{x\to x_0^+} f(x)=B, \\ A=B, \end{cases} \Leftrightarrow \lim\limits_{x\to x_0} f(x)=A.$

也可以写成 $\lim\limits_{x\to x_0^-} f(x)=\lim\limits_{x\to x_0^+} f(x)=A \Leftrightarrow \lim\limits_{x\to x_0} f(x)=A.$

这就是说，极限 $\lim\limits_{x\to x_0} f(x)$ 存在的充分必要条件是：左极限 $\lim\limits_{x\to x_0^-} f(x)$ 与右极限 $\lim\limits_{x\to x_0^+} f(x)$ 都存在且相等.

需要注意的是，当讨论 $x\to x_0$ 时函数的极限时，如果遇到 x_0 点左、右两侧的函数表达式不同的情况，就用上述结论. 例如，分段函数在自变量趋近于分段点时的极限问题，就属于这种情况.

例 1.13　已知分段函数 $f(x)=\begin{cases} 1-x, & x<0, \\ 1+x, & 0<x<1, \\ -1, & x=1, \\ 3, & x>1. \end{cases}$ 讨论极限 $\lim\limits_{x\to 1} f(x)$.

解 因为 $\lim\limits_{x\to1^-}f(x)=\lim\limits_{x\to1^-}(1+x)=2$，$\lim\limits_{x\to1^+}f(x)=\lim\limits_{x\to1^+}3=3$，由 $\lim\limits_{x\to1^-}f(x)\neq\lim\limits_{x\to1^+}f(x)$，得$\lim\limits_{x\to1}f(x)$ 不存在，如图 1-7.

注 $\lim\limits_{x\to x_0}f(x)$ 存在与否，与函数 $f(x)$ 在 x_0 点有无定义无关.

即“函数 $f(x)$ 在 x_0 点有定义”是“极限 $\lim\limits_{x\to x_0}f(x)$ 存在”的无关条件.

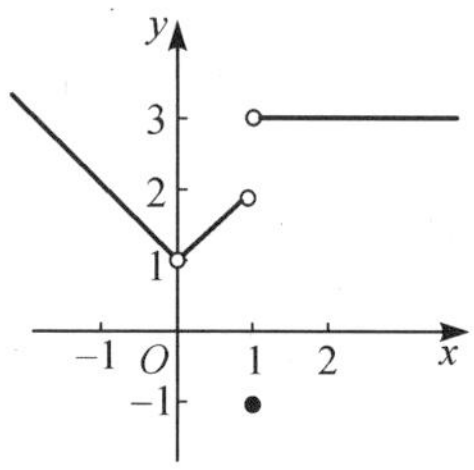

图 1-7

3. 无穷小量与无穷大量

1) 无穷小及其性质

定义 1.8 如果 $\lim\limits_{x\to\Delta}f(x)=0$，则称函数 $f(x)$ 为当 $x\to\Delta$ 时的无穷小量，简称无穷小.

说明 为方便表示 x 的各种趋向类型，又避免只写一种的局限性和不写 x 的趋向而引起的误导现象，本教材自创“$x\to\Delta$”表示以下六种趋向之一，即

“$x\to\Delta$”表示：“$x\to\infty$”或“$x\to+\infty$”或“$x\to-\infty$”或“$x\to x_0$”或“$x\to x_0^+$”或“$x\to x_0^-$”(以下同).

注 (1) 无穷小是一个变量，常数中只有“0”是无穷小量；除此之外，任何常数，无论多小，都不是无穷小量，因为$\lim\limits_{x\to\Delta}C=0\Leftrightarrow C=0$.

(2) 一个量是不是无穷小，与自变量的变化过程有关，因此，说一个量是无穷小量，必须指出它的自变量的变化过程.

例如：当 $x\to0$ 时，$\sin x$ 是无穷小；当 $x\to\infty$ 时，$\dfrac{1}{x}$ 是无穷小.

例 1.14 指出下列函数在自变量的什么变化过程中是无穷小.

(1) $f(x)=\dfrac{x}{x^2-1}$；　　(2) $f(x)=e^{\frac{1}{x}}$.

解 (1) 因为 $\lim\limits_{x\to0}\dfrac{x}{x^2-1}=0$，$\lim\limits_{x\to\infty}\dfrac{x}{x^2-1}=0$，所以，当 $x\to0$ 或 $x\to\infty$ 时，函数 $f(x)=\dfrac{x}{x^2-1}$ 都是无穷小.

(2) 因为 $\lim\limits_{x\to0^-}e^{\frac{1}{x}}=0$，所以，当 $x\to0^-$ 时，函数 $f(x)=e^{\frac{1}{x}}$ 为无穷小.

性质 1 有限个无穷小的代数和仍为无穷小.

性质 2 有限个无穷小的乘积仍为无穷小.

性质 3 有界量与无穷小的乘积仍为无穷小.

当应用性质 1、性质 2 时，要注意“有限个无穷小”的限制条件. 性质 3 可以用来解决一种特殊类型的极限.

2) 无穷大及其与无穷小的关系

定义 1.9 若 $\lim\limits_{x\to\Delta}f(x)=\infty$，则称函数 $f(x)$ 是当 $x\to\Delta$ 时的无穷大量，简称无穷大.

注 (1) 无穷大是一个变量，任何常数，无论多大都不是无穷大；

(2) 一个量是否为无穷大，还取决于自变量的变化过程，因此，说一个量是无穷大，必须指明自变量的变化过程.

如：当 $x\to 0$ 时，$\dfrac{1}{x}$ 是无穷大；当 $x\to 2$ 时，$\dfrac{1}{x-2}$ 是无穷大.

例 1.15　指出下列函数在自变量的什么变化过程中是无穷大.

(1) $f(x)=\dfrac{x}{x-1}$；　　(2) $f(x)=e^{\frac{1}{x}}$.

解　(1) 因为 $\lim\limits_{x\to 1}\dfrac{x}{x-1}=\infty$，所以，当 $x\to 1$ 时，$f(x)=\dfrac{x}{x-1}$ 为无穷大；

(2) 因为 $\lim\limits_{x\to 0^+} e^{\frac{1}{x}}=\infty$，所以，当 $x\to 0^+$ 时，$f(x)=e^{\frac{1}{x}}$ 为无穷大.

定理 1.1　在自变量的同一变化过程中，若 $f(x)$ 为无穷小，且 $f(x)\neq 0$，则 $\dfrac{1}{f(x)}$ 为无穷大；反之，若 $f(x)$ 为无穷大，则 $\dfrac{1}{f(x)}$ 为无穷小.

（简言之，无穷大的倒数为无穷小，非零无穷小的倒数为无穷大. 前提：在同一变化过程中.）

例 1.16　求 $\lim\limits_{x\to\infty}(x^2-x)$.

解　因为 $\lim\limits_{x\to\infty}\dfrac{1}{x^2-x}=\lim\limits_{x\to\infty}\dfrac{\frac{1}{x^2}}{1-\frac{1}{x}}=0$，所以，$\lim\limits_{x\to\infty}(x^2-x)=\infty$.

3) 无穷小阶的比较

有时，在同一变化过程中有许多无穷小，例如，当 $x\to 0$ 时，x，$2x$，x^2 都是无穷小，但细心观察就会发现，它们趋于零的速度是不同的.

定义 1.10　设 $\lim\limits_{x\to\Delta}\alpha=0$，$\lim\limits_{x\to\Delta}\beta=0$，且 $\alpha\neq 0$，则

(1) 如果 $\lim\limits_{x\to\Delta}\dfrac{\beta}{\alpha}=0$，那么，称 β 是（$x\to\Delta$ 时）比 α 高阶的无穷小，记作 $\beta=o(\alpha)$；

（如：x^2 是（$x\to 0$ 时）比 x 高阶的无穷小）

说明　在实际生产的近似计算中，高阶无穷小量一般略去不计.

(2) 如果 $\lim\limits_{x\to\Delta}\dfrac{\beta}{\alpha}=\infty$，那么，称 β 是（$x\to\Delta$ 时）比 α 低阶的无穷小；

（如：x 是（$x\to 0$ 时）比 x^2 低阶的无穷小）

(3) 如果 $\lim\limits_{x\to\Delta}\dfrac{\beta}{\alpha}=C\ (C\neq 0)$，那么，称 β 与 α 是 $x\to\Delta$ 时的同阶无穷小；

（如：$2x$ 与 $3x$ 是 $x\to 0$ 时的同阶无穷小）

特别地，当 $C=1$ 时，即 $\lim\limits_{x\to\Delta}\dfrac{\beta}{\alpha}=1$ 时，称 β 与 α 等价无穷小. 记作 $\alpha\sim\beta$，读作：α 等价于 β.

可以证明：当 $x\to 0$ 时，以下各组为等价无穷小，即

当 $x\to 0$ 时，(1) $\sin x\sim x$；(2) $\tan x\sim x$；(3) $1-\cos x\sim\dfrac{1}{2}x^2$；(4) $\ln(1+x)\sim x$；(5) $e^x-1\sim x$；(6) $\sqrt[n]{1+x}\sim 1+\dfrac{1}{n}x$；(7) $\arcsin x\sim x$；(8) $\arctan x\sim x$.

4. 求极限的典型类型及方法

1) 法则型

极限的四则运算法则:设 $\lim\limits_{x\to x_0} f(x)=A$ 和 $\lim\limits_{x\to x_0} g(x)=B$ 都存在,则

法则 1 $\lim\limits_{x\to x_0}[f(x)\pm g(x)]=\lim\limits_{x\to x_0} f(x)\pm\lim\limits_{x\to x_0} g(x)=A\pm B.$

法则 2 $\lim\limits_{x\to x_0}[f(x)\cdot g(x)]=\lim\limits_{x\to x_0} f(x)\cdot\lim\limits_{x\to x_0} g(x)=A\cdot B.$

推论 1 $\lim\limits_{x\to x_0}[Cf(x)]=C\cdot\lim\limits_{x\to x_0} f(x)=C\cdot A.$

推论 2 $\lim\limits_{x\to x_0}[f(x)]^n=[\lim\limits_{x\to x_0} f(x)]^n=A^n$ (n 取正整数).

法则 3 $\lim\limits_{x\to x_0}\dfrac{f(x)}{g(x)}=\dfrac{\lim\limits_{x\to x_0} f(x)}{\lim\limits_{x\to x_0} g(x)}=\dfrac{A}{B}$ $(B\neq 0)$.

上述法则对 $x\to\infty$ 时的情形也是成立的. 法则 1 和法则 2 可推广到有限个函数的情形.

例 1.17 求 $\lim\limits_{x\to 2}\dfrac{x^3-1}{x^2-3x+5}$.

分析 因分子、分母的极限都存在,且分母的极限不为 0,因此可直接代入法则求极限.

解 因为 $\lim\limits_{x\to 2}(x^2-3x+5)=2^2-3\times 2+5=3\neq 0$, 所以

$$\lim_{x\to 2}\frac{x^3-1}{x^2-3x+5}=\frac{\lim\limits_{x\to 2}(x^3-1)}{\lim\limits_{x\to 2}(x^2-3x+5)}=\frac{7}{3}.$$

结论 实际上,法则型(如上例)的求极限方法,还可以直接应用初等函数的连续性,由 $\lim\limits_{x\to x_0} f(x)=f(x_0)$, 直接将 $x=x_0$ 代入函数式求函数值.(前提: $y=f(x)$ 为初等函数,且 $y=f(x)$ 在 x_0 点有定义).

2) $\dfrac{A}{0}$ 型

例 1.18 求 $\lim\limits_{x\to 2}\dfrac{x+2}{x-2}$.

解 因为分母的极限为 0,所以不属于法则型.

又分子的极限为 4,且 $\lim\limits_{x\to 2}\dfrac{1}{x-2}=\infty$(无穷小与无穷大的关系),

所以 $\lim\limits_{x\to 2}\dfrac{x+2}{x-2}=\infty$(即属于极限不存在的特殊类型).

结论 $\dfrac{A}{0}$ 型的极限为极限不存在的特殊类型,其结果均为 ∞.

3) $\dfrac{0}{0}$ 型

例 1.19 求 $\lim\limits_{x\to 3}\dfrac{x-3}{x^2-9}$.

分析 因为分母的极限为 0,所以不属于法则型;分子的极限也为 0,因此该极限为 $\dfrac{0}{0}$

型未定式.该类型的分子、分母中一般有极限为0(即无穷小)的公因式.

结论　求$\frac{0}{0}$型极限的方法——先约去该公因式,化为法则型,再利用法则进行运算.

解　$\lim\limits_{x\to 3}\frac{x-3}{x^2-9}=\lim\limits_{x\to 3}\frac{x-3}{(x-3)(x+3)}=\lim\limits_{x\to 3}\frac{1}{x+3}=\frac{1}{6}.$

例 1.20　求$\lim\limits_{x\to 0}\frac{\sqrt{x+1}-1}{x}.$

分析　对于分子、分母没有明显公因式的"$\frac{0}{0}$"型未定式,可以先通过变形(如:分子(或分母)有理化、三角恒等变形等方式),找到其公因式,进而约去,化为法则型,再利用法则进行运算.

解　$\lim\limits_{x\to 0}\frac{\sqrt{x+1}-1}{x}=\lim\limits_{x\to 0}\frac{(\sqrt{x+1}-1)(\sqrt{x+1}+1)}{x(\sqrt{x+1}+1)}=\lim\limits_{x\to 0}\frac{1}{\sqrt{x+1}+1}=\frac{1}{2}.$

4) $\frac{\infty}{\infty}$型

例 1.21　求$\lim\limits_{x\to\infty}\frac{3x^3-4x^2+2}{7x^3+5x^2-1}.$

分析　因为当$x\to\infty$时,分子、分母的极限都是趋于无穷大(∞),所以此极限为"$\frac{\infty}{\infty}$"型未定式.

结论　求$\frac{\infty}{\infty}$型极限的方法——用分子、分母同除以分母变化最快的量(即分母的最高方幂)的方法来转化未定式,使分母的极限存在,并且不为零,然后用运算法则求其极限.

解　$\lim\limits_{x\to\infty}\frac{3x^3-4x^2+2}{7x^3+5x^2-1}=\lim\limits_{x\to\infty}\frac{3-\frac{4}{x}+\frac{2}{x^3}}{7+\frac{5}{x}-\frac{1}{x^3}}=\frac{3-0+0}{7+0-0}=\frac{3}{7}.$

例 1.22　求$\lim\limits_{x\to\infty}\frac{3x^2-2x-1}{2x^3-x^2+5}.$

解　$\lim\limits_{x\to\infty}\frac{3x^2-2x-1}{2x^3-x^2+5}=\lim\limits_{x\to\infty}\frac{\frac{3}{x}-\frac{2}{x^2}-\frac{1}{x^3}}{2-\frac{1}{x}+\frac{5}{x^3}}=\frac{0-0-0}{2-0+0}=\frac{0}{2}=0.$

例 1.23　求$\lim\limits_{x\to\infty}\frac{x^3-2x}{x^2+5}.$

解　$\lim\limits_{x\to\infty}\frac{x^3-2x}{x^2+5}=\lim\limits_{x\to\infty}\frac{x-\frac{2}{x}}{1+\frac{5}{x^2}}=\infty.$

结论　一般地,$\frac{\infty}{\infty}$型的极限,根据其分子与分母的最高次幂的不同,分为以下三种类型:

$$\lim_{x\to\infty}\frac{a_0x^n+a_1x^{n-1}+\cdots+a_n}{b_0x^m+b_1x^{m-1}+\cdots+b_m}=\begin{cases}\dfrac{a_0}{b_0}, & n=m,\\ 0, & n<m,\\ \infty, & n>m.\end{cases}\quad (n,\ m\in\mathbf{N}).$$

5) $\infty-\infty$ 型

例 1.24 求 $\lim\limits_{x\to 2}\left(\dfrac{x^2}{x^2-4}-\dfrac{1}{x-2}\right)$.

分析 此极限是$\infty-\infty$型的未定式.

结论 求$\infty-\infty$型极限的方法——经过通分、分子有理化等方式,整理后转化为$\dfrac{0}{0}$或$\dfrac{\infty}{\infty}$或$\dfrac{A}{0}$或法则型.

解 $$\lim_{x\to 2}\left(\frac{x^2}{x^2-4}-\frac{1}{x-2}\right)=\lim_{x\to 2}\frac{x^2-x-2}{x^2-4}=\lim_{x\to 2}\frac{(x-2)(x+1)}{(x-2)(x+2)}$$
$$=\lim_{x\to 2}\frac{x+1}{x+2}=\frac{3}{4}.$$

例 1.25 求 $\lim\limits_{x\to+\infty}x(\sqrt{1+x^2}-x)$.

解 $$\lim_{x\to+\infty}x(\sqrt{1+x^2}-x)=\lim_{x\to+\infty}\frac{x(\sqrt{1+x^2}-x)(\sqrt{1+x^2}+x)}{\sqrt{1+x^2}+x}$$
$$=\lim_{x\to+\infty}\frac{x}{\sqrt{1+x^2}+x}$$
$$=\lim_{x\to+\infty}\frac{1}{\sqrt{\dfrac{1}{x^2}+1}+1}=\frac{1}{2}.$$

6) 两个重要极限——第一重要极限:$\lim\limits_{x\to 0}\dfrac{\sin x}{x}=1$(结果证明见数学实验部分)

例 1.26 $\lim\limits_{x\to 0}\dfrac{\sin 3x}{x}$.

分析 该极限为$\dfrac{0}{0}$型,但是与以上常规$\dfrac{0}{0}$型不同,不能直接(或变形后)通过分子、分母约去无穷小因式的方式化为法则型.

结论 求与三角函数或反三角函数有关的$\dfrac{0}{0}$型极限的方法——直接(或运用三角恒等式等方式变形后)代入第一重要极限公式$\left(\text{即}\lim\limits_{t\to 0}\dfrac{\sin t}{t}=1\right)$进行计算.

解 $$\lim_{x\to 0}\frac{\sin 3x}{x}=\lim_{x\to 0}\left(\frac{\sin 3x}{3x}\cdot 3\right)=3\lim_{x\to 0}\frac{\sin 3x}{3x}=3\times 1=3.$$

例 1.27 $\lim\limits_{x\to 0}\dfrac{\sin 5x}{\tan 3x}$.

解 $\lim\limits_{x\to 0}\dfrac{\sin 5x}{\tan 3x}=\lim\limits_{x\to 0}\dfrac{\sin 5x}{\sin 3x}\times\cos 3x=\lim\limits_{x\to 0}\dfrac{\dfrac{\sin 5x}{5x}\times 5}{\dfrac{\sin 3x}{3x}\times 3}\times\cos 3x$

$=\dfrac{1\times 5}{1\times 3}\times 1=\dfrac{5}{3}.$

例 1.28 $\lim\limits_{x\to 0}\dfrac{1-\cos 4x}{x^2}.$

解 $\lim\limits_{x\to 0}\dfrac{1-\cos 4x}{x^2}=\lim\limits_{x\to 0}\dfrac{2\sin^2 2x}{(2x)^2}\times 4$

$=8\lim\limits_{x\to 0}\left(\dfrac{\sin 2x}{2x}\right)^2=8\times 1^2=8.$

例 1.29 $\lim\limits_{x\to 1}\dfrac{\sin(x^2-1)}{\sqrt{x}-1}.$

解 $\lim\limits_{x\to 1}\dfrac{\sin(x^2-1)}{\sqrt{x}-1}=\lim\limits_{x\to 1}\dfrac{(\sqrt{x}+1)(x+1)\sin(x^2-1)}{(\sqrt{x}-1)(\sqrt{x}+1)(x+1)}$

$=\lim\limits_{x\to 1}\dfrac{(\sqrt{x}+1)(x+1)\sin(x^2-1)}{x^2-1}$

$=2\times 2\times 1=4.$

结论 从上面的例子可以看出,第一个重要极限的一般应用形式为:$\lim\limits_{x\to\Delta}\dfrac{\sin f(x)}{f(x)}=1.$

说明 使用时要注意,正弦后面的量和分母是同一个量,当 $x\to\Delta$ 时,这个相同的量,必须趋于零.例如,$\lim\limits_{x\to 0}\dfrac{\sin(kx)}{kx}=1$;$\lim\limits_{x\to\pi}\dfrac{\sin(\sin x)}{\sin x}=1$;$\lim\limits_{x\to 1}\dfrac{\sin(\ln x)}{\ln x}=1$ 等.

7) 两个重要极限——第二重要极限:$\lim\limits_{x\to\infty}\left(1+\dfrac{1}{x}\right)^x=\mathrm{e}$ 或 $\lim\limits_{t\to 0}(1+t)^{\frac{1}{t}}=\mathrm{e}$,

(其中 e 为无理数,且 e≈2.718 281……)(结果证明见数学实验部分)

难点剖析 第二重要极限的特点:

(1) 极限类型为 1^∞ 型未定式;

(2) 函数为幂指函数 $y=u(x)^{v(x)}$ 形式;

(3) 幂的底数为"1+无穷小量";

(4) 幂的指数为"无穷大量",且与底数中的"无穷小量"为严格的倒数关系;

(5) 极限的结果为无理数 e.

结论 求与幂指函数有关的 1^∞ 型的极限方法——分析归类后,按照以上特点将所求极限变形(一般运用幂的法则),化为(或部分化为)第二重要极限类型的严格形式,然后套用公式进行计算.

例 1.30 求下列极限.

(1) $\lim\limits_{x\to\infty}\left(1+\dfrac{2}{x}\right)^{3x}$; (2) $\lim\limits_{x\to 0}(1-3x)^{\frac{1}{2x}}$; (3) $\lim\limits_{x\to\infty}\left(1-\dfrac{1}{x^2}\right)^x$.

解 (1) $\lim\limits_{x\to\infty}\left(1+\dfrac{2}{x}\right)^{3x}=\lim\limits_{x\to\infty}\left(1+\dfrac{1}{\frac{x}{2}}\right)^{\frac{x}{2}\times 6}=\lim\limits_{x\to\infty}\left[\left(1+\dfrac{1}{\frac{x}{2}}\right)^{\frac{x}{2}}\right]^{6}=e^{6}$;

(2) $\lim\limits_{x\to 0}(1-3x)^{\frac{1}{2x}}=\lim\limits_{x\to 0}[1+(-3x)]^{-\frac{1}{3x}\times\left(-\frac{3}{2}\right)}=e^{-\frac{3}{2}}$;

(3) $\lim\limits_{x\to\infty}\left(1-\dfrac{1}{x^2}\right)^{x}=\lim\limits_{x\to\infty}\left[\left(1+\dfrac{1}{x}\right)\left(1-\dfrac{1}{x}\right)\right]^{x}$

$=\lim\limits_{x\to\infty}\left(1+\dfrac{1}{x}\right)^{x}\left(1-\dfrac{1}{x}\right)^{x}=e\cdot e^{-1}=1.$

结论 由以上例题可以看出,第二重要极限在实际应用时,可将极限形式化为下面的表示式 $\lim\limits_{x\to\Delta}[1+f(x)]^{\frac{1}{f(x)}}=e$,(其中,函数的底数必须是"1+ 无穷小量",指数必须是这个"无穷小量"的倒数)

例如:$\lim\limits_{x\to\infty}\left(1+\dfrac{1}{x^3}\right)^{x^3}=e$;$\lim\limits_{x\to 0}(1+\sin x)^{\csc x}=e$;$\lim\limits_{x\to 0^+}\left(1+\dfrac{1}{\ln x}\right)^{\ln x}=e$ 等都可以归为第二重要极限类型.

8) 无穷小的等价替换

在极限运算中,等价无穷小可作等价替代.

关于等价无穷小,有如下定理.

定理 1.2(无穷小等价替换原理) 若 $x\to\Delta$ 时,$\alpha\sim\alpha'$,$\beta\sim\beta'$,且 $\lim\limits_{x\to\Delta}\dfrac{\beta'}{\alpha'}$ 存在或为 ∞,则 $\lim\limits_{x\to\Delta}\dfrac{\beta}{\alpha}=\lim\limits_{x\to\Delta}\dfrac{\beta'}{\alpha'}$.

应用 在求 $\dfrac{0}{0}$ 型极限的过程中,可以利用等价无穷小进行代换,以达到简化极限运算的目的.

例 1.31 求 $\lim\limits_{x\to 0}\dfrac{(e^x-1)\ln(1+3x)}{1-\cos 2x}$.

解 因为,当 $x\to 0$ 时,$e^x-1\sim x$,$\ln(1+3x)\sim 3x$,$1-\cos 2x\sim\dfrac{1}{2}(2x)^2$,

所以,$\lim\limits_{x\to 0}\dfrac{(e^x-1)\ln(1+3x)}{1-\cos 2x}=\lim\limits_{x\to 0}\dfrac{x\cdot 3x}{\frac{1}{2}(2x)^2}=\dfrac{3}{2}$.

注 一般情况下,无穷小代换只用于无穷小的积、商、幂、方根的形式,不能用于无穷小的和、差形式.

例 1.32 求 $\lim\limits_{x\to 0}\dfrac{\tan x-\sin x}{x\ln(1+2x^2)}$.

解 $\lim\limits_{x\to 0}\dfrac{\tan x-\sin x}{x\ln(1+2x^2)}=\lim\limits_{x\to 0}\dfrac{(1-\cos x)\tan x}{x\ln(1+2x^2)}$,

因为,当 $x\to 0$ 时,$1-\cos x\sim\dfrac{1}{2}x^2$,$\tan x\sim x$,$\ln(1+2x^2)\sim 2x^2$,

所以，$\lim\limits_{x\to 0}\dfrac{\tan x-\sin x}{x\ln(1+2x^2)}=\lim\limits_{x\to 0}\dfrac{(1-\cos x)\tan x}{x\ln(1+2x^2)}=\lim\limits_{x\to 0}\dfrac{\frac{1}{2}x^2\cdot x}{x\cdot 2x^2}=\dfrac{1}{4}$.

定理 1.3(极限与无穷小的关系定理)　$\lim\limits_{x\to\Delta}f(x)=A\Leftrightarrow f(x)=A+\alpha$（$\alpha$为$x\to\Delta$时的无穷小).

即函数 $f(x)$ 极限存在的充分必要条件是函数 $f(x)$ 能表示为常数与一个无穷小的和.

应用　在某些定理的推导或证明过程中，需要将函数 $f(x)$ 从极限符号 $\lim\limits_{x\to\Delta}f(x)=A$ 中分离出来（变为 $f(x)=A+\alpha$），以便于对函数进行相应的变形和运算，该定理提供了这种可能性.

9) 无穷小的性质

例 1.33　求 $\lim\limits_{x\to\infty}\dfrac{\sin x}{x}$.

分析　本例很容易与第一重要极限 $\lim\limits_{x\to 0}\dfrac{\sin x}{x}=1$ 产生混淆，仔细观察可以看出，第一重要极限为 $\dfrac{0}{0}$ 型极限，而本例中分子、分母的极限均不存在，也不属于 $\dfrac{\infty}{\infty}$ 型极限，所以很难用常规方法求该类极限.

结论　由无穷小的性质 3(无穷小量与有界量之积仍为无穷小量)得，该类极限为 0.

解　$\lim\limits_{x\to\infty}\dfrac{\sin x}{x}=\lim\limits_{x\to\infty}\dfrac{1}{x}\sin x$，

因为，当 $x\to\infty$ 时，$\dfrac{1}{x}$ 是无穷小，又 $|\sin x|\leqslant 1$，即 $\sin x$ 是有界量，所以，由性质 3，得

$$\lim_{x\to\infty}\frac{\sin x}{x}=0.$$

测试训练二

1. 运用极限定义说明下列极限是否存在？若存在，则求出其极限值.

(1) $\left\{\left(\dfrac{4}{3}\right)^n\right\}$；　(2) $\left\{\sin\dfrac{n\pi}{2}\right\}$；　(3) $\left\{\dfrac{n}{n+1}\right\}$；

(4) $\left\{\left(\dfrac{3}{4}\right)^n\right\}$；　(5) $\{(-1)^n\}$；　(6) $\lim\limits_{x\to\infty}\dfrac{1}{x^2}$；

(7) $\lim\limits_{x\to\infty}\arctan x$；　(8) $\lim\limits_{x\to\infty}\sin x$；　(9) $\lim\limits_{x\to 0}e^{\frac{1}{x}}$；

(10) $\lim\limits_{x\to 1}\ln x$.

2. 填空：(1) $\lim\limits_{x\to-\infty}e^x=$ ________；(2) $\lim\limits_{x\to+\infty}e^x=$ ________；(3) $\lim\limits_{x\to 0}\sin x$ ________.

3. 已知分段函数 $f(x)=\begin{cases}x+1, & x<0,\\ 0, & x=0,\\ x^2+1, & x>0.\end{cases}$ 求极限 $\lim\limits_{x\to 0}f(x)$ 及 $\lim\limits_{x\to 1}f(x)$.

4. 当 $x\to 0$ 时，下列函数哪些是无穷小？哪些是无穷大？

(1) $y=\dfrac{x+1}{x}$；　(2) $y=\dfrac{\sin x}{1+\cos x}$；　(3) $y=\sin\dfrac{1}{x}$；　(4) $y=\dfrac{\sin x}{x}$.

5. 函数 $f(x)=\dfrac{x^2-4}{x^2-3x+2}$ 在什么条件下是无穷小？在什么条件下是无穷大？

6. 比较下列无穷小的阶.

(1) 当 $x\to 1$ 时，$\sqrt{x}-1$ 与 x^2-1；　(2) 当 $x\to 0$ 时，$1-\cos x$ 与 $\sin x$.

7. 求下列极限.

(1) $\lim\limits_{x\to 2}\dfrac{x+2}{x^2+4}$；　(2) $\lim\limits_{x\to 3}\dfrac{x-3}{x^2-9}$；　(3) $\lim\limits_{x\to 1}\dfrac{x^2-1}{x^2+5x-6}$；

(4) $\lim\limits_{x\to\infty}\dfrac{2x^2+3x-1}{3x^2+10x+1}$；　(5) $\lim\limits_{x\to\infty}\dfrac{4x^2+7x}{5-3x^3}$；　(6) $\lim\limits_{x\to 0}\dfrac{\sin 7x}{\sin 5x}$；

(7) $\lim\limits_{x\to 0}\dfrac{\sin 2x}{2-\sqrt{x+4}}$；　(8) $\lim\limits_{x\to 0}\dfrac{(e^{2x}-1)\sin 3x}{\arctan x^2}$；　(9) $\lim\limits_{x\to 0}\dfrac{1-\cos 4x}{\ln(1+2x^2)}$；

(10) $\lim\limits_{x\to\infty}\left(1-\dfrac{3}{x}\right)^{3x}$；　(11) $\lim\limits_{x\to 0}(1-5x)^{\frac{2}{x}}$；　(12) $\lim\limits_{x\to 0}x\cos\dfrac{1}{x}$.

8.【谣言传播模型】某地谣传某化工厂发生毒气泄漏，随时可能发生爆炸，混乱中发生车祸夺去4条人命. 有10%的市民听到消息后迅速传播，2小时后，75%的市民知道了该消息. 假定消息按规律 $y(t)=\dfrac{1}{1+ce^{-kt}}$ 传播(其中 $y(t)$ 表示时刻 t 时知道该消息的市民比例，且 c 与 t 为正常数). (1)求 $\lim\limits_{t\to\infty}y(t)$，并对结果做出解释；(2)几小时后，90%的市民知道该消息.

任务三　连续性及应用

知识目标

理解概念：连续性定义，函数的间断点及类型，闭区间连续函数的性质，零点存在定理.

掌握题型：判别函数的连续性，求间断点及类型、证明根的存在性.

能力目标

通过判断函数的连续性、求函数间断点及类型等问题，提高严谨思维的习惯，培养运用数形结合方式解决复杂问题的能力.

在自然界中，无时无刻不在发生着各种各样的连续的变化. 例如，气温的变化、流体的流动、蚕的生长发育等都是连续地逐渐变化的. 这些现象反映到数学上就是函数的连续性.

一、函数的连续性

1. 函数在一点处的连续性

定义 1.11　设函数 $y=f(x)$ 在点 x_0 的某个邻域内有定义，若当 $\Delta x\to 0$ 时，相应地函数增量 $\Delta y\to 0$，即 $\lim\limits_{\Delta x\to 0}\Delta y=0$，则称函数 $y=f(x)$ 在点 x_0 处连续.(图 1-8)

因为 $\Delta y=f(x_0+\Delta x)-f(x_0)$，所以 $\lim\limits_{\Delta x\to 0}\Delta y=0$，即 $\lim\limits_{\Delta x\to 0}[f(x_0+\Delta x)-f(x_0)]=0$.

又令 $x_0+\Delta x=x$，则当 $\Delta x\to 0$ 时，$x\to x_0$；于是可得 $\lim\limits_{x\to x_0}[f(x)-f(x_0)]=0$，即 $\lim\limits_{x\to x_0}f(x)=f(x_0)$.

由此得，函数在点 x_0 处连续的另一定义如下：

定义 1.12　设函数 $y=f(x)$ 在点 x_0 的某个邻域内有定义，且 $\lim\limits_{x\to x_0} f(x)=f(x_0)$，则称函数 $y=f(x)$ 在点 x_0 处连续.（图 1-9）

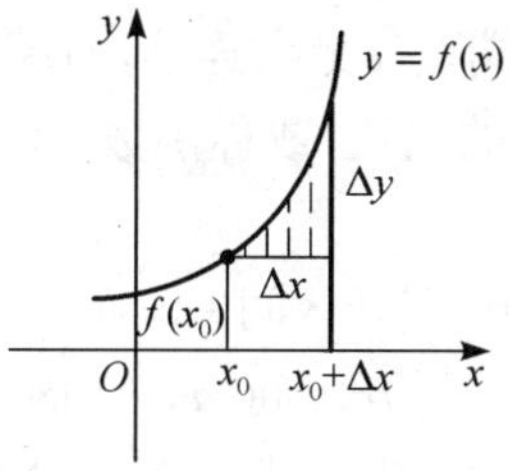

图 1-8

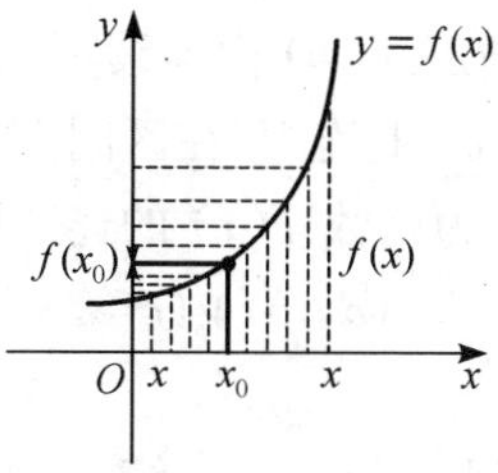

图 1-9

由定义 1.12 可知，函数 $f(x)$ 在某一点 x_0 处连续必须同时满足三个条件：

(1) $f(x)$ 在点 x_0 及其邻域有定义；(2) $\lim\limits_{x\to x_0} f(x)$ 存在；(3) $\lim\limits_{x\to x_0} f(x)=f(x_0)$.

又若 $\lim\limits_{x\to x_0^-} f(x)=f(x_0)$，则称函数 $y=f(x)$ 在点 x_0 处左连续；（图 1-10(a)）

而若 $\lim\limits_{x\to x_0^+} f(x)=f(x_0)$，则称函数 $y=f(x)$ 在点 x_0 处右连续.（图 1-10(b)）

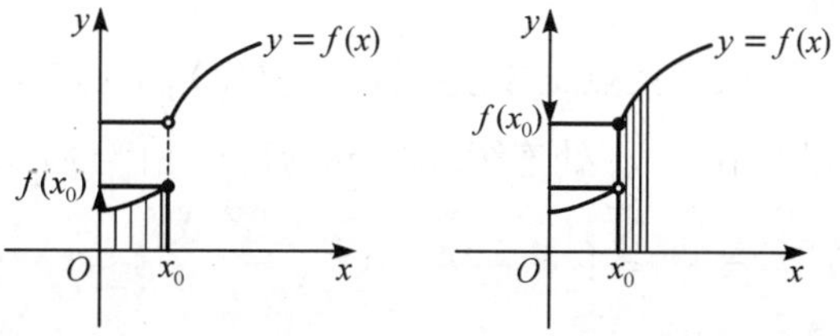

(a)　　(b)

图 1-10

例 1.34　已知 $f(x)=\begin{cases} x, & x<0, \\ x^2, & 0\leqslant x<1, \\ x+1, & x\geqslant 1. \end{cases}$ 讨论函数 $f(x)$ 在 $x=0$ 及 $x=1$ 处的连续性.

解　函数的图像如图 1-11 所示.

(1) 因为 $f(x)$ 的定义域为 $(-\infty,+\infty)$，故 $f(x)$ 在点 $x=0$ 及其邻域有定义.

又 $\lim\limits_{x\to 0^-} f(x)=\lim\limits_{x\to 0^-} x=0$，$\lim\limits_{x\to 0^+} f(x)=\lim\limits_{x\to 0^+} x^2=0$，得 $\lim\limits_{x\to 0} f(x)=0$；而 $f(0)=0^2=0$，即 $\lim\limits_{x\to 0} f(x)=f(0)$，故函数 $f(x)$ 在 $x=0$ 处连续.

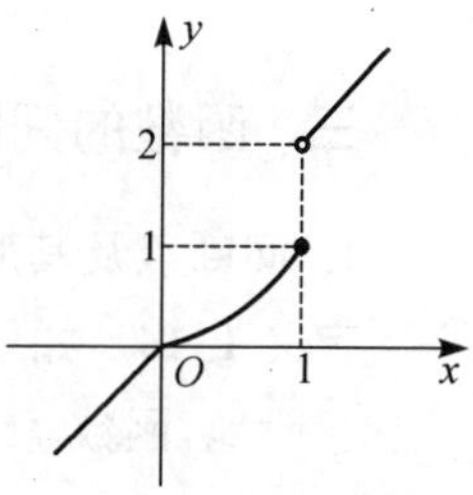

图 1-11

(2) 因为 $f(x)$ 的定义域为 $(-\infty,+\infty)$，所以 $f(x)$ 在点 $x=1$ 及其邻域有定义；而 $\lim\limits_{x\to 1^-} f(x)=\lim\limits_{x\to 1^-} x^2=1$，$\lim\limits_{x\to 1^+} f(x)=\lim\limits_{x\to 1^+}(x+1)=2$，于是 $\lim\limits_{x\to 1} f(x)$ 不存在，从而函数 $f(x)$ 在 $x=1$ 处不连续.

2. 连续函数与函数的连续区间

定义 1.13 (1) 若函数 $f(x)$ 在开区间 (a, b) 内每一点都连续，则称 $f(x)$ 在开区间 (a, b) 内连续，或称函数 $f(x)$ 为区间 (a, b) 内的连续函数，区间 (a, b) 为函数 $f(x)$ 的连续区间；

(2) 若函数 $f(x)$ 在 (a, b) 内连续，且在左端点 a 处右连续，右端点 b 处左连续，则称函数 $f(x)$ 在闭区间 $[a, b]$ 上连续. 在区间上连续的函数，或称函数 $f(x)$ 为区间 $[a, b]$ 内的连续函数，区间 $[a, b]$ 为函数 $f(x)$ 的连续区间.

即(1) $f(x)$ 在开区间 (a, b) 内连续 $\Leftrightarrow$ $f(x)$ 在开区间 (a, b) 内每一点都连续；

(2) $f(x)$ 在闭区间 $[a, b]$ 上连续 $\Leftrightarrow$ $f(x)$ 在 $\begin{cases}\text{开区间}(a, b)\text{ 内连续，}\\ \text{左端点 } x=a \text{ 处右连续，}\\ \text{右端点 } x=b \text{ 处左连续.}\end{cases}$

说明 区间连续的函数，其图像是一条绵延不断的曲线或折线.

3. 连续函数的运算

定理 1.4 若函数 $f(x)$ 和 $g(x)$ 均在点 x_0 处连续，则 $f(x) \pm g(x)$，$f(x) \cdot g(x)$ 和 $\dfrac{f(x)}{g(x)}$ (其中 $g(x_0) \neq 0$) 必都在点 x_0 处连续.

说明 定理 1.4 中函数的和、差、积的连续性，可推广到任意有限个函数.

4. 复合函数的连续性

定理 1.5 设函数 $u=\phi(x)$ 在点 x_0 处连续，$y=f(u)$ 均在点 u_0 处连续，且 $u_0=\phi(x_0)$，则复合函数 $y=f[\phi(x)]$ 也在点 x_0 处连续. 即 $\lim\limits_{x\to x_0} f[\phi(x)] = f\left[\lim\limits_{x\to x_0} \phi(x)\right] = f[\phi(x_0)]$.

如：$\lim\limits_{x\to 0} \mathrm{e}^{\sin x} = \mathrm{e}^{\lim\limits_{x\to 0}\sin x} = \mathrm{e}^0 = 1$.

二、初等函数的连续性

结论 基本初等函数在其定义域内都是连续的；初等函数在其定义区间内也都是连续的.

应用 如果函数 $f(x)$ 在点 x_0 处连续，则 $\lim\limits_{x\to x_0} f(x) = f(x_0)$，利用这个结论，求连续函数在连续点处的极限，就转化成了求该点处的函数值问题，这就提供了求极限的简便方法.

如：(1) $\lim\limits_{x\to 1}\dfrac{x}{1+x^2} = \dfrac{1}{1+1^2} = \dfrac{1}{2}$； (2) $\lim\limits_{x\to \frac{\pi}{2}}\dfrac{\sin x}{x} = \dfrac{\sin\frac{\pi}{2}}{\frac{\pi}{2}} = \dfrac{2}{\pi}$.

三、函数的间断点及类型

1. 间断点及其形成原因

定义 1.14 如果函数 $f(x)$ 在点 x_0 处不连续，则称点 x_0 为 $f(x)$ 的间断点.

一般地，函数 $f(x)$ 在点 x_0 处不连续，有下面三种情况之一：

(1) $f(x)$ 在点 x_0 无定义；(2) $\lim\limits_{x\to x_0} f(x)$ 不存在；(3) $\lim\limits_{x\to x_0} f(x) \neq f(x_0)$.

例 1.35　求出函数 $y=-\frac{1}{x}$；$y=\begin{cases}x+1, & x\geqslant 0,\\ x-1, & x<0;\end{cases}$ $y=\begin{cases}x+1, & x<0,\\ 0, & x=0,\\ -x+1, & x>0\end{cases}$ 的间断点.

解　三个函数的图像分别如图 1-12、图 1-13 和图 1-14.

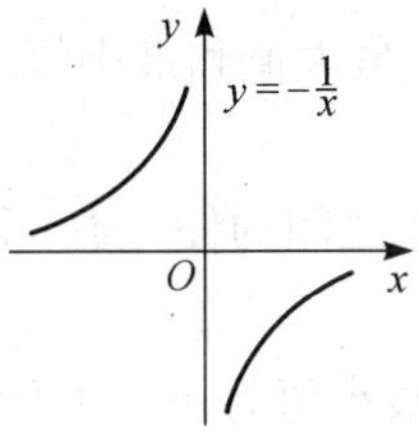

图 1-12

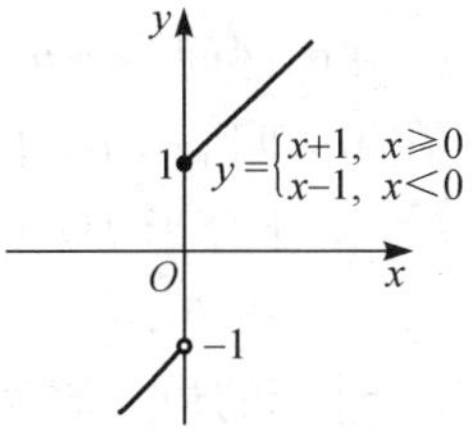

图 1-13

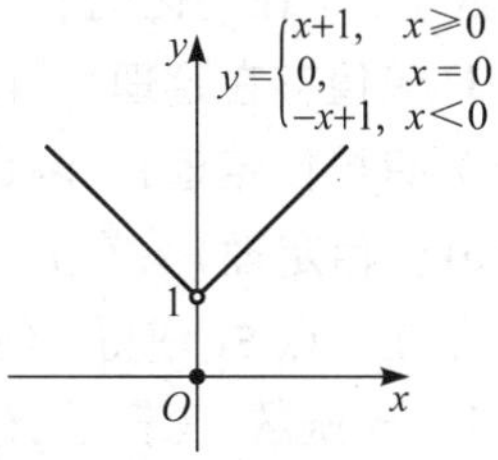

图 1-14

(1) 因为 $f(0)$ 没定义，所以，点 $x=0$ 是间断点.

(2) $f(0)=1$ 有定义，但$\begin{cases}\lim\limits_{x\to 0^-}(x-1)=-1\\ \lim\limits_{x\to 0^+}(x+1)=1\end{cases}$，$\Rightarrow \lim\limits_{x\to 0}f(x)$ 不存在，所以，点 $x=0$ 是间断点.

(3) $f(0)=0$ 有定义，而$\begin{cases}\lim\limits_{x\to 0^-}(-x+1)=1\\ \lim\limits_{x\to 0^+}(x+1)=1\end{cases}$，$\Rightarrow \lim\limits_{x\to 0}f(x)=1\neq f(0)$，所以，点 $x=0$ 是间断点.

由上例可以看出，三个函数在点 $x=0$ 处间断的原因是不一样的.

2. 间断点类型

1) 第一类间断点

左右极限均存在的间断点，称为函数的第一类间断点；

其中，①左右极限存在且相等的间断点，称为可去间断点(图 1-14)；②左右极限存在但不相等的间断点，称为跳跃间断点(图 1-13).

2) 第二类间断点

左右极限至少一个不存在的间断点，称为函数的第二类间断点；若至少一个单侧极限为 ∞ (或 $+\infty$，或 $-\infty$) 的间断点，称为无穷性间断点(图 1-12).

例 1.36　求函数 $f(x)=\frac{x+1}{x^2-1}$ 的间断点，并判定其类型.

解　因为 $x=\pm 1$ 时，函数无意义，所以 $x=-1$ 和 $x=1$ 是函数 $f(x)=\frac{x+1}{x^2-1}$ 的间断点.

又因为 $\lim\limits_{x\to -1}f(x)=\lim\limits_{x\to -1}\frac{x+1}{x^2-1}=\lim\limits_{x\to -1}\frac{1}{x-1}=-\frac{1}{2}$，所以 $x=-1$ 是函数的第一类可去间断点.

而因为 $\lim\limits_{x\to 1}f(x)=\lim\limits_{x\to 1}\frac{x+1}{x^2-1}=\lim\limits_{x\to 1}\frac{1}{x-1}=\infty$，所以 $x=1$ 是函数的第二类间断点，

且为无穷间断点.

结论 一般地,初等函数的间断点就是函数无意义的点;而分段函数的间断点则可能处在其分界点处.

四、闭区间上连续函数的性质

设函数 $f(x)$ 在闭区间 $[a, b]$ 上连续,则有:

性质 1(最值存在定理) 函数 $f(x)$ 在闭区间 $[a, b]$ 上必有最大值和最小值.

性质 2(有界性定理) 函数 $f(x)$ 在闭区间 $[a, b]$ 上有界.

性质 3(介值定理) 若 $f(a) \neq f(b)$,对于介于 $f(a)$ 与 $f(b)$ 之间的任一数 C,则在 (a, b) 内至少存在一点 ξ,使得 $f(\xi) = C\ (a < \xi < b)$.

推论 1 若函数 $f(x)$ 在闭区间 $[a, b]$ 上的最大值为 M 和最小值为 m,对于介于 m 与 M 之间的任一数 C,则在 (a, b) 内至少存在一点 ξ,使得 $f(\xi) = C\ (a < \xi < b)$.

推论 2(零点定理)或(根的存在定理) 若 $f(a)$ 与 $f(b)$ 异号,即 $f(a) \cdot f(b) < 0$,则在 (a, b) 内至少存在一点 ξ,使得 $f(\xi) = 0\ (a < \xi < b)$.

从图 1-15、图 1-16 中易知性质 1、性质 2、性质 3 的正确性.

注 若性质中的条件"闭区间"改变为"开区间"时,以上结论不一定成立.

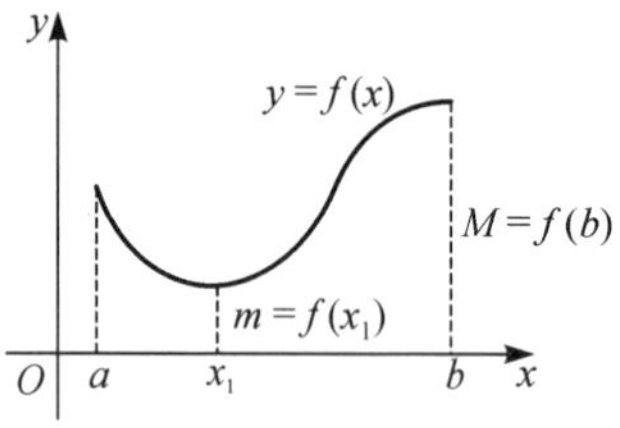

图 1-15

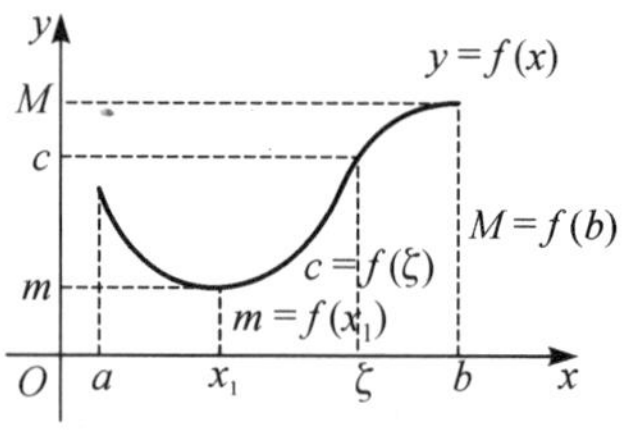

图 1-16

如:函数 $y = \dfrac{1}{x}$ 在 $(0, 1)$ 内连续,但在 $(0, 1)$ 内无最大(小)值(图 1-17).

注 若函数在在闭区间 $[a, b]$ 上不连续时,以上结论也不一定成立.

如:函数 $f(x) = \begin{cases} x+2, & -1 \leqslant x < 0, \\ \dfrac{1}{2}, & x = 0, \\ x-1, & 0 < x \leqslant 1, \end{cases}$ 虽然 $f(x)$ 在闭区间 $[-1, 1]$ 上有定义,但由于在 $x = 0$ 点间断,因此,$f(x)$ 在 $[-1, 1]$ 上也没有最大(小)值(图 1-18).

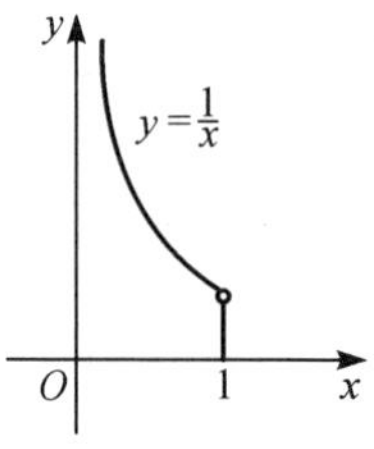

图 1-17

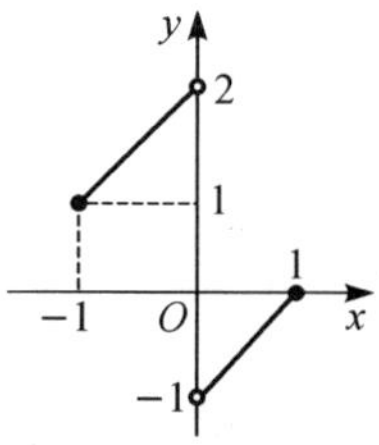

图 1-18

例 1.37　证明：方程 $e^{2x}-x-2=0$ 至少有一个小于 1 的正实根.

证明　设 $f(x)=e^{2x}-x-2$，则因为 $f(x)$ 在闭区间 $[0, 1]$ 上连续，

且 $f(0)=-1<0$，$f(1)=e^2-3>0$，

所以由零点定理知，在 $(0, 1)$ 内至少存在一点 ξ，使 $f(\xi)=0$，即 $e^{2\xi}-\xi-2=0$，

也就是说，方程 $e^{2x}-x-2=0$ 至少有一个小于 1 的正实根.

例 1.38　若函数 $f(x)$ 在 $[a, b]$ 上连续，且 $f(a)<a$，$f(b)>b$，证明：在 (a, b) 内至少存在一点 ξ，使得 $f(\xi)=\xi$.

证明　设 $F(x)=f(x)-x$，则因为 $f(x)$ 在闭区间 $[a, b]$ 上连续，所以 $F(x)$ 也在闭区间 $[a, b]$ 上连续；

又 $f(a)<a$，$f(b)>b$，所以 $F(a)=f(a)-a<0$，$F(b)=f(b)-b>0$，

所以由零点定理知，在 (a, b) 内至少存在一点 ξ，使 $F(\xi)=0$，即 $f(\xi)-\xi=0$，

也就是说，方程 $e^{2x}-x-2=0$ 至少有一个小于 1 的正实根.

测试训练三

1. 求下列函数的极限.

(1) $\lim\limits_{x\to 0}\dfrac{x^2-1}{2x-3}$；　(2) $\lim\limits_{x\to -1}\dfrac{1}{\sqrt{x^2-4x-3}}$；　(3) $\lim\limits_{x\to \frac{\pi}{4}}\ln(\sin x)$；

(4) $\lim\limits_{x\to 0}\dfrac{e^x+1}{1+\sin x}$；　(5) $\lim\limits_{t\to 1}\dfrac{\sin t}{t}$；　(6) $\lim\limits_{x\to 1}\left[x\ln\left(1+\dfrac{1}{x}\right)\right]$.

2. 讨论函数 $f(x)=\begin{cases}1-x^2, & x\leqslant 0,\\ x-1, & x>0\end{cases}$ 在点 $x=0$ 处的连续性.

3. 设函数 $f(x)=\begin{cases}a+x, & x<0,\\ e^x, & x\geqslant 0\end{cases}$ 在点 $x=0$ 处连续，求 a 的值.

4. 设 $f(x)$ 在 $x=2$ 连续，且 $\lim\limits_{x\to 2}\dfrac{f(x)-3}{x-2}$ 存在，求 $f(2)$.

5. 指出下列函数的间断点，并判定其类型.

(1) $y=\dfrac{\sin x}{x}$；　(2) $y=\dfrac{1}{x-1}$；　(3) $y=\dfrac{x-1}{x^2-1}$；　(4) $f(x)=\begin{cases}\dfrac{1}{x}, & x<0,\\ x, & 0\leqslant x\leqslant 1,\\ 1-x, & x>1.\end{cases}$

6. 证明方程 $x^3-9x-1=0$ 恰有 3 个实根.

学习指导

一、主要知识点

1. 函数、基本初等函数、复合函数与初等函数的概念与性质.
2. 数列与函数极限的概念、性质、法则.
3. 无穷小及性质、无穷小阶的比较及等价替换、无穷大及与无穷小的关系.
4. 函数连续性的概念、间断点及类型、闭区间上连续函数的性质.

二、主要题型及解法

1. 求函数定义域并讨论函数的性质.

2. 求复合函数的复合过程:将函数由外向内,逐层分解,而每层写出的函数只能含有一种函数关系.

3. 求极限:列表取值观察;通过图像观察;运用四则运算法则;未定式 $\frac{0}{0}$ 先消去分子、分母的相同零因子,未定式 $\frac{\infty}{\infty}$ 通过分子、分母同除以分母的最高方幂的方式,将其转化成非未定式;复合函数极限公式;两个重要极限;无穷小关于"有界量与无穷小的乘积仍为无穷小" 的性质;无穷小等量代换;函数在一点连续的充要条件.

4. 求函数在一点的连续性:利用连续定义的三条,逐条验证即可.

5. 求函数的间断点及间断点类型:初等函数的间断点处在使函数无意义的点,分段函数的间断点可能处在其分界点处. 根据间断点处的极限情况,判断间断点类型.

6. 证明根的存在性.

三、主要数学知识、方法及在生产实际中的应用

1. 函数实际上就是变量与变量间的关系,在生产与质量控制过程中,也有很多稳定的变量间关系,即函数关系. 因此,研究函数的概念与性质,有助于解决生产、生活实际问题.

2. 极限的观点不仅是一种数学方法,更是一种数学思想,它提供给人们一种分析和理解问题的新理念,可以使我们能从事物的表象中看到本质. 对事物的形成和发展及过渡过程和变化趋势有一种清楚的理解和判断,它蕴含着哲学分析中动态思维的最基本的观念.

3. 函数的连续性描述的是变量不间断的变化趋势,而生产生活中不缺乏连续性的例子. 因此,如何判别连续性,如何运用连续性的性质分析、解决问题,就显得尤为重要.

总之,函数、极限、连续性的概念、性质及应用,是后续课程及专业学习的基础.

项目训练一

一、判断题.

1. $y=\sqrt{1-x^2}$ 与 $y=\sqrt{1+x}\cdot\sqrt{1-x}$ 是相同函数;

2. 函数 $y=\ln^3\sin x$ 是由 $y=u^3$, $u=\ln v$, $v=\sin x$ 复合而成的;

3. 数列 $\left\{\frac{(-1)^n}{n}\right\}$ 的极限值为 0;

4. $\lim\limits_{x\to 0}\frac{\tan x-\sin x}{x\ln(1+2x^2)}=\frac{1}{4}$;

5. 当 $x\to 0$ 时, $\sqrt{x^2+1}-1$ 与 $1-\cos x$ 是等价无穷小量.

二、填空题.

1. $\lim\limits_{n\to\infty}\frac{n-100}{n}=$ ________;

2. $\lim\limits_{x\to e}\ln x=$ ________;

3. 函数 $f(x)=\frac{\sqrt{x+2}}{(x+1)(x-4)}$ 的连续区间为________;

4. "函数 $f(x)$ 在 x_0 点有定义"是"极限 $\lim\limits_{x\to x_0}f(x)$ 存在"的________条件,同时是"函数 $y=f(x)$ 在 x_0 处连续"的________条件.

三、求函数极限.

1. $\lim\limits_{x\to 3}\frac{\sqrt{x+1}-2}{x^2-9}$;

2. $\lim\limits_{x\to 2}\left(\frac{1}{2-x}-\frac{4}{4-x^2}\right)$;

3. $\lim\limits_{x\to\infty}\frac{x^3-1}{3x^2+5x}$;

4. $\lim\limits_{x\to\infty}\left(\frac{x}{x+1}\right)^{3x+2}$;

5. $\lim\limits_{x\to\infty}\left(\frac{x-3}{x+1}\right)^{x+2}$.

四、求下列函数的定义域.

1. $y=\sqrt{x^2-1}+\ln(3-x)$；　　2. $y=\arcsin\dfrac{1-2x}{3}$.

五、写出下列复合函数的复合过程.

1. $y=\arctan\sqrt{1+x^2}$；　　2. $y=e^{\cos(3x-1)}$.

六、讨论函数 $f(x)=\begin{cases}2x, & x<1,\\ 2, & x=1,\\ x^2+1, & x>1.\end{cases}$ 在点 $x=1$ 处的连续性.

七、讨论函数 $y=\dfrac{x^2-1}{x^2-3x+2}$ 的连续性，若有间断点，指出其类型.

MATLAB 简介与入门

数学实验就是以学生为主体，用数学的方法结合计算机(使用数学软件)去解决实际问题，在“做数学”的过程中学习数学. 数学实验是沟通具体到抽象，感性到理性的一座桥梁. 学生从被动接受知识到主动参与，它更有效地培养学生的探索能力、动手能力和应用能力，激发学生的学习兴趣. 数学实验既是一种科研方法，也是一种学习手段，它能使学生获得在传统的学习环境中无法获得的知识信息.

MATLAB 是由美国 Mathworks 公司开发的工程计算软件，对处理大批数据效率特别高. 在欧美等高校 MATLAB 已成为线性代数、数理统计、数值分析、优化技术、自动控制、数字信号处理、图象处理、时间序列分析、动态系统仿真等课程的基本教学工具，同时已成为职业院校学生必须掌握的基本技能. 因此，我们选择 MATLAB 作为本课程的主要实验平台.

MATLAB 的原意为 Matrix Laboratory，即矩阵实验室，是由在数值线性代数领域颇有影响的 Cleve Moler 博士首创的. 后来由 Moler 博士等一批数学家和软件专家组建了 MathWorks 软件公司，专门从事 MATLAB 的扩展与改进. MATLAB 不仅具有强大的数值计算能力，而且具有数据图示功能和符号运算功能. 特别是大量的工具箱，扩展了应用领域，是高校学生、教师、科研人员和工程计算人员的最好选择，是数学建模必不可少的工具.

一、MATLAB 简介

MATLAB 是 MATrix LABoratory(“矩阵实验室”)的缩写，是由美国 MathWorks 公司开发的集数值计算、符号计算和图形可视化三大基本功能于一体的，功能强大、操作简单的语言. 是国际公认的最优秀数学应用软件之一.

现在，MATLAB 已经发展成为适合多学科的大型软件，在世界各高校，MATLAB 已经成为线性代数、数值分析、数理统计、优化方法、自动控制、数字信号处理、动态系统仿真等高级课程的基本教学工具. 特别是最近几年，MATLAB 在我国大学生数学建模竞赛中的应用，为参赛者在有限的时间内准确、有效地解决问题提供了有力的保证.

MATLAB 语言是以矩阵为基本数据单位，包括控制流语句、函数、数据结构、输入输出及面向对象等特点的高级语言，它具有以下主要特点：

1) 运算符和库函数极其丰富，语言简洁，编程效率高. MATLAB 除了提供和 C 语言一样的运算符号外，还提供广泛的矩阵和向量运算符. 由于库函数都由本领域的专家编写，用户不必担心函数的可靠性. 可以说，用 MATLAB 进行科技开发是站在专家的肩膀上. 利用其运算符号和库函数可使其程序相当简短，两三行语句就可实现几十行甚至几百行 C 程序的功能.

2) 源程序的开放性. 除内部函数外，所有 MATLAB 的核心文件和工具箱文件都是可读可改的源文件，这也是受欢迎的原因之一，用户可以通过阅读这些源文件进行更深入学习，也可修改源文件和加入自己的文件,使用自己的文件就像使用 MATLAB 自带的库函数一样方便.

3) 图形功能强大.它既包括对二维和三维甚至高维数据可视化、图像处理、动画制作等高层次的绘图命令,也包括可以修改图形及编制完整图形界面的、低层次的绘图命令.

4) 功能强大的工具箱.工具箱可分为两类:功能性工具箱和学科性工具箱.功能性工具箱主要用来扩充其符号计算功能、图示建模仿真功能、文字处理功能以及与硬件实时交互的功能.而学科性工具箱是专业性比较强的,如优化工具箱、统计工具箱、控制工具箱、小波工具箱、图象处理工具箱、通信工具箱等.

5) MATLAB 的缺点是,它和其他高级程序相比,程序的执行速度较慢.由于 MATLAB 的程序不用编译等预处理,也不生成可执行文件,程序为解释执行,所以速度较慢.但由于当前主流电脑的配置已经远远超过了 MATLAB 的最低要求,所以,对于一般目的的应用,不会产生太大影响.

二、MATLAB 界面

MATLAB 的界面除了标题栏和常用工具栏之外主要包括命令窗口(Command Window)、历史窗口(Command History)和工作空间管理窗口(Workspace),如图 1-19,下面逐一介绍.

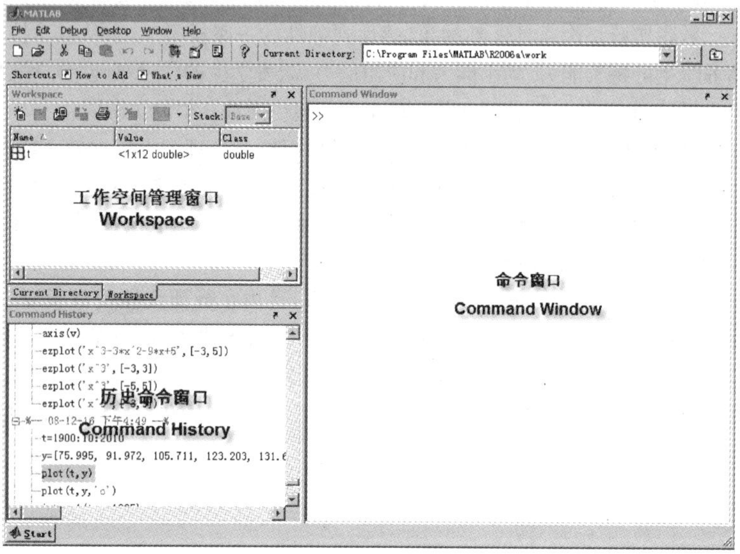

图 1-19

1) 历史命令窗口(Command History)

默认设置下历史命令窗口会保留自安装时起所有命令的历史记录,并标明使用时间,以方便使用者的查询.每次打开 MATLAB 后运行的命令都可以展开(默认状态)或折叠起来,而且双击某一行命令,即在命令窗口中执行该命令.

2) 工作空间管理窗口(Workspace)

在工作空间管理窗口中将显示所有目前保存在内存中的 MATLAB 变量的变量名、数据结构以及类型,而不同的变量类型分别对应不同的变量名图标.上图中,工作空间中有一个变量 t ,其值(Value)是 1 行 12 列的向量,类型(Class)是双精度(double)型.

3) 命令窗口(Command Window)

命令窗口是对 MATLAB 进行操作的主要载体,一般来说,MATLAB 的所有函数和命令都可以在命令窗口中执行“>>”是 MATLAB 的提示符,出现“>>”表示 MATLAB 已经准备完毕,可以输入命令了.下面详细介绍 MALTAB 命令行的操作.

三、MATLAB 的基本使用方法

MATLAB 的基本使用方法就是在命令窗口的提示符“>>”后输入一个符合 MALAB 语言规则的表达式，如 sin(pi/5)，然后单击回车键，则会得到该表达式的值.

```
>> sin(pi/5)      %计算 sin(pi/5)的值
ans =
0.5878
```

命令中“pi”是 MATLAB 默认的常量，代表圆周率；“ans”是 answer 的简写，当用户没有给运算结果指定存放的变量时，MATLAB 会把结果赋给“ans”；“%”表示其后的内容是注释，注释的内容不做任何处理，只是原样显示，所以可以用中文注释，但“%”必须是英文的百分号.

在 MATLAB 命令行操作中，有一些键盘按键可以提供特殊而方便的编辑操作. 比如：“↑”可用于调出前一个命令行，“↓”可调出后一个命令行，避免了重新输入的麻烦.

变量是 MATLAB 的基本要素之一，MATLAB 并不要求事先对所使用的变量进行声明，也不需要指定变量类型，MATLAB 语言会自动依据所赋予变量的值或对变量所进行的操作来识别变量的类型. 在赋值过程中如果赋值变量已存在时，MATLAB 语言将使用新值代替旧值，并以新值类型代替旧值类型.

在 MATLAB 语言中变量的命名应遵循如下规则：

(1) 变量名区分大小写.

(2) 变量名以字母开头，可以是字母、数字、下划线组成，但不能使用标点.

MATLAB 语言本身也具有一些预定义的变量，这些特殊的变量称为常量. MATLAB 语言中经常使用的一些常量值有：pi 圆周率；inf 正无穷大(infinity)；NaN 表示“非数”(Not a Number)；i, j 表示虚数单位；

sin 是正弦函数，这是 MATLAB 常用到的数学函数，其他常用的数学运算及函数如下.

四、MATLAB 中常用的数学运算及函数

1) 四则运算

+、-、*、/；

“^”表示乘方，如 x^2 表示 x 的平方，x^(1/3)表示 x 的三分之一次方.

2) 三角函数

sin(x)：正弦函数；cos(x)：余弦函数；tan(x)：正切函数.

3) 反三角函数

asin(x)：反正弦函数；acos(x)：反余弦函数；atan(x)：反正切函数.

4) 对数函数

log(x)：x 的自然对数；log 10(x) ：x 的常用对数.

5) 指数函数

exp(x)：e 的 x 次方.

6) 绝对值

abs(x)：x 的绝对值.

例如：求函数 $f(x)=e^{4.03x}\sin^2 x+9.003|x|$ 在 $x=3.4$ 处的函数值.

```
>> exp(4.03 * 3.4) * (sin(3.4))^2+9.003 * abs(3.4)
ans =
5.8325e+004
```

其中，5.8325e+004 是科学计数法，表示 58 325.

五、MATLAB 的符号变量

用 MATLAB 可以解决绝大多数高数问题. 对于 MATLAB 来说，高数问题分为两类：计算结果是纯数

字的数值运算和结果中含有字母的符号运算，对于后者，要先对字母(不论字母代表的是变量还是常量，只要不能事先指定数值的就都是字母)进行声明，在 MATLAB 中，这些字母统称为符号变量. 语法如下：

syms　变量名 1　变量名 2　…　变量名 n

功能：把变量名 1，变量名 2，…，变量名 n 声明为(或定义为)符号变量.

例如　>> syms　a　b　x　t　　% 定义 a，b，x，t 均为符号变量

注意 a　b　x　t 之间用空格分开.

六、MATLAB 中标点符号的作用

名称	标点	作用
逗号	,	用作要显示结果的指令与其后指令之间的分隔；用作输入量与输入量之间的分隔符；用作数组元素分隔符
黑点	.	用作数值表示中的小数点
分号	;	用作不显示计算结果指令的“结尾”标志；用作不显示计算结果指令与其后指令的分隔；用作数组的行间分隔符
冒号	:	用以生成一维数值数组；用作单下标援引时，表示全部元素构成的长列；用作多下标援引时，表示所在维上的全部元素
注释号	%	由它“启首”后的所有行部分被看作非执行的注释符
单引号对	”	字符串标记符
方括号	[ ]	输入数组时用；函数指令输出宗量列表时用
圆括号	( )	在数组援引时用；函数指令输入宗量列表时用

数学实验一　用 MATLAB 绘图、求极限

一、实验目的

1. 学习 MATLAB 的一元函数绘图命令.
2. 掌握用 MATLAB 软件求函数极限的方法.

二、实验内容

1. 学习 MATLAB 绘图命令

MATLAB 绘图命令比较多，我们选编一些常用命令，并简单说明其作用，这些命令的调用格式，可参阅例题及使用帮助 help 查找.

(1) 二维绘图函数

bar	条形图
hist	直方图
plot	简单的线性图形
polar	极坐标图形

(2) 基本线型和颜色

符号	颜色	符号	线型
y	黄色	.	点
m	紫红	0	圆圈
c	青色	x	x 标记
r	红色	+	加号
g	绿色	*	星号
b	兰色	-	实线
w	白色	:	点线
k	黑色	-.	点划线
		--	虚线

(3) 二维绘图工具

grid	放置格栅
gtext	用鼠标放置文本
hold	保持当前图形
text	在给定位置放置文本
title	放置图标题
xlabel	放置 x 轴标题
ylabel	放置 y 轴标题
zoom	缩放图形

(4) axis 命令

axis([x1, x2, y1, y2])	设置坐标轴范围
axis square	当前图形设置为方形
axis equal	坐标轴的长度单位设成相等
axis normal	关闭 axis equal 和 axis square
axis off	关闭轴标记、格栅和单位标志
axis on	显示轴标记、格栅和单位标志

(5) linspace 创建数组命令

调用格式为:

x=linspace(x1, x2, n),创建了 x1 到 x2 之间有 n 个数据的数组. 如

```
>>linspace(1, 100, 10)↙
ans  =
    1    12    23    34    45    56    67    78    89    100
```

(6) funtool 函数工具

在 Matlab 指令窗键入 funtool 可打开“函数计算器”图形用户界面.

2. 绘制函数图形举例

例 1.39　画出 $y=\cos x$ 的图像.

解 首先建立点的坐标，然后用 plot 命令将这些点绘出并用直线连接起来，采用中学五点作图法，选取五点：(0, 0)，$\left(\frac{\pi}{2}, 1\right)$，(π, 0)，$\left(\frac{3\pi}{2}, -1\right)$，(2π, 0).

输入命令：

```
>>x=[0, pi/2, pi, 3*pi/2, 2*pi];
>>y=cos(x);
>>plot(x, y)↙
```

运行结果为如图 1-20：

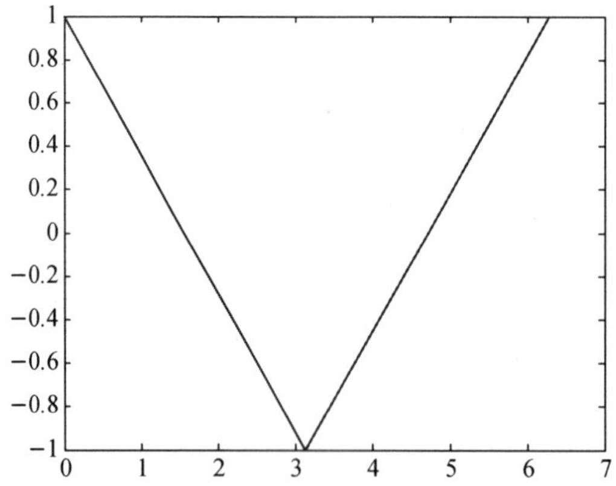

图 1-20

可以想象，随着点数增加，图形越来越接近 $y=\cos x$ 的图像. 例如，在 0 到 2π 之间取 50 个数据点. 输入命令：

```
>>x=linspace(0, 2*pi, 50);
>>y=cos(x);
>>plot(x, y)↙
```

运行结果为如图 1-21：

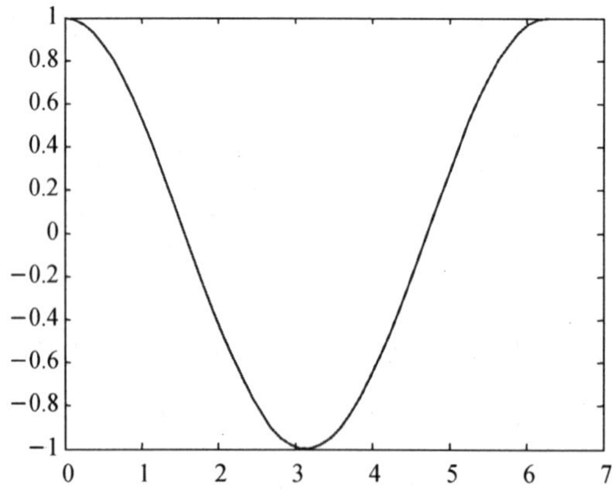

图 1-21

给图形加标记、格栅线. 输入命令：

```
>>x=0:0.1:2*pi;
```

>>y=cos(x)；

>>plot(x, y)；

>>title('余弦曲线')；　　　　% 给图加标题“余弦曲线”

>>text(5, 0, 'y=cos x')；　% 在点(5, 0)处放置文本“y=cos x”

>>grid↙　　　　　　　　　% 给图形加格栅线

上述命令中第四行给图加标题“正弦曲线”;第五行在点(5, 0)处放置文本“$y=\cos x$”;第六行给图形加格栅线.“%”符号后内容是对该命令语句的注释.

运行结果为如图 1-22:

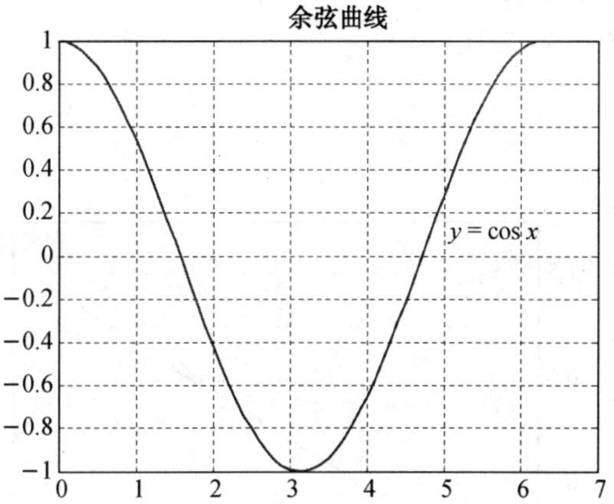

图 1-22

例 1.40　画出 $y=2^x$ 和 $y=(1/2)^x$ 的图像.

解　输入命令:

>>x=-6:0.1:6;

>>y1=2.^x;

>>y2=(1/2).^x;

>>plot(x, y1, x, y2);

>>axis([-6, 6, 0, 10]);

>>grid↙

运行结果为如图 1-23:

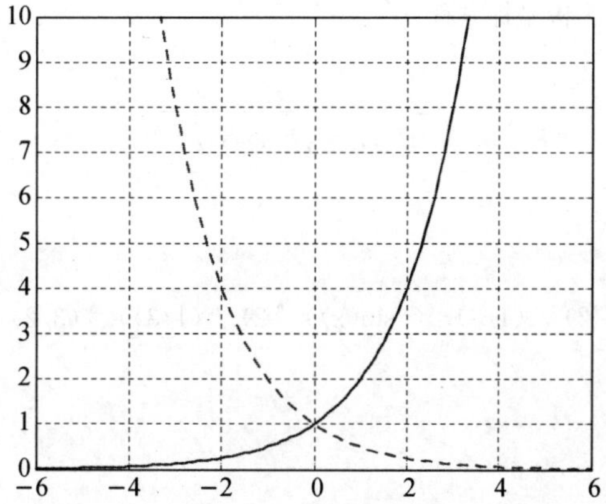

图 1-23

MATLAB 允许在一个图形中画多条曲线. plot(x, y1, x, y2)指令绘制 $y1=f(x)$, $y2=f(x)$ 等多条曲线. MATLAB 自动给这些曲线以不同颜色.

例 1.41 在同一坐标系中画出 $y=\sin x$, $y=x$, $y=\tan x$ 的图像.

解 输入命令:

```
>>x=-pi/2:0.1:pi/2;
>>y1=sin(x);
>>y2=x;
>>y3=tan(x);
>>plot(x, y1, x, y2, x, y3);
>>axis([-pi/2, pi/2, -2, 2]);
>>grid↙
```

运行结果为如图 1-24:

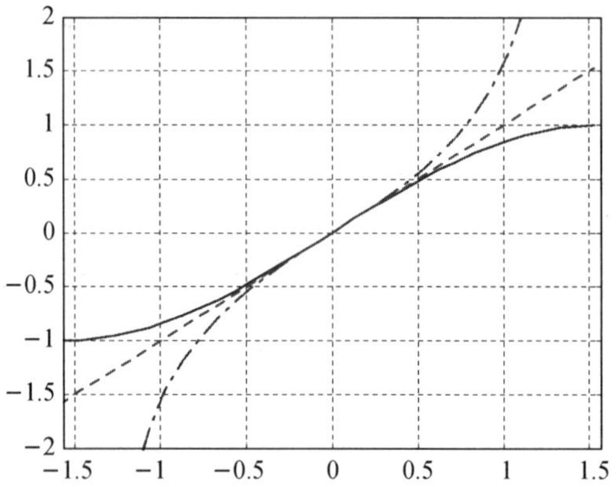

图 1-24

从图上看,当 $x>0$ 时, $\sin x<x<\tan x$, 当 $x<0$ 时, $\sin x>x>\mathrm{tg}\, x$, $y=x$ 是 $y=\sin x$ 和 $y=\tan x$ 在原点的切线,因此,当 $|x|\ll 1$ 时, $\sin x\approx x$, $\tan x\approx x$.

例 1.42 画出星形线 $\begin{cases} x=3\cos^3 t, \\ y=3\sin^3 t \end{cases}$ 的图像.

解 这是参数方程,可化为极坐标方程

$$r=\frac{3}{(\cos^{\frac{2}{3}} a+\sin^{\frac{2}{3}} a)^{\frac{3}{2}}}$$

输入命令:

```
>>x=0:0.01:2*pi;
>>r=3./(((cos(x)).^2).^(1/3)+((sin(x)).^2).^(1/3)).^(3/2);
>>polar(x, r)↙
```

运行结果为如图 1-25:

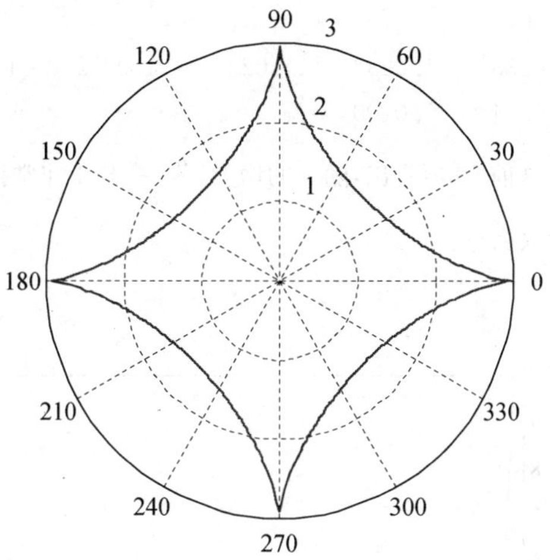

图 1-25

3. 学习 MATLAB 求极限的命令

MATLAB 求极限命令可列表如下：

数学运算	MATLAB 命令
$\lim\limits_{x\to 0} f(x)$	limit(f)
$\lim\limits_{x\to a} f(x)$	limit(f, x, a)或 limit(f, a)
$\lim\limits_{x\to a-} f(x)$	limit(f, x, a, 'left')
$\lim\limits_{x\to a+} f(x)$	limit(f, x, a, 'right')

理解极限概念：数列 $\{x_n\}$ 收敛或有极限是指当 n 无限增大时，$\{x_n\}$ 与某一常数无限接近，就图形而言，也就是其点列无限接近与 y 轴平行的直线.

4. MATLAB 求极限应用举例

例 1.43　观察数列 $\left\{\frac{n+1}{n}\right\}$ 当 $n\to\infty$ 时的变化趋势.

解　输入命令：

```
>>n=1:50;
>>xn=(n+1)./n↙
```

运行结果为：

```
xn =
 Columns 1 through 13
  2.0000   1.5000   1.3333   1.2500   1.2000   1.1667   1.1429
  1.1250   1.1111   1.1000   1.0909   1.0833   1.0769
Columns 14 through 26
  1.0714   1.0667   1.0625   1.0588   1.0556   1.0526   1.0500
  1.0476   1.0455   1.0435   1.0417   1.0400   1.0385
Columns 27 through 39
  1.0370   1.0357   1.0345   1.0333   1.0323   1.0313   1.0303
  1.0294   1.0286   1.0278   1.0270   1.0263   1.0256
```

Columns 40 through 50

1.0250　1.0244　1.0238　1.0233　1.0227　1.0222　1.0217

1.0213　1.0208　1.0204　1.0200

得到该数列的前 50 项,从这前 50 项看出,随 n 的增大,$\frac{n+1}{n}$ 与 1 非常接近.

下面画出 $\{x_n\}$ 的图像,输入命令:

```
>>plot(n, xn)↙
```

运行结果为如图 1-26:

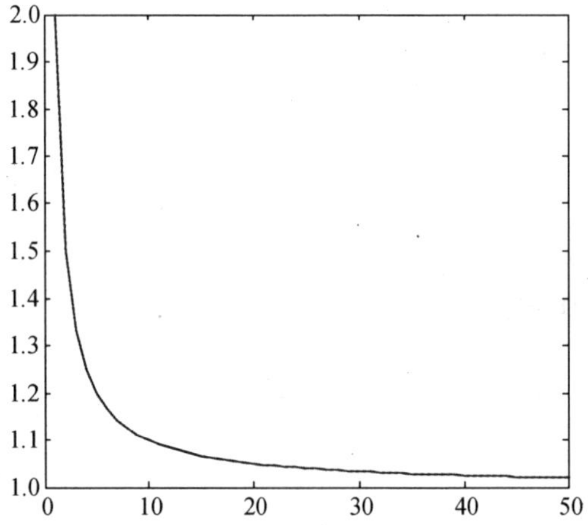

图 1-26

由图可看出,随 n 的增大,点列与直线 $y=1$ 无限接近,因此可得结论:

$$\lim_{n\to\infty}\frac{n}{n+1}=1.$$

例 1.44　分析函数 $f(x)=\frac{\sin x}{x}$,当 $x\to 0$ 时的变化趋势.

解　画出函数 $f(x)$ 在 $[-1, 1]$ 上的图像:

```
>>x=-1:0.01:1;
>>y=sin(x)./x;
>>plot(x, y)↙
```

运行结果为如图 1-27:

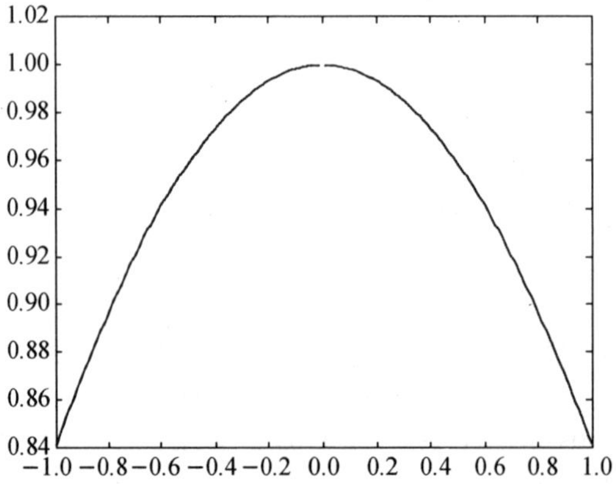

图 1-27

从图上看，$\frac{\sin x}{x}$随着$|x|$的减小，越来越趋近于1.

例1.45　分析函数$f(x)=\sin\frac{1}{x}$当$x\to 0$时的变化趋势.

解　输入命令：

```
>>x=-0.5:0.001:0.5;
>>y=sin(1./x);
>>plot(x, y)↙
```

运行结果为如图1-28：

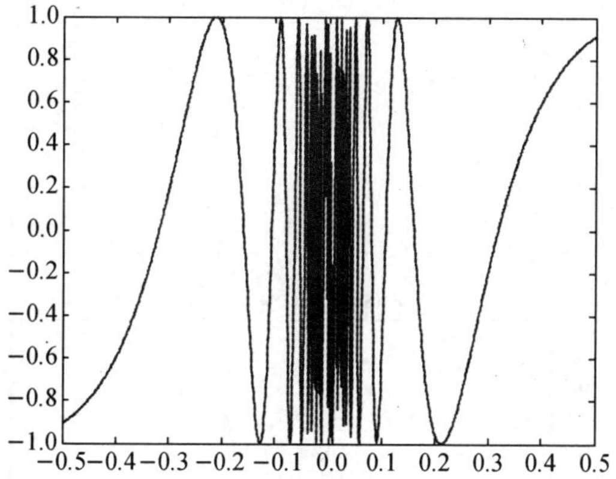

图1-28

从图上看，当$x\to 0$时，$\sin\frac{1}{x}$在−1和1之间无限次振荡，所以极限不存在.

例1.46　考察$f(x)=\left(1+\frac{1}{x}\right)^x$当$x\to\infty$时的变化趋势.

解　输入命令：

```
>>x=1:100;
>>y=(1+1./x).^x;
>>plot(x, y);
>>grid↙
```

运行结果为如图1-29：

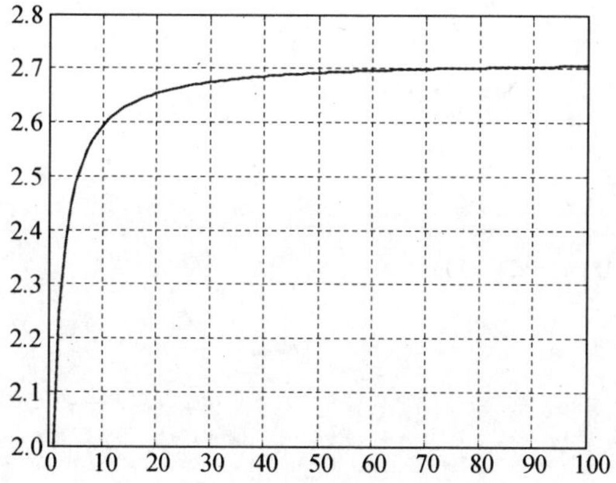

图1-29

从图上看，当 $x\to\infty$ 时，函数值与某常数无限接近，我们知道，这个常数就是 e.

例 1.47 求 $\lim\limits_{x\to 0}\dfrac{1-\cos x}{x\sin x}$.

解 输入命令：

```
>>syms x;
>>f=(1-cos(x))./x.*sin(x);
>>limit(f, x, 0)↙
```

运行结果为：

```
ans =
0
```

画出函数图像：

```
>>ezplot(f);
>>grid↙
```

运行结果为如图 1-30：

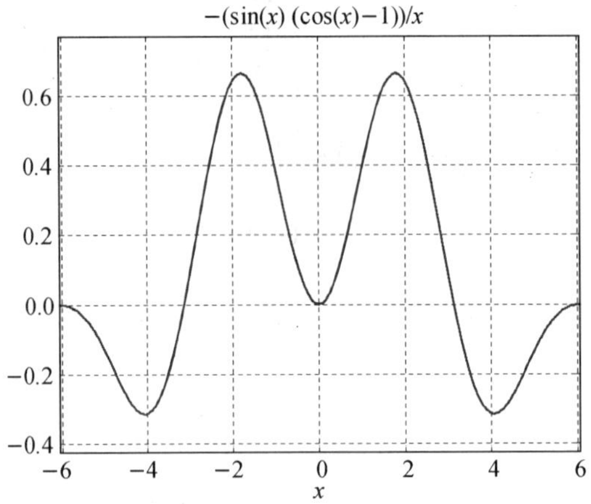

图 1-30

例 1.48 求 $\lim\limits_{x\to 2}\left(\dfrac{1}{2-x}-\dfrac{4}{4-x^2}\right)$.

解 输入命令：

```
>>limit(1./(2-x)-4./(4-x.^2), 2)↙
```

得结果：ans=

```
    -1/4
```

画出函数的图像：

```
>>ezplot(1/(2-x)-4/(4-x.^2));
>>grid↙
```

运行结果为如图 1-31：

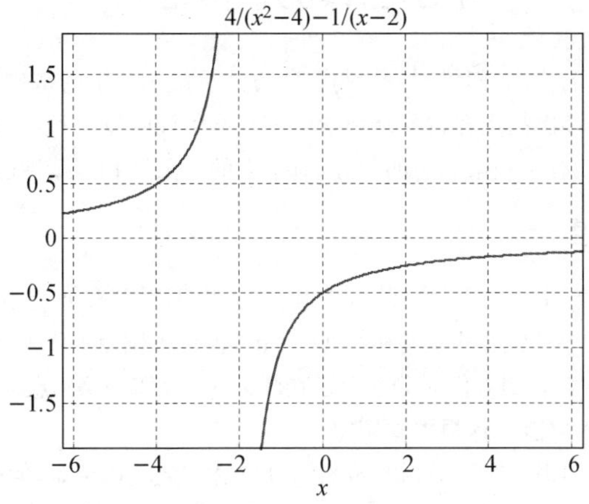

图 1-31

例 1.49　求 $\lim\limits_{x\to 0^-}\dfrac{1}{x}$.

解　输入命令：

>>limit(1/x, x, 0, 'left')↙

得结果:ans =

　　−Inf　　　　　　　　%−Inf 表示 −∞

例 1.50　求极限 $\lim\limits_{x\to\infty}\left(1+\dfrac{2t}{x}\right)^{3x}$.

解　输入命令：

```
>> syms  x  t
>> limit ((1+2 * t/x)^(3 * x), x, inf)
ans=
exp(6 * t)
```

再如求函数 x/|x|，当 $x\to 0$ 时的左极限和右极限，命令及结果为：

```
>> syms x
>> limit(x/abs(x), x, 0, 'left')      ans = −1
>> limit(x/abs(x), x, 0, 'right')     ans = 1
```

实训一

1. 求函数 $f(x)=\ln\sin^2 x$ 在 $x=9.03$ 处的函数值.

2. 求下列极限.

(1) $\lim\limits_{n\to\infty}\left(1-\dfrac{1}{n}\right)^n$；　　(2) $\lim\limits_{n\to\infty}\sqrt[n]{n^3+3^n}$；

(3) $\lim\limits_{n\to\infty}(\sqrt{n+2}-2\sqrt{n+1}+\sqrt{n})$；　　(4) $\lim\limits_{x\to 1}\left(\dfrac{2}{x^2-1}-\dfrac{1}{x-1}\right)$；

(5) $\lim\limits_{x\to 0}x\cot 2x$；　　(6) $\lim\limits_{n\to\infty}(\sqrt{x^2+3x}-x)$.

数学史知识

中国古代的极限思想

微积分是近代数学产生的标志,而极限概念与极限方法是微积分学的基础. 美国学者 C. B 波斯湾耶在它的《微积分概念史》一书中多次指出在古希腊数学中没有产生极限概念和使用过极限方法. 但在古代东方的中国,早在春秋战国时期就有了极限思想的萌芽,对宇宙的无限性和连续性已有相当深的认识.

一、庄子的极限思想

《庄子·天下篇》"天下篇"中说"一尺之棰,日取其半,万事不竭". 看似容易理解,事实上,短短的 12 个字,却包含了更丰富的内容. "一尺之棰"说明在 2 300 年前,古代中国就有了长度的单位;"日取其半",即每天取前一天所剩下长度的 1/2,表明人们对分数有了初步认识;"万事不竭"意为如此过程进行下去,即使是无限长的时间(即万世),也不可能把这根木棒切完.

庄子认识到这是一个走向极限"0"的过程,虽然"一尺之棰"被越切越短,但是"万事不竭"——被切剩下的长度永远不为 0,而又无限逼近 0,即极限为 0. 这反映了古代对极限的一种思考,他不但代表了我们祖先的极限思想,也提供了一个"无限小量"的实际例子. 这是经典论断,至今在微积分的数列极限教学中还经常使用.

二、刘徽的割圆术

我国古代的极限思想与方法主要寓于求积(面积、体积)理论.

魏晋时代的数学家刘徽继承和发扬了现秦诸子关于极限思想,在《九章算术》中利用"割圆术"证明了圆面积的精确公式,并给出了计算圆周率 π 的方法.

刘徽以"割之弥细,所失弥少,割之又割以至于不可割,则圆周合体而无所失矣"来总结这种方法. 他首先从圆内接正六边形开始割圆,每次边数倍增,当算得正 3 072 边形的面积,求到 $\pi \approx 3.1416$,这就是历史上著名的"徽率".

刘徽的割圆术在今天看来并不稀奇,但是在他们那个时代,能有这样的思想方法,本身就是数学史上的创举! 他首先想到用正多边形的周长之和近似代替圆周长,体现了"以直代曲"的思想;然后将正多边形的边数成倍增加,使得正多边形的边长之和越来越接近于圆周长,体现了"逐步逼近"的极限思想和"从量变到质变"的哲学思想.

三、祖冲之与圆周率

在刘徽的"割圆术"思想和徽率的影响下,涌现出了一批探求圆周率而有成的学者,如南朝时代的何成天、皮延宗、祖冲之等,其中祖冲之在徽率的基础上进一步研究,将圆周率的值推算到小数点后 7 位,即 $3.1415926 < \pi < 3.1415927$. 这一光辉的数据,使我国在数学史上又创造了一个世界第一,在圆周率计算这个领域遥遥领先世界长达 1 000 年之久.

项目二

导数、微分及应用

知识目标

理解概念：导数、微分及其几何意义、几何应用.

掌握题型：求函数的导数、求函数的微分、求曲线的切线方程与法线方程.

能力目标

通过导数与微分的学习，体会数学概念与理论的形成过程，培养创新思维能力.

导数与微分是《微积分学》的核心概念，是联系“微分学”与“积分学”的纽带，它们的产生、发展与应用，突出体现了数学“来源于实践，又应用于实践”的特点.

本项目将从实际例子入手，研究函数的导数与微分的概念、几何意义、基本公式、运算法则等理论知识，进而研究导数与微分在实际生产、生活中的应用.

任务一　导数及运算

知识目标

理解概念：导数及其几何意义、力学意义，导数基本公式及法则，高阶导数，隐函数.

掌握题型：求曲线的切线方程与法线方程、求函数的一阶、二阶及高阶导数、对数求导法求导法、隐函数求导法.

能力目标

通过导数的学习，体会导数概念及其理论的形成过程，培养创新思维能力；提高变形能力和运算能力，培养严谨的学风和灵活的思维方式.

一、导数的认识

函数的可导性与函数的连续性一样，是函数的重要特性之一. 函数的连续性描述的是函数变化连贯性问题；而函数的可导性描述的是函数曲线的平滑程度及弯曲特性，是研究函数变化快慢的量，因此导数又称为函数的变化率.

以下将结合实例，进一步研究导数概念的具体含义.

引例　变速直线运动的瞬时速度

已知自由落体的运动规律为 $s=\frac{1}{2}gt^2$，求物体下落到 t_0 时刻的瞬时速度 $v(t_0)$.

解 为了解决物体在 t_0 时刻的瞬时速度，在 t_0 时刻给时间 t 以增量 Δt，则

(1) 物体从 t_0 到 $t_0+\Delta t$ 内下落的路程为 $\Delta s=\frac{1}{2}(t_0+\Delta t)^2-\frac{1}{2}gt_0^2=gt_0\Delta t+(\Delta t)^2$.

(2) 物体从 t_0 到 $t_0+\Delta t$ 这段时间内下落的平均速度为 $\bar{v}=\frac{\Delta s}{\Delta t}=gt_0+\Delta t$.

(3) 由于速度的变化是连续的，当所给时间增量 Δt 很小时，速度的变化不大，平均速度 $\bar{v}$ 可以看作物体在 t_0 时刻的瞬时速度 $v(t_0)$ 的近似值，而且，当 Δt 越来越小时，$\bar{v}$ 就越来越接近 t_0 时刻的瞬时速度. 由极限的思想，若当 $\Delta t\to 0$ 时，平均速度 $\bar{v}$ 的极限就是物体在 t_0 时刻的瞬时速度 $v(t_0)$，即 $v(t_0)=\lim\limits_{\Delta t\to 0}\bar{v}=\lim\limits_{\Delta t\to 0}\frac{\Delta s}{\Delta t}=\lim\limits_{\Delta t\to 0}(gt_0+\Delta t)=gt_0$.

这与物理学中的结果是一致的.

总结 上述解决问题的思路和方法，不仅能解决自由落体的瞬时速度，而且可以解决一般变速直线运动的瞬时速度问题.

如：若物体的运动规律为 $s=s(t)$，则物体在 t_0 时刻的速度 $v(t_0)$ 为

$$v(t_0)=\lim_{\Delta t\to 0}\bar{v}=\lim_{\Delta t\to 0}\frac{\Delta s}{\Delta t}=\lim_{\Delta t\to 0}\frac{s(t_0+\Delta t)-s(t_0)}{\Delta t}.$$

结论 以上的讨论表明：

(1) $\frac{\Delta y}{\Delta x}$ 的本质：函数在某区间上的平均变化率(相当于变速直线运动的平均速度)；

(2) $\lim\limits_{\Delta x\to 0}\frac{\Delta y}{\Delta x}$ 的本质：函数在一点处的变化率(相当于变速直线运动的瞬时速度).

在科学技术和现实生活中，还有许多问题，都可化归为这样一个比值的极限来解决.

如：非恒定电流的瞬时电流强度 $i(t_0)=\lim\limits_{\Delta t\to 0}\bar{i}=\lim\limits_{\Delta t\to 0}\frac{\Delta Q}{\Delta t}=\lim\limits_{\Delta t\to 0}\frac{Q(t_0+\Delta t)-Q(t_0)}{\Delta t}$.

于是，数学上把这些相似的问题加以归纳、抽象，建立了导数的概念.

二、导数的定义

定义 2.1(函数 $y=f(x)$ 在 x_0 点处的导数) 设函数 $y=f(x)$ 在 x_0 的某一邻域内有定义，在点 x_0 处给自变量 x 以增量 Δx，相应的函数增量为 $\Delta y=f(x_0+\Delta x)-f(x_0)$.

若极限 $\lim\limits_{\Delta x\to 0}\frac{\Delta y}{\Delta x}=\lim\limits_{\Delta x\to 0}\frac{f(x_0+\Delta x)-f(x_0)}{\Delta x}$ 存在，则称此极限值为函数 $y=f(x)$ 在 x_0 的导数，记作 $f'(x_0)$ 或 $y'|_{x=x_0}$ 或 $\left.\frac{\mathrm{d}y}{\mathrm{d}x}\right|_{x=x_0}$.

即 $f'(x_0)=\lim\limits_{\Delta x\to 0}\frac{\Delta y}{\Delta x}=\lim\limits_{\Delta x\to 0}\frac{f(x_0+\Delta x)-f(x_0)}{\Delta x}$. (导数定义式 1)

若记 $x=x_0+\Delta x$，则 $\Delta x=x-x_0$，此时，当 $\Delta x\to 0$ 时，$x\to x_0$；

因此上式还可表示为 $f'(x_0)=\lim\limits_{\Delta x\to 0}\dfrac{\Delta y}{\Delta x}=\lim\limits_{x\to x_0}\dfrac{f(x)-f(x_0)}{x-x_0}$. （导数定义式 2）

此时，称函数 $y=f(x)$ 在 x_0 点可导；否则，称函数 $y=f(x)$ 在 x_0 点不可导；如果不可导的原因是极限 $\lim\limits_{\Delta x\to 0}\dfrac{\Delta y}{\Delta x}=\infty$，那么，也称函数 $y=f(x)$ 在 x_0 的导数为无穷大.

结论 路程函数 $s=s(t)$ 的一阶导数 $s'(t_0)$，在力学上表示 t_0 时刻的瞬时速度 $v(t_0)$. 即 $v(t_0)=s'(t_0)$.

定义 2. 2(导函数) 如果函数 $y=f(x)$ 在区间 (a, b) 内每一点都可导，则对 (a, b) 内每一点 x，函数都有确定的导数值与之对应，在区间 (a, b) 内点 x 与函数 $f(x)$ 的导数之间形成了一个新的函数，把这个函数称为函数 $y=f(x)$ 的导函数，简称导数，记作 $f'(x)$ 或 y' 或 $\dfrac{dy}{dx}$.

即 $f'(x)=\lim\limits_{\Delta x\to 0}\dfrac{\Delta y}{\Delta x}=\lim\limits_{\Delta x\to 0}\dfrac{f(x+\Delta x)-f(x)}{\Delta x}$. 显然 $f'(x_0)=y'|_{x=x_0}$.

结论 函数 $y=f(x)$ 在点 x_0 处的导数值 $f'(x_0)$，就是导函数 $f'(x)$ 在该点的函数值.

应用 求某一点的导数值时，可先求出导函数，然后计算其函数值即可.

总结 导数定义法求函数导数 $f'(x)$ 的一般步骤：

(1) 求增量：$\Delta y=f(x+\Delta x)-f(x)$；

(2) 算比值：$\dfrac{\Delta y}{\Delta x}=\dfrac{f(x+\Delta x)-f(x)}{\Delta x}$；

(3) 取极限：$f'(x)=\lim\limits_{\Delta x\to 0}\dfrac{\Delta y}{\Delta x}=\lim\limits_{\Delta x\to 0}\dfrac{f(x+\Delta x)-f(x)}{\Delta x}$.

由导数的定义，结合以上求导数的一般步骤，可得到如下的导数基本公式：

(1) $(C)'=0$； (2) $(x^\alpha)'=\alpha x^{\alpha-1}$； (3) $(\sin x)'=\cos x$；

(4) $(\cos x)'=-\sin x$； (5) $(\log_a x)'=\dfrac{1}{x\ln a}$； (6) $(\ln x)'=\dfrac{1}{x}$.

三、导数的几何意义

函数在点 x_0 处导数值 $f'(x_0)$，在几何上表示的是曲线 $y=f(x)$ 在 x_0 点的切线斜率. 即 $k_{切}=f'(x_0)=y'|_{x=x_0}$.

如果函数 $y=f(x)$ 在 x_0 点的导数是无穷大，则其几何意义是曲线 $y=f(x)$ 在相应点处有切线，并且切线垂直于 x 轴.

如果函数 $y=f(x)$ 在 x_0 点可导，则曲线 $y=f(x)$ 在点 $(x_0, f(x_0))$ 处的切线方程为

$$y-f(x_0)=f'(x_0)(x-x_0).$$

例 2. 1 求曲线 $y=\sin x$ 在 $x=\dfrac{\pi}{3}$ 处的切线方程和法线方程.

解 因为 $y'=(\sin x)'=\cos x$，所以，由导数的几何意义，得切线斜率：

$k_{切} = \cos\dfrac{\pi}{3} = \dfrac{1}{2}$，从而法线斜率为 $k_{法} = -2$.

又 $x = \dfrac{\pi}{3}$ 时，$y = \dfrac{\sqrt{3}}{2}$，即切点为 $\left(\dfrac{\pi}{3}, \dfrac{\sqrt{3}}{2}\right)$.

于是，切线方程为 $y - \dfrac{\sqrt{3}}{2} = \dfrac{1}{2}\left(x - \dfrac{\pi}{3}\right)$，即 $3x - 6y - \pi + 3\sqrt{3} = 0$；

法线方程为 $y - \dfrac{\sqrt{3}}{2} = -2\left(x - \dfrac{\pi}{3}\right)$，即 $12x + 6y - 4\pi - 3\sqrt{3} = 0$.

结论 (1) 导数是研究函数变化快慢的量，所以导数又称为函数的变化率(导数的本质)；

(2) 导数为函数增量与自变量增量比值的极限，

即 $f'(x) = \lim\limits_{\Delta x \to 0}\dfrac{\Delta y}{\Delta x} = \lim\limits_{\Delta x \to 0}\dfrac{f(x+\Delta x) - f(x)}{\Delta x}$ (导数定义式 1)，

或 $f'(x_0) = \lim\limits_{\Delta x \to 0}\dfrac{\Delta y}{\Delta x} = \lim\limits_{x \to x_0}\dfrac{f(x) - f(x_0)}{x - x_0}$ (导数定义式 2)；

(3) 导数又称为微商 $\left(\text{由 } y' = \dfrac{\mathrm{d}y}{\mathrm{d}x} \text{ 为函数的微分 } \mathrm{d}y \text{ 与自变量微分 } \mathrm{d}x \text{ 之商而得名}\right)$；

(4) 函数在点 x_0 处的导数 $f'(x_0)$，在几何上表示曲线 $y = f(x)$ 在 x_0 点处的切线斜率，即 $k_{切} = f'(x_0) = y'|_{x=x_0}$(导数的几何意义)；

(5) 路程函数的一阶导数为速度，路程函数的二阶导数为加速度，

即 $s'(t) = v(t)$，$s''(t) = a(t)$(导数的力学意义)；

(6) "导函数 $f'(x)$"与"函数在点 x_0 处的导数值 $f'(x_0)$"的关系，是函数与函数值的关系.

三、可导与连续的关系

连续和可导是函数的两个重要特性，它们的关系如何呢？下面的定理给出了答案.

定理 2.1 如果函数 $f(x)$ 在点 x_0 处可导，那么，函数 $f(x)$ 在点 x_0 处连续.

证 设 $f(x)$ 在 x_0 可导，即 $\lim\limits_{\Delta x \to 0}\dfrac{\Delta y}{\Delta x} = f'(x_0)$ 存在，

从而 $\lim\limits_{\Delta x \to 0}\Delta y = \lim\limits_{\Delta x \to 0}\left(\dfrac{\Delta y}{\Delta x} \cdot \Delta x\right) = \lim\limits_{\Delta x \to 0}\dfrac{\Delta y}{\Delta x} \cdot \lim\limits_{\Delta x \to 0}\Delta x = f'(x_0)\lim\limits_{\Delta x \to 0}\Delta x = 0$.

所以 $f(x)$ 在点 x_0 处连续.

注 定理的逆定理不成立，即函数 $f(x)$ 在点 x_0 处连续，但函数在点 x_0 处不一定可导.

如：函数 $f(x) = |x|$ 在点 $x = 0$ 处，连续但不可导.

结论 可导必连续，连续未必可导.

四、导数基本公式

表 2-1 给出了基本初等函数的导数公式. 其中，有的公式是上一节由导数定义求得；有的公式将随着导数的运算法则的学习而求得.

表 2-1

(1) $(c)'=0$,	(2) $(x^{\alpha})'=\alpha x^{\alpha-1}$($\alpha$为任意实数)
(3) $(a^{x})'=a^{x}\ln a\ (a>0,a\neq 1)$	(4) $(e^{x})'=e^{x}$
(5) $(\log_a^x)'=\dfrac{1}{x\ln a}\ (a>0,a\neq 1)$	(6) $(\ln x)'=\dfrac{1}{x}$
(7) $(\sin x)'=\cos x$	(8) $(\cos x)'=-\sin x$
(9) $(\tan x)'=\sec^2 x$	(10) $(\cot x)'=-\csc^2 x$
(11) $(\sec x)'=\sec x\tan x$	(12) $(\csc x)'=-\csc x\cot x$
(13) $(\arcsin x)'=\dfrac{1}{\sqrt{1-x^2}}$	(14) $(\arccos x)'=-\dfrac{1}{\sqrt{1-x^2}}$
(15) $(\arctan x)'=\dfrac{1}{1+x^2}$	(16) $(\text{arccot}\, x)'=-\dfrac{1}{1+x^2}$

例 2.2 已知 $y=\dfrac{x^2\cdot\sqrt[3]{x}}{\sqrt{x}}$，求 y'.

解 因为 $y=x^{2+\frac{1}{3}-\frac{1}{2}}=x^{\frac{11}{6}}$，所以，$y'=(x^{\frac{11}{6}})'=\dfrac{11}{6}x^{\frac{11}{6}-1}=\dfrac{11}{6}x^{\frac{5}{6}}$.

五、导数的四则运算法则

设 $u=u(x)$, $v=v(x)$ 在 x 点可导，则它们的和、差、积、商在 x 点也可导，且有：

法则 1 $(u\pm v)'=u'\pm v'$.

法则 2 $(uv)'=u'v+uv'$；特别地，$(cu)'=cu'$.

法则 3 $\left(\dfrac{u}{v}\right)'=\dfrac{u'v-uv'}{v^2}\ (v\neq 0)$.

说明 法则 1、法则 2 可以推广到有限个可导函数.

如：若 u, v, w 都是可导函数，则 $(uvw)'=u'vw+uv'w+uvw'$.

例 2.3 求函数 $y=3\ln x+2\cos x-5$ 的导数.

解 $y'=3(\ln x)'+2(\cos x)'-(5)'=\dfrac{3}{x}-2\sin x-0=\dfrac{3}{x}-2\sin x$.

例 2.4 求函数 $y=(1+x^2)\arctan x$ 的导数.

解
$$y'=(1+x^2)'\arctan x+(1+x^2)(\arctan x)'$$
$$=2x\arctan x+(1+x^2)\frac{1}{1+x^2}=2x\arctan x+1.$$

例 2.5 设函数 $f(x)=\dfrac{1-x}{1+x}$，求 $f'(0)$.

解 因为
$$f'(x)=\frac{(1-x)'(1+x)-(1-x)(1+x)'}{(1+x)^2}=\frac{-(1+x)-(1-x)}{(1+x)^2}$$
$$=\frac{-2}{(1+x)^2},$$

所以 $f'(0)=\dfrac{-2}{(1+0)^2}=-2$.

例 2.6 求函数 $y=\sin^2 x$ 的导数.

解 因为 $y=\sin^2 x=\sin x\sin x$，所以

$y'=(\sin x\sin x)'=(\sin x)'\sin x+\sin x(\sin x)'=\cos x\sin x+\sin x\cos x$

$\quad =2\sin x\cos x=\sin 2x$.

思考 上例中的函数若为 $y=\sin^{200}x$，又如何求其导数？是否有更简便方法呢？

答案 有更简便的方法对其求导，这便是复合函数的求导法则.

六、复合函数的求导法则

定理 2.2 设 $y=f(u)$ 与 $u=u(x)$ 可以复合成函数 $y=f[u(x)]$，如果 $u=u(x)$ 在 x 点可导，而 $y=f(u)$ 在对应的 $u=u(x)$ 处可导，则复合函数 $y=f[u(x)]$ 在 x 点可导，且 $y'_x=f'_u(u)\cdot u'_x(x)$，或写成 $\dfrac{\mathrm{d}y}{\mathrm{d}x}=\dfrac{\mathrm{d}y}{\mathrm{d}u}\cdot\dfrac{\mathrm{d}u}{\mathrm{d}x}$.（复合函数求导的链式法则）

说明 复合函数的导数等于函数先对中间变量求导，再乘以中间变量对自变量的导数.

注 该法则可以推广到多个(有限个)可导函数构成的复合函数的情形.

如：设 $y=f(u)$，$u=u(v)$，$v=v(x)$ 均为可导函数，则有

$$\frac{\mathrm{d}y}{\mathrm{d}x}=\frac{\mathrm{d}y}{\mathrm{d}u}\cdot\frac{\mathrm{d}u}{\mathrm{d}v}\cdot\frac{\mathrm{d}v}{\mathrm{d}x} \quad 或 \quad y'_x=y'_u\cdot u'_v\cdot v'_x.$$

例 2.7 求下列函数的导数.

(1) $y=\sin(2x^2-5)$； (2) $y=\ln\sin 2x$.

解 (1) 因为 $y=\sin(2x^2-5)$ 是由 $y=\sin u$，$u=2x^2-5$ 复合而成，又

$y'_u=\cos u$，$u'_x=(2x^2-5)'=4x$，故

$y'_x=y'_u\cdot u'_x=\cos u\cdot 4x=4x\cos(2x^2-5)$.

(2) 因为 $y=\ln u$ 由 $u=\sin v$，$v=2x$ 复合而成，而

$$y'_u=\frac{1}{u},\ u'_v=\cos v,\ v'_x=2,$$

故 $y'=y'_u\cdot u'_v\cdot v'_x=\dfrac{1}{u}(\cos v)(2)=\dfrac{2\cos 2x}{\sin 2x}=2\cot 2x$.

说明 当复合函数求导熟练以后，其求导的中间过程不必写出，而是默记在心中，并由外向内逐层求导即可；这样既不容易出错，又能简化求导过程.

例 2.8 求下列函数的导数.

(1) $y=\ln(2-3x)$； (2) $y=\mathrm{e}^{\cos 2x}$； (3) $y=\mathrm{e}^{3x}\sin 4x$.

解 (1) $y'=[\ln(2-3x)]'=\dfrac{1}{2-3x}(2-3x)'=\dfrac{1}{2-3x}(-3)=-\dfrac{3}{2-3x}$；

(2) $y'=[\mathrm{e}^{\cos 2x}]'=\mathrm{e}^{\cos 2x}(\cos 2x)'=\mathrm{e}^{\cos 2x}(-\sin 2x)(2x)'=-2\sin 2x\mathrm{e}^{\cos 2x}$；

(3) $y'=(\mathrm{e}^{3x})'\sin 4x+\mathrm{e}^{3x}(\sin 4x)'=\mathrm{e}^{3x}(3x)'\sin 4x+\mathrm{e}^{3x}\cos 4x(4x)'$

$\quad =3\mathrm{e}^{3x}\sin 4x+4\mathrm{e}^{3x}\cos 4x=\mathrm{e}^{3x}(3\sin 4x+4\cos 4x)$.

七、隐函数求导法

1. 隐函数与显函数

(1) 隐函数：由变量 x、y 所满足的方程 $F(x, y)=0$ 确定的函数关系，称为隐函数.

如：由方程 $x^2+y^2=x\ln y+1$ 或 $e^{x+y}-\sin(xy)+x^2=5$ 确定的函数均为隐函数.

(2) 显函数：本节之前所介绍的函数 $y=f(x)$，称为显函数.

2. 隐函数求导的方法及一般步骤

法 1：把隐函数化成显函数，然后再求其导数(仅适合于可化成显函数的隐函数).

法 2：

步骤 1：将方程两边同时关于 x 求导；

步骤 2：解出函数的导数 $f'(x)$ 或 y'.

注　关于 y 的函数(如 y^2, $\ln y$, $\sin(x+y)$, e^y 等)，要把它看作 x 的复合函数，利用复合函数的求导法则求导.

例 2.9　求由方程 $x^2+y^2=R^2$ 所确定的隐函数的导数 y'.

解　方程两端同时对 x 求导，得 $(x^2)'+(y^2)'=0$,

即 $2x+2y\cdot y'=0$，解得 $y'=-\dfrac{x}{y}$.

例 2.10　求曲线 $e^y+xy-e^2=0$ 在点(0, 2)处的切线方程.

解　等式两端同时对 x 求导数，得 $e^y y'+y+xy'=0$.

所以　$\dfrac{dy}{dx}=y'=-\dfrac{y}{x+e^y}$.

由导数的几何意义，得 $k=y'\Big|_{\substack{x=0\\y=2}}=-\dfrac{2}{e^2}$,

从而曲线在(0, 2)处的切线方程为 $y-2=-\dfrac{2}{e^2}x$，即 $2x+e^2y-2e^2=0$.

八、对数求导法

例 2.11　求 $y=x^x(x>0)$ 的导数.

分析　形如 $y=\varphi(x)^{u(x)}$ 的函数称作幂指函数，它既不是指数函数，也不是幂函数，故不能直接求导.

方法与步骤　(1) 等式两边取对数(一般选择自然对数)；(将函数化为隐函数)

(2) 利用隐函数求导法，求出函数的导数.

解　两边取自然对数，得 $\ln y=x\ln x$,

两边对 x 求导数，得 $\dfrac{1}{y}y'=1+\ln x$,

解得 $y'=y(1+\ln x)=x^x(1+\ln x)$.

说明　(1) 由于方程 $\ln y=x\ln x$ 和函数 $y=x^x$ 表示的是同一个函数，所以，求 $y=x^x$ 的导数，只要求方程 $\ln y=x\ln x$ 所确定的隐函数的导数即可.

(2) 本题也可以采取变形后直接求导的方法，具体做法是：

由对数恒等式 $N = \mathrm{e}^{\ln N}$ 及幂的对数法则，得 $y = x^x = \mathrm{e}^{\ln x^x} = \mathrm{e}^{x\ln x}$. 此时，函数就变为指数函数，可以按照指数函数求导公式及复合函数求导法则、积的导数法则直接求导.

例 2.12 设 $y = \sqrt[3]{\dfrac{(x+1)(x-2)}{(x-3)(x+4)}}$，求 y'.

分析 如果对函数直接求导，步骤将会很繁琐. 因此此类函数一般采取对数求导法.

方法与步骤 (1)首先两边取自然对数，再利用积、商、幂方根的对数法则，将函数化为对数与常数的代数式；(2)利用隐函数求导法，求出其导数.

解 两边取自然对数，得 $\ln y = \dfrac{1}{3}[\ln(x+1) + \ln(x-2) - \ln(x-3) - \ln(x+4)$ ，

两边对 x 求导数，得 $\dfrac{1}{y}y' = \dfrac{1}{3}\left(\dfrac{1}{x+1} + \dfrac{1}{x-2} - \dfrac{1}{x-3} - \dfrac{1}{x+4}\right)$，

所以 $y' = \dfrac{1}{3}y\left(\dfrac{1}{x+1} + \dfrac{1}{x-2} - \dfrac{1}{x-3} - \dfrac{1}{x+4}\right)$，

即 $y' = \dfrac{1}{3}\sqrt[3]{\dfrac{(x+1)(x-2)}{(x-3)(x+4)}}\left(\dfrac{1}{x+1} + \dfrac{1}{x-2} - \dfrac{1}{x-3} - \dfrac{1}{x+4}\right)$.

结论 显函数的导数，最后结果一般应为显函数；隐函数的导数，最后结果可为隐函数.

九、参数方程确定函数的求导法则

若函数 $y = y(x)$ 由可导函数 $x = x(t)$ 和 $y = y(t)$ 确定，且 $x'(t) \neq 0$，则

$$y'_x = \frac{y'_t}{x'_t} \quad 或 \quad \frac{\mathrm{d}y}{\mathrm{d}x} = \frac{\frac{\mathrm{d}y}{\mathrm{d}t}}{\frac{\mathrm{d}x}{\mathrm{d}t}}.$$

例 2.13 设炮弹的发射角为 α，初速度为 v_0，若不计空气阻力，可建立其运动方程为

$$\begin{cases} x = v_0 t\cos\alpha, \\ y = v_0 t\sin\alpha - \dfrac{1}{2}gt^2. \end{cases}$$

求炮弹到达最高点需要的时间.

分析 炮弹到达最高点时，弹道曲线有水平切线，即 $k_{切} = y'|_{x=x_0} = 0$.

解 因为 $y'_x = \dfrac{y'_t}{x'_t} = \dfrac{v_0\sin\alpha - gt}{v_0\cos\alpha}$，所以，令 $y'_x = 0$，得 $t = \dfrac{v_0}{g}\sin\alpha$，

即炮弹到达最高点需要的时间为 $t = \dfrac{v_0}{g}\sin\alpha$.

十、高阶导数

1. 二阶导数

若函数 $f(x)$ 的导数 $f'(x)$ 仍可导，则 $f'(x)$ 的导数 $[f'(x)]'$，称为 $f(x)$ 的二阶导数，记作 y'' 或 $f''(x)$ 或 $\dfrac{\mathrm{d}^2 y}{\mathrm{d}x^2}$.

2. 高阶导数

二阶及以上的导数称为高阶导数.

$$y''=(y')'=f''(x)=\frac{\mathrm{d}^2y}{\mathrm{d}x^2}\qquad \text{二阶导数;}$$

$$y'''=(y'')'=f'''(x)=\frac{\mathrm{d}^3y}{\mathrm{d}x^3}\qquad \text{三阶导数;}$$

…　　　　　　　　　　…

$$y^{(n)}=[y^{(n-1)}]'=f^{(n)}(x)=\frac{\mathrm{d}^ny}{\mathrm{d}x^n}\qquad n\text{ 阶导数.(其中 }n\geqslant 4\text{)}$$

例 2.14　设 $y=\ln 2x$，求 y''.

解　因为 $y'=\frac{2}{2x}=\frac{1}{x}$，所以，$y''=\left(\frac{1}{x}\right)'=-\frac{1}{x^2}$.

说明　求具体阶数(如二阶、三阶)的高阶导数时，前几阶导数的结果请尽量化简，以便于后面高阶导数的求导.

例 2.15　已知 $y=\sin x$，求 $y^{(n)}$.

解　因为 $y'=\cos x=\sin\left(x+\frac{\pi}{2}\right)$；

$$y''=\left[\sin\left(x+\frac{\pi}{2}\right)\right]'=\cos\left(x+\frac{\pi}{2}\right)=\sin\left(x+\frac{\pi}{2}+\frac{\pi}{2}\right)=\sin\left(x+\frac{\pi}{2}\times 2\right);$$

$$y'''=\left[\sin\left(x+\frac{\pi}{2}\times 2\right)\right]'=\cos\left(x+\frac{\pi}{2}\times 2\right)=\sin\left(x+\frac{\pi}{2}\times 3\right);$$

$$y^{(4)}=\left[\sin\left(x+\frac{\pi}{2}\times 3\right)\right]'=\cos\left(x+\frac{\pi}{2}\times 3\right)=\sin\left(x+\frac{\pi}{2}\times 4\right);$$

…

一般地，$\sin^{(n)}x=\sin\left(\frac{n\pi}{2}+x\right)$，$n\in\mathbf{N}^+$.

同理可得 $\cos^{(n)}x=\cos\left(\frac{n\pi}{2}+x\right)$.

说明　求函数的 n 阶导数，因为要归纳该函数的导数规律，因此，对每次求导的结果，不要进行化简，以便寻找导数规律；但最后 n 阶导数的结果还是要保留到最简.

测试训练一

1. 填空题.

(1) 导数是研究函数变化快慢的量，因此导数又称为函数的________；

(2) 函数的导数 $f'(x)$ 与函数在点 x_0 处导数值 $f'(x_0)$ 的关系是________与________的关系；

(3) 设函数 $f(x)$ 在点 x_0 处的导数 $f'(x_0)$ 存在，则 $\lim\limits_{h\to 0}\frac{f(x_0+\alpha h)-f(x_0-\beta h)}{h}=$________；

(4) “函数在点 x_0 处连续”是“函数在点 x_0 处可导”的________条件；

(5) "函数在点 x_0 处有定义"是"函数在点 x_0 处可导"的________条件.

2. 求曲线 $y=\cos x$ 在 $x=\dfrac{\pi}{3}$ 处的切线方程与法线方程.

3. 设一质点的运动方程为 $s=t^3+10$，求它在 $t=3$ 时的瞬时速度及加速度.

4. 求下列函数的导数.

(1) $y=x^3-\dfrac{1}{x^3}$；　(2) $y=\dfrac{x^2+\sqrt{x}-5}{\sqrt{x}}$；　(3) $y=3^x 2^{2x}$；

(4) $=x^2+2x+2^x+\ln 2$；　(5) $y=x^2\ln x-\sqrt{x}$；　(6) $y=e^x\cos x$；

(7) $y=\dfrac{x}{1+x^2}$；　(8) $y=\dfrac{1+\cos x}{1+\sin x}$；　(9) $y=(1-2x)^7$；

(10) $y=\sqrt{1-x^2}$；　(11) $y=\ln(1+x^2)$；　(12) $y=\cos(3x^2-2)$.

5. 设 $y=\sqrt{e^{\frac{1}{x}}\sqrt{x\sqrt{\sin x}}}$，求 y'.

6. 求下列方程所确定的隐函数的导数 $\dfrac{dy}{dx}$.

(1) $x^2+xy-y^3=0$；　(2) $xe^y+y=1$；　(3) $\sin(x+y)-2=e^{-xy}$.

7. 求下列函数的二阶导数.

(1) $y=\ln\cos x$；　(2) $y=x^2\ln x$；　(3) $y=e^x+\sin x$.

8. 已知 $f(x)=\dfrac{1-x}{1+x}$，试求它的 n 阶导数 $f^{(n)}(x)$.

9. 曲线 $\begin{cases}x=e^t\sin 2t,\\ y=e^t\cos t\end{cases}$ 在点 (0, 1) 处的切线与法线方程.

任务二　微分及应用

知识目标

理解概念：微分及其微分基本公式、微分法则、微分形式不变性.

掌握题型：求函数的微分、求函数增量的近似值.

能力目标

由微分的产生，体会数学概念的产生来源于生产、生活需要，又服务于生产、生活实际，从而提高运用数学方法解决实际问题的能力.

一、微分的认识

简单地说，微分产生于求函数的增量，微分是对函数局部变化的一种线性描述，是函数增量的线性主部.

下面从实例入手，分析微分产生的过程和表达式.

引例　设边长为 x_0 的正方形金属薄片，当它受热(或遇冷)时，边长由 x_0 变到 $x_0+\Delta x$，试求正方形面积的改变量 ΔS (图 2-1).

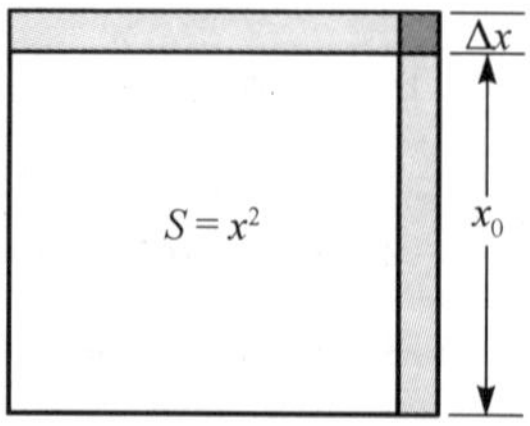

图 2-1

解　因为正方形的面积 $S=x^2$ (x 为边长)，

所以当边长由 x_0 变到 $x_0+\Delta x$ 时，

$$\Delta S=(x_0+\Delta x)^2-x_0^2=2x_0\Delta x+(\Delta x)^2,$$

从上式中看出，ΔS 由两个部分组成：

第一部分：$2x_0\Delta x$ 是 Δx 的线性量，当 $\Delta x\to 0$ 时，它是 Δx 的同阶无穷小；

第二部分：$(\Delta x)^2$ 是比 Δx 高阶的无穷小.

即当 $|\Delta x|\to 0$ 时，$(\Delta x)^2$ 可以忽略不计，即 $\Delta S\approx 2x_0\Delta x$. 这一结果的客观性在图2-1中可以明显看出.

我们注意到，$2x_0=(x^2)'|_{x=x_0}=S'|_{x=x_0}$，所以面积的改变量可以写成：

$$\Delta S\approx S|_{x=x_0}\cdot\Delta x,\ \Delta S=S|_{x=x_0}\cdot\Delta x+o(\Delta x).$$

结论　一般地，若函数 $y=f(x)$ 在点 x_0 处可导，即 $\lim\limits_{\Delta x\to 0}\dfrac{\Delta y}{\Delta x}=f'(x_0)$，则由定理1.3得 $\dfrac{\Delta y}{\Delta x}=f'(x_0)+\alpha$（其中 α 是当 $\Delta x\to 0$ 时的无穷小，$\alpha\Delta x$ 是 Δx 的高阶无穷小）；

因此 $\Delta y=f'(x_0)\Delta x+\alpha\Delta x=f'(x_0)\Delta x+o(\Delta x)\approx f'(x_0)\Delta x$.

二、微分的概念

定义 2.3　若函数 $y=f(x)$ 在点 x 处可导，即 $f'(x)$ 存在，则称 $f'(x)\Delta x$ 为函数 $y=f(x)$ 在点 x 处的微分，记作 $\mathrm{d}y=f'(x)\Delta x$.（微分定义式1）

此时，也称函数 $y=f(x)$ 在点 x 处可微.

又因为 $y=x$ 时，$\mathrm{d}y=\mathrm{d}x=(x)'\Delta x=\Delta x$，因此，由 $\mathrm{d}x=\Delta x$，得 $\mathrm{d}y=f'(x)\mathrm{d}x$.（微分定义式2）

注　$\mathrm{d}x=\Delta x$，但 $\mathrm{d}y\neq\Delta y$（图2-2）.

说明　微分与导数是两个不同的概念，既有区别，又有联系.

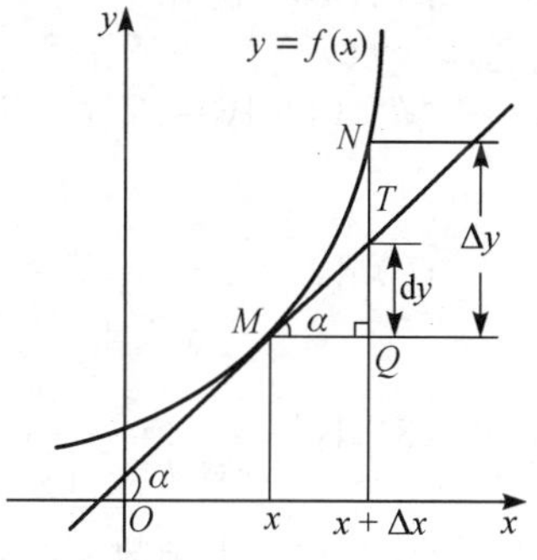

图 2-2

1. 区别

(1)导数是函数的变化率，其值只与点 x 有关；而函数的微分是函数增量的线性主部，其值与点 x 和 Δx 都有关. (2)导数 $f'(x)$ 在几何上表示曲线在点 x 处的切线斜率；而函数的微分 $\mathrm{d}y$ 在几何上表示曲线在点 x 处切线的增量(图2-2).

2. 联系

(1) 导数 $f'(x)=\dfrac{\mathrm{d}y}{\mathrm{d}x}$ 是函数微分与自变量微分的商，因此导数又称为微商；而 $\mathrm{d}y=f'(x)\mathrm{d}x$ 由函数的导数求得，因此导数与微分是一个问题的两种表达方式.

(2) 导数与微分是等价的：可导必可微，可微必可导.

三、微分的运算

1. 微分基本公式

由 $\mathrm{d}y=f'(x)\mathrm{d}x$ 及导数基本公式可得微分基本公式(表2-2).

表 2-2

(1) $\mathrm{d}(c)=0$	(2) $\mathrm{d}(x^{\alpha})=\alpha x^{\alpha-1}\mathrm{d}x$ (α为实数)
(3) $\mathrm{d}(a^{x})=a^{x}\ln a\,\mathrm{d}x$ $(a>0, a\neq 1)$	(4) $\mathrm{d}(\mathrm{e}^{x})=\mathrm{e}^{x}\mathrm{d}x$
(5) $\mathrm{d}(\log_a^x)=\dfrac{1}{x\ln a}\mathrm{d}x$ $(a>0, a\neq 1)$	(6) $\mathrm{d}(\ln x)=\dfrac{1}{x}\mathrm{d}x$
(7) $\mathrm{d}(\sin x)=\cos x\,\mathrm{d}x$	(8) $\mathrm{d}(\cos x)=-\sin x\,\mathrm{d}x$
(9) $\mathrm{d}(\tan x)=\sec^2 x\,\mathrm{d}x$	(10) $\mathrm{d}(\cot x)=-\csc^2 x\,\mathrm{d}x$
(11) $\mathrm{d}(\sec x)=\sec x\tan x\,\mathrm{d}x$	(12) $\mathrm{d}(\csc x)=-\csc x\cot x\,\mathrm{d}x$
(13) $\mathrm{d}(\arcsin x)=\dfrac{1}{\sqrt{1-x^2}}\mathrm{d}x$	(14) $\mathrm{d}(\arccos x)=-\dfrac{1}{\sqrt{1-x^2}}\mathrm{d}x$
(15) $\mathrm{d}(\arctan x)=\dfrac{1}{1+x^2}\mathrm{d}x$	(16) $\mathrm{d}(\mathrm{arccot}\, x)=-\dfrac{1}{1+x^2}\mathrm{d}x$

2. 微分的四则运算法则

设 $u=u(x)$，$v=v(x)$ 在 x 点可微，则它们的和、差、积、商在 x 点也可微，且有：

法则 1 $d(u\pm v)=\mathrm{d}u\pm \mathrm{d}v$.

法则 2 $\mathrm{d}(uv)=v\mathrm{d}u+u\mathrm{d}v$；特别地，$\mathrm{d}(cu)=c\mathrm{d}u$.

法则 3 $\mathrm{d}\left(\dfrac{u}{v}\right)=\dfrac{v\mathrm{d}u-u\mathrm{d}v}{v^2}$ $(v\neq 0)$.

法则 1、法则 2 可以推广到有限个可微函数.

例 2.16 已知 $y=\sqrt{1+2x}$，求(1) $\mathrm{d}y$；(2) $\mathrm{d}y\big|_{x=1}$；(3) $\mathrm{d}y\Big|_{\substack{x=1\\ \Delta x=0.1}}$.

解 (1) $\mathrm{d}y=(\sqrt{1+2x})'\mathrm{d}x=\dfrac{1}{\sqrt{1+2x}}\mathrm{d}x$；

(2) $\mathrm{d}y\big|_{x=1}=\dfrac{\mathrm{d}x}{\sqrt{1+2x}}\Big|_{x=1}=\dfrac{\sqrt{3}}{3}\mathrm{d}x$；

(3) $\mathrm{d}y\Big|_{\substack{x=1\\ \Delta x=0.1}}=\dfrac{\mathrm{d}x}{\sqrt{1+2x}}\Big|_{\substack{x=1\\ \Delta x=0.1}}=\dfrac{0.1}{\sqrt{3}}=\dfrac{\sqrt{3}}{30}$.

例 2.17 求函数 $y=x^3\cos x$ 的微分 $\mathrm{d}y$.

解
$$\begin{aligned}\mathrm{d}y&=\mathrm{d}(x^3\cos x)=\cos x\mathrm{d}(x^3)+x^3\mathrm{d}(\cos x)\\&=3x^2\cos x\mathrm{d}x-x^3\sin x\mathrm{d}x=x^2(3\cos x-x\sin x)\mathrm{d}x.\end{aligned}$$

例 2.18 求函数 $y=\dfrac{\ln x}{1+\mathrm{e}^x}$ 的微分 $\mathrm{d}y$.

解
$$\begin{aligned}\mathrm{d}y&=\mathrm{d}\left(\frac{\ln x}{1+\mathrm{e}^x}\right)=\frac{(1+\mathrm{e}^x)\mathrm{d}(\ln x)-\ln x\mathrm{d}(1+\mathrm{e}^x)}{(1+\mathrm{e}^x)^2}\\&=\frac{(1+\mathrm{e}^x)\dfrac{1}{x}\mathrm{d}x-\ln x\cdot \mathrm{e}^x\mathrm{d}x}{(1+\mathrm{e}^x)^2}=\frac{1+\mathrm{e}^x-x\mathrm{e}^x\ln x}{x(1+\mathrm{e}^x)^2}\mathrm{d}x.\end{aligned}$$

3. 微分形式的不变性

设函数 $y=f(u)$ 是可微的，

(1) 如果 u 是自变量，则 $\mathrm{d}y=f'(u)\mathrm{d}u$；

(2) 如果 u 不是自变量，而是 x 的可微函数，设 $u=\varphi(x)$，此时，$y=f[\varphi(x)]$，那么，$\mathrm{d}y=y'\mathrm{d}x=f'[\varphi(x)]\cdot\varphi'(x)\mathrm{d}x=f'[\varphi(x)]d\varphi(x)=f'(u)\mathrm{d}u$.

即 u 不是自变量，而是中间变量时，函数 $y=f(u)$ 的微分仍为 $\mathrm{d}y=f'(u)\mathrm{d}u$.

(1)和(2)说明，对于函数 $y=f(u)$，无论 u 是否是自变量，它的微分在形式上总是为

$$\mathrm{d}y=f'(u)\mathrm{d}u,$$

这一特性称为微分形式的不变性. 利用这一特性，可以解决复合函数的微分运算.

例 2.19　求函数 $y=\sqrt{1-x^2}$ 的微分 $\mathrm{d}y$.

解　设 $u=1-x^2$，于是

$$\mathrm{d}y=\mathrm{d}(\sqrt{u})=\frac{1}{2\sqrt{u}}\mathrm{d}u=\frac{1}{2\sqrt{1-x^2}}\mathrm{d}(1-x^2)=\frac{-2x}{2\sqrt{1-x^2}}\mathrm{d}x=-\frac{x}{\sqrt{1-x^2}}\mathrm{d}x.$$

例 2.20　求函数 $y=\sin[\ln(1+x^2)]$ 的微分 $\mathrm{d}y$.

解　$\mathrm{d}y=\mathrm{d}\sin[\ln(1+x^2)]=\cos(\ln(1+x^2))\mathrm{d}[\ln(1+x^2)]$

$$=\cos[\ln(1+x^2)]\frac{1}{1+x^2}\mathrm{d}(1+x^2)=\frac{2x\cos[\ln(1+x^2)]}{1+x^2}\mathrm{d}x.$$

结论　微分运算一般有两种方法：

(1) 微分定义法：$\mathrm{d}y=f'(x)\mathrm{d}x$；

(2) 运用微分公式、微分法则及微分形式不变性 $\mathrm{d}y=f'(u)\mathrm{d}u$ 进行微分运算.

四、微分的应用

1. 微分近似计算公式

(1) 由微分定义可知，当函数 $y=f(x)$ 在点 x_0 处可导，且 $|\Delta x|$ 很小时，

$$\Delta y\approx \mathrm{d}y=f'(x_0)\Delta x;\text{（函数增量的近似计算公式）}\tag{1}$$

(2) 设 $x_0+\Delta x=x$，则 $\Delta y=f(x)-f(x_0)$，于是由式(1)得

$$f(x)\approx f(x_0)+f'(x_0)\Delta x;\text{（函数值的近似计算公式）}\tag{2}$$

(3) 特别地，在式(2)中，取 $x_0=0$，并且记 $\Delta x=x$，则

$$f(x)\approx f(0)+f'(0)x.\ (x_0=0\text{ 时的函数值计算公式})\tag{3}$$

2. 微分的近似计算

例 2.21　要用一个直径为 10 厘米的球制作地球仪，为了防止球面的腐蚀，要先在球面镀一层厚度为 0.01 厘米的铜，已知铜的密度为 8.9 克/厘米^3，试估算所用铜的质量.

解　因为球的体积为 $V=\frac{4}{3}\pi R^3$，所以，$\mathrm{d}V=\left(\frac{4}{3}\pi R^3\right)'\mathrm{d}R=4\pi R^2\mathrm{d}R$，

根据题意，有 $R=5$ 厘米，$\mathrm{d}R=0.01$ 厘米，于是，由式(1)，得

$$\Delta V\approx \mathrm{d}V=4\times3.14\times5^2\times0.01=3.14\text{ 厘米}^3,$$

因此，需要铜的质量大约为

$$3.14\times 8.9\approx 27.95\text{ 克}.$$

3. 工程上常用的近似公式

利用式(3)，可以得到以下几个工程上常用的近似公式(当 $|x|$ 很小时)：

$$\sin x\approx x\ (x\text{ 用弧度});\quad e^x\approx 1+x;\quad \ln(1+x)\approx x;$$

$$\tan x\approx x\ (x\text{ 用弧度});\quad \sqrt[n]{1+x}\approx 1+\frac{1}{n}x.$$

以上公式证明从略，读者可利用式(3)自己完成其证明过程.

例 2.22 试运用以上微分近似计算公式，计算下列各式的近似值.

(1) $e^{1.01}$； (2) $\sqrt[3]{998}$； (3) $\ln 1.05$.

解 (1) 由 $|x|$ 很小时，$e^x\approx 1+x$，得

$$e^{1.01}=e\cdot e^{0.01}\approx 1.01e\approx 2.745\,5;$$

(2) 由 $|x|$ 很小时，$\sqrt[n]{1+x}\approx 1+\frac{1}{n}x$，得

$$\sqrt[3]{998}=\sqrt[3]{1\,000-2}=10\sqrt[3]{1-0.002}\approx 10\left(1-\frac{0.002}{3}\right)\approx 9.993;$$

(3) 由 $|x|$ 很小时，$\ln(1+x)\approx x$，得

$$\ln 1.05=\ln(1+0.05)\approx 0.05.$$

测试训练三

1. 填空题.

(1) $d(\sin 3x)=$ ________ dx； (2) $d(\sqrt{x})=$ ________ dx； (3) $d\left(\frac{1}{x}\right)=$ ________ dx；

(4) $d($　　　$)=\frac{1}{x}dx$； (5) $d($　　　$)=-\frac{1}{x^2}dx$； (6) $d($　　　$)=\cos x\,dx$；

(7) $d(\ln\sin x)=$ ________ $d\sin x=$ ________ dx； (8) $d(e^{\cos x})=$ ________ $d\cos x=$ ________ dx.

2. 求下列函数的微分.

(1) $y=x^2\arcsin x$； (2) $y=\frac{\ln x}{\cos x}$； (3) $y=\sqrt{1-x^2}$.

3. 设方程 $x=y^y$ 确定函数 $y=y(x)$，求函数的微分 dy.

4. 已知一金属圆管，其内半径为 5 厘米，壁厚为 0.02 厘米，求该圆管截面面积的近似值(图 2-3).

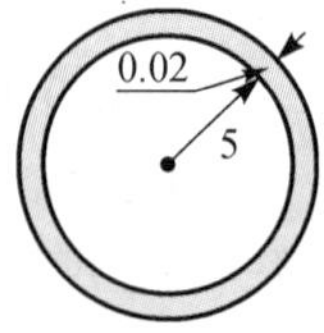

图 2-3

5. 设公司广告费用 x (千元)与总销售收入的关系式为：

$$S(x)=-0.002x^3+0.6x^2+2x+400,\ (0\leqslant x\leqslant 300)$$

若广告费从 10 万元增加到 10.2 万元，试估计其总销售收入增加了多少？

任务三　最优化问题

知识目标

理解概念：函数的驻点、函数的极值与极值点、函数的最值与最值点.
掌握题型：判别函数的单调性，求函数的单调区间，求函数的极值与最值.

能力目标

通过极值与最值的学习，体会局部与整体的区别与联系，提高综合解决问题的能力.
学习最优化理论及解决问题方法，提高运用数学知识、方法分析、解决问题的能力.

一、函数最值的认识

在实际应用中我们往往很关心最值这个指标. 最值是一个全局概念，是指函数在指定范围内的最大、最小值. 在很多数学和实际应用问题中，常会遇到如何才能使得“成本最低”、“效率最高”，“销售量最大”等问题，这些问题都可以归结为同一类数学问题——最值问题.

而要研究函数的最值问题，首先要知道函数在哪些点处可能取得最值.

这就要首先研究函数的单调性及极值问题.

二、函数的单调性

单调性是函数的重要性质，可以帮助我们研究极值问题. 我们在中学就学过单调性问题.

定理 2.3　设函数 $y=f(x)$ 在 $[a, b]$ 上连续，在 (a, b) 内可导.

(1) 若在 (a, b) 内 $f'(x)>0$，则函数 $y=f(x)$ 在 $[a, b]$ 上单调增加；

(2) 若在 (a, b) 内 $f'(x)<0$，则函数 $y=f(x)$ 在 $[a, b]$ 上单调减少.

定理的直观意义是十分明显的.（图 2-4）

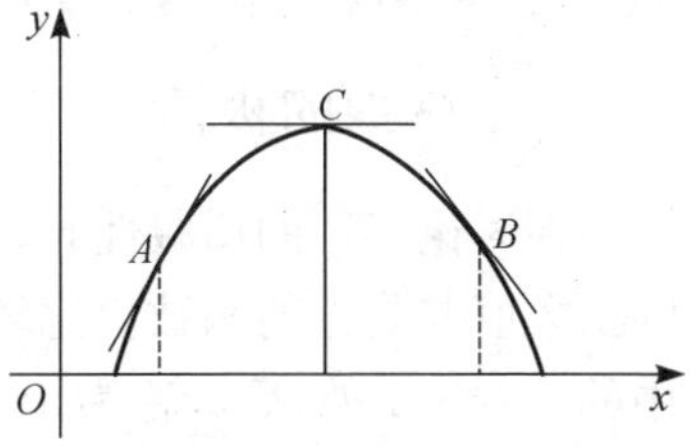

图 2-4

注　若将定理中的闭区间换成其他各种区间（包括无限区间），定理的结论仍成立.

使定理结论成立的区间，就是函数的单调区间.

由图 2-4 得，在 C 点处，切线是水平的（导数为 0），这样的点很重要.

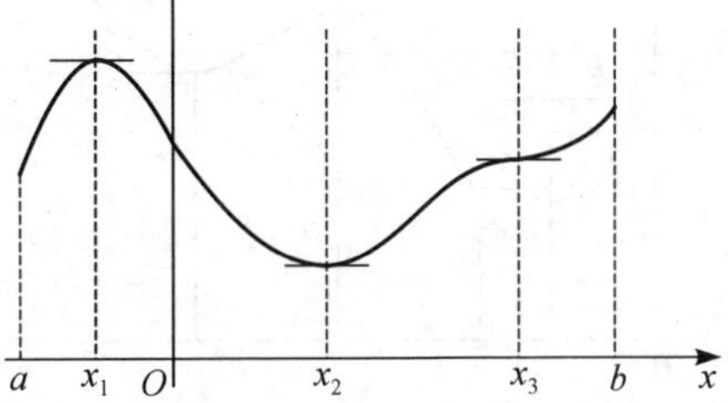

图 2-5

把方程 $f'(x)=0$ 的根称为函数 $y=f(x)$ 的驻点.

一般情况下，函数在其整个定义域上的单调性，具有不同状态.

所谓研究函数的单调性，就是确定函数在哪些区间上是单调增加的，在哪些区间上是单调减少的，也就是确定函数的单调区间.

如图 2-5 所示，函数在 $[a, x_1]$ 和 $[x_2, b]$ 上单调增加，而在 $[x_1, x_2]$ 上单调减少.

分析可知，函数的驻点和连续而不可导的点可能是单调性的分界点. 因此，求函数单调区间的一般步骤如下：

(1) 确定函数的定义域；

(2) 求 $f'(x)$. 令 $f'(x)=0$，求函数的驻点. 并找出函数连续而不可导的点；

(3) 用这些点将函数的定义域分成若干子区间，在每个区间上分析导函数的符号，导数取正的区间为函数的单调增区间，导数取负的区间为函数的单调减区间(列表讨论).

例 2.23 求函数 $f(x)=x^3-3x^2-9x+5$ 的单调区间.

解 (1)函数的定义域是 $(-\infty, +\infty)$，

(2) 因为 $f'(x)=3x^2-6x-9=3(x+1)(x-3)$，

所以令 $f'(x)=0$ 得驻点：$x_1=-1$，$x_2=3$.

(3) 列表讨论如下：

x	$(-\infty, -1)$	$(-1, 3)$	$(3, +\infty)$
$f'(x)$	+	−	+
$f(x)$	↗	↘	↗

(4) 由上表知，函数的单调增加区间为 $(-\infty, -1)$、$(3, +\infty)$，单调减少区间为 $(-1, 3)$.

例 2.24 讨论函数 $y=x^3$ 的单调性.

解 该函数的定义域为 $(-\infty, +\infty)$

函数的导数为 $y'=3x^2$，因为当 $x\neq 0$ 时，$y'>0$，所以函数在 $(-\infty, 0]$ 及 $[0, +\infty)$ 上都是单调增加的，从而在整个定义域 $(-\infty, +\infty)$ 内 $y=x^3$ 是单调增加的. 其在 $x=0$ 处曲线有一水平切线.

一般地，如果 $f'(x)$ 在某区间内的有限个点处为零，在其余各点处均为正(或负)时，那么 $f(x)$ 在该区间上是单调增加(或单调减少).

三、函数的极值

在讨论函数的增减性时，有时出现这样的情况，在函数的增减性发生转变的地方，该点的函数值与附近的函数值比较是最大的或最小的，我们把前者称为函数的极大值，如例 2.23 中的 $x=-1$ 处；后者称为函数的极小值，如例 2.23 中的 $x=3$ 处. 下面给出它们的定义.

定义 2.4 如图 2-6，设函数 $f(x)$ 在 x_0 的某一邻域内有定义，对于该邻域内(除 x_0 外)的任一 x，

(1) 如果都有 $f(x)<f(x_0)$，则称 $f(x_0)$ 是 $f(x)$ 的极大值，点 x_0 称为 $f(x)$ 极大值点；

(2) 如果都有 $f(x)>f(x_0)$，则称 $f(x_0)$ 是 $f(x)$ 的极小值，点 x_0 称为 $f(x)$ 极小值点.

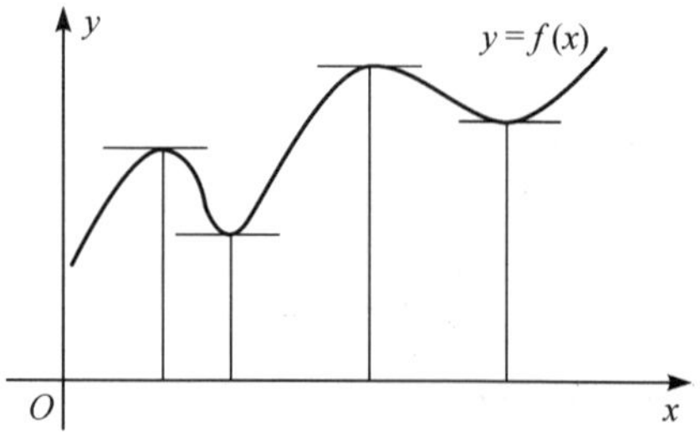

图 2-6

函数的极大值与极小值统称为函数的极值，极大值点与极小值点统称为极值点.

注 函数的极值是局部性概念，极大值未必比极小值大，更不一定是最大或最小值.

定理 2.4(极值的必要条件) 若函数 $f(x)$ 在 x_0 处可导，且 $f(x)$ 在 x_0 处取得极值，则 $f'(x_0)=0$.

结论　(1) 可导函数的极值点一定是驻点(由定理 2.4).

(2) 驻点未必是极值点(如图 2-7，x_3 是驻点，但不是极值点).

(3) 极值点未必是驻点.(如 $y=|x|$ 在 $x=0$ 处不可导，但在 $x=0$ 处取得极小值)

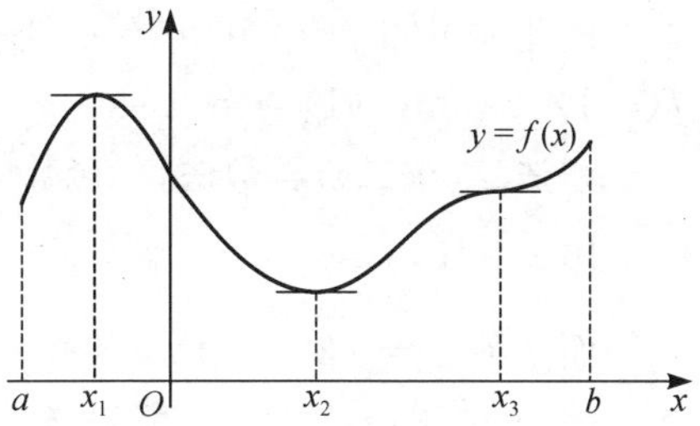

图 2-7

应用　函数的极值点包括：(1) 函数的驻点；(2)函数的连续不可导的点.

定理 2.5(极值存在的一阶充分条件)　设函数 $f(x)$ 在 x_0 处连续，在 x_0 的某个邻域内(除了 x_0 之外)可导.

(1) 若 $x<x_0$ 时，$f'(x_0)>0$；$x>x_0$ 时，$f'(x_0)<0$，则 x_0 是 $f(x)$ 的一个极大值点；

(2) 若 $x<x_0$ 时，$f'(x_0)<0$；$x>x_0$ 时，$f'(x_0)>0$，则 x_0 是 $f(x)$ 一个极小值点；

(3) 如果在 x_0 的左右两边 $f'(x)$ 的符号不变，则 x_0 不是 $f(x)$ 的极值点.

定理的直观意义非常明显，当函数图像由递增转为递减时，产生一个极大值点；当函数图像由递减转为递增时，产生一个极小值点.

综上所述，下面给出求函数极值的第一种方法及步骤：

(1) 确定范围(函数定义域)；

(2) 求导数 $f'(x)$，并求 $f(x)$ 的全部驻点和不可导点；

(3) 列表判断(考察 $f'(x)$ 的符号在每个驻点和不可导点的左右邻近的情况，以便确定该点是否是极值点，如果是极值点，确定对应是极大值点还是极小值点；

(4) 把极值点代入函数 $f(x)$ 中算出极值.

如果函数 $f(x)$ 不仅在点 x_0 附近有一阶导数，而且在点 x_0 处有二阶导数，则可用下面的第二种求极值方法.

定理 2.6(极值存在的二阶充分条件)　设函数 $f(x)$ 在 x_0 存在二阶导数，且 $f'(x_0)=0$，$f''(x)\neq 0$，则

(1) 如果 $f''(x_0)<0$，则 x_0 是 $f(x)$ 的一个极大值点；

(2) 如果 $f''(x_0)>0$，则 x_0 是 $f(x)$ 的一个极小值点；

注意，如果 $f''(x_0)=0$，该方法不能确定驻点 x_0 是否是极值点，而只能用第一种方法.

例 2.25　求函数 $f(x)=x^2\cdot e^{-x^2}$ 的极值.

解法一(列表法)　函数的定义域为全体实数，且在定义域中是连续的.

$$f'(x)=2xe^{-x^2}+x^2\cdot e^{-x^2}(-2x)=2xe^{-x^2}(1-x^2).$$

令 $f'(x)=0$，得驻点 $x_1=-1$，$x_2=0$，$x_3=1$，这些驻点把 $(+\infty,-\infty)$ 分成四个部分(表 2-5).

表 2-5

x	$(-\infty,-1)$	-1	$(-1,0)$	0	$(0,1)$	1	$(1,+\infty)$
$f'(x)$	$+$	0	$-$	0	$+$	0	$-$
$f(x)$	↗	极大 e^{-1}	↘	极小 0	↗	极大 e^{-1}	↘

由此表可知 $f(x)$ 在 $x=0$ 处有极小值 $f(0)=0$，在 $x=-1$ 和 $x=1$ 处有极大值 $f(-1)=e^{-1}$，$f(1)=e^{-1}$.

解法二(求二阶导数法) 函数的定义域为全体实数，且在定义域中是连续的.

因为 $f'(x)=2xe^{-x^2}(1-x^2)$. 所以令 $f'(x)=0$，得驻点 $x_1=-1$，$x_2=0$，$x_3=1$，

而 $f''(x)=(2-10x^2+4x^4)e^{-x^2}$.

因为 $f''(0)=2>0$，所以 $f(0)=0$ 是极小值；

$f''(-1)=-4e^{-1}<0$，所以 $f(-1)=e^{-1}$ 是极大值.

同理 $f''(1)=-4e^{-1}<0$，所以 $f(1)=e^{-1}$ 是极大值.

结论 方法一比较全面，不易出错. 方法二比较简便，但对碰到 $f''(x_0)=0$ 或 $f''(x_0)$ 不存在以及导数 $f'(x_0)$ 不存在时，则不能用此法，还要改用方法一. 所以方法一判别极值是最基本的.

四、闭区间上连续函数的最大值和最小值

若函数 $f(x)$ 在闭区间 $[a, b]$ 上连续，则 $f(x)$ 在 $[a, b]$ 上必有最大值和最小值. 如何求 $f(x)$ 的最大值和最小值呢?

根据函数 $f(x)$ 有最大值和最小值的取得，只有两种情况：

(1) 在区间 $[a, b]$ 的端点取得；

(2) 在区间 (a, b) 内的点取得，此时最大(小)值必是函数的极值，而我们已经知道，极值只能在驻点或连续而不可导的点取得.

由此可知，连续函数 $f(x)$ 在 $[a, b]$ 上的最大值和最小值必定是在端点、驻点或连续而不可导的点上取得.

根据上述讨论，给出在闭区间 $[a, b]$ 上连续的函数，求其最大值和最小值的一般步骤为：

(1) 求导函数，并求驻点、连续但不可导点；

(2) 计算驻点、不可导点、区间端点的函数值；

(3) 比较得最大值和最小值.

例 2.26 求函数 $f(x)=2x^3+3x^2-12x+14$ 在$[-3, 4]$上的最大值和最小值.

解 $f'(x)=6x^2+6x-12$，令 $f'(x)=0$，解得 $x_1=-2$，$x_2=1$.

由于 $f(-3)=23$，$f(-2)=34$，$f(1)=7$，$f(4)=142$.

因此，函数在$[-3, 4]$上的最大值为 $f(4)=142$，最小值为 $f(1)=7$.

五、实际问题中的最大值或和最小值

实际问题中的最大(小)值转化为数学问题后，涉及到连续函数在开区间 (a, b) 内的最大(小)值. 在此只分析在 (a, b) 内，函数只有唯一驻点的情况.

设在 (a, b) 内连续，且有唯一驻点 x_0，易知：

(1) 若 x_0 是极大值点，则 $f(x)$ 在 (a, b) 内只有最大值而无最小值，且 $f(x_0)$ 就是最大值.

(2) 若 x_0 是极小值点，则 $f(x)$ 在 (a, b) 内只有最小值而无最大值，且 $f(x_0)$ 就是最小值.

(3) 若驻点 x_0 不是极值点，则 $f(x)$ 在 (a, b) 内既无最小值，也无最大值.

用这一方法解决实际问题中的最值时，还可以更简化，因为问题已明确告诉我们最大值或最小值已存在. 因此，不用判别这唯一的驻点是极大值点还是极小值点.

下面通过例子来说明解决步骤.

例 2.27　设生产某产品的总成本为 $C(x) = 10\,000 + 50x + x^2$（$x$ 为产量），问产量为多少时，每件产品的平均成本最低？

解　平均成本 $\overline{C}(x) = \dfrac{10\,000 + 50x + x^2}{x}$，　$\overline{C}'(x) = -\dfrac{10\,000}{x^2} + 1$，

令 $\overline{C}(x) = 0$，得唯一驻点 $x=100$.

因为 $\overline{C}''(x) = \dfrac{20\,000}{x^3}\Big|_{x=100} = 0.02 > 0$.

故 $x=100$ 是唯一极小值点，也是最值点，即产量为 100 时每件产品的平均成本最低.

例 2.28　怎样设计海报的版面才能做到既美观又经济？现要求设计一张单栏竖向张贴的海报，它的印刷面积为 128 平方分米，上下空白各 2 分米，左右空白各 1 分米. 请问：如何设计海报尺寸，可使空白面积最小？

解　设海报长 x 分米，宽 y 分米，则由已知得

$$xy = 128 \Rightarrow y = \frac{128}{x},$$

从而四周空白面积为 $S = 2x + 4y + 8 = 2x + \dfrac{512}{x} + 8$，$(x > 0)$

又 $S' = 2 - \dfrac{512}{x^2}$，所以令 $S' = 0$，得唯一驻点 $x = 16$.

而 $S'' = \dfrac{1\,024}{x^2} > 0$，因此，$x = 16$，$y = 8$ 时，S 取得最小值.

即当海报长 16 分米、宽 8 分米时，可使海报四周空白面积最小.

测试训练三

1. 判断题.

(1) 函数的极大值一定比极小值大；

(2) 若 $f'(x_0) = 0$，则 x_0 为函数的驻点，此时，曲线 $y = f(x)$ 在 x_0 处有水平切线；

(3) 函数的极值点一定是函数的驻点；函数的驻点也一定是函数的极值点；

(4) 可导函数的极值点一定是函数的驻点；

(5) 函数的极值点一定是函数单调区间的转折点；

(6) 开区间连续的函数，必在唯一驻点处取得极值，并且极大值必为最大值；

(7) 开区间连续的函数，不一定在该区间存在最值；

(8) 闭区间连续的函数，必在该闭区间上有最大值和最小值.

(9) 闭区间连续函数的最值点只能在区间内的驻点处或区间的端点处取得；

(10) 若 $f'(x_0) = 0$，且 $f''(x_0) > 0$，则 x_0 为函数 $y = f(x)$ 的极大值点.

2. 求函数 $y=x^3-3x^2+7$ 的单调区间及极值.

3. 利用二阶导数,求函数 $y=x^3-3x^2-9x-5$ 的极值.

4. 求函数 $f(x)=x^3-3x^2-9x+2$ 在区间$[-2,4]$上的最大值与最小值.

5. 某工厂要建一个面积为 512 米^2 的矩形污水处理池,一边利用厂区围墙,其他三边需新砌石条沿(图 2-9). 问污水处理池的长和宽各为多少时,石条使用量最省.

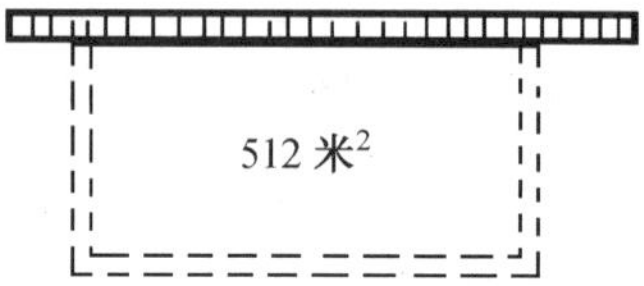

图 2-9

6. 鱼艇停泊在距海岸 9 公里的 A 处(海岸为直线),派人送信给距鱼雷艇为 $3\sqrt{34}$ 公里的司令部 B(图 2-10). 若送信人步行每小时 5 公里,划船每小时 4 公里. 问他在何处上岸,到达司令部所用的时间最短?

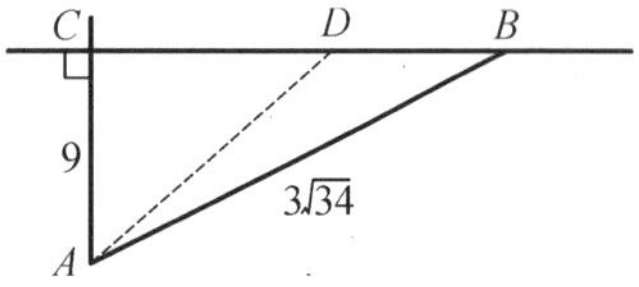

图 2-10

学习指导

一、主要知识点

1. 导数与微分等概念及基本公式、法则.

2. 导数的几何意义及几何应用.

3. 微分的近似计算.

4. 函数的驻点、极值点、最值点、极值、最值等概念.

5. 函数的单调性、极值判定定理.

重点:(1) 导数与微分的公式与法则;(2) 函数的单调性、极值与最值及求法.

难点:(1) 导数与微分的概念与运算;(2) 极值判别方法;(3) 实际问题中求最值.

二、主要题型及解法

1. 求导数:可适当运用下列方法求解:导数定义的方法;导数基本公式;和、差、积、商求导法则;复合函数的求导法则;隐函数求导方法.

2. 求高阶导数:具体阶数的高阶导数,从一阶开始,逐阶求到所求阶数;n 阶导数,从一阶开始,逐阶求导,从其导数中,归纳出 n 阶导数.

3. 求曲线的切线方程和法线方程:利用导数的几何意义,求出斜率,再由点斜式写出方程.

4. 求微分:用微分定义;微分基本公式;四则运算法则;微分形式的不变性.

5. 求函数的单调区间、极值和极值点:利用导数求驻点,再根据驻点和不可导点左右导数符号的变化确定该点是否极值点;在二阶导数存在的前提下,也可以用二阶导数的符号判断.

6. 求函数的最值和最值点:求一阶导数,再求出所有的驻点、不可导点、函数端点的函数值,比较可得最值点和相应的最值.

重点:(1) 求函数的导数与微分;(2) 求函数的单调区间、极值与最值.

难点:(1) 实际问题中求最值;(2) 隐函数求导法与对数求导法.

三、主要数学知识、方法在生产实际中的应用

1. 导数是函数的变化率,微分产生于求函数的增量,导数与微分的思想和方法,提供了人们看待事物的一个新的角度,那就是从动态的观点出发,来研究事物的本质特征.

2. 极值(或最值)的思想. 体现了事物的发展必然有其高峰和低峰的现象.

项目训练二

一、判断题.

1. 若 $y=3x^2+6$，则其导数 $y'(1)=9$；

2. 某函数在一点的导数不存在，该函数在该点也可能是连续的；

3. 因为可导与可微是等价的，所以导数与微分是一回事.

二、填空题.

1. $d(\arctan(\ln x))=$ ________ $d(\ln x)=$ ________ dx；

2. $d($________$)=e^{x^2}d(x^2)=$ ________ dx.

三、求下列函数的导数.

1. $y=\arctan(x-5)+5^{5x}$；　2. $y=e^{\sin x}$，求 $y'(0)$；　3. $y=x^2\tan^2x^2$；

4. $y=\dfrac{\tan x}{x}$，求 $y'|_{x=\frac{\pi}{4}}$；　5. $y=\cos^2\dfrac{x}{2}-\sin^2\dfrac{x}{2}+\pi$；　6. $y=e^{\sqrt{\cos 3x}}$；

7. $y=\ln^2(\sin x)+\sin^2(\ln x)$；　8. $y=\arccos(x^2)$；　9. $y=\ln\ln(1-x)$.

10. $y=xe^{-x^2}$；　11. $y=x\arctan x-\dfrac{1}{2}\ln(1+x^2)$.

四、求下列函数的二阶导数.

1. $y=xe^x$；　2. $y=\ln(1+x^2)$.

五、求下列函数的微分.

1. $y=x\ln(x+2)$；　2. $y=e^{-4x}\sin(3-2x)$；　3. $y=\sqrt{x^2+1}$.

六、在曲线 $y=\ln x$ 上求一点，使该点处曲线的切线与直线 $2x+y-3=0$ 垂直.

七、求下列函数的极值.

1. $y=x^2e^{-x}$；　2. $y=\dfrac{2x}{1+x^2}$.

八、试证明面积为定值的矩形中，正方形的周长为最短.

九、经心理学家研究证明，学生掌握概念的能力(也称为接受能力)依赖于老师在引入概念时所用的时间，并且学生掌握概念的能力满足函数式 $G(x)=-0.1x^2+2.6x+43$，(其中 $G(x)$ 为接受能力；x 为引出概念所用时间，单位为分钟). 问：

1. 第 10 分钟时，学生的接受能力是增长还是下降？

2. 多少分钟时，学生的接受能力最强？

数学实验二　用 MATLAB 求导数和最优解

一、实验目的

1. 进一步理解导数概念及其几何意义；

2. 学习 MATLAB 的求导命令与求导法；

3. 学习用 MATLAB 求函数的极值与最值(最优解).

二、实验内容

1. 学习 MATLAB 求导数的命令

建立符号变量命令 sym 和 syms 调用格式：

x=sym('x'):建立符号变量 x;

syms x y z:建立多个符号变量 x, y, z.

MATLAB 求导命令 diff 调用格式:

diff(函数 $f(x)$):求 $f(x)$ 的一阶导数 $f'(x)$;

diff(函数 $f(x)$, n):求 $f(x)$ 的 n 阶导数 $f^{(n)}(x)$ (n 是整数).

导数是函数的变化率,函数在某一点的导数是一个极限值.

2. MATLAB 求导数的应用举例

例 2.29 求 $y=\frac{\sin x}{x}$ 的导数.

解 打开 MATLAB 指令窗,输入指令:

```
>>syms x;
>>dy_dx=diff(sin(x)/x)↙
```

得结果:

```
dy_dx=
cos(x)/x-sin(x)/x^2
```

MATLAB 的函数名允许使用字母、空格、下划线及数字,不允许使用其他字符,在这里我们用 dy_dx 表示 y'.

例 2.30 求 $y=\frac{x\ln x}{1+x^2}$ 的导数.

解 输入命令:

```
>>dy_dx=diff(x*log(x)/(1+x^2))↙
```

得结果:

```
dy_dx=
log(x)/(1+x^2)+1/(1+x^2)-2*x^2*log(x)/(1+x^2)^2
```

在 MATLAB 中,函数 $\ln x$ 用 log(x) 表示,而 log10(x) 表示 $\lg x$.

利用 MATLAB 命令 diff 一次可以求出若干个函数的导数.

例 2.31 求下列函数的导数:

1. $y_1=\sqrt{x^2-2x+5}$;
2. $y_2=\cos x^2+2\cos 2x$;
3. $y_3=4^{\sin x}$;
4. $y_4=\ln\ln x$.

解 输入命令:

```
>>a=diff([sqrt(x^2- 2*x+5),cos(x^2)+2*cos(2*x), 4^(sin(x)),log(log(x))])↙
```

得结果:

```
a=
[ (2*x - 2)/(2*(x^2 - 2*x + 5)^(1/2)), - 4*sin(2*x) - 2*x*sin(x^2), 4^sin(x)*log(4)*cos(x), 1/(x*log(x))]
```

由本例可看出,MATLAB 函数是对矩阵或向量进行操作的,a(i)表示向量 a 的第 i 个分量.

再看两个求函数的高阶导数的例子.

例 2.32 设 $y=x\ln x$, 求 $f^{(10)}(x)$.

解 输入指令:

```
>>diff(x*log(x), x, 10)↙
```

得结果:

```
ans =
```

40320/x^9

例 2.33 设 $y=\ln(1+x)$，求 $y^{(5)}$.

解 输入指令

```
>>diff(log(1+x), x, 5)↙
```

得结果：

```
ans=
24/(1+x)^5.
```

3. MATLAB 求函数的极值

解法思路：

1. 先用 diff 命令求函数 y 的导数；
2. 再用 solve 命令求导函数为 0 的点，即驻点；
3. 再用 fplot 命令绘函数曲线，判断驻点是否为极值点.

例 2.34 求函数 $y=x^3+2x^2-5x+1$ 的极值.

解 输入命令：

```
>>y='x^3+2*x^2-5*x+1';
>>dy=diff(y)
x=solve(dy)
x=double(x)
y1=x.^3+2*x.^2-5*x+1
```

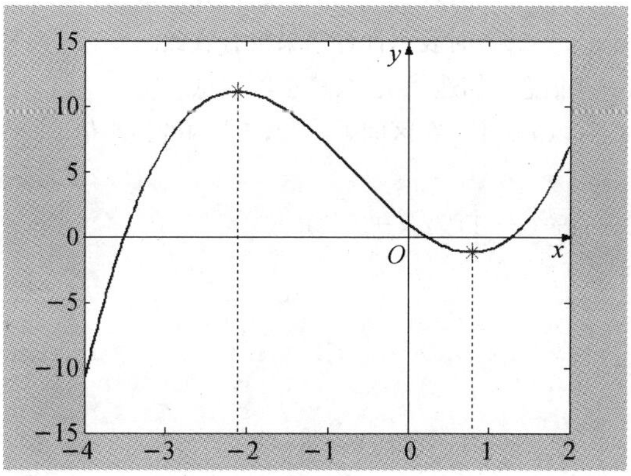

图 2-11

运行结果：

```
dy =
    3*x^2+4*x-5
x =
   [ -2/3+1/3*19^(1/2)]
   [ -2/3-1/3*19^(1/2)]
x =
   0.7863
   -2.1196
y1 =
    -1.2088
```

11.0607

作函数曲线：fplot(y，[−4，2])

结合图像可以判断，两个驻点分别为函数的极大值点和极限值点. 相应的函数值分别为极大值和极小值.

4. MATLAB 求函数的最值

求函数在给定区间上的最小值点的 MATLAB 命令是：fminbnd

调用格式如下：

x= fminbnd (y，x1，x2)

说明

1) y 是函数的符号表达式；

2) 命令 fminbnd 仅用于求函数的最小值点.

若要求函数的最大值点，可先将函数变号，求得最小值点，即得到所求函数的最大值点.

3) x1，x2 是自变量 x 变化范围的下界和上界；

输出格式有以下几种形式：

1) x　　2) [x，fval]

3) [x，fval，exitflag]　　4) [x，fval，exitflag，output]

其中　x 表示最小值点，即函数取得最小值时自变量的取值；

fval 表示函数在给定区间的最小值；

exitflag　为结束标志，其值　>0　时表示计算结果收敛到最优解 x，

=0　时表示迭代次数超过允许最大次数，

<0　时表示计算结果没有收敛.

output　为求解过程的一些信息，如迭代次数、算法等信息.

例 2.35　求函数 $y=\mathrm{e}^{-x}+(x-1)^2$ 在区间 [−3，3] 内的最小值.

解　输入命令：

```
>>x=fminbnd('exp(-x)+(x+1)^2',-3, 3)
y= exp(-x)+(x+1)^2
```

运行结果：

```
x =
    - 0.3149
y =
    1.8395
```

例 2.36　计算函数 $f(x)=\dfrac{x^3+x^2-1}{\mathrm{e}^x+\mathrm{e}^{-x}}$ 在 [−5，5] 上的最小值点、最大值点、最小值、最大值.

解　先来求函数的最小值. 输入以下命令：

```
>>f1='(x^3+x^2-1)/(exp(x)+exp(-x))';
>>[x_min, f_min, flag]=fminbnd(f1, -5, 5)
```

运行结果：

```
x_min =
        - 3.3112
f_min =
        - 0.9594
flag =
      1
```

再来求函数的最大值. 输入以下命令：

```
>>f2='-(x^3+x^2-1)/(exp(x)+exp(-x))';
>>[x_max, f2_min, flag]=fminbnd(f2, -5, 5)
f_max=-f2_min
```

运行结果：

```
x_max =
        2.8498
f2_min =
       -1.7452
flag =
      1
f_max =
       1.7452
```

实训二

1. 求下列函数的导数.

(1) $y=(\sqrt{x}+1)\left(\frac{1}{\sqrt{x}}-1\right)$； (2) $y=x\sin x\ln x$.

2. 求下列函数的微分.

(1) $y=\frac{x+1}{x-1}$； (2) $y=(\arctan x)^2$；

(3) $y=\sec 3x$； (4) $y=3^x e^{\sin x}$.

数学史知识

中国现代数学的领军人物——华罗庚

一、成长历程

华罗庚于1910年11月12日出生于江苏省常州市金坛区，他幼时爱动脑筋，因思考问题过于专心常被同伴们戏称为“罗呆子”.

1922年，12岁的他从县城仁劬小学毕业后，进入金坛县立初中，王维克老师发现其数学才能，并尽力予以培养.

1925年，初中毕业后，就读上海中华职业学校，因交不起学费而中途退学，退学回家帮助父亲料理杂货铺，故一生只有初中毕业文凭. 此后，他用5年时间自学完了高中和大学低年级的全部数学课程. 1929年冬，他不幸染上伤寒病，落下左腿终身残疾，走路要借助手杖.

1929年，华罗庚受雇为金坛中学庶务员，并开始在上海《科学》等杂志上发表论文.

1930年春，华罗庚在上海《科学》杂志上发表《苏家驹之代数的五次方程式解法不能成立之理由》轰动数学界. 同年，清华大学数学系主任熊庆来，了解到华罗庚的自学经历和数学才华后，打破常规，让华罗庚进入清华大学图书馆担任馆员.

1931年，在清华大学数学系担任助理. 他自学了英文、法文、德文、日文，在国外杂志上发表了3篇论文.1933年，被破格提升为助教.1934年9月，被提升为讲师.

二、出国求学

1935年，数学家诺伯特·维纳(Norbert Wiener)访问中国，他注意到华罗庚的潜质，向当时英国著名数学家哈代极力推荐.

1936年，华罗庚前往英国剑桥大学，度过了关键性的两年.这时他已经在华林问题(Waring's problem)上有了很多结果，而且在英国的哈代-李特伍德学派下受益.他至少有15篇文章是在剑桥的时期发表的.其中一篇关于高斯的论文给他在世界上赢得了声誉.

三、毅然回国

1937年，他回到清华大学担任正教授，后来迁至昆明的国立西南联合大学直至1945年.

1939年到1941年，在昆明的一个吊脚楼上，写了20多篇论文，完成了第一部数学专著《堆垒素数论》.1946年2月至5月，他应邀赴苏联访问.同年9月，在美国普林斯顿高等研究院访问.

1947年，《堆垒素数论》在苏联出版俄文版，又先后在各国被翻译出版了德、英、日、匈牙利和中文版.

1948年，被美国伊利诺依大学聘为正教授至1950年.

新中国成立后不久，华罗庚毅然决定放弃在美国的优厚待遇，奔向祖国的怀抱.

1950年春，从美国经香港抵达北京，回到了清华园，担任清华大学数学系主任.

1952年7月，受中国科学院院长郭沫若的邀请，成立了数学研究所，并担任所长.9月加入民盟.

1953年，他参加中国科学家代表团赴苏联访问，并出席了在匈牙利召开的二战后首次世界数学家代表大会，以及亚太和平会议、世界和平理事会.

1955年，被选聘为中国科学院学部委员(院士).

1956年，他着手筹建中科院计算数学研究所，他的论文《典型域上的多元复变函数论》于1956年获国家自然科学一等奖，并先后出版了中、俄、英文版专著.

1958年，担任中国科技大学副校长兼数学系主任，同年申请加入中国共产党.同年，和郭沫若一起率中国代表团出席在新德里召开的"在科学、技术和工程问题上协调"的会议.

四、个人贡献

华罗庚早年的研究领域是解析数论，他在解析数论方面的成就尤其广为人知.国际间颇具盛名的"中国解析数论学派"即为华罗庚开创的学派，该学派对于质数分布问题与哥德巴赫猜想作出了许多重大贡献.

华罗庚也是中国解析数论、矩阵几何学、典型群、自守函数论等多方面研究的创始人和开拓者.华罗庚在多复变函数论，典型群方面的研究领先西方数学界10多年，是国际上有名的"典型群中国学派".

他开创中国数学学派，并达到世界一流水平，培养出了众多优秀青年，如王元、陈景润、万哲先、陆启铿、龚升等.

五、科研成果

在国际上以华氏命名的数学科研成果有"华氏定理""怀依-华不等式""华氏不等式""普劳威尔-加当华定理""华氏算子""华-王方法"等；20世纪40年代，解决了高斯完整三角和的估计这一历史难题，得到了最佳误差阶估计；对 G. H. 哈代与 J. E. 李特尔伍德关于华林问题及 E. 赖特关于塔里问题的结果做了重大的改进，三角和研究成果被国际数学界称为“华氏定理”.

在代数方面，证明了历史长久遗留的一维射影几何的基本定理；给出了体的正规子体一定包含在它的中心之中这个结果的一个简单而直接的证明，被称为嘉当-布饶尔-华定理.

与王元教授合作在近代数论方法应用研究方面获得重要成果，被称为“华-王方法”.

项目三 积分及应用

知识目标

理解概念：原函数、不定积分、定积分.

掌握题型：求函数的不定积分、定积分；利用定积分求平面图形的面积及旋转体的体积.

能力目标

理解积分思想，掌握积分方法，提高运用数学知识、方法解决实际问题的能力.

积分学是微积分学中重要的组成部分，它与微分学有着千丝万缕的联系，是一个统一的整体. 而积分分为不定积分、定积分和广义积分三种类型，分别在不同领域发挥着重要作用，其中定积分和广义积分在概率论与数理统计中应用非常广泛.

本项目将结合简单的生活生产实例，介绍定积分、不定积分的原理、思想及其在生活生产中的应用，为后续的学习奠定坚实的基础.

任务一　定积分及几何意义

知识目标

理解概念：定积分的概念；定积分的几何意义.

掌握题型：利用定积分表示平面图形面积；利用定积分的性质比较和估计积分值的大小.

能力目标

理解定积分的概念和几何意义及积分思想，提高运用数学工具解决实际问题的能力.

一、定积分的定义

定积分的概念产生来源于不规则图形的面积，它在自然科学、工程技术、经济学等领域有着广泛的应用. 本任务从两个实例入手，给出定积分的概念、性质等.

引例　曲边梯形的面积

所谓曲边梯形，是指图 3-1 所示的图形 $AabB$，它有三边是直线，其中两边互相平行，第三边与这两边垂直，称为曲边梯形的底，第四边是曲线，称为曲边梯形的曲边.

下面求由连续曲线 $y=f(x)$（假设 $f(x)\geqslant 0$），直线 $x=a$，$x=b$ 以及 x 轴所围成的曲边梯形的面积(图 3-1).

(1) 分割:在区间 $[a, b]$ 内任意插入 $n-1$ 个分点 $x_1, x_2, \cdots, x_{n-1}$，且 $a=x_0<x_1<x_2<\cdots<x_{n-1}<x_n=b$，这些分点把区间 $[a, b]$ 分成 n 个小区间 $[x_{i-1}, x_i]$ $(i=1, 2, \cdots, n)$，第 i 个小区间的长度记为 $\Delta x_i=x_i-x_{i-1}(i=1, 2, \cdots, n)$.

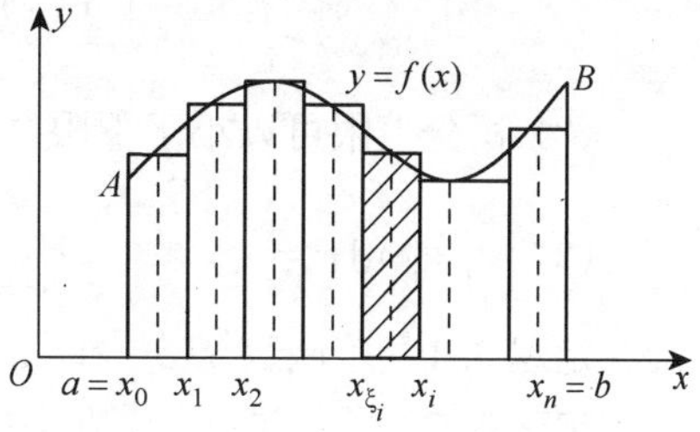

图 3-1

过每个分点作 x 轴的垂线，把曲边梯形分成 n 个小曲边梯形，第 i 个小曲边梯形的面积记为 $\Delta A_i(i=1, 2, \cdots, n)$，则 $A=\Delta A_1+\Delta A_2+\cdots+\Delta A_n=\sum\limits_{i=1}^{n}\Delta A_i$.

(2) 近似代替:在每个小区间 $[x_{i-1}, x_i]$ $(i=1, 2, \cdots, n)$ 上任取一点 $\xi_i(x_{i-1}\leqslant\xi_i\leqslant x_i)$，以区间 $[x_{i-1}, x_i]$ 为底、$f(\xi_i)$ 为高的小矩形的面积近似代替小曲边梯形的面积 ΔA_i，如图 3-1 所示，即 $\Delta A_i\approx f(\xi_i)\cdot\Delta x_i(i=1, 2, \cdots, n)$.

(3) 求和:把 n 个小矩形的面积加起来就是曲边梯形的面积的近似值，即

$$A\approx\sum_{i=1}^{n}f(\xi_i)\Delta x_i.$$

(4) 取极限:若以 $\Delta x=\max\limits_{1\leqslant i\leqslant n}\{\Delta x_i\}$ 表示所有小区间中最大的区间的长度，

当 $\Delta x\to 0$（此时分割得越来越细，$n\to\infty$）时，和式 $\sum\limits_{i=1}^{n}f(\xi_i)\Delta x_i$ 的极限就是曲边梯形的面积，即

$$A=\lim_{\Delta x\to 0}\sum_{i=1}^{n}f(\xi_i)\Delta x_i.$$

定义 3.1 设函数 $f(x)$ 在 $[a, b]$ 上有定义，任取分点 $a=x_0<x_1<x_2<\cdots<x_{n-1}<x_n=b$，

将 $[a, b]$ 分成 n 个小区间 $[x_{i-1}, x_i]$ $(i=1, 2, \cdots, n)$，记 $\Delta x_i=x_i-x_{i-1}(i=1, 2, \cdots, n)$ 为区间的长度，取 $\Delta x=\max\limits_{1\leqslant i\leqslant n}\{\Delta x_i\}$，在每个小区间上任取一点 $\xi_i(x_{i-1}\leqslant\xi_i\leqslant x_i)$，得出乘积 $f(\xi_i)\cdot\Delta x_i$ 的和式 $\sum\limits_{i=1}^{n}f(\xi_i)\Delta x_i$ 若 $\Delta x\to 0$ 时，和式的极限存在，且此极限值与区间 $[a, b]$ 的分法及点 ξ_i 的取法无关，则称这个极限值为函数 $f(x)$ 在 $[a, b]$ 上的定积分，记为 $\int_a^b f(x)\mathrm{d}x$，即

$$\int_a^b f(x)\mathrm{d}x=\lim_{\Delta x\to 0}\sum_{i=1}^{n}f(\xi_i)\Delta x_i,$$

其中 $\int$ 称为积分号，x 称为积分变量，$f(x)$ 称为被积函数，$f(x)\mathrm{d}x$ 称为被积表达式，a 和 b 分别称为积分下限和上限，$[a, b]$ 称为积分区间.

在实际生活当中，只要所求的量可以通过“分割、近似代替、求和、取极限”的方法求得，就可以用定积分表示.

注 (1) 定积分的值只与被积函数、积分区间有关,与积分变量的符号无关. 即

$$\int_a^b f(x)\mathrm{d}x=\int_a^b f(t)\mathrm{d}t=\int_a^b f(u)\mathrm{d}u.$$

(2) 积分上限可以小于下限,并且规定: $\int_a^b f(x)\mathrm{d}x=-\int_b^a f(x)\mathrm{d}x$.

(3) $\int_a^a f(x)\mathrm{d}x=0$.

定理 3.1 若函数 $f(x)$ 在 $[a, b]$ 上连续,则 $f(x)$ 在 $[a, b]$ 上可积.

定理 3.2 若函数 $f(x)$ 在 $[a, b]$ 上有界,且有有限个第一类间断点,则 $f(x)$在 $[a, b]$ 上可积.

二、定积分的几何意义

(1) 若 $f(x)\geqslant 0$, 曲边梯形的图形在 x 轴的上方,则定积分的值是正的,定积分就表示曲边梯形的面积(图 3-2). 即 $A=\int_a^b f(x)\mathrm{d}x$.

(2) 若 $f(x)\leqslant 0$, 曲边梯形的图形在 x 轴的下方,则定积分的值是负的,定积分就表示曲边梯形的面积的相反数(图 3-3). 即 $A=-\int_a^b f(x)\mathrm{d}x$.

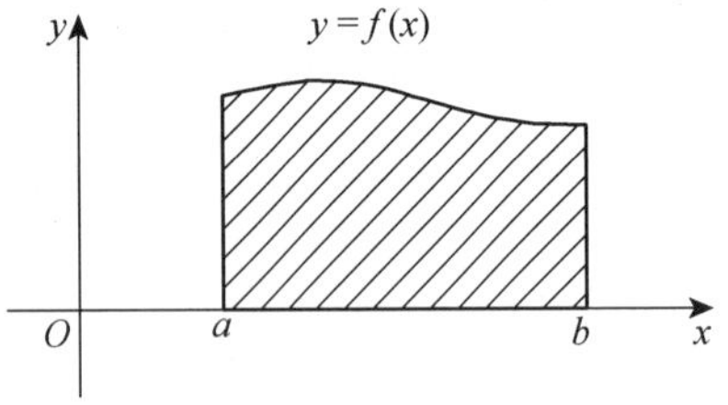

图 3-2

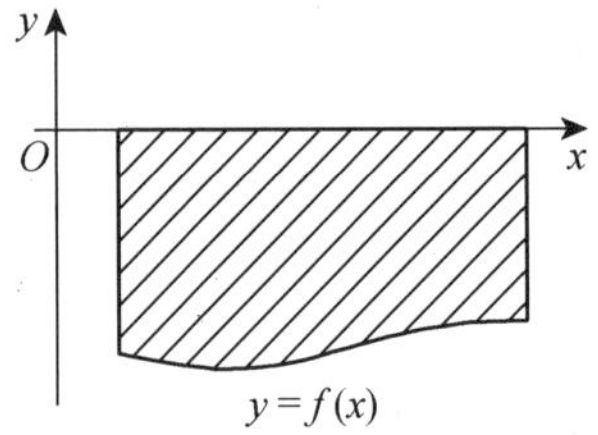

图 3-3

(3) 若 $f(x)$ 在 $[a, b]$ 上有正也有负时,则定积分的值就表示曲线 $y=f(x)$ 在 x 轴上方和 x 轴下方的图形面积的代数和(图 3-4). 即

$$\int_a^b f(x)\mathrm{d}x=A_1-A_2+A_3.$$

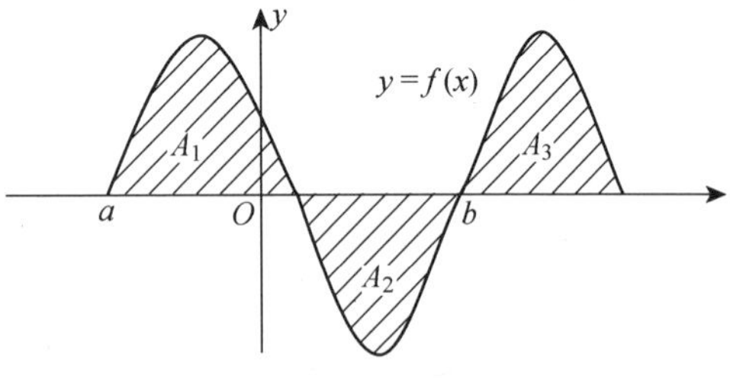

图 3-4

特别地,当 $f(x)=1$ 时,

$\int_a^b f(x)\mathrm{d}x=\int_a^b \mathrm{d}x=b-a$, 它表示以区间 $[a, b]$ 为底、高为 1 的矩形的面积.

例 3.1 利用定积分的几何意义,说明 $\int_0^2 x\mathrm{d}x=2$ 成立.

解 $\int_0^2 x\mathrm{d}x$ 的几何意义是由曲线 $y=x$, $x=2$, x 轴围成的直角三角形的面积,易求三角形的面积为 $A=2$, 所以 $\int_0^2 x\mathrm{d}x=2$.

例 3.2　用定积分的几何意义，求 $\int_{-2}^{2}\sqrt{4-x^2}\,\mathrm{d}x$.

解　$y=\sqrt{4-x^2}$ 在区间 $[-2, 2]$ 上的图形是以原点为圆心，以 2 为半径的上半圆，$\int_{-2}^{2}\sqrt{4-x^2}\,\mathrm{d}x$ 的几何意义就是上半圆的面积，故 $\int_{-2}^{2}\sqrt{4-x^2}\,\mathrm{d}x=2\pi$.

三、定积分的性质

假设函数 $f(x)$, $g(x)$ 在区间 $[a, b]$ 上可积，则根据定积分的定义可推证.

性质 1　常数因子可以提到积分号前，即 $\int_a^b kf(x)\,\mathrm{d}x=k\int_a^b f(x)\,\mathrm{d}x$.

性质 2　代数和的定积分等于定积分的代数和，即

$$\int_a^b[f(x)\pm g(x)]\,\mathrm{d}x=\int_a^b f(x)\,\mathrm{d}x\pm\int_a^b g(x)\,\mathrm{d}x.$$

该结论可以推广到有限个函数的代数和的情况.

性质 3(定积分对积分区间的可加性)　对任意的的常数 c，有

$$\int_a^b f(x)\,\mathrm{d}x=\int_a^c f(x)\,\mathrm{d}x+\int_c^b f(x)\,\mathrm{d}x.$$

由定积分的几何意义可以推证，无论 $c\in[a, b]$，还是 $c\notin[a, b]$，性质 3 均成立.

性质 4(比较性质)　在区间 $[a, b]$ 上，若 $f(x)\leqslant g(x)$，则

$$\int_a^b f(x)\,\mathrm{d}x\leqslant\int_a^b g(x)\,\mathrm{d}x.$$

性质 5(估值定理)　设 M 及 m 分别是函数 $f(x)$ 在区间 $[a, b]$ 上的最大值及最小值，则

$$m(b-a)\leqslant\int_a^b f(x)\,\mathrm{d}x\leqslant M(b-a).$$

性质 6(积分中值定理)　如果 $f(x)$ 在区间 $[a, b]$ 上连续，则在区间 $[a, b]$ 上至少存在一点 ξ，使 $\int_a^b f(x)\,\mathrm{d}x=f(\xi)(b-a)$. 这个公式称为积分中值公式.

其几何意义是：在区间 $[a, b]$ 上至少存在一点 ξ，使得以 $[a, b]$ 为底，以 $y=f(x)$ 为曲边的曲边梯形的面积等于同一底边而高为 $f(\xi)$ $(a\leqslant\xi\leqslant b)$ 的矩形面积(图 3-5). 称 $f(\xi)=\dfrac{1}{b-a}\int_a^b f(x)\,\mathrm{d}x$ 为函数 $f(x)$ 在区间 $[a, b]$ 上的积分平均值，简称为函数 $f(x)$ 在闭区间 $[a, b]$ 上的平均值，记为 $\bar{y}$.

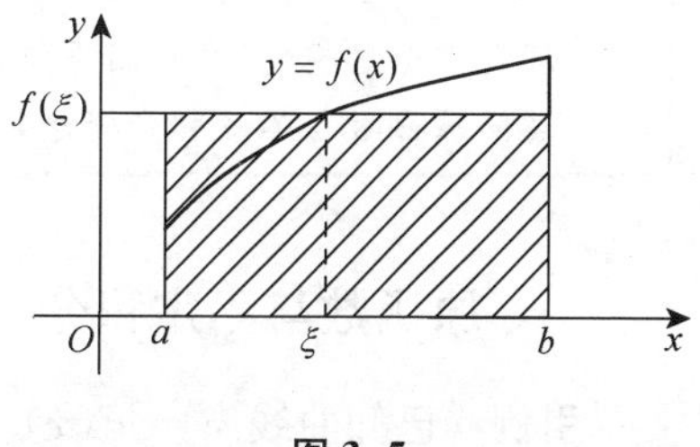

图 3-5

例 3.3　比较 $\int_1^2 \ln x\,\mathrm{d}x$ 与 $\int_1^2 \ln^2 x\,\mathrm{d}x$ 的积分值的大小.

解　因为在 $[1, 2]$ 上，$0\leqslant\ln x<1$，所以 $\ln x\geqslant\ln^2 x$，故 $\int_1^2 \ln x\,\mathrm{d}x\geqslant\int_1^2 \ln^2 x\,\mathrm{d}x$.

例 3.4 估计定积分$\int_1^3 e^x dx$的值.

解 因为$f(x)=e^x$是单调递增函数,因此在区间$[1, 3]$上,$e \leqslant e^x \leqslant e^3$,所以由积分估值定理可得

$$e(3-1) \leqslant \int_1^3 e^x dx \leqslant e^3(3-1),\text{即 } 2e \leqslant \int_1^3 e^x dx \leqslant 2e^3.$$

测试训练一

1. 利用定积分的几何意义说明下列各式.

(1) $\int_{-\pi}^{\pi} \sin x dx = 0$;　　(2) $\int_{-1}^{1} \sqrt{1-x^2} dx = \frac{1}{2}\pi$.

2. 不计算定积分,比较下列各组值的大小.

(1) $\int_0^1 x dx$ 与 $\int_0^1 x^2 dx$;　　(2) $\int_{-2}^{0} \left(\frac{1}{2}\right)^x dx$ 与 $\int_{-2}^{0} \left(\frac{1}{3}\right)^x dx$.

3. 估计下列定积分的取值范围.

(1) $\int_0^{\frac{\pi}{4}} \tan x dx$;　　(2) $\int_{-1}^{1} e^{-x} dx$.

4. 设由曲线$y=x^2$,直线$x=0$,$x=2$及x轴围成一曲边梯形(实际上是曲边三角形),试用定积分表示该图形的面积.

5. 设一辆汽车作直线运动,其速度为$v=3t^2+2t$(t的单位:秒;v的单位:米/秒),试用定积分表示汽车在$[0, 60]$秒内所行驶的路程.

任务二　不定积分及公式

知识目标

理解概念:原函数、不定积分的概念和性质.

掌握题型:用直接积分法计算不定积分.

能力目标

理解积分思想,提高创新思维能力;理解渐变过程,提高分析和推理能力;

理解原函数与不定积分概念,熟悉逆向思维原理与技巧.

一、原函数与不定积分

引例 已知曲线$y=F(x)$在任一点处的切线斜率为$k=2x$,求曲线方程$y=F(x)$.

分析 由题意可得:$F'(x)=2x$,根据此导数关系再求出曲线方程$y=F(x)$.像这种已知曲线的切线斜率,求曲线方程的问题,涉及到以下原函数的概念.

定义 3.2 设$f(x)$与$F(x)$在区间I上都有定义,且对任一$x \in I$,都有$F'(x)=f(x)$或$dF(x)=f(x)dx$,则称$F(x)$为$f(x)$在区间I上的一个原函数.

例如,由于$(x^2)'=2x$,所以x^2是$2x$的一个原函数;又由于$(x^2+1)'=2x$,因而x^2+

1 也是 $2x$ 的一个原函数；显然，x^2+C（C 为任意常数）是 $2x$ 的所有原函数，有无穷多个.

由原函数的定义不难得出：在区间 I 上若 $F(x)$ 是 $f(x)$ 的一个原函数，则

(1) $F(x)+C$ 也是 $f(x)$ 的原函数，这里 C 是任意常数，而且 $F(x)+C$ 是 $f(x)$ 的全部原函数(有无穷多个)；

(2) $f(x)$ 的任意两个原函数之间相差一个常数.

结论 连续函数一定有原函数.

定义 3.3 $f(x)$ 在区间 I 上的全部原函数称为 $f(x)$ 在区间 I 上的不定积分，记作

$$\int f(x)\mathrm{d}x,$$

其中 $\int$ 为积分号，$f(x)$ 称为被积函数，$f(x)\mathrm{d}x$ 称为被积表达式，x 称为积分变量.

由定义 3.2 可见，不定积分与原函数是整体与个体的关系，若 $F(x)$ 是 $f(x)$ 的一个原函数，则 $F(x)+C$ 就是 $f(x)$ 的不定积分，通常记为 $\int f(x)\mathrm{d}x=F(x)+C$，这里 C 是任意常数，称它为积分常数. 例如：

$$\int 2x\mathrm{d}x=x^2+C.$$

若 $F(x)$ 是 $f(x)$ 的一个原函数，则称 $y=F(x)$ 的图像为 $f(x)$ 的一条积分曲线，于是有不定积分的几何意义：

$\int f(x)\mathrm{d}x=F(x)+C$ 表示 $f(x)$ 的某一条积分曲线沿着 y 轴方向平行移动得到的所有积分曲线构成的积分曲线族(图 3-6). 显然，在每条积分曲线上横坐标相同的点处作切线，这些切线都是互相平行的.

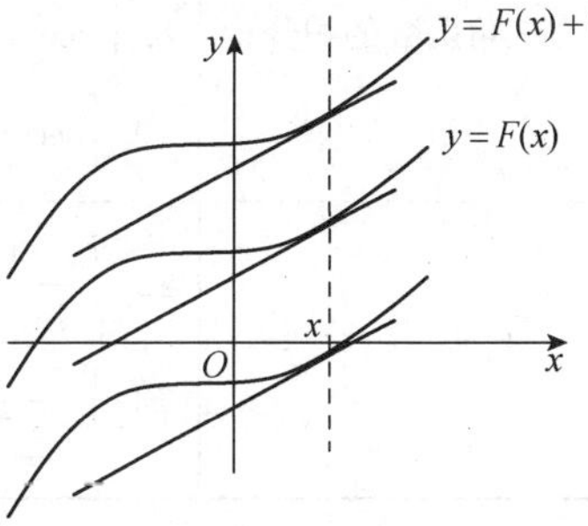

图 3-6

二、不定积分的性质

性质 1 $\left[\int f(x)\mathrm{d}x\right]'=f(x)$ 或 $\mathrm{d}\left[\int f(x)\mathrm{d}x\right]=f(x)\mathrm{d}x$.

性质 2 $\int F'(x)\mathrm{d}x=F(x)+C$ 或 $\int \mathrm{d}F(x)=F(x)+C$.

结论 求不定积分与求导数(或微分)(基本上)互为逆运算.

即对一个函数先积分后微分，结果是两种运算互相抵消，仍等于被积函数(或被积表达式)；若先微分后积分，结果与原来函数相差一个常数.

性质 3 两个函数代数和的不定积分等于两个函数不定积分的代数和，即

$$\int[f(x)\pm g(x)]\mathrm{d}x=\int f(x)\mathrm{d}x\pm\int g(x)\mathrm{d}x.$$

性质 4 被积函数中不为零的常数因子可以提到积分号外面来，即

$$\int kf(x)\mathrm{d}x=k\int f(x)\mathrm{d}x,\quad (k\neq 0).$$

三、直接积分法

由于求不定积分是求导数(或微分)的逆运算,所以由基本导数公式可以得到基本积分公式:

常函数的积分	1. $\int k\mathrm{d}x = kx + C$ (k 为常数)
幂函数的积分	2. $\int x^{\mu}\mathrm{d}x = \frac{1}{\mu+1}x^{\mu+1} + C$ ($\mu \neq -1$) 3. $\int \frac{1}{x}\mathrm{d}x = \ln\mid x\mid + C$
指数函数的积分	4. $\int a^{x}\mathrm{d}x = \frac{a^{x}}{\ln a} + C$ 5. $\int \mathrm{e}^{x}\mathrm{d}x = \mathrm{e}^{x} + C$
三角函数的积分	6. $\int \sin x\mathrm{d}x = -\cos x + C$ 7. $\int \cos x\mathrm{d}x = \sin x + C$ 8. $\int \sec^{2}x\mathrm{d}x = \tan x + C$ 9. $\int \csc^{2}x\mathrm{d}x = -\cot x + C$ 10. $\int \sec x\tan x\mathrm{d}x = \sec x + C$ 11. $\int \csc x\cot x\mathrm{d}x = -\csc x + C$
其他常用积分	12. $\int \frac{1}{1+x^{2}}\mathrm{d}x = \arctan x + C = -\operatorname{arccot} x + C$ 13. $\int \frac{1}{\sqrt{1-x^{2}}}\mathrm{d}x = \arcsin x + C = -\arccos x + C$

利用基本的积分公式和不定积分的性质,可以直接计算一些较简单的不定积分,这种方法一般称为直接积分法.

例 3.5 求 $\int x^{2}\sqrt{x}\mathrm{d}x$.

解 $$\int x^{2}\sqrt{x}\mathrm{d}x = \int x^{\frac{5}{2}}\mathrm{d}x = \frac{x^{\frac{5}{2}+1}}{\frac{5}{2}+1} + C = \frac{2}{7}x^{\frac{7}{2}} + C.$$

例 3.6 求 $\int (2\mathrm{e}^{x} - 3\sin x)\mathrm{d}x$.

解 $$\int (2\mathrm{e}^{x} - 3\sin x)\mathrm{d}x = 2\int \mathrm{e}^{x}\mathrm{d}x - 3\int \sin x\mathrm{d}x = 2\mathrm{e}^{x} + 3\cos x + C.$$

一般地,有限个代数和的积分,利用性质积分时,每一个积分的结果都含有一个任意常数,但由于任意常数之和仍为任意常数,所以结果中只写一个任意常数即可.

例 3.7 求 $\int \frac{\mathrm{e}^{2x}-1}{\mathrm{e}^{x}+1}\mathrm{d}x$.

解 $$\int \frac{\mathrm{e}^{2x}-1}{\mathrm{e}^{x}+1}\mathrm{d}x = \int \frac{(\mathrm{e}^{x}+1)(\mathrm{e}^{x}-1)}{\mathrm{e}^{x}+1}\mathrm{d}x = \int (\mathrm{e}^{x}-1)\mathrm{d}x = \mathrm{e}^{x} - x + C.$$

例 3.8 求 $\int \frac{x^{4}}{1+x^{2}}\mathrm{d}x$.

解 $\int \frac{x^4}{1+x^2}dx = \int \frac{(x^4-1)+1}{1+x^2}dx = \int \left(x^2-1+\frac{1}{1+x^2}\right)dx = \frac{1}{3}x^3 - x + \arctan x + C.$

例 3.9 求 $\int \frac{1}{x^2(1+x^2)}dx$.

解 $\int \frac{1}{x^2(1+x^2)}dx = \int \left(\frac{1}{x^2}-\frac{1}{1+x^2}\right)dx = -\frac{1}{x} - \arctan x + C.$

以上几例说明，有些不定积分不能直接利用性质、基本积分公式求出，但被积函数经过恒等变形以后就可以了.

常用的恒等变形有分解因式、加一项减一项、拆项及三角恒等变形等等.

例 3.10 **【结冰厚度】**若池塘结冰的速度由 $\frac{dy}{dx} = k\sqrt{t}$ 给出，其中 y（单位：厘米）是自结冰起到时刻 t（单位：小时）冰的厚度，k 是正常数，求结冰厚度 y 关于时间 t 的函数.

解 由 $\frac{dy}{dx} = k\sqrt{t}$，求不定积分，得

$$y(t) = \int k\sqrt{t}\,dt = k\int \sqrt{t}\,dt = k\,\frac{2}{3}t^{\frac{3}{2}} + C.$$

由于 $t=0$ 时池塘开始结冰，此时冰的厚度为 0，即有 $y(0)=0$，代入上式，得 $C=0$，所以有

$$y(t) = \frac{2}{3}kt^{\frac{3}{2}}.$$

测试训练二

1. 填空题.

(1) 函数 $f(x)=3^x$ 的一个原函数是________，全部原函数是________；

(2) 若函数 $f(x)$ 的一个原函数是 $3x^2-5x$，则 $\int f(x)dx =$ ________；

(3) 若函数 $f(x)$ 是 $3x^2-5x$ 的一个原函数，则 $f(x)=$________；

(4) $d\int x^2\sin x\ln x =$ ________，$\int d(e^{3x}\cos 2x) =$ ________；

(5) 若 $\int f(x)dx = e^{3x}+\sqrt{x}+C$，则 $f(x)=$________.

2. 已知曲线上任一点的切线斜率为 $f'(x)=2x$，求满足此条件的所有曲线方程，并求出过点 (2, 5) 的曲线方程.

3. 求下列不定积分.

(1) $\int\left(1-x+x^3-\frac{1}{\sqrt[3]{x^2}}\right)dx$；　(2) $\int\left(\sqrt{x}+\frac{1}{\sqrt{x}}\right)dx$；　(3) $\int x^2(3-x)dx$；

(4) $\int \frac{(t+1)^3}{t^2}dt$；　(5) $\int \frac{x^2}{1+x^2}dx$；　(6) $\int \frac{2x^2+1}{x^2(1+x^2)}dx$.

4. 一电路中电流关于时间的变化率为 $\frac{\mathrm{d}i}{\mathrm{d}t}=4t-0.6t^2$，若 $t=0$ 时，$i=2$ A，求电流 i 关于时间 t 的函数.

任务三　微积分基本公式

知识目标

理解概念：积分上限函数、牛顿-莱布尼兹公式.
掌握题型：求积分上限函数的导数，求相关极限，求函数的定积分.

能力目标

理解积分上限函数，区分定积分与积分上限函数，培养严谨的思维习惯.

积分学要解决两个基本的问题，一是不定积分的求法问题，二是定积分的计算问题. 前两节我们介绍了定积分与不定积分的概念，它们的概念和计算方法都是完全不同的. 然而，它们的计算之间的确有着巧妙的内在联系，下面就来讨论这个问题.

一、变上限函数及其导数

如图 3-7 所示，设 $f(x)$ 在区间 $[a, b]$ 上连续，并设 x 为 $[a, b]$ 内的任意一点，则 $f(x)$ 在 $[a, x]$ 上的定积分 $\int_a^x f(x)\mathrm{d}x$ 一定存在，为了便于理解，又因为定积分与积分变量的符号无关，将 $\int_a^x f(x)\mathrm{d}x$ 写成 $\int_a^x f(t)\mathrm{d}t$. 这样对于任意的 $x\in[a, b]$，都有唯一的 $\int_a^x f(t)\mathrm{d}t$ 与之对应，因此 $\int_a^x f(t)\mathrm{d}t$ 是定义在区间 $[a, b]$ 上的函数，称为变上限函数，或者称为积分上限函数，记作 $\phi(x)$. 即

$$\phi(x)=\int_a^x f(t)\mathrm{d}t,\ x\in[a, b].$$

其几何意义是：当 $f(x)\geqslant 0$ 时，

$\phi(x)=\int_a^x f(t)\mathrm{d}t,\ x\in[a, b]$ 表示右侧一边可以平行移动的曲边梯形 $aABx$ 的面积(图 3-7).

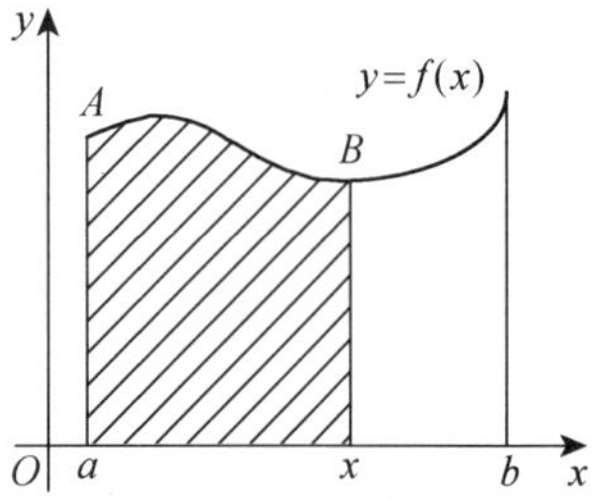

图 3-7

变上限函数 $\phi(x)$ 有如下重要性质：

定理 3.3　设函数 $f(x)$ 在区间 $[a, b]$ 上连续，则变上限函数 $\phi(x)=\int_a^x f(t)\mathrm{d}t$ 在区间 $[a, b]$ 上可导，且 $\phi'(x)=\left[\int_a^x f(t)\mathrm{d}t\right]'=f(x)$.

这说明 $\phi(x)$ 是连续函数 $f(x)$ 的一个原函数，由此可得原函数存在定理如下：

定理 3.4　若函数 $f(x)$ 在区间 $[a, b]$ 上连续，则函数 $\phi(x)=\int_a^x f(t)\mathrm{d}t$ 是函数 $f(x)$ 在区间 $[a, b]$ 上的一个原函数.

说明　这个定理既肯定了连续函数的原函数是存在的,又揭示了定积分与原函数之间的联系.

例 3.11　求下列函数的导数.

(1) $\phi(x)=\int_a^x \sin t\mathrm{d}t$;　　(2) $\phi(x)=\int_a^{x^2}(1+\mathrm{e}^t)\mathrm{d}t$.

解　(1) 由定理 3.3 知,$\phi'(x)=\left(\int_a^x \sin t\mathrm{d}t\right)'=\sin x$;

(2) 由于积分上限是 x 的函数,所以该变上限函数是由 $\phi(u)=\int_a^u(1+\mathrm{e}^t)\mathrm{d}t$ 与 $u=x^2$ 复合而成的复合函数,由复合函数的求导法则有

$$\varphi'(x)=\left[\int_a^u(1+\mathrm{e}^t)\mathrm{d}t\right]'\cdot(x^2)'=(1+\mathrm{e}^u)\cdot 2x=2x(1+\mathrm{e}^{x^2}).$$

一般地,若函数 $\varphi(x)$ 可导,则 $\frac{\mathrm{d}}{\mathrm{d}x}\int_a^{\varphi(x)}f(t)\mathrm{d}t=f[\varphi(x)]\cdot\varphi'(x)$.

例 3.12　求下列极限:

(1) $\lim\limits_{x\to 0}\frac{\int_0^x t\sin t\,\mathrm{d}t}{x^3}$;　　(2) $\lim\limits_{x\to 0}\frac{x^4}{\int_0^{2x^2}\ln(1-t)\mathrm{d}t}$.

解　(1) 此极限属 $\frac{0}{0}$ 型,利用洛必达法则有

$$\lim_{x\to 0}\frac{\int_0^x t\sin t\mathrm{d}t}{x^3}\overset{\frac{0}{0}}{=}\lim_{x\to 0}\frac{\left[\int_0^x t\sin t\mathrm{d}t\right]'}{(x^3)'}=\lim_{x\to 0}\frac{x\sin x}{3x^2}=\frac{1}{3};$$

(2) 此极限属 $\frac{0}{0}$ 型,利用洛必达法则有

$$\lim_{x\to 0}\frac{x^4}{\int_0^{2x^2}\ln(1-t)\mathrm{d}t}\overset{\frac{0}{0}}{=}\lim_{x\to 0}\frac{(x^4)'}{\left[\int_0^{2x^2}\ln(1-t)\mathrm{d}t\right]'}=\lim_{x\to 0}\frac{4x^3}{4x\ln(1-2x^2)}$$

$$\xlongequal{\text{替换}}\lim_{x\to 0}\frac{x^2}{-2x^2}=-\frac{1}{2}.$$

二、牛顿-莱布尼兹公式

定理 3.5　如果函数 $F(x)$ 是连续函数 $f(x)$ 在区间 $[a,b]$ 上的一个原函数,则

$$\int_a^b f(x)\mathrm{d}x=F(b)-F(a).$$

上式称为牛顿-莱布尼兹公式,也称为微积分基本公式.它把计算定积分问题转化为计算不定积分问题,即 $f(x)$ 在区间 $[a,b]$ 上的定积分等于 $f(x)$ 的任一原函数在 $[a,b]$ 上的

增量，为定积分的计算提供了简洁有效的方法和途径. 为了书写方便，通常记为

$$\int_a^b f(x)\mathrm{d}x = F(x)\Big|_a^b = F(b) - F(a).$$

例 3.13 求下列定积分：

(1) $\int_0^2 x^2\mathrm{d}x$； (2) $\int_0^{\frac{\pi}{2}}(3\sin x + 2\cos x)\mathrm{d}x$； (3) $\int_0^2 |1-x|\mathrm{d}x$.

解 (1) $\int_0^2 x^2\mathrm{d}x = \frac{1}{3}x^3\Big|_0^2 = \frac{1}{3}\times 2^3 - 0 = \frac{8}{3}$；

(2) $$\int_0^{\frac{\pi}{2}}(3\sin x + 2\cos x)\mathrm{d}x = 3\int_0^{\frac{\pi}{2}}\sin x\mathrm{d}x + 2\int_0^{\frac{\pi}{2}}\cos x\mathrm{d}x$$

$$= 3(-\cos x)\Big|_0^{\frac{\pi}{2}} + 2\sin x\Big|_0^{\frac{\pi}{2}} = 0 + 3 + 2 - 0 = 5;$$

(3) 因为 $|1-x| = \begin{cases} 1-x, & x \leqslant 1, \\ x-1, & x > 1. \end{cases}$ 所以

$$\int_0^2 |1-x|\mathrm{d}x = \int_0^1(1-x)\mathrm{d}x + \int_1^2(x-1)\mathrm{d}x = \left(x - \frac{x^2}{2}\right)\Big|_0^1 + \left(\frac{x^2}{2} - x\right)\Big|_1^2$$

$$= \frac{1}{2} - 0 + 0 - \left(-\frac{1}{2}\right) = 1.$$

注 被积函数在积分区间上应满足任务一中定积分存在的充分条件，否则不能使用牛顿-莱布尼兹公式.

例如，$\int_{-2}^1 \frac{1}{x^2}\mathrm{d}x = -\frac{1}{x}\Big|_{-2}^1 = -1 - \frac{1}{2} = -\frac{3}{2}$. 这种做法是错误的，因为 $\frac{1}{x^2}$ 在区间 $[-2, 1]$ 中有无穷间断点 $x=0$. 这种问题属于广义积分，在此不能解决.

若被积函数在积分区间的不同子区间上的函数表达式不同，应利用积分的可加性，化整个积分区间上的定积分为各个子区间上的定积分的和的形式.

例 3.14 设 $f(x) = \begin{cases} \frac{1}{1+x^2}, & x \geqslant -1, \\ \frac{1}{x^2}, & x < -1. \end{cases}$ 求 $\int_{-2}^1 f(x)\mathrm{d}x$.

解 $$\int_{-2}^1 f(x)\mathrm{d}x = \int_{-2}^{-1} f(x)\mathrm{d}x + \int_{-1}^1 f(x)\mathrm{d}x = \int_{-2}^{-1}\frac{1}{x^2}\mathrm{d}x + \int_{-1}^1 \frac{1}{1+x^2}\mathrm{d}x$$

$$= -\frac{1}{x}\Big|_{-2}^{-1} + \arctan x\Big|_{-1}^1 = 1 - \frac{1}{2} + \frac{\pi}{4} - \left(-\frac{\pi}{4}\right) = \frac{1}{2} + \frac{\pi}{2}.$$

例 3.15 计算正弦曲线 $y = \sin x$ 与 $x=0$，$x=\pi$ 及 x 轴所围成的图形的面积.

解 $A = \int_0^\pi \sin x\mathrm{d}x = -\cos x\Big|_0^\pi = -(-1) + 1 = 2$.

例 3.16 【保管费支付】公司每天要支付仓库的租金、保险费、保证金等都与商品的库存量有关. 某公司每 30 天会收到 1 200 箱巧克力，随后，每天以一定的比例售给零售商. 已知到货后的 x 天，该公司的库存量是 $f(x) = 1\,200 - 40\sqrt{30x}$，$(x \geqslant 0)$ 箱. 一箱巧克力的保管

费是 0.05 元.问该公司每天平均要支付多少保管费?

解 首先算出平均每天的库存量 y 是多少.因为把每天的库存量加起来再除以 30 即为 y,所以应用积分中值公式

$$y=\frac{1}{30}\int_0^{30}(1\,200-40\sqrt{30x})\mathrm{d}x=\frac{1}{30}\left(1\,200x-40\sqrt{30}\cdot\frac{2}{3}x^{\frac{3}{2}}\right)\Big|_0^{30}=400\text{(箱)}.$$

故该公司每天平均要支付 $0.05\times 400=20$ (元)保管费.

例 3.17 **【汽车刹车路程】**一辆汽车在直线上正以 10 m/s 的速度匀速行驶,突然发现一障碍物,于是以 $-1\ \mathrm{m/s^2}$ 的加速度匀减速停下,求汽车的刹车路程.

解 因为 $v'(t)=a=-1$,两边同时积分,有

$$\int v'(t)\mathrm{d}t=\int -1\mathrm{d}t,$$

得

$$v(t)=-t+C,$$

将 $v(0)=10$ 代入上式,得 $C=10$,所以 $v(t)=10-t$.

当汽车速度为零时汽车停下,此时 $v(t)=10-t=0$,得汽车的刹车时间为 $t=10$ 秒,再由速度与路程之间的关系,得汽车的刹车路程为

$$s=\int_0^{10}v(t)\mathrm{d}t=\int_0^{10}(10-t)\mathrm{d}t=\left(10t-\frac{1}{2}t^2\right)\Big|_0^{10}=50\text{(米)},$$

即汽车的刹车路程为 50 米.

由此方法可知,若物体做匀加速直线运动,初速度为 v_0,加速度为 a,则其速度方程为

$$v(t)=v_0+at,$$

运动方程为

$$s=v_0t+\frac{1}{2}at^2.$$

例 3.18 设 $f(x)$ 是连续函数,且 $f(x)=x+2\int_0^1 f(t)\mathrm{d}t$,求 $f(x)$.

解 设 $\int_0^1 f(t)\mathrm{d}t=a$,则 $f(x)=x+2a$,

两边在 $[0,1]$ 上积分得 $a=\int_0^1 f(x)\mathrm{d}x=\int_0^1(x+2a)\mathrm{d}x=\left(\frac{x^2}{2}+2ax\right)\Big|_0^1=\frac{1}{2}+2a$,

所以得 $a=-\frac{1}{2}$,故 $f(x)=x-1$.

测试训练三

1. 填空题.

(1) 若 $\int_k^2 3x^2\mathrm{d}x=7$,则 $k=$ ________;

(2) 若 $\int_0^1 (2x+k)\mathrm{d}x = 2$，则 $k=$ ________；

(3) 设 $f(x)$ 是连续函数，且 $f(x) = 2x + 3\int_0^1 f(x)\mathrm{d}x$，则 $\int_0^1 f(x) =$ ________.

2. 求下列函数的导数.

(1) $f(x) = \int_x^0 t\mathrm{e}^{-t}\mathrm{d}t$；　　(2) $g(x) = \int_0^{x^2} \frac{1}{\sqrt{1+t^2}}\mathrm{d}t$.

3. 求下列极限.

(1) $\lim\limits_{x\to 0} \frac{\int_0^x \cos t^2 \mathrm{d}t}{x}$；　　(2) $\lim\limits_{x\to 0} \frac{\int_0^x t(\mathrm{e}^t - 1)\mathrm{d}t}{\sin^3 x}$.

4. 计算下列定积分.

(1) $\int_1^2 \frac{2}{\sqrt{x}}\mathrm{d}x$；　　(2) $\int_{-1}^0 \frac{3x^4+3x^2+1}{x^2+1}\mathrm{d}x$；　　(3) $\int_{-\frac{1}{2}}^{\frac{1}{2}} \frac{1}{\sqrt{1-x^2}}\mathrm{d}x$；

(4) $\int_{-1}^1 x\mid x\mid \mathrm{d}x$；　　(5) $\int_0^{\pi} \cos^2\frac{x}{2}\mathrm{d}x$；　　(6) $\int_0^{2\pi} \mid \sin x \mid \mathrm{d}x$；

(7) 设 $f(x) = \begin{cases} \sqrt{x}, & 0 \leqslant x \leqslant 1, \\ \mathrm{e}^x, & 1 < x \leqslant 3. \end{cases}$ 求 $\int_0^3 f(x)\mathrm{d}x$.

5.**【产品销售总量】**某公司一个新销售代理发现，他在第 t 个月销售的商品数量为 $2t+5$，求该销售商一年的销售总量.

6.**【城市人口总数】**一圆形城市中，离市中心越近，人口密度越大，而离市中心越远，人口密度越小，设该城市半径为 50 千米，距中心 r（单位：千米）处的人口密度为 $100\,000(50-r)$，求这一城市的人口总数.

7.**【功率与功】**在物理学中，功 W 与功率 P 之间的关系为 $P = \frac{\mathrm{d}W}{\mathrm{d}t}$，或 $\mathrm{d}W = P\mathrm{d}t$. 如果功率 $P = 12t - 4t^2$，求 3 秒内的功.

任务四　常用积分方法

知识目标

理解概念：换元积分法、分部积分法.

掌握题型：利用第一换元法、第二换元法、分部积分法求函数的不定积分与定积分.

能力目标

掌握区分各类求积分方法，提高归类、变形和运算能力.

一、不定积分的换元积分法

(一) 第一类换元积分法

定理 3.6　若 $\int f(u)\mathrm{d}u = F(u) + C$，且 $u = \varphi(x)$ 可导，则

$$\int f[\varphi(x)]\varphi'(x)\mathrm{d}x = F[\varphi(x)] + C.$$

下面给出定理 3.6 情形的几个例子：

$$\int e^{f(x)} \cdot f'(x)\mathrm{d}x = \int e^{f(x)}\mathrm{d}f(x) = e^{f(x)} + C, \tag{1}$$

$$\int \frac{f'(x)}{\sqrt{f(x)}}\mathrm{d}x = \int \frac{1}{\sqrt{f(x)}}\mathrm{d}f(x) = 2\sqrt{f(x)} + C, \tag{2}$$

$$\int \frac{f'(x)}{1+f^2(x)}\mathrm{d}x = \int \frac{1}{1+f^2(x)}\mathrm{d}f(x) = \arctan f(x) + C. \tag{3}$$

如果在上述几例中设 $f(x) = u$，显而易见，它们的形式与基本积分公式形式完全相同. 所以，定理 3.6 提供的积分方法，极大地扩展了基本积分公式的使用范围.

例 3.19　求 $\int \frac{1}{2x+3}\mathrm{d}x$.

分析　这个积分与 $\int \frac{1}{x}\mathrm{d}x = \ln|x| + C$ 接近，所以要设法利用这个公式求出结果.

解　由于 $\mathrm{d}(2x+3) = 2\mathrm{d}x$，$\mathrm{d}x = \frac{1}{2}\mathrm{d}(2x+3)$，所以

$$\int \frac{1}{2x+3}\mathrm{d}x = \frac{1}{2}\int \frac{1}{2x+3}\mathrm{d}(2x+3) \xlongequal{令 2x+3=u} \frac{1}{2}\int \frac{1}{u}\mathrm{d}u = \frac{1}{2}\ln|u| + C$$

$$\xlongequal{回代 u=2x+3} \frac{1}{2}\ln|2x+3| + C.$$

当计算熟练后，可以省略中间变量的代换过程，直接进行如下计算：

$$\int g(x)\mathrm{d}x \xrightarrow{凑成} \int f[\varphi(x)]\varphi'(x)\mathrm{d}x = \int f[\varphi(x)]\mathrm{d}[\varphi(x)] = F[\varphi(x)] + C,$$

计算过程将更为简化.

例 3.20　求 $\int (ax+b)^{10}\mathrm{d}x \quad (a \neq 0)$.

解　可利用公式 $\int x^\alpha \mathrm{d}x = \frac{x^{\alpha+1}}{\alpha+1} + C$，由于 $\mathrm{d}x = \frac{1}{a}\mathrm{d}(ax+b)$，所以

$$\int (ax+b)^{10}\mathrm{d}x = \frac{1}{a}\int (ax+b)^{10}\mathrm{d}(ax+b) = \frac{1}{11a}(ax+b)^{11} + C.\text{（把 } ax+b \text{ 看作 } u\text{）}$$

例 3.21　求 $\int x e^{x^2}\mathrm{d}x$.

解　由于 $x\mathrm{d}x = \frac{1}{2}\mathrm{d}(x^2)$，所以 $\int x e^{x^2}\mathrm{d}x = \frac{1}{2}\int e^{x^2}\mathrm{d}(x^2) = \frac{1}{2}e^{x^2} + C$.（把 x^2 看作 u）

例 3.22　求 $\int \frac{1}{x\ln x}\mathrm{d}x$.

解　由于 $\frac{1}{x}\mathrm{d}x = \mathrm{d}\ln x$，所以 $\int \frac{1}{x\ln x}\mathrm{d}x = \int \frac{1}{\ln x}\mathrm{d}\ln x = \ln|\ln x| + C$.（把 $\ln x$ 看作 u）

例 3.23　求 $\int \frac{e^x}{1+e^x}\mathrm{d}x$.

解 由于 $e^x dx = d(e^x + 1)$，所以 $\int \frac{e^x}{1+e^x}dx = \int \frac{d(1+e^x)}{1+e^x} = \ln(1+e^x) + C.$

由上面的例子可见，第一类换积分法的关键就是把被积表达式"凑成" $f(\varphi(x))$ 与 $d\varphi(x)$ 的乘积，只要 $\varphi(x)$ 选取恰当，问题就迎刃而解. 所以第一类换积分法也叫凑微分法. 初学者应将常用的微分公式、性质熟记，并能灵活变通.

如 $dx = d(x+b)$，$\frac{1}{\sqrt{x}}dx = 2d\sqrt{x}$，$\frac{1}{x}dx = d\ln x$，…

下面给出几个常见的凑微分类型：

$$\int f(ax+b)dx = \frac{1}{a}\int f(ax+b)d(ax+b),\quad (a \neq 0);$$

$$\int f(ax^2+b)\cdot x dx = \frac{1}{2a}\int f(ax^2+b)d(ax^2+b),\quad (a \neq 0);$$

$$\int f(x^n)\cdot x^{n-1}dx = \frac{1}{n}\int f(x^n)d(x^n);$$

$$\int f(\ln x)\cdot \frac{1}{x}dx = \int f(\ln x)d(\ln x);$$

$$\int f(ae^x+b)\cdot e^x dx = \frac{1}{a}\int f(ae^x+b)d(ae^x+b),\quad (a \neq 0);$$

$$\int f(\sin x)\cdot \cos x dx = \int f(\sin x)d(\sin x);$$

$$\int f(\cos x)\cdot \sin x dx = -\int f(\cos x)d(\cos x);$$

$$\int f(\arctan x)\cdot \frac{1}{1+x^2}dx = \int f(\arctan x)d(\arctan x).$$

例 3.24 求 $\int \cos^3 x dx$.

解 $\int \cos^3 x dx = \int \cos^2 x \cos x dx = \int (1-\sin^2 x)d\sin x = \sin x - \frac{1}{3}\sin^3 x + C.$

读者可以自己证明(1) $\int \tan x dx = -\ln|\cos x| + C$；　(2) $\int \cot x dx = \ln|\sin x| + c$.

例 3.25 求 $\int \sin^2 x dx$.

解 $\int \sin^2 x dx = \int \frac{1-\cos 2x}{2}dx = \frac{1}{2}\left[\int dx - \frac{1}{2}\int \cos 2x d(2x)\right]$

$$= \frac{1}{2}x - \frac{1}{4}\sin 2x + C.$$

同样地，可得 $\int \cos^2 x dx = \frac{1}{2}x + \frac{1}{4}\sin 2x + C.$

例 3.26 求 $\int \frac{1}{x^2-a^2}dx \quad (a \neq 0)$.

解 $\int \frac{1}{x^2-a^2}dx = \int \frac{1}{(x-a)(x+a)}dx = \frac{1}{2a}\int\left(\frac{1}{x-a}-\frac{1}{x+a}\right)dx$

$$= \frac{1}{2a}(\ln|x-a|-\ln|x+a|)+C = \frac{1}{2a}\ln\left|\frac{x-a}{x+a}\right|+C.$$

例 3.27 求 $\int \frac{1}{x^2+a^2}dx \quad (a \neq 0)$.

解 $\int \frac{1}{x^2+a^2}dx = \frac{1}{a}\int \frac{1}{1+\left(\frac{x}{a}\right)^2}d\left(\frac{x}{a}\right) = \frac{1}{a}\arctan\frac{x}{a}+C.$

类似地可得 $\int \frac{1}{\sqrt{a^2-x^2}}dx = \arcsin\frac{x}{a}+C.$

注 同一积分,由于凑微分的方式不同,所得结果在形式上可能不一样,但实际上它们都只差一个常数,例如 $\int \sin x\cos x dx$.

解法一:$\int \sin x\cos x dx = \int \sin x d(\sin x) = \frac{1}{2}\sin^2 x+C.$

解法二:$\int \sin x\cos x dx = -\int \cos x d(\cos x) = -\frac{1}{2}\cos^2 x+C.$

解法三:$\int \sin x\cos x dx = \frac{1}{2}\int \sin 2x dx = \frac{1}{4}\int \sin 2x d(2x) = -\frac{1}{4}\cos 2x+C.$

利用三角公式可以证明以上三种结果仅相差一个常数.

(二) 第二类换元积分法

引例 求 $\int \frac{1}{1+\sqrt{x}}dx$.

这个积分用前面学过的方法不易求解,若令 $\sqrt{x}=t\geqslant 0$, 则 $x=t^2(t\geqslant 0)$, 单调可导,于是 $\int \frac{1}{1+\sqrt{x}}dx = \int \frac{1}{1+t}\cdot 2t dt = 2\left(\int dt - \int \frac{1}{1+t}dt\right) = 2(t-\ln|t+1|)+C$, 再将 $t=\sqrt{x}$ 代入上式,得 $\int \frac{1}{1+\sqrt{x}}dx = 2[\sqrt{x}-\ln(1+\sqrt{x})]+C.$

对这种积分方法,给出如下定理:

定理 3.7 设函数 $x=\varphi(t)$ 单调可导,且 $\varphi'(t)\neq 0$, 其反函数为 $t=\varphi^{-1}(x)$, 若 $\int f[\varphi(t)]\varphi'(t)dt = F(t)+C$, 则 $\int f(x)dx = F[\varphi^{-1}(x)]+C.$

定理 3.7 的使用和定理 3.6 的恰恰相反,若 $\int f(x)dx$ 不易积出,将变量 x 用单调可导函数 $x=\varphi(t)$ 代换,原积分化为容易积出的 $\int f[\varphi(t)]\varphi'(t)dt = F(t)+C$, 再利用反函数 $t=\varphi^{-1}(x)$ 代回原积分变量.

这种积分方法叫作第二换元积分法. 它常常用于被积函数含有根式的积分,通过积分变量代换使被积函数有理化,从而把要求的积分化简积出.

常见的积分变量代换主要有如下两种方法：

1. 根式代换

若被积函数中含有根式$\sqrt[n]{ax+b}$（n 为正整数），通常令$\sqrt[n]{ax+b}=t$.

例 3.28 求$\int \frac{x}{1+\sqrt{x+1}}\mathrm{d}x$.

解 令$\sqrt{x+1}=t$，则 $x=t^2-1$，$\mathrm{d}x=2t\mathrm{d}t$，于是

$$\int \frac{x}{1+\sqrt{x+1}}\mathrm{d}x=\int \frac{t^2-1}{1+t}\cdot 2t\mathrm{d}t=2\int(t^2-t)\mathrm{d}t=\frac{2}{3}t^3-t^2+C$$

$$=\frac{2}{3}(x+1)^{\frac{3}{2}}-(x+1)+C$$

$$=\frac{2}{3}(x+1)^{\frac{2}{3}}-x+C_1 \quad (C_1=C-1).$$

例 3.29 **【太阳能能量】**某一太阳能的能量 f 相对于太阳能接触的表面面积 x 的变化率为$\frac{\mathrm{d}f}{\mathrm{d}x}=\frac{0.005}{\sqrt{0.01x+1}}$，如果当 $x=0$ 时，$f=0$，求 f 的函数表达式.

解 因为$\frac{\mathrm{d}f}{\mathrm{d}x}=\frac{0.005}{\sqrt{0.01x+1}}$，由不定积分的定义，可得 $f=\int\frac{0.005}{\sqrt{0.01x+1}}\mathrm{d}x$.

解法一（第一换元积分法）：

$$f=\int\frac{0.005}{\sqrt{0.01x+1}}\mathrm{d}x=0.5\int\frac{1}{\sqrt{0.01x+1}}\mathrm{d}(0.01x+1)=0.5\times 2\sqrt{0.01x+1}+C.$$

将 $x=0$ 时，$f=0$ 代入上式，得 $C=-1$，所以 $f=\sqrt{0.01x+1}-1$.

解法二（第二换元积分法）：

$$f\overset{\sqrt{0.01x+1}=t}{\underset{x=100(t^2-1)}{=\!=\!=\!=\!=\!=}}0.005\int\frac{1}{t}\mathrm{d}100(t^2+1)=0.5\int\frac{2t}{t}\mathrm{d}t=\int\mathrm{d}t=t+C=\sqrt{0.01x+1}+C.$$

将 $x=0$ 时，$f=0$ 代入上式，得 $C=-1$，所以 $f=\sqrt{0.01x+1}-1$.

2. 三角代换

一般地，如果被积函数中含有$\sqrt{a^2-x^2}$，$\sqrt{a^2+x^2}$，$\sqrt{x^2-a^2}$ $(a>0)$，可做以下三角代换（图 3-8）：

(1) 对$\sqrt{a^2-x^2}$，可设 $x=a\sin t$，$-\frac{\pi}{2}\leqslant t\leqslant\frac{\pi}{2}$；

(2) 对$\sqrt{a^2+x^2}$，可设 $x=a\tan t$，$-\frac{\pi}{2}<t<\frac{\pi}{2}$；

(3) 对$\sqrt{x^2-a^2}$，可设 $x=a\sec t$，$0<t<\frac{\pi}{2}$ $(\sec^2 x-1=\tan^2 x)$.

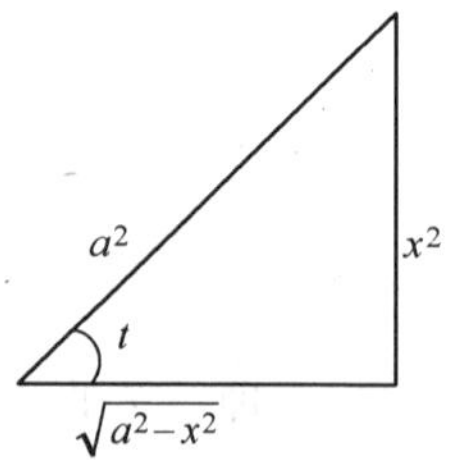

图 3-8

在此只介绍方法，不涉及具体计算. 复杂的计算需运用数学软件解决.

经过以上讨论，又得到一些不定积分基本公式，归纳如下：

1. $\int \tan x\mathrm{d}x = -\ln|\cos x| + C$;　　2. $\int \cot x\mathrm{d}x = \ln|\sin x| + C$;

3. $\int \sec x\mathrm{d}x = \ln|\sec x + \tan x| + C$;　　4. $\int \csc x\mathrm{d}x = \ln|\csc x - \cot x| + C$;

5. $\int \frac{1}{x^2 - a^2}\mathrm{d}x = \frac{1}{2a}\ln\left|\frac{x-a}{x+a}\right| + C$;　　6. $\int \frac{1}{x^2 + a^2}\mathrm{d}x = \frac{1}{a}\arctan x + C$;

7. $\int \frac{1}{\sqrt{a^2 - x^2}}\mathrm{d}x = \arcsin\frac{x}{a} + C$;　　8. $\int \frac{1}{\sqrt{x^2 \pm a^2}}\mathrm{d}x = \ln|x + \sqrt{x^2 \pm a^2}| + C$.

二、定积分的换元积分法

定理 3.8　设函数 $f(x)$ 在区间 $[a, b]$ 上连续，作代换 $x = \varphi(t)$，它满足下列条件：

(1) $\varphi(t)$ 是区间 $[\alpha, \beta]$ 上的单调连续函数；

(2) $\varphi(\alpha) = a$, $\varphi(\beta) = b$;

(3) $x = \varphi(t)$ 在区间 $[\alpha, \beta]$ 上有连续的导数 $\varphi'(t)$，则 $\int_a^b f(x)\mathrm{d}x \overset{x=\varphi(t)}{=} \int_\alpha^\beta f[\varphi(t)]\varphi'(t)\mathrm{d}t$.

定理 3.8 提供了定积分的换元积分方法，它与不定积分的第二类换元法类似，但在换元的同时，增加了换"限"过程，也就是根据代换函数来确定新的积分上下限. 这使得对含有新变量的积分，直接代入新变量对应的积分上下限进行计算就可以了.

例 3.30　求 $\int_0^{\frac{\pi}{2}} \cos^3 x\sin x\mathrm{d}x$.

解　$\int_0^{\frac{\pi}{2}} \cos^3 x\sin x\mathrm{d}x = -\int_0^{\frac{\pi}{2}} \cos^3 x\mathrm{d}(\cos x) = -\frac{1}{4}\cos^4 x\Big|_0^{\frac{\pi}{2}} = \frac{1}{4}$.

例 3.31　求 $\int_1^{\mathrm{e}} \frac{1+\ln x}{x}\mathrm{d}x$.

解　$\int_1^{\mathrm{e}} \frac{1+\ln x}{x}\mathrm{d}x = \int_1^{\mathrm{e}} (1+\ln x)\mathrm{d}(1+\ln x) = \frac{1}{2}(1+\ln x)^2\Big|_1^{\mathrm{e}} = \frac{3}{2}$.

例 3.32　**【商品销售量】** 某种商品在某年中的销售速度为 $v(t) = 100 + 100\sin\left(2\pi t - \frac{\pi}{2}\right)$（$t$ 的单位：月；$0 \leqslant t \leqslant 12$），求此商品在前 3 个月的销售总量.

解　由变化率求总改变量，得该商品在前 3 个月的销售总量

$$N = \int_0^3 \left[100 + 100\sin\left(2\pi t - \frac{\pi}{2}\right)\right]\mathrm{d}t = \int_0^3 100\mathrm{d}t + \frac{1}{2\pi}\int_0^3 100\sin\left(2\pi t - \frac{\pi}{2}\right)\mathrm{d}\left(2\pi t - \frac{\pi}{2}\right)$$

$$= 100t\Big|_0^3 + \frac{100}{2\pi}\int_0^3 \sin\left(2\pi t - \frac{\pi}{2}\right)\mathrm{d}\left(2\pi t - \frac{\pi}{2}\right)$$

$$= 300 - \frac{100}{2\pi}\left[\cos\left(2\pi t - \frac{\pi}{2}\right)\right]\Big|_0^3 = 300.$$

例 3.33(对称区间上的定积分)　设函数 $f(x)$ 在区间 $[-a, a]$ 上连续，证明：

(1) 若 $f(x)$ 为奇函数，则 $\int_{-a}^a f(x)\mathrm{d}x = 0$;

(2) 若 $f(x)$ 为偶函数，则 $\int_{-a}^a f(x)\mathrm{d}x = 2\int_0^a f(x)\mathrm{d}x$.

证 由定积分的性质，有 $\int_{-a}^{a} f(x)\mathrm{d}x = \int_{-a}^{0} f(x)\mathrm{d}x + \int_{0}^{a} f(x)\mathrm{d}x$.

对于积分 $\int_{-a}^{0} f(x)\mathrm{d}x$，令 $x=-t$ 时，则 $\mathrm{d}x=-\mathrm{d}t$，且当 $x=-a$ 时，$t=a$，当 $x=0$ 时，$t=0$，于是 $\int_{-a}^{0} f(x)\mathrm{d}x = -\int_{a}^{0} f(-t)\mathrm{d}t = \int_{0}^{a} f(-t)\mathrm{d}t = \int_{0}^{a} f(-x)\mathrm{d}x$.

所以 $\int_{-a}^{a} f(x)\mathrm{d}x = \int_{-a}^{0} f(x)\mathrm{d}x + \int_{0}^{a} f(x)\mathrm{d}x = \int_{0}^{a}[f(-x)+f(x)]\mathrm{d}x$.

故 (1) 若 $f(x)$ 为奇函数时，$f(-x)=-f(x)$，所以 $\int_{-a}^{a} f(x)\mathrm{d}x = 0$；

(2) 若 $f(x)$ 为偶函数时，$f(-x)=f(x)$，所以 $\int_{-a}^{a} f(x)\mathrm{d}x = 2\int_{0}^{a} f(x)\mathrm{d}x$.

这个例题的结论常常用于求对称区间上奇函数或偶函数的定积分.

例 3.34 求 $\int_{-1}^{1} \frac{\sin^3 x + (\arctan x)^2}{1+x^2}\mathrm{d}x$.

解 因为 $\int_{-1}^{1} \frac{\sin^3 x + (\arctan x)^2}{1+x^2}\mathrm{d}x = \int_{-1}^{1} \frac{\sin^3 x}{1+x^2}\mathrm{d}x + \int_{-1}^{1} \frac{(\arctan x)^2}{1+x^2}\mathrm{d}x$,

又因为 $\frac{\sin^3 x}{1+x^2}$ 是奇函数，$\frac{(\arctan x)^2}{1+x^2}$ 是偶函数，积分区间为对称区间，所以

$$\int_{-1}^{1} \frac{\sin^3 x + (\arctan x)^2}{1+x^2}\mathrm{d}x = 0 + 2\int_{0}^{1} \frac{(\arctan x)^2}{1+x^2}\mathrm{d}x = 2\int_{0}^{1} (\arctan x)^2 \mathrm{d}(\arctan x)$$

$$= \frac{2}{3}(\arctan x)^3\Big|_0^1 = \frac{2}{3}\left(\frac{\pi}{4}\right)^3 = \frac{\pi^3}{96}.$$

三、不定积分的分部积分

观察不定积分 $\int x\mathrm{e}^{2x}\mathrm{d}x$，$\int x^2\ln x\mathrm{d}x$，$\int \arctan x\mathrm{d}x$，尽管前文介绍了直接积分法和换元积分法，但对这些形式的积分，仍然无法解决，所以需要讨论新的积分方法.

设函数 $u=u(x)$，$v=v(x)$ 具有连续的导数，则由乘积的微分运算法则 $\mathrm{d}(uv)=u\mathrm{d}v+v\mathrm{d}u$ 可得 $u\mathrm{d}v=\mathrm{d}(uv)-v\mathrm{d}u$，两边积分，得 $\int u\mathrm{d}v = uv - \int v\mathrm{d}u$.

这个公式叫作不定积分的分部积分公式，它把求积分 $\int u\mathrm{d}v$，转化为求积分 $\int v\mathrm{d}u$，使积分有可能容易算出.

使用分部积分公式求不定积分 $\int f(x)\mathrm{d}x$，主要是把被积表达式 $f(x)\mathrm{d}x$ 分成两部分 u 与 $\mathrm{d}v$，然后套用公式，这种方法称为分部积分法.

分部积分法的关键在于被积函数中作为 $v'(x)$ 的函数必须存在原函数 $v(x)$，且同时 $\int v\mathrm{d}u$ 较易求出. 因此，u 和 v 的选取至关重要.

一般地，如果被积函数是两类基本初等函数的乘积，多数情况下，可按“反三角函数、对数函数、幂函数、三角函数、指数函数”的顺序，将排在前面的那类函数选作 u，排在后面的那

类函数选作 v'.

分部积分法的基本步骤可归纳为：

原积分 $=\int u\mathrm{d}v=uv-\int v\mathrm{d}u=uv-\int vu'\mathrm{d}x=\cdots$

例 3.35　求 $\int x\mathrm{e}^x\mathrm{d}x$.

解　若令 $u=x$，$v'=\mathrm{e}^x$，易求 $v=\mathrm{e}^x$，即 $\mathrm{e}^x\mathrm{d}x=\mathrm{d}(\mathrm{e}^x)$.

代入分部积分公式，得 $\int x\mathrm{e}^x\mathrm{d}x=\int x\mathrm{d}(\mathrm{e}^x)=x\mathrm{e}^x-\int \mathrm{e}^x\mathrm{d}x=x\mathrm{e}^x-\mathrm{e}^x+C$.

例 3.36　求 $\int x\ln x\mathrm{d}x$.

解　令 $u=\ln x$，$v'=x$，则 $v=\frac{1}{2}x^2$，即 $x\mathrm{d}x=\mathrm{d}\left(\frac{1}{2}x^2\right)$.

所以 $\int x\ln x\mathrm{d}x=\int \ln x\mathrm{d}\left(\frac{1}{2}x^2\right)=\frac{1}{2}x^2\ln x-\frac{1}{2}\int x^2\mathrm{d}\ln x=\frac{x^2}{2}\ln x-\frac{1}{2}\int x^2\ \frac{1}{x}\mathrm{d}x$

$$=\frac{1}{2}x^2\ln x-\frac{1}{2}\cdot\frac{x^2}{2}+C=\frac{1}{2}x^2\ln x-\frac{x^2}{4}+C.$$

例 3.37　求 $\int x\arctan x\mathrm{d}x$.

解　$\int x\arctan x\mathrm{d}x=\int \arctan x\mathrm{d}\left(\frac{1}{2}x^2\right)=\frac{1}{2}x^2\arctan x-\frac{1}{2}\int x^2\mathrm{d}\arctan x$

$$=\frac{1}{2}x^2\arctan x-\frac{1}{2}\int\frac{x^2}{1+x^2}\mathrm{d}x$$

$$=\frac{1}{2}x^2\arctan x-\frac{1}{2}\int\left(1-\frac{1}{1+x^2}\right)\mathrm{d}x$$

$$=\frac{1}{2}x^2\arctan x-\frac{1}{2}(x-\arctan x)+C.$$

例 3.38　求 $\int \mathrm{e}^x\sin x\mathrm{d}x$.

解　$\int \mathrm{e}^x\sin x\mathrm{d}x=\int \sin x\mathrm{d}(\mathrm{e}^x)=\mathrm{e}^x\sin x-\int \mathrm{e}^x\mathrm{d}(\sin x)$

$$=\mathrm{e}^x\sin x-\int \mathrm{e}^x\cos x\mathrm{d}x=\mathrm{e}^x\sin x-\int\cos x\mathrm{d}(\mathrm{e}^x)$$

$$=\mathrm{e}^x\sin x-\mathrm{e}^x\cos x+\int \mathrm{e}^x\mathrm{d}(\cos x)$$

$$=\mathrm{e}^x(\sin x-\cos x)-\int \mathrm{e}^x\sin x\mathrm{d}x,$$

移项得 $2\int \mathrm{e}^x\sin x\mathrm{d}x=\mathrm{e}^x(\sin x-\cos x)+2C$,

故 $\int \mathrm{e}^x\sin x\mathrm{d}x=\frac{1}{2}\mathrm{e}^x(\sin x-\cos x)+C$.

分部积分法是一种很有效的积分方法，对直接积分法与换元积分法解决不了的题目，一般可以尝试运用分部积分法来解决.

四、定积分的分部积分

定理 3.9 设函数 $u=u(x)$，$v=v(x)$ 具有连续的导数，则有 $\int_a^b u\mathrm{d}v = uv\Big|_a^b - \int_a^b v\mathrm{d}u$，上式称为定积分的分部积分公式. 使用定积分的分部积分公式与求不定积分的分部积分法相同，只是多了上下限而已.

例 3.39 **【石油总产量】** 一口新井的原油生产速度 $R(t)$（t 的单位：年）为 $R(t)=1-0.02t\sin(2\pi t)$，求该口井前 3 年的石油总产量.

解 设该井口前 3 年的石油总产量为 W，由变化率求总改变量，得

$$W=\int_0^3[1-0.02t\sin(2\pi t)]\mathrm{d}t=\int_0^3\mathrm{d}t+\frac{0.02}{2\pi}\int_0^3 t\mathrm{d}[\cos(2\pi t)]$$

$$=t\Big|_0^3+\frac{0.01}{\pi}\left[t\cos(2\pi t)\ \Big|_0^3-\int_0^3\cos(2\pi t)\mathrm{d}t\right]=3+\frac{0.01}{\pi}\left[3-0-\frac{\sin(2\pi t)}{2\pi}\Big|_0^3\right]$$

$$=3+\frac{0.01}{\pi}(3-0)=3+\frac{0.03}{\pi}\approx 3.0095.$$

测试训练四

1. 填空题.

(1) $\int x\sin x\mathrm{d}x=$________；　　(2) $\int x\mathrm{e}^{\frac{x}{2}}\mathrm{d}x=$________.

2. 求下列不定积分.

(1) $\int x\cos\frac{x}{2}\mathrm{d}x$；　(2) $\int \arcsin x\mathrm{d}x$；　(3) $\int (x+3)^5\mathrm{d}x$；

(4) $\int\frac{1}{\sqrt{x}(1+x)}\mathrm{d}x$；　(5) $\int\frac{x}{\sqrt{3+4x}}\mathrm{d}x$；　(6) $\int\frac{x^2}{\sqrt{2-x}}\mathrm{d}x$.

3. 求下列定积分.

(1) $\int_0^1 x\mathrm{e}^{-x}\mathrm{d}x$；　(2) $\int_0^{\frac{\pi}{2}}\mathrm{e}^{2x}\cos x\mathrm{d}x$；　(3) $\int_0^{\frac{\pi}{4}}\frac{\sin x}{\sqrt{\cos x}}\mathrm{d}x$；　(4) $\int_0^2\frac{\mathrm{e}^x}{1+\mathrm{e}^{2x}}\mathrm{d}x$.

4. **【电路中的电量】** 设导线在时刻 t（单位：秒）的电流强度为 $i(t)=2\sin\omega t$，试求在时间间隔 $[2,4]$ 内流过导线横截面的电量 $Q(t)$（单位：安培）.

5. **【水箱积水量】** 设水从储藏箱的底部以速度 $r(t)=20\mathrm{e}^{0.04t}$（$r$ 的单位：升/秒；t 的单位：秒；$0\leqslant t\leqslant 50$）流出. 求在前 10 秒流出的水的总量.

6. **【产品总产量】** 某一计算机公司研发了一套用于生产一种新型计算器的生产线，第 t 周的生产速度（单位：个/周）为 $\frac{\mathrm{d}x}{\mathrm{d}t}=5\,000\left[1-\frac{100}{(t+2)^2}\right]$.（注意到当时间足够长时生产量接近每周 5 000 个，但是由于工人不熟悉技术使得开始的生产量很低.）求从第三周开始到第四周结束时生产计算器的个数.

7. **【传染病分析】** 在传染病流行期间人们被传染患病的速度可以近似地表示为 $r=1\,000t\mathrm{e}^{-0.5t}$（$r$ 的单位：人/天），t 为传染病开始流行的天数. 问

(1) 什么时候人们患病速度最快？

(2) 前 10 天共有多少人患病？

任务五 定积分的几何应用

知识目标

理解概念：微元法、平面图形面积、旋转体体积.

掌握题型：求平面图形的面积；求旋转体的体积.

能力目标

通过学习微元法分析平面图形面积及旋转体体积，并运用定积分表示，有效提高学生的作图、识图及运用定积分知识和数学软件进行复杂运算的能力.

定积分是求某种总量的一种数学模型. 它广泛应用于几何、力学、电学、经济学、社会学等方面. 因此在学习的过程中，要深刻领会用定积分解决实际问题的思想和方法——微元法，不断积累和提高应用数学解决实际问题的能力.

一、微元法

在前文讲过，以 $y=f(x)\geqslant 0\ (x\in[a,b])$ 为顶，以 $[a,b]$ 为底的曲边梯形的面积，可用定积分 $A=\int_a^b f(x)\mathrm{d}x$ 表示. 现分析其特征：

(1) 所求的面积在区间 $[a,b]$ 内；

(2) 面积具有可加性，即把 $[a,b]$ 分成若干子区间，所有子区间上对应的面积分量累加起来就是所求总量.

根据以上特征，采取下面的解决方法：

在 $[a,b]$ 区间上任取一小区间 $[x,x+\mathrm{d}x]$，用小矩形的面积的值 $f(x)\mathrm{d}x$（图 3-9 中阴影部分）近似代替该小区间上对应的小曲边梯形的面积的值，通常称它为面积微分元素，简称面积微元，记为 $\mathrm{d}A=f(x)\mathrm{d}x$，面积微元在区间 $[a,b]$ 上的定积分就是所求面积 A.

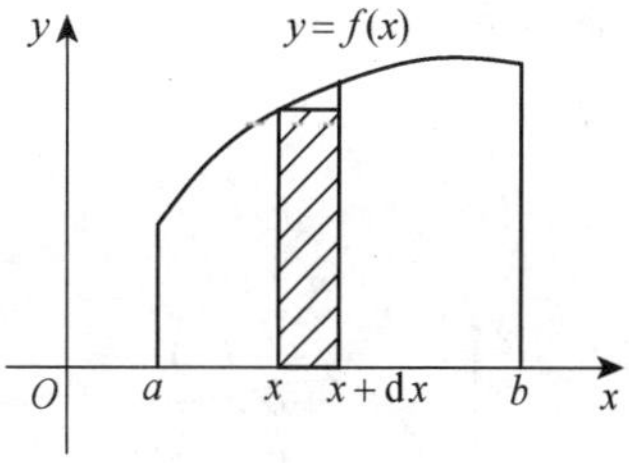

图 3-9

一般地，若某一实际问题中所求的量 U 满足：

(1) U 与某一变量在某个区间内有某种函数关系，不妨设变量是 x，区间是 $[a,b]$；

(2) 所求的总量 U 具有可加性，即把 $[a,b]$ 分成若干子区间，所有子区间上对应的分量累加起来就是所求总量. 即量 U 可以用下列方法计算：

在 $[a,b]$ 区间上任取一小区间 $[x,x+\mathrm{d}x]$，该小区间上对应的分量能用一个近似值代替，若该近似值可表示为 $[a,b]$ 上的一个连续函数 $f(x)$ 与 $\mathrm{d}x$ 的乘积 $f(x)\mathrm{d}x$，就把这个乘积称为该量 U 的微分元素，记为 $\mathrm{d}U=f(x)\mathrm{d}x$. 以 $\mathrm{d}U=f(x)\mathrm{d}x$ 为被积表达式，以 $[a,b]$ 为积分区间的定积分就是要求的总量 U，即 $U=\int_a^b f(x)\mathrm{d}x$.

这种将所求的总量 U 表示为定积分的方法称为微元法. 这和前面分析的“分割、近似代替、求和、取极限”的解题思想是一致的，但解题过程简洁了很多.

利用微元法解决实际问题，通常分两步进行：

(1) 由分割写出微元. 根据具体问题，选取一个积分变量，例如 x 为积分变量，确定它的变化区间 $[a, b]$，在 $[a, b]$ 上任取一小区间 $[x, x+\mathrm{d}x]$，求出相应于该小区间上分量的近似值(通常是以不变代变，以直代曲)，即为所求量 U 的微分元素 $\mathrm{d}U = f(x)\mathrm{d}x$；

(2) 由微元写出定积分并求值. 以微元 $\mathrm{d}U = f(x)\mathrm{d}x$ 为被积表达式，以 $[a, b]$ 为积分区间，写出定积分 $U = \int_a^b f(x)\mathrm{d}x$ 即为总量 U，然后计算出定积分的值.

下面就利用微元法来讨论平面图形的面积和旋转体的体积.

二、平面图形的面积

(1) 由两条连续曲线 $y = f(x)$，$y = g(x)$ 及直线 $x = a$，$x = b$ $(a < b)$ 所围平面图形的面积.

假设 $f(x) \geqslant g(x)$，$x \in [a, b]$，如图 3-10 所示，则以 x 为积分变量，积分区间为 $[a, b]$，在 $[a, b]$ 上任取一小区间 $[x, x+\mathrm{d}x]$，得面积微元为

$$\mathrm{d}A = [f(x) - g(x)]\mathrm{d}x,$$

则该平面图形的面积为

$$A = \int_a^b [f(x) - g(x)]\mathrm{d}x.$$

这类图形可以有若干种不同的情况，如图 3-9～图 3-12，所以更一般的面积微元均可以表示为

$$\mathrm{d}A = [f(x) - g(x)]\mathrm{d}x.$$

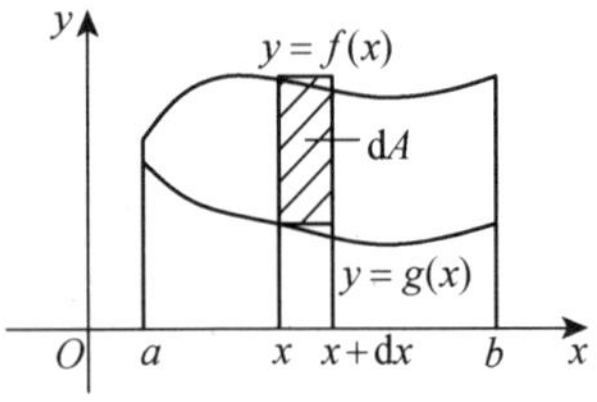

图 3-10

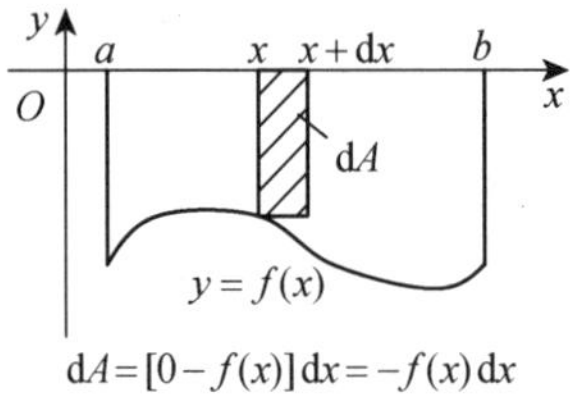

图 3-11

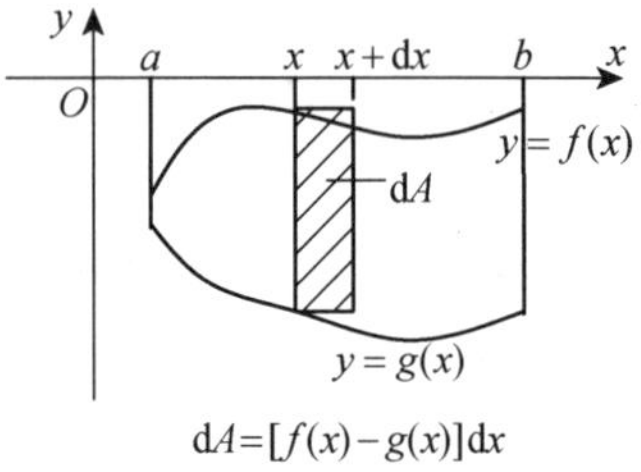

图 3-12

因此，该类平面图形的面积为

$$A = \int_a^b [f(x) - g(x)]\mathrm{d}x.$$

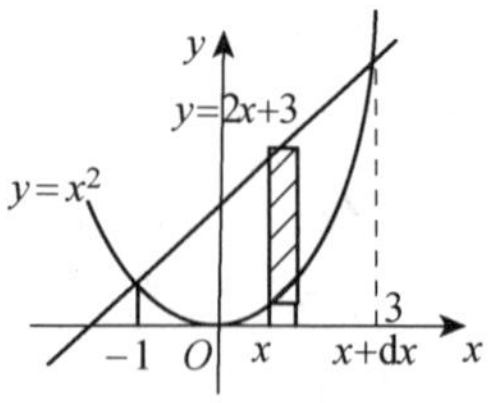

图 3-13

例 3.40 求由抛物线 $y = x^2$ 与直线 $y = 2x + 3$ 所围成的平面图形的面积(图 3-13).

解 解方程组 $\begin{cases} y = x^2 \\ y = 2x + 3 \end{cases}$ 得交点为 $(-1, 1)$，$(3, 9)$.

以 x 为积分变量，则积分区间为 $[-1, 3]$，面积微元为 $\mathrm{d}A = (2x + 3 - x^2)\mathrm{d}x$.

于是，所求图形的面积为 $A = \int_{-1}^{3} (2x + 3 - x^2)\mathrm{d}x = \left(x^2 + 3x - \frac{1}{3}x^3\right)\Big|_{-1}^{3} = \frac{32}{3}$.

（2）由两条连续曲线 $x=\phi(y)$，$x=\varphi(y)$，及直线 $y=c$，$y=d$（$c<d$）所围平面图形的面积.

假设在 $[c, d]$ 上有 $\phi(y)\leqslant\varphi(y)$，如图 3-14，以 y 为积分变量，积分区间为 $[c, d]$，面积微元为 $\mathrm{d}A=[\varphi(y)-\phi(y)]\mathrm{d}y$，面积为 $A=\int_c^d[\varphi(y)-\phi(y)]\mathrm{d}y$.

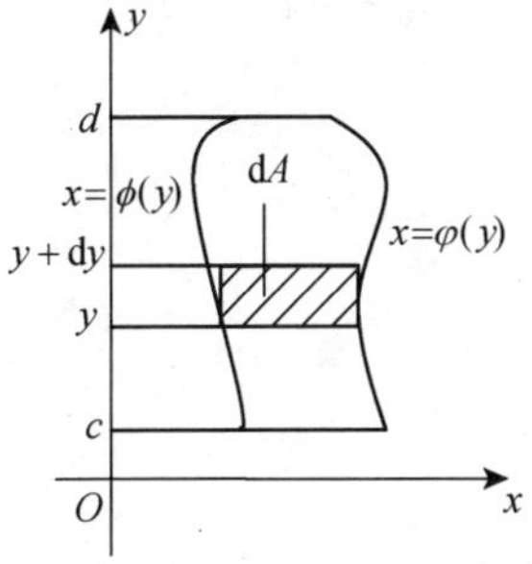

图 3-14

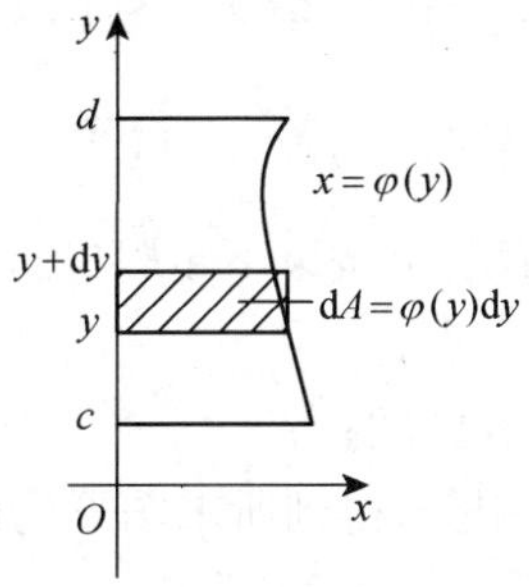

图 3-15

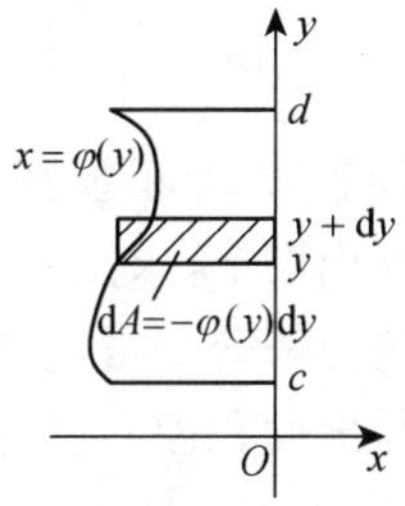

图 3-16

这类图形同样也有若干种不同的情况，如图 3-14～图 3-17，所以更一般的面积微元可以表示为

$$\mathrm{d}A=[\varphi(y)-\phi(y)]\mathrm{d}y.$$

因此，该类平面图形的面积为

$$A=\int_c^d[\phi(y)-\varphi(y)]\mathrm{d}y.$$

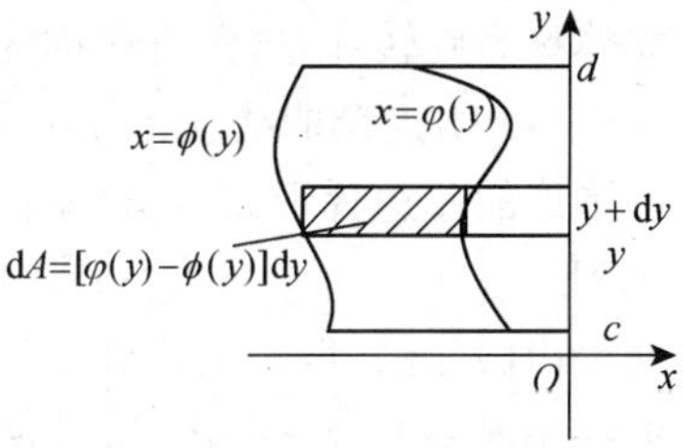

图 3-17

例 3.41　求由抛物线 $x=y^2$ 与直线 $y=x-2$ 所围成的平面图形的面积.

解　如图 3-18 所示，解方程组 $\begin{cases}x=y^2\\ y=x-2\end{cases}$ 得交点 $(1, -1)$，$(4, 2)$.

取积分变量为 y，积分区间为 $[-1, 2]$，面积微元为

$$\mathrm{d}A=[(y+2)-y^2]\mathrm{d}y.$$

于是所求图形的面积为

$$A=\int_{-1}^2(y+2-y^2)\mathrm{d}y=\left(\frac{1}{2}y^2+2y-\frac{1}{3}y^3\right)\Big|_{-1}^2=\frac{9}{2}.$$

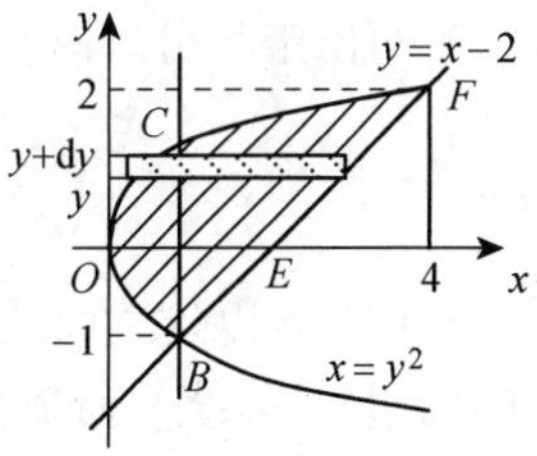

图 3-18

求平面图形的面积，既可以选取 x 为积分变量，也可以选取 y 为积分变量. 如选择不合适，会使计算变得复杂.

例 3.42　求由 $y=\sin x$，$y=\cos x$，及直线 $x=0$ 和 $x=2\pi$ 所围平面图形的面积.

解　如图 3-19 所示，以 x 为积分变量，积分区间是 $[0, 2\pi]$，利用定积分的可加性，可把该区间分为三个小区间 $\left[0, \frac{\pi}{4}\right]$，

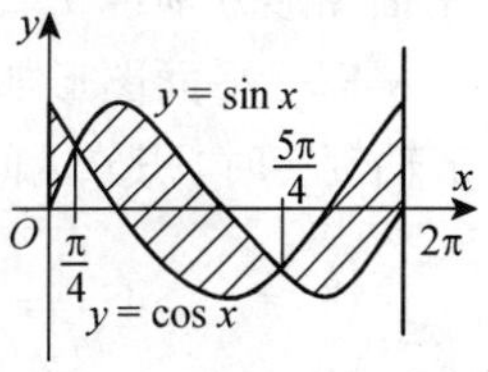

图 3-19

$\left[\frac{\pi}{4}, \frac{5\pi}{4}\right]$ 和 $\left[\frac{5\pi}{4}, 2\pi\right]$，于是所求图形的面积为

$$\begin{aligned} A &= \int_0^{\frac{\pi}{4}} (\cos x - \sin x)\mathrm{d}x + \int_{\frac{\pi}{4}}^{\frac{5\pi}{4}} (\sin x - \cos x)\mathrm{d}x + \int_{\frac{5\pi}{4}}^{2\pi} (\cos x - \sin x)\mathrm{d}x \\ &= (\sin x + \cos x)\Big|_0^{\frac{\pi}{4}} + (-\cos x - \sin x)\Big|_{\frac{\pi}{4}}^{\frac{5\pi}{4}} + (\sin x + \cos x)\Big|_{\frac{5\pi}{4}}^{2\pi} \\ &= (\sqrt{2} - 1) + 2\sqrt{2} + (1 + \sqrt{2}) = 4\sqrt{2}. \end{aligned}$$

综上所述，求平面图形的面积，可按以下步骤进行：

(1) 画出图形，求出曲线的交点；

(2) 选择积分变量，确定积分区间；

(3) 写出面积微元，计算定积分，得到所求图形的面积.

三、旋转体的体积

一个平面图形绕着这个平面内的一条直线旋转一周而形成的立体称为旋转体，这条直线称为旋转轴.

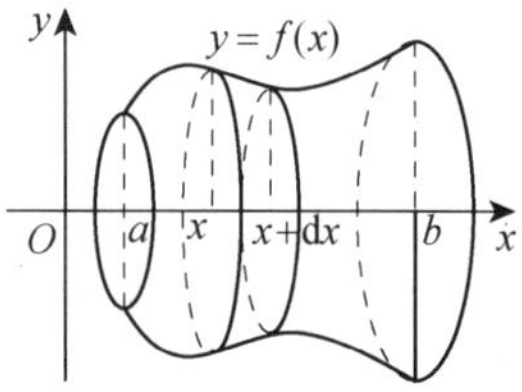

图 3-20

(1) 由连续曲线 $y = f(x) \geqslant 0$，直线 $x = a$ 和 $x = b$，及 x 轴所围成的曲边梯形绕 x 轴旋转一周所形成的旋转体(图 3-20)的体积.

由微元法，取 x 为积分变量，积分区间是 $[a, b]$，在 $[a, b]$ 上任取一小区间 $[x, x + \mathrm{d}x]$，过这个小区间的两个端点分别作垂直于 x 轴的平面，切得的两个截面都是圆，则该小区间对应的薄片的体积，可以用以 x 点对应的函数值 $f(x)$ 为半径、以 $\mathrm{d}x$ 为高的薄片圆柱体的体积来近似代替，从而得体积微元 $\mathrm{d}V = \pi f^2(x)\mathrm{d}x$.

写出定积分，即得绕 x 轴旋转一周所形成的旋转体的体积为

$$V = \int_a^b \pi f^2(x)\mathrm{d}x = \pi \int_a^b f^2(x)\mathrm{d}x.$$

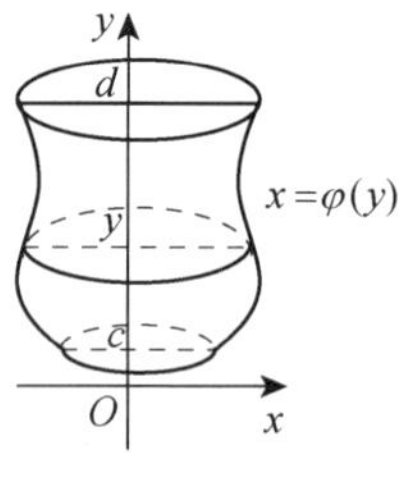

图 3-21

(2) 若以连续曲线 $x = \varphi(y) \geqslant 0$，直线 $y = c$，$y = d$ 及 y 轴所围成的曲边梯形，绕 y 轴旋转一周所形成的旋转体(图 3-21)的体积为

$$V = \pi \int_c^d \varphi^2(y)\mathrm{d}y.$$

例 3.43 【喇叭体积】求抛物线 $y = x^2$ 与直线 $x = 2$ 及 x 轴围成的平面图形分别绕 x 轴和 y 轴旋转而形成的喇叭状旋转体的体积.

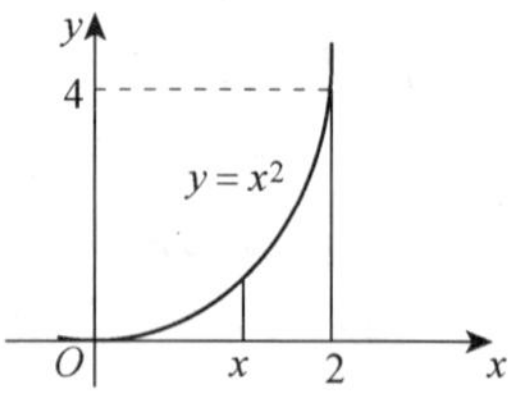

图 3-22

解 平面图形如图 3-22. 当 $x = 2$ 时，$y = 4$，所以平面图形绕 x 轴旋转时，积分区间为 $[0, 2]$，旋转体的体积为

$$V_x = \pi \int_0^2 (x^2)^2 \mathrm{d}x = \frac{\pi}{5}x^5\Big|_0^2 = \frac{32\pi}{5}.$$

平面图形绕 y 轴旋转时，积分区间为 $[0, 4]$，其体积应为以 2

为半径的圆柱体的体积减去曲线 $y=x^2$ 绕 y 轴旋转所得的旋转体的体积，即

$$V_y=\pi\int_0^4[2^2-(\sqrt{y})^2]\mathrm{d}y=\pi\left(4y-\frac{y^2}{2}\right)\Big|_0^4=8\pi.$$

测试训练五

1. 求下列平面图形的面积.

(1) 曲线 $y=x^3$ 与直线 $y=2x$ 所围成的平面图形；

(2) 由曲线 $xy=1$ 与直线 $y=x$ 和 $y=2$ 所围成的平面图形；

(3) 曲线 $y=\mathrm{e}^x$ 与 $y=\mathrm{e}^{-x}$ 及 $x=1$ 所围成的平面图形；

(4) 曲线 $y^2=x$ 与直线 $x-y-2=0$ 所围成的平面图形.

2. **【窗户的面积】**一窗户为由抛物线 $y=3-3x^2$ 与 x 轴所围成的图形，求它的面积.

3. 求下列旋转体的体积.

(1) 由抛物线 $y=x^2$ 与直线 $x=1$，$x=2$ 及 x 轴所围的平面图形绕 x 轴旋转；

(2) 由抛物线 $y=x^2$ 与 $y^2=x$ 所围的平面图形绕 x 轴旋；

(3) 由抛物线 $y=x^2$ 与直线 $y=x$ 所围的平面图形分别绕 x 轴、y 轴旋转；

(4) 由曲线 $xy=9$ 与直线 $x+y=10$ 所围的第一象限内的平面图形绕 y 轴旋转.

4. **【机器零件的体积】**某一机器零件是由曲线 $y=\mathrm{e}^{-x}$、x 轴、$x=0$ 与 $x=1$ 所围成的区域绕 x 轴旋转所成，求此零件的体积.

学习指导

一、主要知识点

1. 定积分、不定积分的概念、几何意义、性质.
2. 变上限函数的概念、性质；不定积分基本公式.
3. 微积分基本公式；换元积分法；分部积分法.
4. 定积分微元法，定积分在几何中的应用.

二、主要题型及解法

1. 求不定积分：根据被积函数的特点，从直接积分法、凑微分法、第二换元积分法、分部积分法中选择恰当的方法求解.

2. 求定积分：不定积分是一个原函数加上积分常数，而定积分是一个原函数在上下限处的函数值之差，所以，其解法与求不定积分的解法基本上是一样的，就是结果稍有不同；再就是换元时，上下限也要随着改变，不需回代原变量.

3. 求变上限函数的导数：注意“变上限的函数”是被积函数的一个原函数，如果变上限函数的上限不是 x，而是 x 的函数式时，求导时要用复合函数的求导方法.

4. 求平面图形的面积、旋转体的体积等：根据题意，建立恰当的坐标系，确定积分变量，积分区间，在积分区间上取一小区间，用“以直代曲、以不变代变”的思想，确定所求量的微分元素，然后写出定积分并计算其值.

项目训练三

一、选择题.

1. $\int \frac{e^{2x}}{1+e^{x}}dx=$ (　　).

A. $\ln(1+e^{x})+C$;

B. $-\ln(1+e^{x})+C$;

C. $x-\ln(1+e^{x})+C$;

D. $e^{x}-\ln(1+e^{x})+C$.

2. 设 $f(x)=\int_{0}^{x}\sin t\mathrm{d}t$，则 $f\left[f\left(\frac{\pi}{2}\right)\right]=$ (　　).

A. -1;　　B. 1;

C. $-\cos 1$;　　D. $1-\cos 1$.

3. 设 $f(x)=\begin{cases}x^{2}, & x>0,\\ x, & x\leqslant 0.\end{cases}$，则 $\int_{-1}^{1}f(x)\mathrm{d}x=$ (　　).

A. $2\int_{-1}^{0}x\mathrm{d}x$;　　B. $2\int_{-1}^{0}x^{2}\mathrm{d}x$;

C. $\int_{0}^{1}x^{2}\mathrm{d}x+\int_{-1}^{0}x\mathrm{d}x$;　　D. $\int_{0}^{1}x\mathrm{d}x+\int_{-1}^{0}x^{2}\mathrm{d}x$.

4. $\int_{-\frac{\pi}{2}}^{\frac{\pi}{2}}x\sin x\mathrm{d}x=$ (　　).

A. -2;　　B. 0;

C. 1;　　D. 2.

二、填空题.

1. $\int x\sqrt{1+x^{2}}\mathrm{d}x=$ __________；$\int e^{\sin x}\sin x\cos x\mathrm{d}x=$ __________；

2. 由曲线 $y=x^{2}$，直线 $y=2x+3$ 围成的平面图形的面积为__________.

三、计算.

1. $\int \frac{1}{x^{2}-x-6}\mathrm{d}x$;　　2. $\int x\sin(x^{2}+1)\mathrm{d}x$;　　3. $\int \frac{1}{x(1+x^{5})}\mathrm{d}x$;

4. $\int_{0}^{\pi}\frac{\sin x}{1+\cos^{2}x}\mathrm{d}x$;　　5. $\int_{-\frac{\pi}{4}}^{\frac{\pi}{4}}\frac{1}{1+\cos x}\mathrm{d}x$;　　6. $\lim\limits_{x\to 0}\frac{\int_{0}^{x^{2}}e^{t}\sin t\mathrm{d}t}{x^{4}}$.

四、应用题.

1. 求曲线 $y^{2}=x+4$ 与直线 $x+2y-4=0$ 所围成的平面图形的面积；

2. 求由曲线 $y=2-x^{2}$，$y=x(x\geqslant 0)$ 与直线 $x=0$ 所围成的平面图形绕 x 轴旋转所生成的旋转体的体积.

数学实验三　用 MATLAB 求积分

一、实验目的

1. 通过本实验加深理解积分理论中分割、近似、求和、取极限的思想方法.

2. 学习并掌握用 MATLAB 求不定积分、定积分的方法.

3. 学习 MATLAB 命令 sum、symsum 与 int.

二、实验内容

1. 学习 MATLAB 的相关命令

1) 求和命令 sum 调用格式.

sum(x),给出向量 x 的各个元素的累加和,如果 x 是矩阵,则 sum(x)是一个元素为 x 的每列列和形成的行向量.

例 3.44　求 1 到 100 自然数之和.

```
>>x=[1:1:100];
>>sum(x)↙
ans=
    5050
```

例 3.45　将 1 到 9 的自然数写成 3 行 3 列的矩阵形式,并求各列的和.

```
x=[1, 2, 3; 4, 5, 6; 7, 8, 9]↙
    x=
        1    2    3
        4    5    6
        7    8    9
    >>sum(x)↙
    ans=
        12   15   18
```

2) 求和命令 symsum 调用格式.

数学运算	MATLAB 命令
$\sum^{n} s$	symsum(s, n)
$\sum_{k=m}^{n} s$	symsum(s, k, m, n)
$s(1)+s(2)+\cdots+s(n)$	symsum (s(k), 1, n)
$s(m)+s(m+1)+\cdots+s(n)$	symsum (s(k), k, m, n)

例 3.46　求 $\sum_{k=1}^{10} k$

```
>>syms k;
>>symsum(k, 1, 10)↙
ans=
    55
```

例 3.47　求 $\sum_{k=1}^{n} k^2$

```
>>syms n;
>>symsum(k^2, k, 1, n) ↙
ans=
    (n*(2*n + 1)*(n + 1))/6
```

3）MATLAB 积分命令 int 调用格式.

数学运算	MATLAB 命令
$\int f(x)\mathrm{d}x$	int(函数 $f(x)$)
$\int f(x, y)\mathrm{d}x$	int(函数 $f(x, y)$，变量名 x)
$\int_a^b f(x)\mathrm{d}x$	int(函数 $f(x)$，a，b)
$\int_a^b f(x, y)\mathrm{d}x$	int(函数 f(x, y)，变量名 x，a，b)

2. MATLAB 求不定积分的应用举例

例 3.48 计算 $\int x^2 \ln x \mathrm{d}x$.

解 输入命令：

```
>>syms x;
>>int(x^2*log(x)) ↙
```

可得结果：

```
ans=
    1/3*x^3*log(x)-1/9*x^3
```

例 3.49 计算下列不定积分.

1. $\int \frac{4x+6}{x^2+3x-4}\mathrm{d}x$； 2. $\int \cos^2 x\mathrm{d}x$； 3. $\int \frac{1}{1+\mathrm{e}^x}\mathrm{d}x$.

解 首先建立函数向量：

```
>>syms  x;
>>syms  a  real;
>>y=[(4*x+6)/(x^2+3*x-4), (cos(x))^2, 1/(1+exp(x))];
```

然后对 y 积分可得对 y 的每个分量积分的结果.

```
>>int(y, x)↙
```

得到结果为：

```
ans =
    [2*log((x - 1)*(x + 4)), x/2 + sin(2*x)/4, x - log(exp(x) + 1)]
```

3. MATLAB 求定积分的应用举例

例 3.50 计算 $\int_0^1 \mathrm{e}^x \mathrm{d}x$.

解 输入命令：

```
>>int(exp(x),0, 1)↙
```

得结果：

```
ans=
    exp(1)-1.
```

例 3.51 计算 $\int_0^2 |x-1| \mathrm{d}x$.

解 输入命令：

```
>>int(abs(x-1),0, 2)↙
```

得结果：

```
ans =
      1
```

数学史知识

微积分学在中国的最早传播者——李善兰

李善兰，原名李心兰，字竟芳，号秋纫，别号壬叔. 1811 年 1 月 22 日出生于浙江海宁，是中国近代著名的数学、天文学、力学和植物学家，创立了二次平方根的幂级数展开式，研究各种三角函数，反三角函数和对数函数的幂级数展开式（现称“自然数幂求和公式”），这是李善兰、也是 19 世纪中国数学界最重大的成就.

李善兰自幼就读于私塾，受到了良好的家庭教育. 他资禀颖异，勤奋好学，于所读之诗书，过目即能成诵.

9 岁时，李善兰发现父亲的书架上有一本中国古代数学名著——《九章算术》，感到十分新奇有趣，从此迷上了数学. 14 岁时，李善兰又靠自学读懂了欧几里得《几何原本》前六卷，这是明末徐光启（1562—1633）、利玛窦（M. Ricci，1522—1610）合译的古希腊数学名著. 欧氏几何严密的逻辑体系，清晰的数学推理，与偏重实用解法和计算技巧的中国古代传统数学思路迥异，自有它的特色和长处. 李善兰在《九章算术》的基础上，又吸取了《几何原本》的新思想，这使他的数学造诣日趋精深.

1868 年，李善兰被荐任北京同文馆天文算学总教习，直至 1882 年他逝世为止，从事数学教育十余年，其间审定了《同文馆算学课艺》、《同文馆珠算金踌针》等数学教材，培养了一大批数学人才，是中国近代数学教育的鼻祖. 其主要数学成就为尖锥术、垛积术、素数论三个方面.

李善兰不仅在数学研究上有很深的造诣，而且在代数学、微积分学的传播上也作出了不巧的贡献. 在 1852 年至 1859 年间，他与英国传教士伟烈亚力合作翻译出版了三部著作：《几何原本》后 9 卷，英国数学家德摩根的《代数拾级》18 卷和《谈天》18 卷. 他的大部分译著均是中国出版社的第一部代数学、解析几何学、微积分学著作，例如《代数学》《代微积拾级》. 李善兰不懂外语，由伟烈亚力口译，李善兰笔述. 但李善兰不单是抄录整理，而是基于微积分等数学内容的深入理解以及对中国传统数学的承袭进行再加工创造，其中所创设的一些名词，例如变量、微分、积分、代数学、数学、数轴、曲率、曲线、极大、极小、无穷、根、方程式等，沿用至今.

项目四 简易微分方程

知识目标

理解概念：常微分方程、微分方程的阶、微分方程的通解、特解、一阶微分方程、二阶微分方程.

掌握题型：可分离变量的一阶微分方程求解、一阶线性微分方程求解、二阶常系数齐次微分方程求解、可降解的二阶微分方程求解.

能力目标

通过学习微分方程的相关概念和各类微分方程的求解方法，让学生理解微分方程能解决哪类问题，学会如何建立微分方程模型并求解，从而培养学生通过建立求解数学模型解决实际问题的能力.

在科学、技术、工程以及经济研究中，常常需要寻求与问题有关的变量之间的函数关系，这种函数关系有时可以直接建立，有时却只能根据一些基本科学原理，建立所求函数及其变化率(导数)之间的关系式，然后再从中解出所求函数，这种关系式就是本项目将学习的微分方程.

早在 1676 年，伯努利在致牛顿的信中第一次提出微分方程，直到 18 世纪中期，微分方程才成为一门独立的学科. 微分方程建立后，立即成为探索现实世界的重要工具. 例如 1846 年，数学家与天文学家合作，通过求解微分方程，发现了一颗有名的行星——海王星. 很多实际问题都可以归结为用微分方程表示的数学模型. 因此，微分方程是我们经常用到的有效工具. 本项目主要介绍微分方程的基本概念和几种常见的微分方程的建立和求解方法.

任务一 微分方程及类型

知识目标

理解概念：常微分方程、微分方程的阶、微分方程的通解、特解、初始条件.

掌握题型：根据实际问题建立微分方程.

能力目标

提高将实际问题化为数学问题的化归能力(建立数学模型的能力)，提高运用数学知识解决实际问题的能力(解数学模型的能力).

一、微分方程的认识

在本任务中，通过两个例子来引出微分方程的有关概念.

引例 1(曲线方程)　已知一条曲线经过点 (0, 1)，且该曲线上任一点 $M(x, y)$ 处的切线斜率为该点横坐标的平方，求这条曲线的方程.

解　设该曲线方程为 $y = f(x)$，则曲线在点 $M(x, y)$ 处的切线斜率为 $\frac{dy}{dx}$，由题意得

$$\frac{dy}{dx} = x^2, \tag{1}$$

对式(1)两边积分，得

$$y = \frac{1}{3}x^3 + C, \tag{2}$$

又曲线过点 (0, 1)，故有

$$y|_{x=0} = 1, \tag{3}$$

把式(3)代入式(2)，得 $C = 1$，所以所求曲线方程为

$$y = \frac{1}{3}x^3 + 1. \tag{4}$$

引例 2(自由落体运动)　一个质量为 m 的物体受重力作用自由下落，假设初始位置和初始速度都为 0，不计空气阻力，求物体下落的距离 s 与时间 t 的函数关系.

解　设下落的距离 s 与时间 t 的函数关系为 $s = s(t)$，

由于下落中物体只受重力作用，故物体所受的合外力为 $F = mg$.

又根据牛顿第二定律 $F = ma$ 及加速度 $a = \frac{d^2s}{dt^2}$，得 $\frac{d^2s}{dt^2} = g$，　(5)

现在求 s 与 t 之间的函数关系，对式(5)的两端积分，得

$$\frac{ds}{dt} = gt + C_1. \tag{6}$$

再将式(6)的两端积分，得

$$s = \frac{1}{2}gt^2 + C_1t + C_2, \tag{7}$$

这里 C_1, C_2 都是任意的常数.

由题意知 $t = 0$ 时，$s = 0$, $v = \frac{ds}{dt} = 0$，即 $s|_{t=0} = 0$, $v|_{t=0} = 0$.　(8)

把式(8)分别代入式(6)和式(7)，得 $C_1 = 0$, $C_2 = 0$，故式(7)为

$$s = \frac{1}{2}gt^2. \tag{9}$$

这就是做自由落体运动的物体下落时距离 s 与时间 t 之间的函数关系.

上述两个引例建立的方程(1)和(5)都含有未知函数的导数. 这两个方程都是微分方程.

二、微分方程的相关概念及类型

定义 4.1　联系自变量、未知函数及未知函数的导数或微分的方程称为微分方程.

这里须指出，微分方程中可以不显含自变量和未知函数，但必须显含未知函数的导数或

微分,因此简言之,含有未知函数的导数或微分的方程称为微分方程.

未知函数为一元函数的微分方程称为常微分方程,未知函数含有两个或者两个以上的自变量的微分方程称为偏微分方程.本书只讨论一些常微分方程及其解法.为方便起见,本项目中常微分方程简称为微分方程(或方程).

定义 4.2 微分方程中出现的未知函数导数的最高阶数叫作微分方程的阶.

例如,(1)是一阶方程,(5)是二阶方程,$x^2y''' = \ln x$ 是三阶微分方程,

而方程 $y^{(4)} + 4y = xe^x$ 是四阶方程.

定义 4.3 如果把某个函数及其各阶导数代入微分方程,能使该方程成为恒等式,则称这个函数为该微分方程的解.

例如,(2)和(4)表示的函数都是方程(1)的解,(7)和(9)表示的函数都是方程(5)的解.

如果微分方程的解中含有独立的任意常数的个数与方程的阶数相等,那么我们称这个解为通解,如果微分方程的解中不含任意常数则称它为方程的特解.特解是给通解中的任意常数以特定的值的解,用以确定通解中任意常数的条件为初始条件.

这里所说的任意常数是独立的,也就是指它们不能通过恒等变形而使得任意常数的个数减少.如 $y = C_1x + C_2x + 1$ 中的常数 C_1 与 C_2 不是相互独立的,而 $s = \frac{1}{2}gt^2 + C_1t + C_2$ 中的 C_1 与 C_2 是相互独立的.

由于通解中含有任意常数,所以它还不能完全确定地反映客观事物的规律性,必须通过具体问题的具体条件来确定这些常数,求出微分方程的特解.

如果是一阶微分方程,那么它的初始条件通常是:

当 $x = x_0$ 时,$y = y_0$ 或写成 $y|_{x=x_0} = y_0$;

如果是二阶微分方程,那么它的初始条件通常是:

当 $x = x_0$ 时,$y = y_0$,$y' = y'_0$;

或写成 $y|_{x=x_0} = y_0$,$y'|_{x=x_0} = y'_0$,

其中 x_0,y_0,y'_0 都是给定的值.

微分方程的通解的图形是一簇积分曲线,而特解的图形是积分曲线族中的一条曲线.如引例 1 可以用图 4-1 来表示.

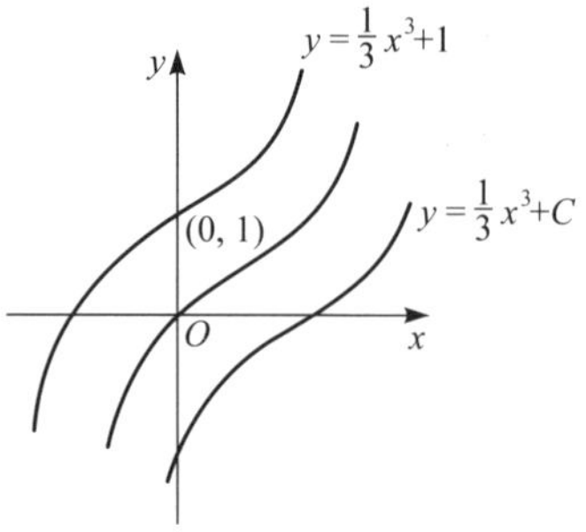

图 4-1

例 4.1 验证函数 $y = C_1\cos x + C_2\sin x$ 是微分方程 $y'' + y = 0$ 的通解,并求满足初始条件 $y(0) = A$,$y'(0) = 0$ 的特解.

解 求 $y = C_1\cos x + C_2\sin x$ 的导数,得

$$y' = -C_1\sin x + C_2\cos x,$$
$$y'' = -C_1\cos x - C_2\sin x,$$

将 y',y'' 的表达式代入方程 $y'' + y = 0$ 的左端,得

$$-C_1\cos x - C_2\sin x + C_1\cos x + C_2\sin x \equiv 0.$$

故 $y = C_1\cos x + C_2\sin x$ 是微分方程 $y'' + y = 0$ 的解,由于 y 中有两个独立的任意常数,且与方程的阶数相等,所以它是方程 $y'' + y = 0$ 的通解.

将 $y(0) = A$ 代入通解中,得到 $C_1 = A$,将 $y'(0) = 0$ 代入 y' 中,得到 $C_2 = 0$. 所以满

足所给初始条件的特解为 $y = A\cos x$.

前面通过两个引例给出了微分方程的几个基本概念，同时也可以看出，利用微分方程解决实际问题的一般步骤如下：

第一步：建立反映实际问题的微分方程，并写出初始条件；

第二步：求出微分方程的通解；

第三步：由初始条件确定所求的特解.

例 4.2（列车制动） 列车在直线轨道上以 20 米/秒的速度行驶，制动列车获得负加速度 -0.4 米 / 秒^2，问列车制动多久才能刹住？在这段时间内列车行驶了多远的路程？

解 （1）建立微分方程

记列车制动的初始时刻为 $t=0$，设制动 t 秒后列车行驶了 s 米. 由题意知，制动后列车行驶的加速度 $\dfrac{d^2s}{dt^2}$ 等于 -0.4 米 / 秒^2，即 $\dfrac{d^2s}{dt^2}=-0.4$.

初始条件为当 $t=0$ 时，$s=0$，$v=\dfrac{ds}{dt}=20$.

（2）求通解

方程两端同时对 t 积分，得速度方程 $v(t)=\dfrac{ds}{dt}=-0.4t+C_1$，

速度方程两端对 t 再积分一次，得运动方程

$$s=-0.2t^2+C_1t+C_2\quad (C_1,\ C_2 \text{ 都是任意常数}).$$

（3）确定特解

把初始条件当 $t=0$ 时，$\dfrac{ds}{dt}=20$ 代入速度方程，得 $C_1=20$；把 $t=0$ 时，$s=0$ 代入运动方程，得 $C_2=0$. 于是列车制动后的运动方程为 $s=-0.2t^2+20t$.

速度方程为 $v(t)=\dfrac{ds}{dt}=-0.4t+20$.

因为列车刹住时速度为零，在速度方程中，令 $v=\dfrac{ds}{dt}=0$，得 $0=-0.4t+20$，解之得列车从开始制动到完全刹住所需要的时间为 $t=\dfrac{20}{0.4}=50$(秒).

把 $t=50$ 代入运动方程，得列车制动后行驶的路程 $s=-0.2\times 50^2+20\times 50=500$(米).

测试训练一

1. 下列方程中，哪几个是微分方程？哪几个不是微分方程？并指出微分方程的阶数.

(1) $x^2dx+y^3dy=0$；　　(2) $y^2-3y+2=0$；

(3) $xy'''-(y')^4+x=0$；　　(4) $y''y'+x^2y'+y=1$.

2. 下列各题中的函数是否为所给微分方程的解？

(1) $y=5x^2$，$xy'=2y$；

(2) $y = e^{-3x} + \frac{1}{3}$，$\frac{dy}{dx} + 3y = 1$；

(3) $y = e^{x} + e^{-x}$，$y'' - 2y' + y = 0$.

3. 验证函数 $y = Ce^{-x} + x - 1$ 是微分方程 $y' + y = x$ 的通解，并求满足初始条件 $y|_{x=0} = 2$ 的特解.

4.【曲线方程】已知曲线上任意点 (x, y) 处的切线斜率为 $\cos x$，并且通过点 $(0, 1)$，求此曲线的方程.

5.【运动方程】一物体运动的速度方程为 $v = 2t$ 米/秒，当 $t = 3$ 秒时，物体经过的路程为 11 米，求此物体的运动方程.

任务二　一阶微分方程及解法

知识目标

理解概念：可分离变量的微分方程、一阶线性微分方程.

掌握题型：求解可分离变量的微分方程、求解一阶线性微分方程.

能力目标

能够根据实际问题建立一阶微分方程模型，并通过求解模型解决问题.

在实际生活中有许多量，它随时间的变化率为常数，如放射性元素的衰减率、人口增长率、银行存款利率等. 这类问题可以建立一种特殊的微分方程，下面先介绍著名的 Malthus 人口模型.

引例 1(人口问题)　尽管人口的增加或者减少是离散的，但在人口数量很大的情况下，作为连续量来处理仍能很好地与客观实际吻合. 英国学者马尔萨斯(Malthus, 1766—1834)认为人口的相对增长率为常数(设为 a, $a>0$)，即如果设 t 时刻的人口数为 $y(t)$，则人口增长速度 $\frac{dy}{dt}$ 与人口总量 $y(t)$ 成正比，从而建立了 Malthus 人口模型.

$$\begin{cases} \dfrac{dy}{dt} = ay(t), \\ y(t_0) = y_0. \end{cases}$$

Malthus 人口模型即为一个一阶微分方程模型. $y(t_0) = y_0$，为微分方程的初始条件，表示初始 t_0 时刻的人口数量为 y_0.

一阶微分方程的一般形式为

$$y' = F(x, y). \tag{10}$$

下面介绍几种常见的一阶微分方程的基本类型及其解法.

一、可分离变量的微分方程

定义 4.4　如果一阶微分方程可以化为形如

$$\frac{dy}{dx} = f(x)g(y) \tag{11}$$

的方程，则称式(11)为可分离变量的微分方程.

若 $g(y)\neq 0$，则可将式(11)写成如下形式：

$$\frac{1}{g(y)}\mathrm{d}y=f(x)\mathrm{d}x \tag{12}$$

特点　方程经过适当变形，可以将含有同一变量的函数和微分分离到等式的同一端.

方法　设 $\frac{1}{g(y)}$ 的原函数为 $G(y)$，$f(x)$ 的原函数为 $F(x)$，则对方程 $g(y)\mathrm{d}y=f(x)\mathrm{d}x$ 的两端积分

$$\int\frac{1}{g(y)}\mathrm{d}y=\int f(x)\mathrm{d}x,$$

解得

$$G(y)=F(x)+C. \tag{13}$$

说明　式(13)所确定的函数就是方程(11)的通解.

例 4.3　求微分方程 $y'-e^{y}\sin x=0$ 的通解.

解　将方程分离变量，得 $e^{-y}\mathrm{d}y=\sin x\mathrm{d}x$，

两边积分得 $\int e^{-y}\mathrm{d}y=\int\sin x\mathrm{d}x$，

解得 $-e^{-y}=-\cos x+C$，

于是方程的通解是　$\cos x-e^{-y}=C$.

例 4.4(国民生产总值)　2006 年我国的国民生产总值(GDP)为 209 407 亿元，如果能保持每年 10%的相对增长率，问 2016 年我国的 GDP 约是多少?

解　(1) 建立微分方程

记 $t=0$ 为 2005 年，并设第 t 年我国的 GDP 为 $P(t)$.

由题意知，从 2005 年起，$P(t)$ 的相对增长率为 10%，即 $\dfrac{\frac{\mathrm{d}P(t)}{\mathrm{d}t}}{P(t)}=10\%$.

得微分方程　$\dfrac{\mathrm{d}P(t)}{\mathrm{d}t}=10\%P(t)$，$P(0)=209\,407$.

(2) 求通解

分离变量得　$\dfrac{\mathrm{d}P(t)}{P(t)}=10\%\mathrm{d}t$，

方程两边同时积分，得　$\ln P(t)=0.1t+\ln C$，$P(t)=Ce^{0.1t}$.

(3) 求特解

将 $P(0)=209\,407$ 代入通解，得 $C=209\,407$，

所以从 2006 年起第 t 年我国的 GDP 为 $P(t)=209\,407e^{0.1t}$.

将 $t=2\,016-2\,006=10$ 代入上式，可得到 2016 年我国 GDP 的预测值将为 $P(10)=209\,407e^{0.1\times 10}\approx 569\,227$ (亿元).

说明　引例 1(人口问题)中的微分方程与例 4.4 中的方程类似，同学们可自行求解一下.

例 4.5(刑事侦查中死亡时间的鉴定)　牛顿冷却定律指出：物体在空气中冷却的速度与物体温度和空气温度之差成正比，现将牛顿冷却定律应用于刑事侦查中死亡时间的鉴定. 当

一次谋杀发生后，尸体的温度从原来的 37 ℃按照牛顿冷却定律开始下降，如果 2 小时后尸体温度变为 35 ℃，并且假定周围空气的温度保持 20 ℃不变，试求尸体温度 H 随时间 t 的变化规律. 又如果尸体发现时温度是 30 ℃，时间是下午 4 点整，那么谋杀是何时发生的？

解 (1) 建立微分方程

设尸体的温度为 $H(t)$ (t 从谋杀时计)，

根据题意，尸体的冷却速度 $\frac{dH}{dt}$ 与尸体温度 H 和空气温度之差成正比.

即 $\frac{dH}{dt}=k(H-20)$ (其中 k 是非零常数，初始条件为 $H(0)=37$)

(2) 求通解

分离变量得 $\frac{dH}{H-20}=k\mathrm{d}t$，

两端积分得 $\ln(H-20)=kt+C_1$，

所以通解为 $H=20+Ce^{kt}$ (其中 $C=e^{C_1}$).

(3) 求特解

将初始条件 $H(0)=37$ 代入通解，得 $C=17$. 于是满足该问题的特解为

$$H=20+17e^{kt},$$

为确定 k，根据 2 小时后尸体温度为 35 ℃这一条件，代入上式有 $35=20+17e^{2k}$，求得 $k\approx-0.063$，于是尸体的温度函数为

$$H=20+17e^{-0.063t}. \tag{14}$$

将 $H=30$ 代入式(14)有 $30=20+17e^{-0.063t}$，解得 $t\approx 8.4(\mathrm{h})$.

于是可判定谋杀发生在下午 4 点尸体被发现前的 8.4 h，即上午 7 点 36 分钟.

二、一阶线性微分方程

引例 2(溶液含盐量) 一个容器内盛有 50 升含盐 10 克的盐水，现将每升含盐 2 克的溶液以 5 升/分钟的速度注入容器，并不断进行搅拌，使混合溶液迅速达到均匀，同时混合液以 3 升/分钟的速度流出溶液，问任意时刻容器中的含盐量是多少？

分析 设 t 时刻容器中含盐 y 克，盐流入容器的速度为 v_r，盐流出容器的速度为 v_c，则由题意知，

(1) 盐流入容器的速度 $v_r=2(克/升)\times 5(升/分钟)=10(克/分钟)$.

(2) 容器中含盐量的变化率 $\frac{dy}{dt}=$ 盐流入容器的速度 v_r- 盐流出容器的速度 v_c，又每分钟流入容器的溶液比流出容器的溶液多 2 升，所以在 t 时刻容器中溶液为 $(50+2t)$ 升，从而此时溶液浓度$=\frac{y}{50+2t}(克/升)$，因此盐流出溶液的速度

$$v_c=\frac{y}{50+2t}(克/升)\times 3(升/分钟)=\frac{3y}{50+2t}(克/分钟).$$

故容器中含盐量的变化率 $\frac{dy}{dt}=10-\frac{3y}{50+2t}$.

解　设 t 时刻容器中含盐 y 克，它满足方程 $\frac{dy}{dt}=10-\frac{3y}{50+2t}$，即

$$\frac{dy}{dt}+\frac{3}{50+2t}y=10,$$

由题意知初始条件为 $y|_{t=0}=10$.

此一阶线性微分方程的特点是：未知函数及其导数都是一次(线性)的.

定义 4.5　形如

$$\frac{dy}{dx}+P(x)y=Q(x) \tag{15}$$

的方程，称为一阶线性微分方程.(其中 $P(x)$，$Q(x)$ 是 x 的已知函数，$Q(x)$ 为方程的自由项).

如果 $Q(x)\neq 0$，则称方程(15)为一阶线性非齐次微分方程；

如果 $Q(x)\equiv 0$，即方程(15)变为 $\frac{dy}{dx}+P(x)y=0$，　(16)

则称它为一阶线性齐次微分方程，它可变形为可分离变量的微分方程.

下面先求齐次线性方程(16)的解.

将式(16)分离变量，得 $\frac{dy}{y}=-P(x)dx$，两边积分，得 $\ln|y|=-\int P(x)dx+C_1$，

$$y=Ce^{-\int P(x)dx}. \tag{17}$$

这就是方程(16)的通解.为了书写方便，约定此处不定积分符号只表示被积函数的一个原函数，即 $\int P(x)dx$ 只表示 $P(x)$ 的一个原函数.

下面再讨论方程(15)的解.

由于非齐次线性方程(15)的右端是 x 的函数，观察方程(15)和(16)的形式，可设想将式(17)中的常数 C 换成关于 x 的待定函数 $C(x)$ 后，式(17)有可能是方程(15)的解，从而有下面的推导：

设 $y=C(x)e^{-\int P(x)dx}$ 为方程(15)的解，并将其代入式(15)中，整理得

$$C'(x)e^{-\int P(x)dx}=Q(x),$$

即

$$C'(x)=Q(x)e^{\int P(x)dx},$$

两边积分得

$$C(x)=\int Q(x)e^{\int P(x)dx}dx+C,$$

将 $C(x)$ 代回 $y=C(x)e^{-\int P(x)dx}$ 中，得式(15)的通解为

$$y=e^{-\int P(x)dx}\left[\int Q(x)e^{\int P(x)dx}dx+C\right]. \tag{18}$$

式(18)称为一阶线性非齐次方程(15)的通解公式.

上述求解方法称为常数变易法.用常数变易法求一阶非齐次线性方程的通解的步骤为：

(1) 先求出非齐次线性方程所对应的齐次方程的通解；

(2) 根据所求出的齐次方程的通解设出非齐次线性方程的解(将所求出的齐次方程的通解中的任意常数 C 改为待定函数 $C(x)$ 即可);

(3) 将所设解代入非齐次线性方程,解出 $C(x)$,最后写出非齐次线性方程的通解.

另外,由于上面给出了一阶线性非齐次方程的通解公式,我们以后求这类方程,也可以运用公式法,公式法求其通解的步骤为:

(1) 先把微分方程化为(15)式的标准形式.

(2) 根据标准形式,确定公式中的 $P(x)$ 和 $Q(x)$.

(3) 将 $P(x)$ 和 $Q(x)$ 代入通解公式 $y=\mathrm{e}^{-\int P(x)\mathrm{d}x}\left[\int Q(x)\mathrm{e}^{\int P(x)\mathrm{d}x}\mathrm{d}x+C\right]$ 求解即可.

例 4.6 求方程 $xy'=y+x\ln x$ 的通解.

解 (常数变易法)原方程变形为

$$y'-\frac{1}{x}y=\ln x, \tag{19}$$

此方程为一阶线性非齐次方程.

首先对式(19)所对应的齐次方程

$$y'-\frac{1}{x}y=0, \tag{20}$$

求解,方程(20)分离变量得 $\dfrac{\mathrm{d}y}{y}=\dfrac{\mathrm{d}x}{x}$,

两边积分,得 $\ln|y|=\ln|x|+\ln C$,

即 $\ln|y|=\ln C|x|$,

所以,齐次方程(20)的通解为

$$y=Cx, \tag{21}$$

将通解中的任意常数 C 换成待定函数 $C(x)$,即令 $y=C(x)x$ 为方程(19)的通解,将其代入原方程(19)整理,得 $xC'(x)=\ln x$,于是有 $C'(x)=\dfrac{1}{x}\ln x$.

所以 $C(x)=\displaystyle\int\frac{\ln x}{x}\mathrm{d}x=\int\ln x d\ln x=\frac{1}{2}(\ln x)^2+C$.

将所求得 $C(x)$ 代入式(21),得原方程的通解为 $y=\dfrac{x}{2}(\ln x)^2+Cx$.

例 4.7 求微分方程 $x^2\mathrm{d}y+(2xy-x+1)\mathrm{d}x=0$ 满足初始条件 $y|_{x=1}=0$ 的特解.

解(公式法) 将原方程变形为 $\dfrac{\mathrm{d}y}{\mathrm{d}x}+\dfrac{2}{x}y=\dfrac{x-1}{x^2}$,

这是一个一阶线性非齐次方程,其中 $P(x)=\dfrac{2}{x}$,$Q(x)=\dfrac{x-1}{x^2}$. 将 $P(x)$、$Q(x)$ 代入到一阶线性非齐次方程通解公式中,得

$$y=\mathrm{e}^{-\int\frac{2}{x}\mathrm{d}x}\left[\int\frac{x-1}{x^2}\mathrm{e}^{\int\frac{2}{x}\mathrm{d}x}\mathrm{d}x+C\right]=\frac{1}{x^2}\left[\int\frac{x-1}{x^2}x^2\mathrm{d}x+C\right]=\frac{1}{x^2}\left[\int(x-1)\mathrm{d}x+C\right]$$

$$=\frac{1}{x^2}\left(\frac{1}{2}x^2-x+C\right)=\frac{1}{2}-\frac{1}{x}+\frac{C}{x^2}.$$

把初始条件 $y|_{x=1}=0$,代入上式,得 $C=\dfrac{1}{2}$.

故所求方程的特解为 $y=\frac{1}{2}-\frac{1}{x}+\frac{1}{2x^2}$.

例 4.8(*RL* 电路) 在一个含有电阻 R(单位:欧姆),电感 L(单位:亨)和电源 E(单位:伏)的 RL 串联回路中,由回路电流定律,知电流(单位:安培)满足微分方程

$$\frac{\mathrm{d}I}{\mathrm{d}t}+\frac{R}{L}I=\frac{E}{L}.$$

若电路中有电源 $3\sin 2t$ 伏,电阻 10 欧姆,电感 0.5 亨和初始电流 6 安培,求电路中任意时刻 t 的电流.

解 (1) 建立微分方程

这里 $E=3\sin 2t$, $R=10$, $L=0.5$,将其带入 RL 电路中电流应满足的微分方程,得

$$\frac{\mathrm{d}I}{\mathrm{d}t}+20I=6\sin 2t,$$

初始条件为 $I|_{t=0}=6$.

(2) 求通解

将 $P(t)=20$, $Q(t)=6\sin 2t$ 代入通解公式得

$$I=\mathrm{e}^{-\int 20\mathrm{d}t}\left(\int 6\sin 2t\cdot\mathrm{e}^{\int 20\mathrm{d}t}\mathrm{d}t+C\right)=\mathrm{e}^{-20t}\left(\int 6\sin 2t\cdot\mathrm{e}^{20t}\mathrm{d}t+C\right)$$

$$=C\mathrm{e}^{-20t}+\frac{30}{101}\sin 2t-\frac{3}{101}\cos 2t.$$

(上述积分利用公式:$\int \mathrm{e}^{ax}\sin bx\,\mathrm{d}x=\frac{1}{a^2+b^2}\mathrm{e}^{ax}(a\sin bx-b\cos bx)+C$ 求解)

(3) 求特解

将 $t=0$ 时,$I=6$ 代入通解,得 $6=C\mathrm{e}^{-20\times 0}+\frac{30}{101}\sin(2\times 0)-\frac{3}{101}\cos(2\times 0)$,

解之,得
$$C=\frac{609}{101},$$

所以在任何时刻 t 的电流为 $I=\frac{609}{101}\mathrm{e}^{-20t}+\frac{30}{101}\sin 2t-\frac{3}{101}\cos 2t$.

注 I 中的 $\frac{609}{101}\mathrm{e}^{-20t}$ 称为瞬时电流,因为当 $t\to\infty$ 时,它变为零(“消失”);$\frac{30}{101}\sin 2t-\frac{3}{101}\cos 2t$ 称为稳态电流,当 $t\to\infty$ 时电流趋于稳态电流的值.

例 4.9(引例 2 的求解)

解 (1) 已建立微分方程 $\frac{\mathrm{d}y}{\mathrm{d}t}+\frac{3}{50+2t}y=10$.

(2) 求通解:将 $P(t)=\frac{3}{50+2t}$, $Q(t)=10$ 代入通解公式,得微分方程的通解

$$y=\mathrm{e}^{-\int\frac{3}{50+2t}\mathrm{d}t}\left[\int 10\mathrm{e}^{\int\frac{3}{50+2t}\mathrm{d}t}\mathrm{d}t+C\right]=(50+2t)^{-\frac{3}{2}}\left[10\int(50+2t)^{\frac{3}{2}}\mathrm{d}t+C\right]$$

$= C(50+2t)^{-\frac{3}{2}} + 2(50+2t) = C(50+2t)^{-\frac{3}{2}} + 4t + 100.$

(3) 求特解：将初始条件 $y|_{t=0} = 10$ 代入通解，得 $C = -22\,500\sqrt{2}$，所以在时刻 t 容器中的含盐量为 $y = 4t + 100 - 22\,500\sqrt{2}(50+2t)^{-\frac{3}{2}}$.

测试训练二

1. 求下列微分方程的通解或满足初始条件的特解.

(1) $x^2 dx + (x^3+5)dy = 0$；　　(2) $(1+x^2)y' = \arctan x$；

(3) $e^{x+y}dx + dy = 0$；　　(4) $\sin x dy = 2y\cos x dx$；

(5) $\dfrac{dy}{dx} + yx^2 = 0,\ y|_{x=0} = 1$；　　(6) $y' = (1-y)\cos x,\ y|_{x=\frac{\pi}{6}} = 0$.

2. 求下列微分方程的通解或满足初始条件的特解.

(1) $y' - y = \cos x,\ y|_{x=0} = 0$；　　(2) $y' - 2xy - 2xe^{x^2} = 0$；

(3) $xy' - y = 2,\ y|_{x=1} = 0$；　　(4) $xy' - 2y = x^3\cos x$；

(5) $\cos x\dfrac{dy}{dx} + y\sin x = \cos^2 x,\ y|_{x=\pi} = 1$.

3. **【RL 电路】** 在一个 RL 电路中，电阻为 12 欧姆，电感为 4 享，如果电池提供 60 伏的电压，当 $t=0$ 时开关合上，电流初值为 $I(0)=0$，求

(1) 电路中任意时刻 t 的电流 $I(t)$；

(2) 1 秒后的电流.

任务三　二阶常系数线性齐次微分方程

知识目标

理解概念：二阶常系数线性齐次微分方程.

掌握题型：了解二阶常系数线性齐次微分方程通解的三种形式.

能力目标

了解二阶常系数线性齐次微分方程模型的特点和应用，进一步提高微分方程的建模和应用能力.

一、二阶线性齐次微分方程的基本形式

引例 1(弹簧的运动方程)　将一弹簧置于油中，其运动满足以下微分方程

$$\frac{d^2 s}{dt^2} + 3\frac{ds}{dt} + 2s = 0.$$

此方程为二阶微分方程，其特点是：未知函数及其一、二阶导数的幂次都是一次的，且未知函数及其导数的系数均为常数.

定义 4.6　形如

$$y'' + py' + qy = 0 \tag{22}$$

的方程称为二阶常系数线性齐次微分方程. 其中：y'', y' 和 y 都是一次的；p, q 为实常数；方程的右端为 0.

二、二阶线性齐次微分方程解的结构

定理 4.1　(1) 如果 $y_1(x)$ 和 $y_2(x)$ 是二阶线性齐次微分方程(22)的两个解，则 $y = C_1 y_1(x) + C_2 y_2(x)$ 也是方程的解，其中 C_1, C_2 为任意常数.

(2) 如果 $y_1(x)$ 和 $y_2(x)$ 是二阶线性齐次微分方程(22)两个解，且 $\dfrac{y_1(x)}{y_2(x)}$ 不等于常数，则 $y_c = C_1 y_1(x) + C_2 y_2(x)$ 是该方程的通解，其中 C_1, C_2 为任意常数.

若函数 $y_1(x)$ 和 $y_2(x)$ 是微分方程(22)的两个特解，且满足 $\dfrac{y_1(x)}{y_2(x)}$ 不等于常数，则这两个解称为线性无关. 由定理 4.1 可知，求二阶线性齐次微分方程的通解，就归结为求它的两个线性无关的特解.

三、二阶常系数线性齐次微分方程的解法

在微分方程 $y''+py'+qy=0$ 中，由于 p 和 q 都是常数，通过观察可以看出：若某一函数 $y=y(x)$，它与其一阶导数 y'、二阶导数 y'' 之间仅相差一个常数因子时，则可能是该方程的解. 而函数 $y=\mathrm{e}^{rx}$ (r 为常数)具有这一特性.

由此，设函数 $y=\mathrm{e}^{rx}$ 是方程(22)的解，其中 r 是待定常数.

将 $y=\mathrm{e}^{rx}$, $y'=r\mathrm{e}^{rx}$, $y''=r^2\mathrm{e}^{rx}$ 代入方程(22)得到 $\mathrm{e}^{rx}(r^2+pr+q)=0$

因为 $\mathrm{e}^{rx}\neq 0$，故必有 $r^2+pr+qr=0$.　(23)

这说明，如果 r 是方程(23)的解，那么 $y=\mathrm{e}^{rx}$ 就是方程(22)的解.

$r^2+pr+qr=0$ 称为方程(22)所对应的特征方程，r 称为方程的特征根.

由上述分析，求二阶常系数线性齐次微分方程的解的问题就转化为求它的特征方程的根的问题.

下面分三种情况来讨论方程(22)的通解.

(1) 当 $\Delta>0$ 时，特征根为两个不相等的实根：$r_1\neq r_2$.

因为 $y_1=\mathrm{e}^{r_1x}$ 和 $y_2=\mathrm{e}^{r_2x}$ 是微分方程(22)的两个特解，且 $\dfrac{y_1}{y_2}=\mathrm{e}^{(r_1-r_2)x}\neq$ 常数，即 y_1 和 y_2 线性无关，所以方程(22)的通解为

$$y_c = C_1\mathrm{e}^{r_1x}+C_2\mathrm{e}^{r_2x}.$$

(2) 当 $\Delta=0$ 时，特征根为两个相等的实根(二重根)：$r_1=r_2=r$.

方程(22)只有一个解 $y_1=\mathrm{e}^{rx}$，通过验证可知 $y_2=x\mathrm{e}^{rx}$ 是方程(22)的另一个解，且 y_1 与 y_2 线性无关，所以方程(22)的通解为

$$y_c = C_1\mathrm{e}^{rx}+C_2x\mathrm{e}^{rx}=(C_1+C_2x)\mathrm{e}^{rx}.$$

(3) 当 $\Delta<0$ 时，特征根为共轭复数：$r_1=\alpha+\mathrm{i}\beta$, $r_2=\alpha-\mathrm{i}\beta$.

此时方程(22)有两个线性无关的特解 $y_1=\mathrm{e}^{(\alpha+\mathrm{i}\beta)x}$ 和 $y_2=\mathrm{e}^{(\alpha-\mathrm{i}\beta)x}$，但它们是复数形式，

这时，可以验证 $y_1=e^{\alpha x}\cos\beta x$，$y_2=e^{\alpha x}\sin\beta x$ 是微分方程(22)的两个实数形式的特解，且它们线性无关，从而方程(22)的通解为

$$y_c=e^{\alpha x}(C_1\cos\beta x+C_2\sin\beta x).$$

综上所述，求二阶常系数线性齐次微分方程的通解的步骤为：

(1) 写出微分方程的特征方程 $r^2+pr+q=0$；

(2) 求出特征根；

(3) 根据特征根的情况，按下表写出方程的通解.

表 4-1

特征方程的根 r_1，r_2	方程 $y''+py'+qy=0$ 的通解
两个不相等的实根 r_1，r_2	$y_c=C_1e^{r_1x}+C_2e^{r_2x}$
两个相等的实根 $r_1=r_2=r$	$y_c=(C_1+C_2x)e^{rx}$
一对共轭虚根 $r=\alpha\pm i\beta$	$y_c=e^{\alpha x}(C_1\cos\beta x+C_2\sin\beta x)$

例 4.10 求微分方程 $y''+5y'+6y=0$ 的通解.

解 方程所对应的特征方程为 $r^2+5r+6=0$，

解得有两个不相同的实根 $r_1=2$，$r_2=3$，

故得原方程得通解为 $y_c=C_1e^{2x}+C_2e^{3x}$，(C_1，C_2 为任意常数).

例 4.11 求方程 $y''-4y'+4y=0$ 的通解，并求初始条件 $y|_{x=0}=2$，$y'|_{x=0}=5$ 下的特解.

解 方程对应的特征方程为 $r^2-4r+4=0$，

解得二重根 $r=2$，故所求方程得通解为 $y_c=(C_1+C_2x)e^{2x}$.

为求特解，对通解求导，得 $y'=(2C_1+C_2+2C_2x)e^{2x}$，

将 $y|_{x=0}=2$，$y'|_{x=0}=5$ 代入通解，有 $\begin{cases}2=(C_1+C_2\cdot 0)e^{2\cdot 0},\\5=(2C_1+C_2+2C_2\cdot 0)e^{2\cdot 0},\end{cases}$

可解得 $C_1=2$，$C_2=1$. 故满足初始条件的特解为 $y=(2+x)e^{2x}$.

例 4.12 求方程 $y''+2y'+3y=0$ 的通解.

解 方程对应的特征方程为 $r^2+2r+3=0$.

解得特征根为 $r_1=-1+i\sqrt{2}$，$r_2=-1-i\sqrt{2}$. 所以，所给方程的通解为

$$y=e^{-x}(C_1\cos\sqrt{2}x+C_2\sin\sqrt{2}x).$$

例 4.13(自由振动方程) 设质量为 m kg 的物体悬于弹簧下，在任意时刻 t 物体的位移 x 满足：$mx''=-ax'-kx+F(t)$ (其中，弹簧重力忽略不计，空气阻力与速度成正比，比例系数为 a，k 为弹性系数，且 $k=\dfrac{mg}{l}$ (l 为弹簧比自然状态伸长的长度)).

若已知(1)质量为 10 千克的物体悬于弹簧下时，将比自然状态伸长 0.7 米；(2)物体以 1 米/秒的初速度从平衡位置开始向上运动，且空气阻力是 $90x'$ 牛；

请求该物体在任一时刻 t 的位移 x 所满足的微分方程，并求出其满足条件(2)的特解.

解　取 $g=9.8$ 米/秒^2，则 $k=\dfrac{mg}{l}=140$ 牛/米.

而 $m=10$，$a=90$，$F(t)\equiv 0$（没有压力），

因此，物体在任一时刻 t 的位移满足微分方程 $x''+9ax'+14x=0$，

由上，得相应的特征方程为 $r^2+9r+14=0$.

其特征根为 $r_1=-2$，$r_2=-7$；通解为 $x=C_1\mathrm{e}^{-2t}+C_2\mathrm{e}^{-7t}$.

根据题意，初始条件为 $x(0)=0$（物体从平衡位置开始运动）和 $x'(0)=1$.

从而把初始条件代入通解，得 $C_1=-C_2=\dfrac{1}{5}$，于是 $x=\dfrac{1}{5}(\mathrm{e}^{-2t}-\mathrm{e}^{-7t})$.

由于当 $t\to\infty$ 时，$x\to 0$，因此运动是瞬时的.

测试训练三

1. 求下列方程的通解.

(1) $y''-2y'+y=0$；　　(2) $3y''-2y'-8y=0$；

(3) $y''-4y'=0$；　　(4) $4y''-8y'+5y=0$.

2. 求下列方程满足初始条件的特解.

(1) $y''-4y'+3y=0$，$y|_{x=0}=6$，$y'|_{x=0}=10$；

(2) $y''+4y=0$，$y|_{x=0}=2$，$y'|_{x=0}=6$；

(3) $y''-12y'+36y=0$，$y|_{x=0}=1$，$y'|_{x=0}=0$.

3. 【**弹簧的运动方程**】设一个弹簧放于油中，由静止状态开始运动，其运动满足微分方程 $\dfrac{\mathrm{d}^2s}{\mathrm{d}t^2}+3\dfrac{\mathrm{d}s}{\mathrm{d}t}+2s=0$，求此弹簧在任意时刻 t 的位移 $s(t)$.

*任务四　可降阶的二阶微分方程

知识目标

理解概念：各类可降解的二阶微分方程.

掌握题型：了解三种类型的可降解的二阶微分方程的求法.

能力目标

了解各种类型可降解的二阶微分方程模型的求法，提高微分方程的建模和应用能力.

高阶微分方程是指二阶以及二阶以上的微分方程. 一般而言，高阶微分方程求解更为困难，而且没有普遍适用的解法，本任务主要介绍几种常见的可用降阶法求解的高阶微分方程.

一、$y^{(n)}=f(x)$型的微分方程

对这类方程我们只需要通过 n 次积分就可以得到方程的通解.

例 4.14 求方程 $y''' = \cos x$ 的通解.

解 因为 $y''' = \cos x$，所以 $y'' = \int \cos x \mathrm{d}x = \sin x + C_1$，

$$y' = \int (\sin x + C_1) \mathrm{d}x = -\cos x + C_1 x + C_2,$$

$$y = \int (-\cos x + C_1 x + C_2) \mathrm{d}x = -\sin x + \frac{1}{2}C_1 x^2 + C_2 x + C_3.$$

二、$y''=f(x, y')$型的微分方程

这类方程的特点是：方程右端不含未知函数 y，令 $y' = p(x)$，则 $y'' = p'(x)$，代入方程得 $p'(x) = f(x, p(x))$. 可以得到解为 $p(x) = \varphi(x, C_1)$，即 $\frac{\mathrm{d}y}{\mathrm{d}x} = \varphi(x, C_1)$，两边积分就能得到方程的通解为 $y = \int \varphi(x, C_1) \mathrm{d}x + C_2$.

例 4.15 求微分方程 $y'' = \frac{1}{x}y' + x$ 的通解.

解 令 $y' = p$，则 $y'' = p'$，代入原方程有 $p' - \frac{1}{x}p = x$，

这是一个一阶线性非齐次微分方程，其通解为

$$p = \mathrm{e}^{-\int -\frac{1}{x}\mathrm{d}x}\left[\int x\mathrm{e}^{\int -\frac{1}{x}\mathrm{d}x}\mathrm{d}x + C_1\right] = x\left[\int \mathrm{d}x + C_1\right] = x(x + C_1) = x^2 + C_1 x,$$

即 $y' = x^2 + C_1 x$.

再次积分得到方程的通解为 $y = \frac{1}{3}x^3 + \frac{C_1}{2}x^2 + C_2$.

三、$y''=f(y, y')$型的微分方程

这类方程的特点是：方程中不明显含有自变量 x，求解这类方程可令 $y' = p(y)$，则

$$y'' = \frac{\mathrm{d}y'}{\mathrm{d}x} = \frac{\mathrm{d}p}{\mathrm{d}y}\frac{\mathrm{d}y}{\mathrm{d}x} = \frac{\mathrm{d}p}{\mathrm{d}y}p,$$

于是方程 $y'' = f(y, y')$ 可化为 $p\frac{\mathrm{d}p}{\mathrm{d}x} = f(y, p)$.

这是关于 y 和 p 的一阶微分方程，如果能求出其解 $p = \varphi(y, C_1)$，则由 $\frac{\mathrm{d}y}{\mathrm{d}x} = \varphi(y, C_1)$ 可求出原方程的解.

例 4.16 求微分方程 $y'' + \frac{1}{y^2}\mathrm{e}^{y^2}y' - 2y(y')^2 = 0$ 满足初始条件 $y|_{x=-\frac{1}{2\mathrm{e}}} = 1$，$y'|_{x=-\frac{1}{2\mathrm{e}}} = \mathrm{e}$ 的特解.

解 令 $y' = p$，则 $y'' = p\frac{\mathrm{d}p}{\mathrm{d}y}$，代入原方程，将方程化为

$$p\left(\frac{\mathrm{d}p}{\mathrm{d}y}+\frac{1}{y^2}\mathrm{e}^{y^2}-2yp\right)=0,$$

于是有 $p=0$ 或 $\frac{\mathrm{d}p}{\mathrm{d}y}-2yp+\frac{1}{y^2}\mathrm{e}^{y^2}=0$，

考虑初始条件得

$$\frac{\mathrm{d}p}{\mathrm{d}y}-2yp=-\frac{1}{y^2}\mathrm{e}^{y^2}.$$

上式是一个一阶线性非齐次微分方程，将 $P(x)$ 和 $Q(x)$ 代入通解公式中得

$$p=\mathrm{e}^{-\int -2y\mathrm{d}y}\left[\int -\frac{1}{y^2}\mathrm{e}^{y^2}\mathrm{e}^{\int -2y\mathrm{d}y}\mathrm{d}y+C\right]$$

解得 $p=\mathrm{e}^{y^2}\left(\frac{1}{y}+C_1\right)$，即 $\frac{\mathrm{d}y}{\mathrm{d}x}=\mathrm{e}^{y^2}\left(\frac{1}{y}+C_1\right)$.

将初始条件 $y'\big|_{x=-\frac{1}{2\mathrm{e}}}=\mathrm{e}$，$y\big|_{x=-\frac{1}{2\mathrm{e}}}=1$ 代入上式中，得 $C_1=0$，

所以 $\frac{\mathrm{d}y}{\mathrm{d}x}=\frac{1}{y}\mathrm{e}^{y^2}$，即 $y\mathrm{e}^{-y^2}\mathrm{d}y=\mathrm{d}x$，

两边积分，得 $-\frac{1}{2}\mathrm{e}^{-y^2}=x+C_2$，

将初始条件 $y\big|_{x=-\frac{1}{2\mathrm{e}}}=1$ 代入，得到 $C_2=0$，于是所求方程的特解为 $x=-\frac{1}{2}\mathrm{e}^{-y^2}$.

测试训练⑪

1. 求下列微分方程的通解.

(1) $y''=\ln x$；　(2) $y''-y'\tan x=\sin 2x$；

(3) $(1-x^2)y''-xy'=0$；　(4) $2yy''+(y')^2=0$.

2. 求下列微分方程满足初始条件的特解.

(1) $(x^2+1)y''=2xy'$，$y(0)=1$，$y'(0)=3$；

(2) $y''-\mathrm{e}^{2y}y'=0$；$y(0)=0$，$y'(0)=\frac{1}{2}$.

学习指导

一、主要知识点

1. 微分方程：含有未知函数的导数或微分的方程称为微分方程. 其中，未知函数为一元函数的微分方程称为常微分方程.

说明　微分方程中可以不含自变量及未知函数，但必须含未知函数的导数或微分.

2. 微分方程的阶：微分方程中未知函数的导数的最高阶数称为微分方程的阶.

3. 微分方程的解：满足微分方程的函数 $y=y(x)$ 是方程的解.

(1) 通解：若微分方程的解中含有任意常数，且相互独立的任意常数的个数与微分方程的阶数相等，则称这个解为方程的通解.

(2) 特解：不含任意常数的解，称为微分方程的特解.

4. 初始条件：用来确定特解的条件为初始条件.

5. 可分离变量的微分方程：

形如 $M_1(x)N_1(y)\mathrm{d}y+M_2(x)N_2(y)\mathrm{d}x=0$ 或 $\dfrac{\mathrm{d}y}{\mathrm{d}x}=f(x)g(y)$ 的一阶微分方程.

6. 一阶线性微分方程：形如 $y'+P(x)y=Q(x)$ 的一阶微分方程.

如果 $Q(x)\neq 0$，则方程为一阶线性非齐次微分方程；如果 $Q(x)\equiv 0$，则方程为一阶线性齐次微分方程.

7. 二阶常系数线性微分方程：形如 $y''+py'+qy=f(x)$ (其中 p，q 是常数)的二阶微分方程.

如果 $f(x)\neq 0$，则方程为二阶常系数线性非齐次微分方程；如果 $f(x)\equiv 0$，则方程为对应的二阶常系数线性齐次微分方程.

二、主要题型及解法

1. 求解一阶微分方程

1) 求解可分离变量的微分方程

特点：方程经过适当变形，可以将含有同一变量的函数和微分分离到等式的同一端.

解法：先分离变量，再两端积分.

变形为：$\int\dfrac{1}{g(y)}\mathrm{d}y=\int f(x)\mathrm{d}x$ 或 $\int\dfrac{N_1(y)}{N_2(y)}\mathrm{d}y=-\int\dfrac{M_2(x)}{M_1(x)}\mathrm{d}x$.

2) 求解一阶线性微分方程

解法：一阶线性齐次微分方程可化为可分离变量的微分方程.

一阶线性非齐次微分方程可以利用常数变易法或通解公式求解. 通解公式为：

$$y=\mathrm{e}^{-\int P(x)\mathrm{d}x}\left(\int Q(x)\mathrm{e}^{\int P(x)\mathrm{d}x}\mathrm{d}x+C\right).$$

注意：标准形式中 y' 的系数必须为 1，自由项必须放在方程的右端.

2. 求解二阶常系数线性微分方程

求二阶常系数齐次线性微分方程的通解的步骤为：

1) 写出微分方程的特征方程 $r^2+pr+q=0$；

2) 求出特征根；

3) 根据特征根的情况，按下表写出方程的通解.

特征方程的根 r_1，r_2	方程 $y''+py'+qy=0$ 的通解
两个不相等的实根 r_1，r_2	$y=C_1\mathrm{e}^{r_1x}+C_2\mathrm{e}^{r_2x}$
两个相等的实根 $r_1=r_2=r$	$y=C_1\mathrm{e}^{rx}+C_2x\mathrm{e}^{rx}$
一对共轭虚根 $r=\alpha\pm\mathrm{i}\beta$	$y=\mathrm{e}^{\alpha x}(C_1\cos\beta x+C_2\sin\beta x)$

项目训练四

一、单选题.

1. 微分方程 $x^3(y'')^4-yy'=0$ 的阶数是(　　).

A. 一阶；　B. 二阶；　C. 三阶；　D. 四阶.

2. 微分方程 $\cos y\mathrm{d}y=\sin x\mathrm{d}x$ 的通解是(　　).

A. $\sin x+\cos y=C$;　B. $\cos x+\sin y=C$;

C. $\cos x-\sin y=C$;　D. $\cos y-\sin x=C$.

3. 一阶线性微分方程 $y'+p(x)y=Q(x)$ 的通解 $y=$(　　).

A. $\mathrm{e}^{-\int p(x)\mathrm{d}x}\left[\int Q(x)\mathrm{e}^{-\int p(x)\mathrm{d}x}\mathrm{d}x+C\right]$;　B. $\mathrm{e}^{\int p(x)\mathrm{d}x}\left[\int Q(x)\mathrm{e}^{\int p(x)\mathrm{d}x}\mathrm{d}x+C\right]$;

C. $\mathrm{e}^{\int p(x)\mathrm{d}x}\left[\int Q(x)\mathrm{e}^{-\int p(x)\mathrm{d}x}\mathrm{d}x+C\right]$;　D. $\mathrm{e}^{-\int p(x)\mathrm{d}x}\left[\int Q(x)\mathrm{e}^{\int p(x)\mathrm{d}x}\mathrm{d}x+C\right]$.

4. 微分方程 $y''+2y'+y=0$ 的通解为(　　).

A. $y=C_1\cos x+C_2\sin x$;　B. $y=C_1\mathrm{e}^x+C_2\mathrm{e}^{2x}$;

C. $y=C_1\mathrm{e}^{-x}+C_2x\mathrm{e}^{-x}$;　D. $y=C_1\mathrm{e}^x+C_2\mathrm{e}^{-x}$.

5. 在下列微分方程中,其通解为 $y=C_1\cos x+C_2\sin x$ 的是(　　).

A. $y''-y'=0$;　B. $y''+y'=0$;　C. $y''+y=0$;　D. $y''-y=0$.

6. 微分方程 $y''-4y'+3y=0$ 满足初始条件 $y|_{x=0}=6$, $y'|_{x=0}=10$ 的特解是(　　).

A. $y=3\mathrm{e}^x+\mathrm{e}^{3x}$;　B. $y=2\mathrm{e}^x+3\mathrm{e}^{3x}$;

C. $y=4\mathrm{e}^x+2\mathrm{e}^{3x}$;　D. $y=C_1\mathrm{e}^x+C_2\mathrm{e}^{3x}$.

7. 微分方程 $y'-y=1$ 的通解是(　　).

A. $y=C\mathrm{e}^x$;　B. $y=C\mathrm{e}^x+1$;　C. $y=C\mathrm{e}^x-1$;　D. $y=(C+1)\mathrm{e}^x$.

8. 微分方程 $x\dfrac{\mathrm{d}y}{\mathrm{d}x}=y+x^3$ 的通解是(　　).

A. $y=\dfrac{x^3}{4}+\dfrac{C}{x}$;　B. $y=\dfrac{x^3}{2}+Cx$;　C. $y=\dfrac{x^3}{3}+C$;　D. $y=\dfrac{x^3}{4}+Cx$.

9. 设函数 $y=f(x)$ 满足微分方程 $\cos^2x\cdot y'+y=\tan x$ 且当 $x=\dfrac{\pi}{4}$ 时,$y=0$,则当 $x=0$ 时 $y=$ (　　).

A. $\dfrac{\pi}{4}$;　B. $-\dfrac{\pi}{4}$;　C. -1;　D. 1.

二、填空题.

1. 微分方程 $2x\mathrm{d}y-y\mathrm{d}x=0$ 的通解是____________;

2. 微分方程 $y''=\sin x$ 满足初始条件 $y|_{x=0}=0$, $y'|_{x=0}=1$ 的特解为____________;

3. 微分方程 $x\dfrac{\mathrm{d}y}{\mathrm{d}x}=y+x^2\sin x$ 的类型是____________方程,其通解为____________;

4. 微分方程 $y''+y=0$ 的通解是____________;

5. 微分方程 $y''+y'-2y=0$ 的通解是____________;

6. 微分方程 $y''+4y'+5y=0$ 的通解是____________.

三、求下列可分离变量的微分方程的通解.

1. $\dfrac{\mathrm{d}y}{\mathrm{d}x}=1-x+y^2-xy^2$;　2. $x(y^2-1)\mathrm{d}x+y(x^2-1)\mathrm{d}y=0$;

3. $\frac{dy}{dx}=e^{2x-y}$；

4. $2x\sin y dx+(x^2+3)\cos y dy=0$；

5. $(1+x^2)(1+y^2)dx+2xydy=0$；

6. $\frac{dy}{dx}=y^2\cos x$.

四、求下列一阶线性微分方程的通解或满足初始条件的特解.

1. $\frac{dy}{dx}+y=e^{-x}$；

2. $y'+y\cos x=e^{-\sin x}$；

3. $xy'-y=x^3+x^2$；

4. $x^2dy+(y-2xy-2x^2)dx=0$；

5. $x^2+xy'=y$，$y|_{x=1}=0$；

6. $y'+y\cos x=\cos x$，$y|_{x=0}=1$.

五、求下列二阶常系数齐次微分方程满足初始条件的特解

1. $4y''+4y'+y=0$，　$y|_{x=0}=2$，　$y'|_{x=0}=0$；

2. $y''+3y'=0$，　$y|_{x=0}=1$，　$y'|_{x=0}=-1$；

3. $y''+2y'+3y=0$，　$y|_{x=0}=1$，　$y'|_{x=0}=1$.

六、(人在月球上能跳多高)设某人在地面上可跳过与其身高相同的高度，假设他以同样的初速度在月球上跳，请问：(1)他在月球上能跳多高？(2)为了能在月球上跳过2米，他需要多大的初速度？

(提示：设人体重心约在其身高一半偏上位置，故可将人体当作质点，将跳高视为以初速度 v_0 把位于$\left(\text{身高}\times\frac{1}{2}\right)$处的一质点铅直上抛)

数学实验四　用MATLAB求解微分方程

一、实验目的

1. 学习 MATLAB 的求解微分方程命令.
2. 掌握用 MATLAB 软件求解微分方程的方法.

二、实验内容

1. 学习 MATLAB 求解微分方程的命令：dsolve('eq1', 'eq2',…).

(1) eq 表示相互独立的常微分方程、初始条件或指定的自变量，默认的自变量为 t.

(2) 如果输入的初始条件少于方程的个数，则在输出结果中出现常数 c1, c2,等字符.

(3) dsolve 中的输入参数最多只能有 12 个，但这并不妨碍解具有多个方程的方程组，因为可以把多个方程或初始条件定义为一个符号变量进行输入.

(4) 关于微分方程的表达式有如下的约定：字母 y 表示函数，Dy 表示 y 对 t 的一阶导数；Dny 表示 y 对 t 的 n 阶导数.

2. MATLAB 求解微分方程举例.

例 4.17　求解 $\begin{cases}\frac{dx}{dt}=y,\\ \frac{dy}{dt}=-x.\end{cases}$

解　输入命令：

```
>>[x, y]=dsolve('Dx=y','Dy=-x');
```

运行结果为

```
x =
    cos(t)*C1+sin(t)*C2
```

y =

　　−sin(t) * C1+cos(t) * C2

注　微分方程表达式中字母 D 必须大写.

例 4.18　求 $\frac{df}{dt}=3f+4g$，$\frac{dg}{dt}=-4f+3g$，$f(0)=0$，$g(0)=1$ 的解.

解　输入指令：

```
>> P='Df=3*f+4*g,Dg=-4*f+3*g';
>> v='f(0)=0, g(0)=1';
>> [f, g]=dsolve(P, v) ;
```

运行结果为

```
f =
    exp(3*t)*sin(4*t)
g =
    exp(3*t)*cos(4*t)
```

例 4.19　求解微分方程 $\begin{cases}\frac{d^3y}{dx^3}=-y,\\ \left.\frac{d^2y}{dx^2}\right|_{x=0}=0,\\ \left.\frac{dy}{dx}\right|_{x=0}=0,\\ y(0)=1.\end{cases}$

解　输入命令：

```
>> y=dsolve('D3y=-y','y(0)=1,Dy(0)=0,D2y(0)=0','x') ;
```

运行结果为

```
y =
    (1/3+2/3*exp(1/2*x)*cos(1/2*3^(1/2)*x)*exp(x))/exp(x)
```

例 4.20　求解非线性微分方程 $\begin{cases}\left(\frac{dy}{dx}\right)^2+y^2=1,\\ y(0)=1.\end{cases}$

解　程序如下：

```
>> dsolve('(Dy)^2+y^2=1', 'y(0)=0', 'x') ;
ans =
      [ sin(x)]
      [-sin(x)]
```

对于无法求出解析解的非线性微分方程，屏幕将提示出错信息.

例 4.21　求微分方程 $y'=1+y^2$ 的通解.

解　程序如下：

```
>>dsolve('Dy=1+y^2') ;
ans=
    tan(t+c1)
```

例 4.22　求微分方程 $y'+2xy=xe^{-x^2}$ 的通解.

解　程序如下：

```
>>syms x y;
```

```
>>dsolve('Dy+2*x*y=x*exp(-x^2)');
ans =
    (1/2*exp(-x*(x-2*t))+C1)*exp(-2*x*t)
```

例 4.23 求微分方程 $y''-2y'+5y=e^x\cos 2x$ 的通解.

解 程序如下：

```
>>syms x y;
>>dsolve('D2y-2*Dy+5*y=exp(x)*cos(2*x)')
ans =
    exp(t)*sin(2*t)*C2+exp(t)*cos(2*t)*C1+1/5*exp(x)*cos(2*x)
```

例 4.24 求微分方程组 $\begin{cases}\dfrac{dx}{dt}+x+2y=e^t,\\ \dfrac{dy}{dt}-x-y=0.\end{cases}$ 在初始条件 $x|_{t=0}=1$，$y|_{t=0}=0$ 下的特解.

解 程序如下：

```
>>syms x y t;
>> s= dsolve('Dx+x+2*y=exp(t)','Dy-x-y=0','x(0)=1','y(0)=0');
>>s.x
ans =
    cos(t)
>>s.y
ans =
    1/2*sin(t)-1/2*cos(t)+1/2*exp(t)
```

例 4.25 求解微分方程 $\dfrac{dy}{dx}-\dfrac{2y}{x+1}=(x+1)^{5/2}$，并做出积分曲线.

解 程序如下：

```
>>syms x y;
>>dsolve('Dy-2*y/(x+1)=(x+1)^5/2', 'x')
ans =
    (1/8*(x+1)^4+C1)*(x+1)^2
>> x=-5:0.01:5;
>> f=inline('(1/8*(x+1).^4+C1).*(x+1).^2');
>> plot(x, f(1, x), x, f(2, x), x, f(3, x))
>>grid
>> title('微分方程 Dy-2*y/(x+1)=(x+1)^5/2 对应函数的积分曲线')
```

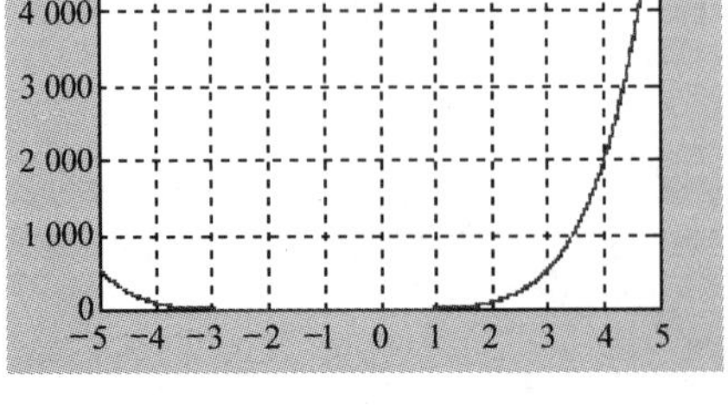

例 4.26 求微分方程 $y'+2xy=xe^{-x^2}$ 的通解.

解 程序如下：

```
>> syms x y;
>> dsolve('Dy+2*x*y=x*exp(-x^2)')
ans =
     (1/2*exp(-x*(x-2*t))+C1)*exp(-2*x*t)
```

例 4.27 求解微分方程 $\frac{dy}{dx}-\frac{2y}{x+1}=(x+1)^{5/2}$.

解 程序如下：

```
>> syms x y;
>> dsolve('Dy-2*y/(x+1)=(x+1)^5/2', 'x')
ans =
     (1/8*(x+1)^4+C1)*(x+1)^2
```

实训四

1. 求微分方程 $y''-2y'+5y=e^x\cos 2x$ 的通解.

数学史知识　微积分发展与应用编年史(1615—1883)

1615 年，德国的开普勒发表《酒桶的立体几何学》，研究了圆锥曲线旋转体的体积.

1635 年，意大利的卡瓦列利发表《不可分连续量的几何学》，书中避免无穷小量，用不可分量制定了一种简单的形式的微积分.

1637 年，法国的笛卡尔出版《几何学》，提出了解析几何，把变量引进数学，成为“数学中的转折点”.

1638 年，法国的费马开始用微积分法求极大、极小问题.

1638 年，意大利的伽利略发表《关于两种新科学的数学证明论说》，研究距离、速度和加速度之间的关系，提出了无穷集合的概念，这本书被认为是伽利略重要的科学成就.

1665—1676 年，牛顿(1665—1666)先于莱布尼茨(1673—1676)创立了微积分，莱布尼茨(1684—1686)早于牛顿(1704—1736)发表了有关微积分的著作；1684 年，德国的莱布尼茨发表了关于微积分的著作《一种求极大极小的奇妙类型的计算》.

1686 年，德国的莱布尼茨发表了关于积分法的著作.

1691 年，瑞士的约翰·伯努利出版《微分法初步》，促进了微积分在物理学和力学上的应用及研究.

1696 年，法国的洛必达发现了求不定式极限的“洛必达法则”.

1697 年，瑞士的约翰·伯努利解决了一些变分问题，发现了最速下降线和测地线.

1704 年，英国的牛顿发表了《三次曲线枚举》《利用无穷级数求曲线的面积和长度》《流数法》.

1711 年，英国的牛顿发表了《使用级数、流数等的分析》.

1715 年，英国的布·泰勒发表了《增量方法及其他》.

1731 年，法国的克雷洛出版了《关于双重曲率的曲线研究》. 这是研究空间解析几何和微分几何的最初尝试.

1734 年，英国的贝克莱发表了《分析学者》，副标题是《致不信神的数学家》，攻击牛顿的《流数法》，引起第二次数学危机.

1736 年，英国发表了牛顿的《流数法和无穷级数》.

1736 年，瑞士的欧拉出版了《力学，或解析地叙述运动理论》，这是用分析方法发展牛顿的质点动力学的第一本著作.

1743 年，英国的麦克劳林引进了函数幂级数展开法.

1744 年，瑞士的欧拉导出了变分法的欧拉方程，发现某些极小的曲面.

1747 年，法国的达朗贝尔等由弦振动的研究而开创了偏微分方程论.

1748 年，瑞士的欧拉出版了系统研究分析数学的《无穷小分析引论》，这是欧拉的主要著作之一.

1755—1774 年，瑞士的欧拉出版了《微分学原理》和《积分学原理》三卷，书中包括微积分方程论和一些特殊的函数.

1760—1761 年，法国的拉格朗日系统地研究了变分法及其在力学上的应用.

1788 年，法国拉格朗日出版了《解析力学》，把新发展的解析法应用于质点、刚体力学.

1797 年，法国的拉格朗日发表《解析函数论》，不用极限的概念而用代数方法建立微分学.

1821 年，法国的柯西出版《分析教程》，用极限严格地定义了函数的连贯、导数和微积分，研究了无穷级数和收敛性等.

1822 年，法国的傅里叶研究了热传导问题，首次利用傅里叶级数求解偏微积分方程的边值问题，在理论和应用上引起重大影响.

1826 年，挪威的阿贝尔发现连续函数的级数之和并非连续函数.

1827—1829 年，德国的雅可比、挪威的阿贝尔和法国的勒让德共同确立了椭圆积分与椭圆函数的理论，在物理、力学中有应用.

1830 年，捷克的波尔查诺给出一个连续而没有导数的所谓"病态"函数的例子.

1831 年，法国的柯西发现解析函数的幂数级数收敛定理.

1837 年，德国的狄丽克雷第一次给出了三角级数的一个收敛定理.

1840 年，英国的狄利克雷把解析函数用于数论，并且引入了"狄利克雷级数".

1848 年，英国的斯托克斯发现函数极限的一个重要概念——一致收敛性.

1850 年，德国的黎曼给出了"黎曼积分"的定义，提出函数可积的概念.

1856 年，德国的魏尔斯特拉斯确立极限理论中的一致收敛性的概念.

1881—1884 年，美国的吉布斯制定了向量分析.

1881—1886 年，法国的庞家莱连续发表《微分方程所确定的积分曲线》的论文，开创微分方程定性理论.

1882 年，英国的亥维赛制定运算微积，这是求解某些微分方程的简便方法，在工程上常有应用.

1883 年，德国的康托尔建立了集合论，发展了超穷级数的理论.

模块二　概率论与数理统计初步

项目一 随机事件及概率

知识目标

理解概念:随机试验与随机事件、频率与概率、条件概率与事件的独立性.

掌握题型:表示事件间关系,求古典概率、独立事件概率、条件概率、全概率.

能力目标

通过学习随机试验、概率等数学知识,让学生领会数学思想的严谨性、灵活性、概括性,培养学生严谨的思维习惯,提高学生的逻辑思维能力.

概率论是研究现实实践中随机现象统计规律的一门科学,数理统计方法在工业生产质量控制和质量检测中,有着非常广泛的应用和重要的现实意义,随机事件及概率是《概率论与数理统计初步》的理论基础部分.

本项目将结合生活实例,研究随机事件及概率的有关概念、性质、运算法则等内容,为本课程后续项目和其他专业课程的学习奠定基础.

任务一　随机事件及古典概率

知识目标

理解概念:随机试验与随机事件、频率与概率、事件的各种关系及运算.

掌握题型:表示事件间关系,应用随机事件的运算法则.

能力目标

通过观察生活中的随机试验、分析判断随机事件的关系,培养学生的梳理归纳能力,提高学生对事物的观察力.

一、随机试验和随机事件

1. 随机试验

人们在日常生活和学习中接触过各种各样的试验. 在这里把试验的含义广泛化,它包括在一定条件下对自然现象或社会现象观测的过程.

定义 1.1　满足以下三个特征的试验称为随机试验,通常用 E 表示.

(1) 试验在相同条件下可以重复进行；

(2) 每次试验的可能结果不唯一，但事先明确试验的所有可能结果；

(3) 每次试验之前不能确定哪一个结果出现.

注　本项目以后所称“试验”均指“随机试验”.

2. 随机事件

定义 1.2　随机试验的结果，称为随机事件，简称事件. 通常用大写英文字母 A, B, C,… 或 A_1, A_2, A_3, …表示.

例 1.1　“掷一枚质地均匀的硬币，观察向上的面是哪一面”是随机试验；$A =$ {正面向上}, $B =$ {反面向上} 均为随机事件.

“从一批产品中抽取一件检测其是否为合格品”是随机试验；$A =$ {产品为合格品}, $B =$ {产品为次品} 均为随机事件.

定义 1.3　把随机事件中最简单的不可再分的事件称为基本事件(亦称样本点)；由两个或两个以上基本事件组合而成的事件称为复合事件.

定义 1.4　随机试验的基本事件称为样本点，用 ω 表示；全体样本点的集合称为样本空间，用 Ω 表示.

定义 1.5　随机试验中，必然会发生的事件，称为必然事件，用 Ω 表示；在一定条件下一定不会发生的事件，称为不可能事件，用 Φ 表示.

例 1.2　判断下列事件是必然事件、不可能事件，还是随机事件.

(1) 埋在土里的种子，没有水分也会发芽；

(2) 在太空中抛掷一个物体不会掉落；

(3) 买一张福利彩票会中头彩；

(4) 在站台等车，半小时内有两辆车到站；

(5) 抛一枚硬币，正面朝上.

解　根据定义，容易得出，(1)是不可能事件；(2)是必然事件；(3)，(4)，(5)都是随机事件.

例 1.3　一个箱子里装有编号为 1～5 的五个小球，若从中任意取出一个球，观察其编号，则共可产生多少个基本事件？事件“抽到编号小于 3 的小球”由几个基本事件构成？

解　从编号为 1～5 号的小球中，任意取出一个，可能的结果有 5 种.

设事件 $A_i =$ {抽到编号为 i 的小球}($i = 1, 2, 3, 4, 5$)，则 A_1, A_2, A_3, A_4, A_5 均是基本事件，即共可产生 5 个基本事件.

又设事件 $A =$ {抽到编号小于 3 的小球}，则 $A = \{1, 2\}$ 为复合事件，且由 A_1 和 A_2 两个基本事件构成.

3. 事件的关系与运算

随机事件间的关系，类同于集合间关系，因此也可以参照集合间关系、借用集合间关系符号，研究并表示事件间关系.

1) 事件的包含与相等

若事件 A 发生必然导致事件 B 发生，则称事件 A 包含于事件 B，或称事件 B 包含事件 A，记作 $A \subset B$ 或 $B \supset A$ (图 1-1).

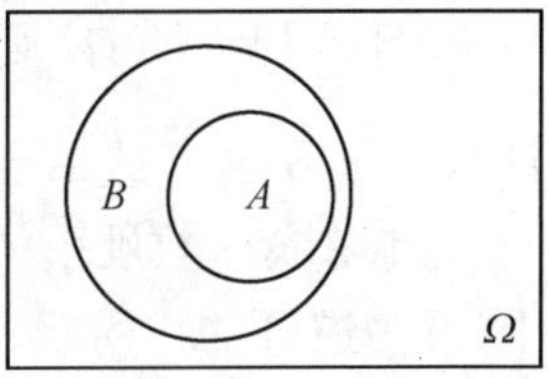

图 1-1

如：在掷骰子试验中，$A =$ {点数为 2}，$B =$ {点数为偶数}，则

有 $B \supset A$.

若 $A \subset B$ 且 $B \supset A$，则称事件 A 与事件 B 相等，记作 $A = B$.

此时，事件 A 与 B 本质上是同一个事件.

如：在掷骰子试验中，$A =$｛点数为 2｝，$C =$｛点数为小于 3 的偶数｝，即为 $A = C$.

2）事件的并（或和）

事件 A 与事件 B 至少一个发生的事件，称为事件 A 与事件 B 的并（或和）事件，记作 $A \cup B$ 或 $A + B$（图 1-2 中阴影部分）.

如：在掷骰子试验中，$A =$｛点数为 2｝，$D =$｛点数为 1｝，则 $A \cup D =$｛点数小于 3｝.

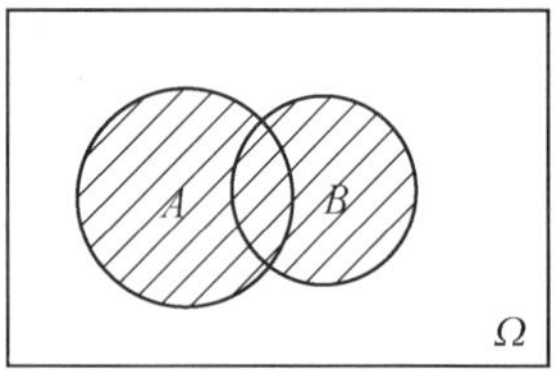

图 1-2

3）事件的交（或积）

事件 A 与事件 B 同时发生的事件，称为事件 A 与 B 的交（或积）事件，记作 $A \cap B$ 或 AB（图 1-3 中阴影部分）.

如：在掷骰子试验中，$B =$｛点数为偶数｝，$E =$｛点数小于 4｝，则 $B \cap E =$｛点数为 2｝.

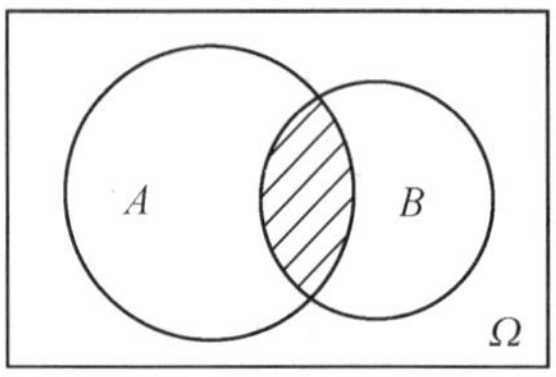

图 1-3

4）事件的差

事件 A 发生且事件 B 不发生的事件，称为事件 A 与事件 B 的差，记作 $A - B$（图 1-4 中阴影部分）.

如：上例中 $B =$｛点数为偶数｝，$E =$｛点数小于 4｝，则 $B - E =$｛点数为 4 或 6｝，$E - B =$｛点数为 1 或 3｝.

一般地，$A - B \neq B - A$.

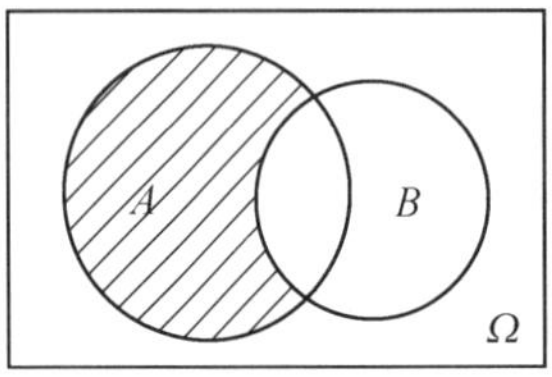

图 1-4

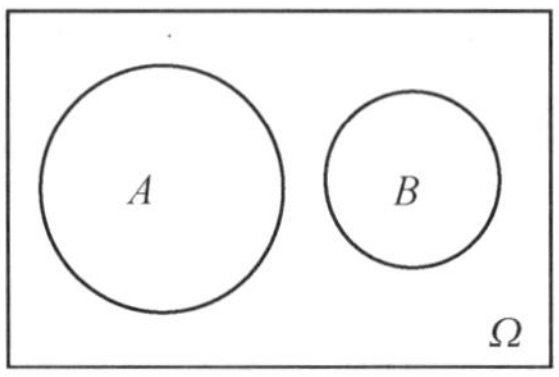

图 1-5

5）互不相容事件

若事件 A 与事件 B 不能同时发生，即 $A \cap B = \phi$，则称事件 A 与事件 B 互不相容（图 1-5）.

如：在掷骰子试验中，$B =$｛点数为偶数｝，$D =$｛点数为 1｝为互不相容事件.

6）逆事件（又称对立事件）

若事件 A 与事件 B 不能同时发生，且至少一个发生. 即 $A \cap B = \phi$，且 $A \cup B = \Omega$，则称事件 A 与事件 B 互为逆事件（或对立事件），记作 $B = \overline{A}$ 或 $A = \overline{B}$（图 1-6）.

如：在掷一枚硬币的试验中，$A =$｛正面向上｝，$B =$｛反面向上｝互为逆事件.

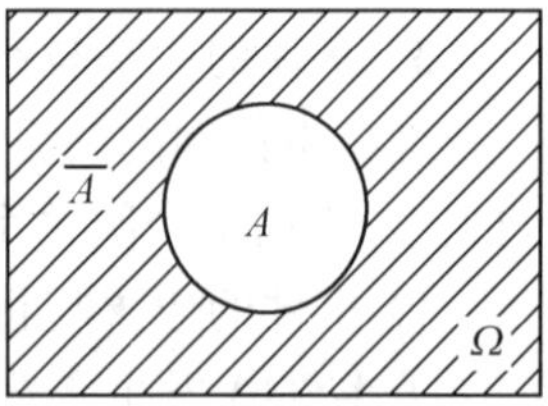

图 1-6

7）互斥完备事件组（样本空间的划分）

若事件组 $A_1, A_2, \cdots, A_n$ 两两互不相容，且它们至少一个发生，即 $A_i \cap A_j = \phi\ (i \neq j)$，且 $\sum_{i=1}^{n} A_i = \Omega$，则称事件组 $A_1, A_2, \cdots, A_n$ 构成互斥完备事件组（或称 $A_1, A_2, \cdots, A_n$ 是样本空间 Ω 的一个划分）.

4. 随机事件的运算法则

1) 交换律 $A \cup B = B \cup A$, $A \cap B = B \cap A$;

2) 结合律 $(A \cup B) \cup C = A \cup (B \cup C)$, $(A \cap B) \cap C = A \cap (B \cap C)$;

3) 分配律 $A \cap (B \cup C) = (A \cap B) \cup (A \cap C)$,

$A \cup (B \cap C) = (A \cup B) \cap (A \cup C)$;

4) 对偶公式 $\overline{A \cup B} = \overline{A} \cap \overline{B}$, $\overline{A \cap B} = \overline{A} \cup \overline{B}$.

例 1.4 设一个工人生产了三个零件，记 A_i = "第 $i\ (i = 1, 2, 3)$ 个零件是正品"，试用 $A_i (i = 1, 2, 3)$ 表示下列事件：

(1) 没有一个零件是次品；

(2) 恰有一个零件是正品；

(3) 至少有一个零件是次品.

解 (1) $A_1 A_2 A_3$；(2) $A_1 \overline{A_2}\, \overline{A_3} \cup \overline{A_1} A_2 \overline{A_3} \cup \overline{A_1}\, \overline{A_2} A_3$；(3) $\overline{A_1} \cup \overline{A_2} \cup \overline{A_3}$ 或 $\overline{A_1 A_2 A_3}$.

二、随机事件的概率

1. 频率

定义 1.6 若事件 A 在 N 次试验中出现 n 次，则称 $f_N(A) - \frac{n}{N}$ 为事件 A 在 N 次试验中出现的频率.

历史上著名的统计学家蒲丰、皮尔逊和数学家维尼曾进行过大量掷硬币的试验，所得结果列表如下：

试验者	掷币次数	出现正面的次数	出现正面的频率
蒲丰	4 040	2 048	0.506 9
皮尔逊	24 000	12 012	0.500 5
维尼	30 000	14 996	0.499 8

由上表可得：(1) 频率是变量，它随着试验数据的变化而变化，一般不相同；

(2) 随着试验次数 N 的增大，$f_N(A) = \frac{n}{N}$ 会逐渐稳定于一常数 0.5.

2. 概率的统计定义

定义 1.7 在条件相同情况下的大量重复试验中，事件 A 发生的频率总是稳定在一个确定的常数 p 附近，这个常数 p 称为事件 A 发生的概率，记为 $P(A)$，即

$$P(A) = p.$$

如在掷硬币的试验中，出现正面的频率稳定在 0.5 附近，因此，出现正面的概率为 0.5.

3. 概率的性质

(1) 非负性　对于任一事件 A，恒有 $0 \leqslant P(A) \leqslant 1$；

(2) 规范性　$P(\Omega)=1$，$P(\phi)=0$；

(3) 可列可加性　若事件 $A_1, A_2, \cdots, A_n$ 两两互不相容，则有

$$P(A_1 \cup A_2 \cup \cdots \cup A_n)=P(A_1)+P(A_2)+\cdots+P(A_n);$$

(4) 加法公式 $P(A \cup B)=P(A)+P(B)-P(A \cap B)$；

(5) 逆事件概率　$P(A)=1-P(\overline{A})$；

(6) 若 $A \subset B$，则 $P(A) \leqslant P(B)$.

4. 古典概型

定义 1.8　一般地，具备以下两个特点的随机试验称为古典概型：

(1) 样本空间的元素(基本事件)个数有限，即

$$\Omega=\{\omega_1, \omega_2, \cdots, \omega_n\};$$

(2) 每个基本事件发生的可能性相同，即

$$P(\omega_1)=P(\omega_2)=\cdots=P(\omega_n)=\frac{1}{n}.$$

如：掷一枚质地均匀的骰子观察其点数出现的概率，则该试验中共有 6 个基本事件，且发生的概率都是 $\frac{1}{6}$，因此，该试验为古典概型.

定义 1.9　在古典概型中，若试验的基本事件总数为 n，事件 A 包含其中 m 个基本事件，则事件 A 发生的概率为

$$P(A)=\frac{m}{n}.$$

此种方法计算的概率，称为古典概率.

例 1.5　先后抛掷两枚均匀的硬币，求出现一个正面一个反面的概率.

解　试验的样本空间 $A=\{$(正、正)，(正、反)，(反、正)，(反、反)$\}$，设 A 表示“一个正面、一个反面”，则事件 A 包含两个基本事件(正、反)，(反、正)，所以

$$P(A)=\frac{2}{4}=\frac{1}{2}.$$

例 1.6　现有 100 件丝织品，已知其中有 3 件次品，现从中任意抽出 5 件，求：

(1) 5 件中至少有 1 件次品的概率；

(2) 5 件中至少有 2 件次品的概率.

解　(1) 设 $A=\{$5 件中至少有一件次品$\}$，则 $\overline{A}=\{$5 件全为正品$\}$. 由于 $P(\overline{A})=\frac{C_{97}^5}{C_{100}^5}$，所以

$$P(A)=1-\frac{C_{97}^5}{C_{100}^5}=1-0.159=0.841.$$

(2) $B=\{5$ 件中至少有 2 件次品$\}$，$C=\{5$ 件中恰有 2 件次品$\}$，$D=\{5$ 件中恰有 3 件次品$\}$，由题意得 $B=C\cup D$，且 $C\cap D=\phi$(即 C 和 D 互不相容)，因此

$$P(B)=P(C)+P(D)=\frac{C_3^2C_{97}^3}{C_{100}^5}+\frac{C_3^3C_{97}^2}{C_{100}^5}=0.364.$$

测试训练一

1. 填空题.

(1) 若事件 A 与 B 满足：$A\cap B=\phi$，且 $A\cup B=\Omega$，则它们的关系是________；

(2) 若事件 A 与事件 B 为互不相容事件，则它们满足________；

(3) 若 $A\cap B=\Phi$，且 $A\cup B=\Omega$，则 $P(A)+P(B)=$________；

(4) 若事件 A、B 互不相容，则 $P(A+B)=$________.

2. 已知 A、B、C、D 是四个事件，试用它们表示以下事件：

(1) 四个事件都发生；

(2) 四个事件都不发生；

(3) 四个事件恰好一个发生；

(4) 四个事件中至少一个发生.

3. 随机向四个邮筒投寄两封信，求：

(1) 第二个邮筒只投一封信的概率；

(2) 前两个邮筒各有一封信的概率.

4. 从一批由 37 件正品，3 件次品组成的产品中任取 3 件产品，求：

(1) 3 件中恰有 1 件次品的概率；

(2) 3 件全是正品的概率；

(3) 3 件中至少 1 件次品的概率；

(4) 3 件中至少 2 件次品的概率.

任务二　条件概率及事件的独立性

知识目标

理解概念：条件概率、概率乘法公式、事件的独立性、贝努利概型.

掌握题型：利用概念求条件概率，利用条件概率和独立事件概率公式解决实际问题.

能力目标

通过观察、比较、探究的方式，培养学生探究性学习的能力和实践能力.

一、条件概率

1. 条件概率的定义

例 1.7　经统计，某地区人的寿命达到 70 岁的概率为 0.75，达到 80 的概率为 0.60，求 70 岁的人中生命能超过 80 岁的概率.

解 设 A 表示"寿命达到 70 岁"，B 表示"寿命达到 80 岁以上"，显然 $B \subset A$，所以 $AB = B$，于是

$$P(B \mid A) = \frac{P(AB)}{P(A)} = \frac{0.60}{0.75} = 0.8.$$

定义 1.10 设 A、B 是两个随机事件，且 $P(B) > 0$，则称 $P(A \mid B) = \dfrac{P(AB)}{P(B)}$ 为在事件 B 已发生条件下事件 A 发生的条件概率.

同理，当 $P(A) > 0$ 时，可得 $P(B \mid A) = \dfrac{P(AB)}{P(A)}$.

可以证明，在古典概型下，只要 $P(A) > 0$ 或 $P(B) > 0$，上述等式恒成立.

例 1.8 一批同类产品共 14 件，其中由甲厂提供的 6 件中有 4 件优质品，由乙厂提供的 8 件中有 5 件优质品. 试求下列事件的概率：

(1) 从全部产品中任抽的 1 件是优质品；

(2) 从甲厂提供的产品中任抽 1 件，而被抽到的这件是优质品.

解 设 $A =$ {抽到的产品是优质品}，$B =$ {抽到甲厂提供的产品}.

(1) 从全部产品中抽取 1 件时，样本空间 Ω 中有 14 个基本事件；而事件 A 包括其中的 9 个基本事件，因此 $P(A) = \dfrac{9}{14}$.

(2) 从甲厂抽到 1 件优质品的概率，可看成是"在事件 B 发生条件下 A 发生的概率"，记作 $P(A \mid B)$，由题意得 $P(A \mid B) = \dfrac{4}{6} = \dfrac{2}{3}$.

2. 两个事件概率的乘法公式

由条件概率的计算公式，直接得到概率的乘法公式：

$$P(AB) = P(A)P(B \mid A) = P(B)P(A \mid B).$$

也就是说，两个事件积的概率等于其中一个事件的概率乘以在该事件发生的条件下另一事件的概率.

3. 乘法公式的推广

乘法公式可以推广到任意有限多个事件同时发生的情形：

(1) 对于三个事件 A_1, A_2, A_3，当 $P(A_1A_2) > 0$ 时，概率的乘法公式为：

$$P(A_1A_2A_3) = P(A_1A_2)P(A_3 \mid A_1A_2) = P(A_1)P(A_2 \mid A_1)P(A_3 \mid A_1A_2).$$

(2) 一般地，对于 n 个事件 $A_1, A_2, \cdots, A_n$，当 $P(A_1, A_2, \cdots, A_{n-1}) > 0$ 时，则有

$$P(A_1A_2\cdots A_n) = P(A_1)P(A_2 \mid A_1)P(A_3 \mid A_1A_2)\cdots P(A_n \mid A_1A_2\cdots A_{n-1}).$$

例 1.9 一箱内装有 8 条白色丝巾，5 条红色丝巾，现无放回地从中每次取一条，共取 3 次，试求下列事件的概率：

(1) 第 3 次才取到红色丝巾；(2) 连续 3 次取到红色丝巾；(3) 3 次内取到红色丝巾.

解 设 $A_i =$ {第 i 次取到红色丝巾}，$(i = 1, 2, 3)$

(1) 设 $A =$ {第 3 次才取到红色丝巾}，则 $A = \overline{A_1}\,\overline{A_2}A_3$，

因此，$P(A)=P(\overline{A_1}\,\overline{A_2}A_3)=P(\overline{A_1})P(\overline{A_2}\mid\overline{A_1})P(A_3\mid\overline{A_1}\,\overline{A_2})=\frac{8}{13}\cdot\frac{7}{12}\cdot\frac{5}{11}\approx 0.1632$；

(2) 设 $B=\{$连续 3 次取到红色丝巾$\}$，则 $B=A_1A_2A_3$，因此，

$$P(B)=P(A_1A_2A_3)=P(A_1)P(A_2\mid A_1)P(A_3\mid A_1A_2)=\frac{5}{13}\cdot\frac{4}{12}\cdot\frac{3}{11}=\frac{5}{143}\approx 0.035;$$

(3) 设 $C=\{$3 次内取到红色丝巾$\}$，则 $C=A_1+\overline{A_1}A_2+\overline{A_1}\,\overline{A_2}A_3$，因此，

$$\begin{aligned}P(C)&=P(A_1+\overline{A_1}A_2+\overline{A_1}\,\overline{A_2}A_3)=P(A_1)+P(\overline{A_1}A_2)+P(\overline{A_1}\,\overline{A_2}A_3)\\&=\frac{5}{13}+\frac{8}{13}\times\frac{5}{12}+\frac{8}{13}\times\frac{7}{12}\times\frac{5}{11}\approx 0.8042.\end{aligned}$$

二、事件的独立性

1. 两个事件的独立性

定义 1.11　对于事件 A 和 B，如果满足 $P(AB)=P(A)P(B)$，则称事件 A 和 B 相互独立.

例 1.10　某工厂有甲、乙两种不同型号的机器各一台，根据以往经验，测得甲型号机器的故障率为 0.2，乙型号机器的故障率为 0.3，试求：

(1) 两种型号机器同时出故障的概率；　(2) 该厂机器出故障的概率.

解　设 $A=\{$甲型号机器出故障$\}$，$B=\{$乙型号机器出故障$\}$，则由题意得事件 A 和 B 相互独立，

(1) $P(AB)=P(A)P(B)=0.2\times 0.3=0.06$；

(2) $P(A\cup B)=P(A)+P(B)-P(AB)=0.2+0.3-0.06=0.44$.

注　若 A 和 B 相互独立，则 A 与 $\overline{B}$、$\overline{A}$ 与 B、$\overline{A}$ 与 $\overline{B}$ 也相互独立.

2. 多个事件的独立性

定义 1.12　对于三个事件 A, B, C，若满足：

(1) $P(AB)=P(A)P(B)$；

(2) $P(AC)=P(A)P(C)$；

(3) $P(BC)=P(B)P(C)$；

则称 A, B, C 两两独立.

若还满足 $P(ABC)=P(A)P(B)P(C)$，则称 A, B, C 相互独立.

例 1.11　已知某生产企业的甲、乙、丙三台机器，在一天内需维修的概率分别为 0.1，0.2，0.15. 试求一天内，

(1) 没有一台机器需要维修的概率；　(2) 至少一台机器需要维修的概率.

解　设 $A=\{$甲机器需维修$\}$，$B=\{$乙机器需维修$\}$，$C=\{$丙机器需维修$\}$，则显然 A, B, C 相互独立，且 $P(A)=0.1$，$P(B)=0.2$，$P(C)=0.15$.

(1) $P(\overline{A}\,\overline{B}\,\overline{C})=P(\overline{A})P(\overline{B})P(\overline{C})=(1-0.1)(1-0.2)(1-0.15)=0.612$；

(2) $P(A\cup B\cup C)=1-P(\overline{A}\,\overline{B}\,\overline{C})=1-0.612=0.388$.

三、*n* 重贝努利试验与贝努利概型

对于许多随机试验，我们关心的是某事件是否发生.

如:抛掷硬币时,关注的是正面是否向上;产品抽样检验时,关注的是产品是否合格.

定义 1.13 若试验只有两个结果 A 发生或 $\overline{A}$ 发生;且在相同的条件下,可以独立地重复 n 次,则称此类试验为 n 重贝努利试验,此类试验的概率模型称为贝努利概型.

定理 1.1 若在 n 重贝努利试验中,设每次试验中事件 A 发生的概率 $P(A)=p$,且记 $q=1-p$,那么在 n 次试验中事件 A 恰好发生 k 次的概率为:

$$P_n(k)=C_n^k p^k q^{n-k},\ (k=0,1,2,\cdots,n).$$

例 1.12 已知一箱内有 10 个小球,其中 7 个红球,3 个白球,现有放回地抓取 5 次,每次取 1 个,求恰好取到 2 次白球的概率.

解 本题为贝努利概型,其中 $n=5$, $p=\frac{3}{10}$, $q=1-p=\frac{7}{10}$, 于是

$$P_5(2)=C_5^2\left(\frac{3}{10}\right)^2\left(\frac{7}{10}\right)^3=0.308\ 7.$$

测试训练二

1. 填空题.

(1) 若 A 和 B 相互独立,且 $P(A)=0.5$, $P(B)=0.6$, 则 $P(AB)=$ ________; $P(A\cup B)=$ ________; $P(\overline{A}B)=$ ________; $P(\overline{A}+B)=$ ________.

(2) 若 A 和 B 互不相容,且 $P(A)=0.3$, $P(B)=0.4$, 则 $P(A\cup B)=$ ________; $P(AB)=$ ________; $P(\overline{AB})=$ ________.

2. 一批纺织品中有 30%的一级品,进行重复抽样检测,共取 5 个样品,求:

(1) 取出 5 个样品中恰有 2 个一级品的概率;

(2) 取出 5 个样品中至少有 2 个一级品的概率.

3. 设某生产企业的一个仓库中有 10 箱同样规格的产品,已知其中有 5 箱、3 箱、2 箱依次是第一车间、第二车间、第三车间生产的,且第一、二、三车间生产的该种产品的次品率分别为 $\frac{1}{10}$, $\frac{1}{15}$, $\frac{1}{20}$. 现从这 10 箱产品中任取 1 箱,再从中任取 1 件产品. 求:

(1) 取得 1 件正品的概率;

(2) 取得的这件正品是第一车间生产的概率.

学习指导

一、主要知识点

1. 随机试验、随机事件、基本事件、复合事件、样本空间的概念.
2. 事件的各种关系及其运算法则.
3. 频率与概率、概率的性质.
4. 古典概型与古典概率的概念.
5. 条件概率公式、概率的乘法公式.

6. 两个事件及多个事件的独立性概念及判别.

7. 贝努利概型与贝努利概率.

重点:(1) 事件间的关系及运算法则;

(2) 概率的性质、概率模型、概率公式及计算方法.

难点:(1) 区分互不相容事件和相互独立事件;

(2) 区分条件概率与无条件概率.

二、主要题型及解法

1. 判别事件间关系,并能用对应符号表示其关系.

2. 求随机试验的样本空间、样本点,区分基本事件、复合事件.

3. 区分频率和概率,掌握概率性质,熟知古典概型特点,会求古典概率.

4. 区分独立事件和互不相容事件,并能正确运用概率乘法公式和概率加法公式.

5. 区分条件概率和无条件概率,会求条件概率.

6. 熟悉贝努利概型特点,能准确运用贝努利概率公式求相应概率.

重点:(1) 判别事件间的关系并用符号表示;

(2) 准确运用概率加法和乘法公式求相关概率.

难点:(1) 求互不相容事件积的概率、求相互独立事件和的概率;

(2) 求条件概率、全概率及逆概率.

项目训练一

一、判断题.

1. 若事件 A 与 B、A 与 C 均互不相容,则 B 与 C 也一定互不相容;

2. 若事件 A 与 B、A 与 C 均相互独立,则 B 与 C 也一定相互独立;

3. 对于任意事件 A 和 B,恒有 $P(A-B)=P(A)-P(B)$;

4. 事件 A 与 B 互为逆事件的充要条件是 $P(A\cup B)=1$,且 $P(A\cap B)=0$;

5. 随机事件是样本空间 Ω 的子集;

6. 若随机事件 A 和 B 相互独立,则 A 和 $\overline{B}$ 也相互独立.

二、填空题.

1. 某人掷一枚质地均匀的硬币 2 次,则 2 次均正面向上的概率是________;

2. 随机试验的结果称为________,相对于观察目的不可再分解的事件称为________;

3. 随机事件 A 和 B 互不相容,则 $A\cap B=$________,$P(AB)=$________;

4. 从 0～9 这 10 个数字中有放回地连续抽取 4 次,每次抽取 1 个数字,则数字"8"出现 2 次的概率是________;

5. 可以重复、独立地进行试验的概率模型为________试验模型.

三、选择题.

1. 若随机事件 $A\subset B$,则以下不正确的是(　　).

A. $(A\cup B)\cup A=B$;　　B. $P(A)\leqslant P(B)$;

C. $P(B\mid A)=1$;　　D. $P(A\mid B)=1$.

2. 若事件 A 与 B 相互独立,则以下不正确的是(　　).

A. $P(AB)=P(A)P(B)$;　　B. $P(A\cup B)=P(A)+P(B)$;

C. $P(B\mid A)=P(B)$;　　D. $P(A\mid B)=P(A)$.

3. 若事件 A 与 B 互为逆事件，则以下不正确的是(　　).

A. $P(AB)=0$；　　B. $P(A\cup B)=P(A)+P(B)$；

C. $P(A\cup B)=1$；　　D. $P(AB)=P(A)P(B)$.

4. 下列选项中，不符合随机试验的特性的是(　　).

A. 随机试验可以在相同的条件下重复进行；

B. 随机试验所有可能结果是明确的；

C. 随机试验在每次试验之前不能确定出现哪一个结果；

D. 随机试验的结果根据做试验人的不同而不同.

5. 设有 10 个小球，其中有 2 个红球、8 个白球，现从中任意取 2 次，每次取 1 个. 若第一次取后不放回，问 2 次都取到红球的概率是(　　).

A. $\frac{1}{90}$；　　B. $\frac{1}{25}$；　　C. $\frac{2}{50}$；　　D. $\frac{2}{90}$.

四、解答题.

1. 3 个人参加同一个考试，以 A_i 表示第 i 个人通过考试($i=1, 2, 3$)，试用 A_1、A_2、A_3 表示以下各事件：

(1) 3 个人均通过考试；　　(2) 3 个人均未通过考试；

(3) 3 个人中至少有 1 个人通过考试；　　(4) 3 个人中只有第 1 个人通过考试.

2. 某工具箱内存放着 10 只零件，其中 6 只属于一等品，4 只属于二等品. 现从中每次取出 1 只，取后不放回，共取 3 次. 试求下列事件的概率：

(1) 3 只都是一等品；　　(2) 3 只中恰有 2 只一等品；

(3) 第 3 只才是一等品；　　(4) 第 3 只是一等品.

3. 一批产品共 100 件，其中 5 件是次品. 现对该批产品进行不放回的抽样检验. 整批不合格的条件是：被抽验的 5 件产品中至少有 1 件废品. 求该批产品不合格的概率.

4. 已知甲袋中有 4 个白球和 3 个红球，乙袋中有 3 个白球和 5 个红球，现从甲袋中任取 1 个球放入乙袋，再从乙袋中任取 1 个球放入甲袋. 求：(1)甲袋中红球数增加的概率；(2)甲袋中红球数不变的概率.

5. 已知袋中有 17 个球，其中红球 14 个、白球 3 个，每次任取 1 个，不放回地取 2 次. 求：(1)2 次都取到白球的概率；(2)2 次取出的球的颜色不同的概率.

数学史知识

概率论的起源

三四百年前在欧洲许多国家之间盛行赌博之风. 掷骰子是他们常用的一种赌博方式.

因骰子的形状为小正方体，当它被掷到桌面上时，每个面向上的可能性是相等的，即出现 1 点至 6 点中任何一个点数的可能性相等的. 有的参赌者想：如果同时掷两颗骰子，则点数之和为 9 与点数之和为 10，哪种情况出现的可能性较大？

17 世纪中叶，法国一位热衷于掷骰子的贵族德 · 梅耳，发现了这样的事实：将一枚骰子连掷 4 次，至少出现一个 6 点的机会大于将两枚骰子连掷 4 次，至少出现一次双 6 的机会. 后人称此为德 · 梅耳的问题.

又有人提出了“分赌注问题”：

两个人决定赌若干局，事先约定谁先赢 6 局便算赢家. 如果在一个人赢 3 局、另一个人赢 4 局时因故终止赌博，赌本该如何分配？

贵族们提出了不少诸如此类计算可能性大小的赌博问题，但他们无法给出答案.

参赌者将他们遇到的问题请教当时法国数学家帕斯卡(Blaise Pascal，1623—1662)，帕斯卡接受了这些问题，但他没有立即回答，而转交给另一位法国数学家费马（Pierre de Fermat，1601—1665）．他们频频通信，互相交流，围绕着赌博中的数学问题开始了深入细致的研究．这些问题后来被来到巴黎的荷兰科学家惠更斯（Christiaan Huygens，1629—1695）获悉，回荷兰后他独立的进行研究．

帕斯卡和费马一边亲自做赌博实验，一边仔细分析计算赌博中出现的各种问题，终于完整地解决了“分赌注问题”，并将此问题的解法向更一般的情况推广，从而建立了概率论的一个基本概念——数学期望，这是描述随机变量取值的平均水平的一个量．而惠更斯经过多年的潜心研究，解决了掷骰子中的一些问题．1657 年，他自己的研究成果写成了专著《论掷骰子游戏中的计算》．迄今为止，这本书被认为是概率论中最早的论著．

可以说，早期概率论的创始者是帕斯塔、费马和惠更斯．这一时期被称为组合概率时期，主要研究各种古典概率．

项目二 随机变量及数字特征

知识目标

理解概念：随机变量、离散型随机变量、连续型随机变量、位置特征数、离散特征数等.

掌握题型：会判断随机变量的类型、求解离散型随机变量的分布列、概率密度的相关题型、求解常用分布的位置特征数和离散特征数.

能力目标

通过学习随机变量、特征数等数学知识，让学生领会数学思想的严谨性、灵活性、概括性，培养学生严谨的思维习惯，提高学生的逻辑思维能力.

随机变量的引入，是为了将随机试验的结果数字化，通过对其进行数学处理，更好地揭示随机现象的统计规律. 这是利用数学分析方法对随机试验的结果进行深入研究和讨论的过程.

为此，我们将结合生活中的实例，研究随机变量及概率分布等有关概念、性质，掌握离散型分布（两点分布、二项分布与泊松分布）、连续型分布（均匀分布、指数分布与正态分布）的特点与应用，为本课程后续内容的学习奠定基础.

任务一　随机变量及分布

知识目标

理解概念：随机变量、离散型随机变量、连续型随机变量、分布列、概率密度.

掌握题型：分析随机变量的特征、求解离散型随机变量的分布列、利用连续型随机变量的概率密度计算、分析并应用常见的分布类型.

能力目标

提高将实际问题化为数学问题的化归能力，增强抽象思维和概括能力.

一、随机变量

1. 随机变量的定义

在随机现象中，有很大一部分问题的结果是用数值表示的，或可以量化为数值. 例如：

“掷骰子”试验的结果是点数为“1，2，3，4，5，6”；“抛硬币”试验的结果可以用“1”表示“出现正面”，用“0”表示“出现反面”；等等. 这些例子中，试验的结果可以用一个数 X 来表示，而这个数是一个随试验结果的不同而变化的量，我们把其称为随机变量.

定义 2.1　设 E 为随机试验，样本空间为 $\Omega=\{\omega\}$，(ω 为试验结果或称为样本点)，若对于每一个可能结果 ω，都有唯一实数 $X(\omega)$ 与之对应，则称实值函数 $X=X(\omega)$ 为 Ω 上的随机变量.

一般地，随机变量通常用大写字母 X，Y，Z，…表示，其值用小写字母 x，y，z，…表示.

2. 随机变量的分类

按照随机变量的取值情况，可以把随机变量分为两大类：

1) 离散型随机变量：只可能取有限个或可列无限个值. 如“某车站在一小时内发车次数”“某工厂在一天内生产的次品数”等.

2) 连续型随机变量：可以在整个数轴上取值，或至少有一部分值取某实数区间的全部值. 如“产品的寿命”“气温的变化”等.

二、离散型随机变量及概率分布

1. 离散型随机变量及其分布列

定义 2.2　设 X 为离散型随机变量，其可能取值为 x_1，x_2，…，x_k，…，与其对应的概率 $P\{X=x_i\}=p_k$，$k=1$，2，…，则称 $\{p_k\}$ 为 X 的分布列(或概率分布).

分布列也可用表格的形式表示：

X	x_1	x_2	…	x_k	…
P	p_1	p_2	…	p_k	…

例 2.1　投掷一枚骰子，求出现点数 X 的分布列.

解　X 的所有可能取值为 1～6 这六个自然数，且概率都是 1/6，其分布列为

X	1	2	3	4	5	6
P	1/6	1/6	1/6	1/6	1/6	1/6

例 2.2　已知某箱子中装有红、黄、蓝三种颜色的上衣 10 件，其中红色 3 件，黄色 3 件，蓝色 4 件，现从中任意抽出 1 件，求其分布列.

解　设 Y 为此试验的随机变量，若记“取到红色上衣”为 1，“取到黄色上衣”为 2，“取到紫色上衣”为 3，则其分布列为

Y	1	2	3
P	3/10	3/10	4/10

2. 离散型随机变量分布列的性质

由以上分析得：$\{X=x_1\}$，$\{X=x_2\}$，…，$\{X=x_n\}$… 恰好构成样本空间 Ω 的一个划分，所以，离散型随机变量具有如下基本性质：

(1) $p_k\geqslant 0, k=1, 2, \cdots$；(非负性)

(2) $\sum\limits_{k=1}^{\infty}p_k=1$. (规范性)

3. 常见的离散型分布

1) 两点分布(或 0-1 分布)

定义 2.3 若随机变量 X 只取两个值 0 和 1，其分布列为

X	0	1
P	q	p

其中 $0<p<1$，$p+q=1$，p 为常数，则称 X 服从参数为 p 的两点分布或 0-1 分布，记作 $X\sim(0, 1)$.

例 2.3 从装有 7 件白色衬衣和 3 件红色衬衣中任取一件，且以"$X=0$"表示"取到白衬衣"，"$X=1$"表示"取到红衬衣"，试求 X 的分布列.

解 由题意得，$P\{X=1\}=p=\dfrac{3}{10}=0.3$，$P\{X=0\}=q=1-p=0.7$，所以 X 的分布列为

X	0	1
P	0.7	0.3

2) 二项分布

定义 2.4 若随机变量 X 是 n 重贝努利概型中事件 A 发生的次数，其分布列为

$$P_n\{X=k\}=C_n^k p^k q^{n-k},\ k=0, 1, 2, \cdots, n,$$

则称 X 服从参数为 n，$p\ (0<p<1)$ 的二项分布，记作 $X\sim B(n, p)$.

注 当 $n=1$ 时，二项分布化为 $P\{X=k\}=p^k q^{1-k}$，即为 0-1 分布.

二项分布是以贝努利概型为背景的重要分布，其在生产、生活实际中应用非常广泛. 如：抽验 n 件产品，其不合格品数 $X\sim B(n, p)$(p 为不合格率)；调查 n 个人，其中的色盲人数 $Y\sim B(n, p)$(p 为色盲率)；n 部机器独立运转，每台机器的故障率均为 p，则 n 部机器中出故障的机器数 $Z\sim B(n, p)$.

例 2.4 已知某厂生产的产品合格率为 95%，现从同一批次产品中抽取 10 件做抽样检验，问至少有 8 件合格品的概率是多少？

解 设 X 为 10 件产品中合格品的件数，则 $X\sim B(10, 0.95)$，故所求概率为

$$\begin{aligned}P\{X\geqslant 8\}&=P\{X=8\}+P\{X=9\}+P\{X=10\}\\&=C_{10}^{8}\,0.95^8\,0.05^2+C_{10}^{9}\,0.95^9\,0.05+C_{10}^{10}\,0.95^{10}\\&=0.988\,5.\end{aligned}$$

3) 泊松(Possion)分布

在二项分布的概率计算中，当试验次数增加，而每次试验中某事件出现的概率很小时，其概率计算非常繁琐. 为此引入二项分布，当 n 很大，p 很小，$np<5$ 时的极限分布，即为泊松分布.

定义 2.5 若随机变量 X 的分布列为：

$$P\{X=k\}=\frac{\lambda^k}{k!}e^{-\lambda}\quad(\lambda>0\text{ 为常数},k=0,1,2,\cdots)$$

则称 X 服从参数为 λ 的泊松分布，记作：$X\sim P(\lambda)$.

大量的事实证明，实际生产和生活中的许多所谓的稠密性问题服从泊松分布. 如：某医院 24 小时内接受急诊的病人数，放射性物质在单位时间内释放出的粒子数，某页书上的印刷错误个数等都可以用泊松分布来描述.

例 2.5 已知一大批产品的废品率为 0.005，现从这批产品中任取 1 000 件，试计算：

(1) 其中至少有 2 件废品的概率； (2) 其中不超过 5 件废品的概率.

解 设 X 表示任取的 1 000 件产品中的废品数，则 $X\sim B(1\,000,0.005)$.

由于 $n=1\,000$，$p=0.005$，令 $\lambda=np=5$，由泊松分布得

(1) $P\{X\geqslant 2\}=1-P\{X=0\}-P\{X=1\}\approx 1-e^{-5}-5e^{-5}\approx 0.959\,6$；

(2) $P\{X\leqslant 5\}=\sum_{k=0}^{5}P\{X=k\}\approx\sum_{k=0}^{5}\frac{5^k}{k!}e^{-5}=1-\sum_{k=6}^{\infty}\frac{5^k}{k!}e^{-5}\approx 0.616\,0$.

三、连续型随机变量及概率密度

1. 连续型随机变量及概率密度

连续型随机变量的取值不再是一个个孤立的点，而是在某区间内的无穷不可列个实数，无法用分布列来表示它的概率分布规律，为此引入概率密度函数的概念.

定义 2.6 对于随机变量 X，若存在非负可积函数 $f(x)$ $(-\infty<x<+\infty)$，使在任意区间$[a,b]$内 X 的概率为

$$P\{a\leqslant X\leqslant b\}=\int_a^b f(x)dx,$$

则称随机变量 X 为连续型随机变量，$f(x)$称为随机变量 X 的概率密度函数，简称为概率密度或密度.

2. 连续型随机变量概率密度的性质

与离散型的随机变量类似，连续型随机变量概率密度具有如下性质：

(1) $f(x)\geqslant 0$； (非负性)

(2) $\int_{-\infty}^{+\infty}f(x)dx=P\{-\infty<X<+\infty\}=1$. (规范性)

反之，一个定义在 $(-\infty<x<+\infty)$ 上的函数 $f(x)$，只有满足上述性质时，它才能是某个连续型随机变量的概率密度.

3. 连续型随机变量概率密度的几何意义

由图 2-1、图 2-2，得连续型随机变量概率密度的几何意义：概率密度曲线位于 x 轴上

方，随机变量 X 在区间 $[a, b]$ 的概率等于以区间 $[a, b]$ 为底、曲线 $f(x)$ 为顶的曲边梯形的面积，而 $f(x)$ 与 x 轴之间的面积为 1.

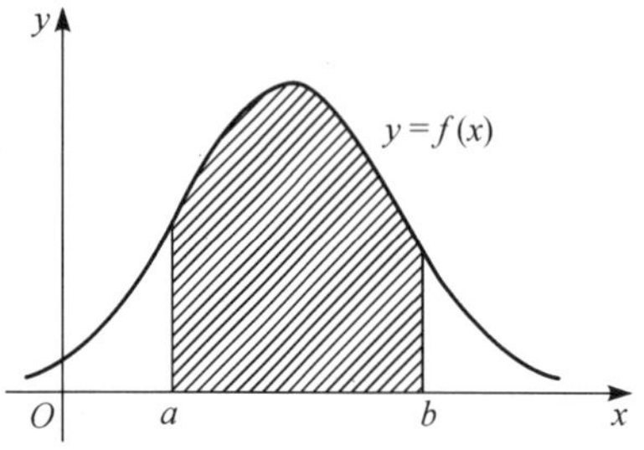

图 2-1

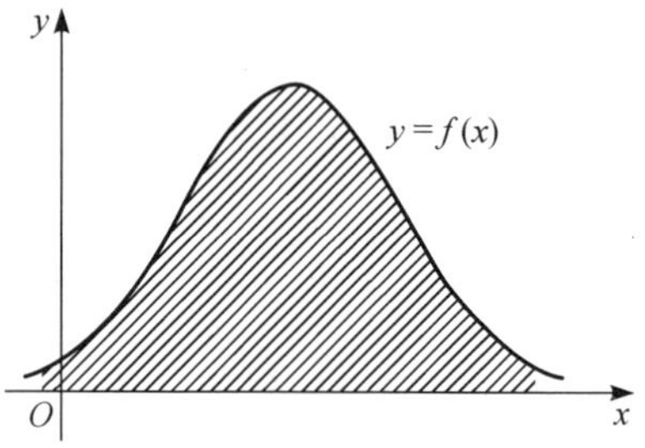

图 2-2

4. 常见的连续型分布

1）均匀分布

定义 2.7 若随机变量 X 的概率密度函数为 $f(x)=\begin{cases}\dfrac{1}{b-a}, & a\leqslant x\leqslant b,\\ 0, & 其他,\end{cases}$ 则称 X 服从 $[a, b]$ 上的均匀分布，记作 $X\sim U(a, b)$.

如：乘客在公共汽车站候车时，每隔 5 分钟有一辆车通过，则乘客候车时间 X 服从均匀分布，即 $X\sim U(0, 5)$.

结论 若 X 服从 $[a, b]$ 上的均匀分布，则对任意满足 $a\leqslant c<d\leqslant b$ 的 c, d，恒有：

$$P\{c\leqslant X\leqslant d\}=\int_c^d f(x)\mathrm{d}x=\int_c^d \frac{1}{b-a}\mathrm{d}x=\frac{d-c}{b-a}.$$

2）指数分布

定义 2.8 若随机变量 X 的概率密度为 $f(x)=\begin{cases}\lambda \mathrm{e}^{-\lambda x}, & x>0,\\ 0, & x\leqslant 0,\end{cases}$（其中 $\lambda>0$ 为常数）则称 X 服从参数为 λ 的指数分布，记作 $X\sim E(\lambda)$.

说明 指数分布的应用是非常广泛的，特别在可靠性及排队论中有重要应用；另外，电子元件的使用寿命、动物的寿命、电话的通话时间、顾客在某随机服务系统接受服务的时间等都可以假定服从指数分布.

3）正态分布

定义 2.9 若随机变量 X 的概率密度为 $f(x)=\dfrac{1}{\sqrt{2\pi}\sigma}\mathrm{e}^{-\frac{(x-\mu)^2}{2\sigma^2}}$，则称 X 服从参数为 μ, σ 的正态分布，其中 $-\infty<x<+\infty$, μ、σ 是两个常数，且 $\sigma>0$，记作 $X\sim N(\mu, \sigma^2)$.

特别地，当 $\mu=0$, $\sigma=1$ 时，称正态变量 X 服从标准正态分布，即 $X\sim N(0, 1)$.

正态分布在生产生活实际和质量检测与控制中，有着非常广泛而重要的作用. 如：细纱的强力分布，纱线织造时纱线断裂时的强力分布和张力分布，某城市一天的用电量，某班级学生的考试成绩分布，各种产品的质量指标等，都服从正态分布.

正态分布的图像称为正态曲线，如图 2-3 和图 2-4 所示，其性质有：

(1) 曲线关于直线 $x=\mu$ 对称，且当 $x=\mu$ 时，$f(x)$ 达到最大值 $\frac{1}{\sqrt{2\pi}\sigma}$；

(2) 曲线以 x 轴为水平渐近线；

(3) 若固定 σ，改变 μ 的值，则曲线 $y=f(x)$ 沿 x 轴平行移动，其几何形状不变；

若固定 μ，改变 σ 的值，则 σ 越大，曲线 $y=f(x)$ 的图形越平坦；σ 越小，曲线 $y=f(x)$ 的图形越陡峭.

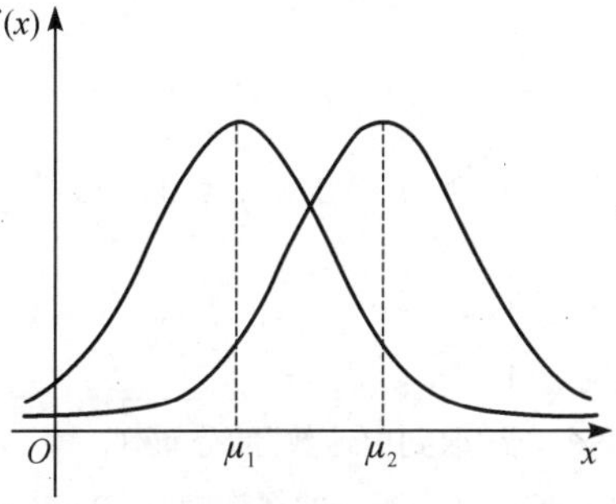

图 2-3

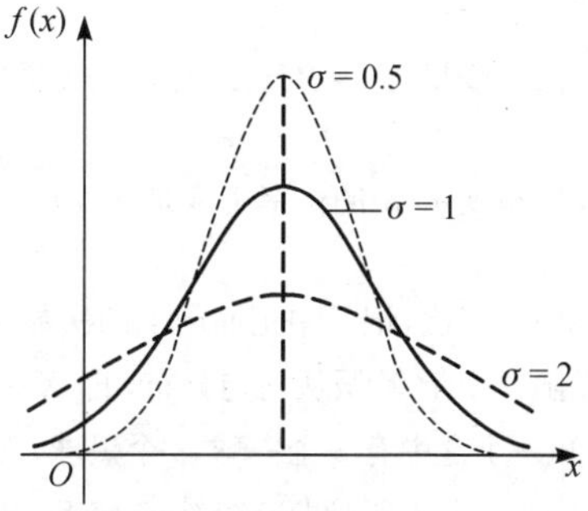

图 2-4

记标准正态变量 X 在区间 $(-\infty, x]$，$(x\geqslant 0)$ 上取值的分布函数为 $\Phi(x)$，其值可查"正态分布表"得出，即

$$\Phi(x)=P\{X\leqslant x\}=\int_{-\infty}^{x}\varphi(t)\mathrm{d}t=\int_{-\infty}^{x}\frac{1}{\sqrt{2\pi}}\mathrm{e}^{-\frac{t^2}{2}}\mathrm{d}t.$$

其几何意义如图 2-5 和图 2-6 所示.

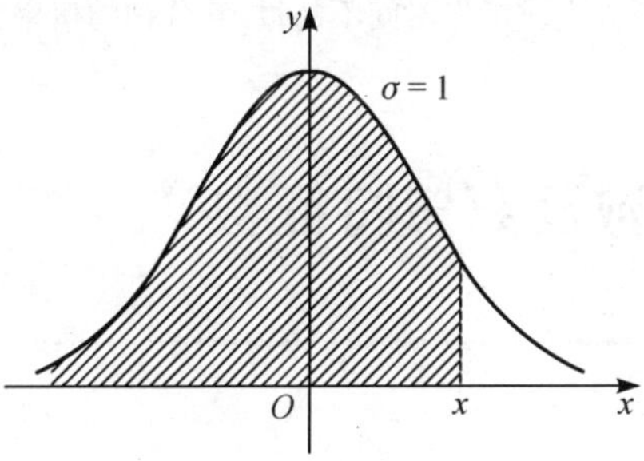

图 2-5

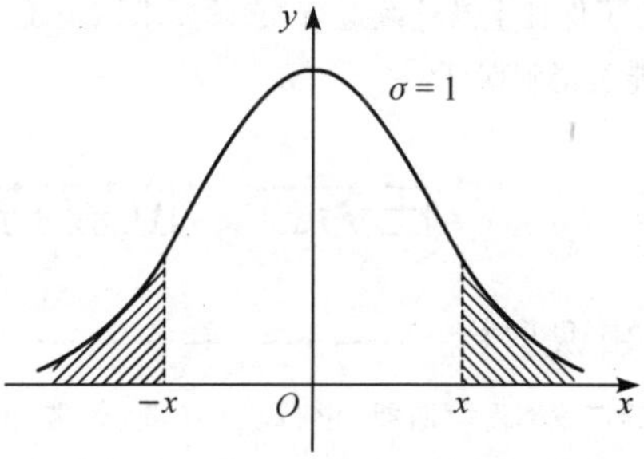

图 2-6

结论　若 $X\sim N(0, 1)$，则

(1) $P\{X<a\}=P\{X\leqslant a\}=\Phi(a)$；

(2) $\Phi(-x)=1-\Phi(x)$；

(3) $P\{a\leqslant X\leqslant b\}=P\{a<X\leqslant b\}=P\{a\leqslant X<b\}=P\{a<X<b\}=\Phi(b)-\Phi(a)$.

任何一个正态分布都可以通过线性变换 $t=\frac{x-\mu}{\sigma}$，借助于标准正态分布函数 $\Phi(x)$ 来计算其概率.

测试训练一

1. 填空题.

(1) 设随机变量 X 只可能取 -1，0，1，2 这 4 个值，且取这 4 个值相应的概率分别为 $\frac{1}{2C}$，$\frac{3}{4C}$，$\frac{5}{8C}$，$\frac{7}{16C}$，则常数 $C=$ ________；

(2) 设随机变量 $X \sim B(4,0.2)$，则 $P(X>3)=$ ________；

(3) 设随机变量 X 的概率密度是 $f(x)=\begin{cases}\frac{x}{2}, & 0<x<2,\\ 0, & 其他,\end{cases}$ 则 $P\{-1 \leqslant x \leqslant 1\}=$ ________；

(4) 掷硬币 5 次，记其中正面向上的次数为 X，则 $P\{X \leqslant 4\}=$ ________；

(5) 设随机变量 X 服从均匀分布，即 $X \sim U(0, 4)$，则 $P\{1 \leqslant x \leqslant 3\}=$ ________.

2. 已知一个盒中有 2 个白球，3 个黑球，现从中任取 3 个，求“取到白球数”的分布列.

3. 设某纺织女工照管 800 个纱锭，若已知一个纱锭在单位时间内断纱的概率为 0.005，求单位时间内：(1)恰好断纱 4 次的概率；(2)断纱次数不多于 3 的概率.

4. 设某设备的寿命 X(以小时计)的概率密度为 $f(x)=\begin{cases}\frac{1}{x^2}, & x \geqslant 1\,000,\\ 0, & 其他,\end{cases}$ 现从中任选一台，求：(1)其寿命大于 1 500 小时的概率；(2)其寿命为 2 000～3 000 小时的概率.

5. 已知某车间工人完成某道工序的时间 X 服从参数为 $\mu=10$ 分钟，$\sigma=3$ 分钟的正态分布，即 $X \sim N(10, 3^2)$.

(1) 求从该车间工人中任选 1 人，其完成该道工序的时间至少需要 7 分钟的概率；

(2) 为了保证生产连续进行，必须要求该道工序上工人完成工作时间不超过 15 分钟的概率为 95%，问这一要求能否得到保证？

任务二　位置特征数及离散特征数

知识目标

理解概念：数学期望、中位数、众数、方差、均方差.

掌握题型：求随机变量的位置特征数和离散特征数.

能力目标

培养探索研究问题的能力和应用特征数解决实际问题的能力，领会概率知识在实际生活中的应用.

随机变量的数字特征(或特征数)是指能反映随机变量统计特征的数值. 它分为两大类：位置特征数——用以量度变量分布位置或分布集中点的数值，如平均数、众数、中位数、数学期望(即均值)等；离散特征数(散度特征数)——用以量度变量分布离散程度的数值，如极差、平均差、平均差系数(即不匀率)、方差、均方差(即标准差)、变异系数等.

一、位置特征数

1. 数学期望

简单地说，研究对象全体的平均数(即总体平均数)，称为数学期望.

1）离散型随机变量的数学期望

定义 2.10　设离散型随机变量 X 的分布列为 $P\{X=x_i\}=p_i$, $(i=1, 2, \cdots)$，且级数 $\sum_{i=1}^{\infty} x_i p_i$ 绝对收敛(即 $\lim_{n\to\infty}\sum^{n}|x_i|p_i$ 存在)，则称级数 $\sum_{i=1}^{\infty} x_i p_i$ 为随机变量 X 的数学期望，简称期望或均值，记作：$E(X)=\sum_{i=1}^{\infty} x_i p_i$.

例 2.6　已知一批产品经检验分为优等品、一等品、二等品、三等品、等外品 5 种级别，其构成比例依次为：0.2、0.5、0.15、0.10、0.05. 按优质优价的市场规律，每类产品的售价分别为 9 元、7.1 元、5.4 元、3 元、2 元. 试求这批产品的平均售价.

解　设随机变量 X 为该批产品的售价，则其分布列为

X	9	7.1	5.4	3	2
P	0.2	0.5	0.15	0.10	0.05

因此，其平均售价即 X 的数学期望为

$$E(X)=9\times 0.2+7.1\times 0.5+5.4\times 0.15+3\times 0.10+2\times 0.05=6.56.$$

2）连续型随机变量的数学期望

定义 2.11　设连续型随机变量 X 的概率密度为 $f(x)$，且积分 $\int_{-\infty}^{+\infty} xf(x)\mathrm{d}x$ 绝对收敛，则积分 $\int_{-\infty}^{+\infty} xf(x)\mathrm{d}x$ 的值为连续型随机变量 X 的数学期望，记作 $E(X)=\int_{-\infty}^{+\infty} xf(x)\mathrm{d}x$.

例 2.7　设某纺织设备的寿命 X(以小时计)的概率密度为 $f(x)=\begin{cases}\dfrac{1}{x^3}, & x\geqslant 0.001,\\ 0, & x<0.001,\end{cases}$ 求该纺织设备寿命的数学期望(即该设备的平均寿命).

解　由定义 2.11 得，该纺织设备寿命的数学期望为

$$E(X)=\int_{-\infty}^{+\infty} xf(x)\mathrm{d}x=\int_{0.001}^{+\infty}\frac{1}{x^2}\mathrm{d}x=-\frac{1}{x}\Bigg|_{0.001}^{+\infty}=1\,000,$$

即该纺织设备平均寿命为 1 000 小时.

3）数学期望的性质

性质 1　设 C 为常数，则其数学期望 $E(C)=C$；

性质 2　设 X 为随机变量，C 为常数，则 $E(CX)=CE(X)$；

性质 3　设 X, Y 为两个随机变量，则 $E(X\pm Y)=E(X)\pm E(Y)$；

性质 4　设 X, Y 为两个相互独立地随机变量，则 $E(XY)=E(X)E(Y)$.

说明　性质 3 和 4 均可推广到任意有限个符合条件的随机变量.

2. 中位数

1) 中位数的概念

定义 2.12 把一组数据按从小到大的数序排列，在中间的一个数(或两个数的平均值)称为这组数据的中位数.

(1) 若一组数据的总数个数是奇数，按从小到大的顺序，取中间的那个数；

(2) 若一组数据总数个数是偶数，按从小到大的顺序，取中间那两个数的平均数.

如：1，2，3，6，7 的中位数是 3；1，2，3，5 的中位数是 2.5.

2) 中位数与平均数的异同点

相同点：平均数和中位数一样，都是描述一组数据集中趋势的特征数.

不同点：

(1) 平均数只是一个“虚拟”的数，而中位数并不完全是“虚拟”数；

(2) 平均数的大小与一组数据里的每个数据都有关系，任何一个数据的变动都会引起平均数大小的改变；而中位数则仅与一组数据的排列位置有关，某些数据的变动对中位数没有影响.

3) 中位数的使用环境

当一组数据的个别数据偏大或偏小时，用中位数来描述该组数据的集中趋势比用平均数更合适.

由于它计算简单，因此中位数经常用在工序质量控制中.

例 2.8 已知甲、乙两个公司的职工工资情况统计表如下：

公司	职务	经理	副经理	职员	临时工	平均工资	工资中位数
甲	人数	1	2	25	2		
	月工资	5 000	4 000	1 500	850		
乙	人数	1	3	24	2		
	月工资	8 000	6 000	1 200	800		

请将上表填完整，并通过分析以上工资数据，若你是应聘者，你会选择哪个公司，为什么？

解 通过计算得：甲公司的平均工资是 1 740 元，工资中位数为 1 500 元；乙公司的平均工资是 1 880 元，工资中位数为 1 200 元.

显然对于普通应聘者来说，应选择中位数高的甲公司，而不是平均工资高的乙公司.

3. 众数

1) 众数的概念

定义 2.13 一组数据中出现次数最多的数值，叫众数.

简单地说，就是一组数据中占比例最多的那个数. 因此，众数并不唯一.

例如：① 1，2，3，3，4 的众数是 3；② 1，2，2，3，3，4 的众数是 2 和 3.

另外，若所有数据出现的次数都一样，那么这组数据没有众数.

2) 众数的使用环境

由于众数不受极端数据的影响，并且求法简便，因此通常用众数表示一组数据的规律.

说明 由于在正态分布中，众数位于峰值，而正态曲线在 $x=\mu$ 处取得峰值，且曲线关

于 $x=\mu$ 对称，所以对于正态分布而言，众数 = 中位数 = μ.

二、离散特征数

用以量度变量分布离散程度的数值——离散特征数.

1. 方差

1) 方差的概念

定义 2.14　若随机变量 $[X-E(X)]^2$ 的期望 $E[X-E(X)]^2$ 存在，则称 $E[X-E(X)]^2$ 为随机变量 X 的方差，记作 $D(X)=E[X-E(X)]^2$.

因数学期望 $E(X)$ 是一个常数，所以上式可以简化为 $D(X)=E(X^2)-E^2(X)$.

例 2.9　已知甲、乙两工人 1 个月中所出废品的概率分布如下表所示，设两人的月产量相等，试问谁的技术较高？

甲工人					乙工人				
X	0	1	2	3	Y	0	1	2	3
P	0.3	0.3	0.2	0.2	P	0.3	0.5	0.2	0

解　(1) 运用随机变量 X 和 Y 的数学期望来评价甲、乙两人的技术高低：

$$E(X)=\sum_{i=1}^{4}x_ip_i=0\times0.3+1\times0.3+2\times0.2+3\times0.2=1.3,$$

$$E(Y)=\sum_{i=1}^{4}x_ip_i=0\times0.3+1\times0.5+2\times0.2+3\times0=0.9.$$

计算结果表明：从每个月的平均废品数看，乙工人的技术比甲工人好.

(2) 运用随机变量 X 和 Y 的方差来评价甲、乙两人的技术高低：

$$D(X)=E(X^2)-E^2(X)=0^2\times0.3+1^2\times0.3+2^2\times0.2+3^2\times0.2-1.3^2=1.21,$$
$$D(Y)=E(Y^2)-E^2(Y)=0^2\times0.3+1^2\times0.5+2^2\times0.2+3^2\times0-0.9^2=0.49.$$

计算结果表明：从生产的稳定性看，仍然是乙工人的技术比甲工人好.

2) 方差的性质

(1) 常数的方差等于零，即 $D(C)=0$ (其中 C 为任意常数)；

(2) $D(CX)=C^2D(X)$；

(3) 设随机变量 X,Y 相互独立，则 $D(X\pm Y)=D(X)+D(Y)$.

说明　(1) 由方差与数学期望的定义得，随机变量 X 的方差 $D(X)$ 即是函数 $[X-E(X)]^2$ 的数学期望.

(2) 方差是评价离散度的较好指标. 由方差的定义知，当随机变量的取值相对集中在期望附近时，方差较小；当取值相对分散时，方差较大，并且恒有 $D(X)\geqslant0$.

2. 均方差(又称标准差)

定义 2.15　方差的算术平方根 $\sqrt{D(X)}$ 称为随机变量 X 的均方差(或标准差)，一般用 $\sigma(X)$ 表示，即 $\sigma(X)=\sqrt{D(X)}=\sqrt{E\{[X-E(X)]^2\}}$.

说明　(1) 均方差是指各数据与平均值之差的平方的平均数之平方根，因此均方差是对一组数据平均值分散程度的一种度量，它能反映一个数据集的离散程度. 具体地说，一个较大的均方差，代表大部分数值和其平均值之间差异较大，即离散程度高；一个较小的均方差，代表这些数值较接近平均值，即离散程度低.

(2) 平均数相同的，均方差未必相同.

例如，两组数的集合{0, 5, 9, 14}和{5, 6, 8, 9}其平均值都是 7，但第二个集合具有较小的均方差(即标准差).

测试训练二

1. 设随机变量 X 的概率密度为 $f(x)=\begin{cases}2x, & 0\leqslant x\leqslant 1,\\ 0, & \text{其他},\end{cases}$ 试求 $E(X)$ 和 $D(X)$.

2. 一种股票的未来价格是随机变量，要买股票的人可以通过比较两种股票未来价格的期望和方差来决定购买何种股票，由未来价格的期望值(即期望价格)可以判定未来收益，而由方差可以判定投资的风险. 方差大，则意味投资风险大. 设有甲、乙两种股票，今年的价格都是 10 元，1 年后它们的价格及其分布分别如下：

甲 X(元)	8	12.1	15
P	0.4	0.5	0.1

乙 Y(元)	6	8.6	23
P	0.3	0.5	0.2

试比较购买这两种股票时的投资风险.

3. 某缫丝厂对工人进行理绪操作(将有绪茧加工成正绪茧的操作过程)考核，现有其中两名工人的两组理绪时间数据如下：

工人甲的理绪时间：8, 17, 7, 18, 47, 12, 8, 11, 25, 5, 25, 17, 13, 8, 7;

工人乙的理绪时间：20, 16, 12, 18, 10, 13, 10, 15, 20, 15, 12, 24, 15, 9, 13.

试求：各组数据的平均数、中位数、方差、均方差.

4. 某公司考虑一项投资计划，该计划在不同的市场状况下有不同的收益. 在市场状况良好时，该项投资能获利 100 万元；市场状况一般时，获利 30 万元；市场状况较差时，该项投资将亏损 50 万元. 已知明年市场状况良好的概率为 0.5，市场状况一般的概率为 0.3，市场状况较差的概率为 0.2. 试问，该投资计划的期望收益是多少？

任务三　常用分布的期望与方差

知识目标

理解概念：两点分布、二项分布、泊松分布的期望和方差；均匀分布、指数分布、正态分布的期望和方差.

掌握题型：求解常用分布的期望和方差，应用期望和方差解决实际生产生活问题.

能力目标

体会数学的应用价值，提高理论联系实际问题的能力，提高变形能力及分析问题、解决问题的能力.

一、常用离散型随机变量的期望与方差

1. 两点分布(0-1 分布)

若随机变量 X 服从参数为 p 的两点分布，令 $q=1-p$，则其分布列为：

X	0	1
P	q	p

数学期望为 $E(X)=0\times q+1\times p=p$；

方差为 $D(X)=E(X^2)-[E(X)]^2=p-p^2=p(1-p)=pq$.

2. 二项分布

若随机变量 X 服从参数为 n，p 的二项分布，即 $X\sim B(n,\ p)$，则其分布列为：

$p_k=P\{X=k\}=C_n^k p^k q^{n-k}$，(其中 $k=0,\ 1,\ 2,\ \cdots,\ n,\ 0<p<1,\ q=1-p$)；

数学期望为 $E(X)=np$；方差为 $D(X)=npq$.(证略)

3. 泊松分布

若随机变量 X 服从参数为 λ 的泊松分布，即 $X\sim P(\lambda)$，则其分布列为：

$p_k=P\{X=k\}=\dfrac{\lambda^k}{k!}e^{-\lambda}$，($\lambda>0$ 为常数，$k=0,\ 1,\ 2,\ \cdots$)；

数学期望为 $E(X)=\lambda$；方差为 $D(X)=\lambda$.(证略)

二、常用连续型随机变量的期望与方差

1. 均匀分布

若随机变量 X 服从$[a,\ b]$上的均匀分布，即 $X\sim U(a,\ b)$，则其概率密度为：

$$f(x)=\begin{cases}\dfrac{1}{b-a}, & a\leqslant x\leqslant b,\\ 0, & \text{其他};\end{cases}$$

数学期望为 $E(X)=\dfrac{a+b}{2}$(区间中值)；方差为 $D(X)=\dfrac{(b-a)^2}{12}$.(证略)

2. 指数分布

若随机变量 X 服从参数为 λ 的指数分布，即 $X\sim E(\lambda)$，则其概率密度为：

$$f(x)=\begin{cases}\lambda e^{-\lambda x}, & x>0,\\ 0, & x\leqslant 0,\end{cases}\ (\text{其中 }\lambda>0\text{ 为常数})；$$

数学期望为 $E(X)=\dfrac{1}{\lambda}$；方差为 $D(X)=\dfrac{1}{\lambda^2}$.(证略)

3. 正态分布

若随机变量 X 服从参数为 μ，σ 的正态分布，即 $X\sim N(\mu,\ \sigma^2)$，则其概率密度为：

$$f(x)=\frac{1}{\sqrt{2\pi}\sigma}e^{-\frac{(x-\mu)^2}{2\sigma^2}},\ (-\infty<x<+\infty,\ \mu,\ \sigma(\sigma>0)\text{ 为常数})；$$

数学期望为 $E(X)=\mu$；方差为 $D(X)=\sigma^2$.（证略）

为便于使用，将常用分布的数学期望与方差列表如下：

分布名称	分布列或概率密度	数学期望	方差
两点分布	$P\{X=1\}=p, P\{X=0\}=q, (0<p<1, q=1-p)$	p	pq
二项分布	$P\{X=k\}=C_n^k p^k q^{n-k}$，$(k=0, 1, 2, \cdots, 0<p<1, q=1-p)$	np	npq
泊松分布	$P\{X=k\}=\frac{\lambda^k}{k!}e^{-\lambda}$，($\lambda>0$ 为常数，$k=0, 1, 2, \cdots$)	λ	λ
均匀分布	$f(x)=\begin{cases}\frac{1}{b-a}, & a\leqslant x\leqslant b\\ 0, & 其他\end{cases}$ （a、b 为常数）	$\frac{a+b}{2}$	$\frac{(b-a)^2}{12}$
指数分布	$f(x)=\begin{cases}\lambda e^{-\lambda x}, & x>0\\ 0, & x\leqslant 0\end{cases}$，（$\lambda>0$ 为常数）	$\frac{1}{\lambda}$	$\frac{1}{\lambda^2}$
正态分布	$f(x)=\frac{1}{\sqrt{2\pi}\sigma}e^{-\frac{(x-\mu)^2}{2\sigma^2}}$，（$-\infty<x<+\infty$，$\mu$、$\sigma>0$ 为常数）	μ	σ
标准正态分布	$\varphi(x)=\frac{1}{\sqrt{2\pi}}e^{-\frac{x^2}{2}}$，$(-\infty<x<+\infty)$	0	1

测试训练三

1. 填空题.

(1) 已知某电子元件的寿命(单位:小时)X 服从 $\lambda=1/1\,000$ 的指数分布，则该电子元件的期望寿命为________，方差为________；

(2) 设某随机变量 $X\sim B(10, 0.6)$，则 $E(X)=$________，$D(X)=$________；

(3) 设随机变量 X 的概率密度为 $f(x)=\frac{1}{\sqrt{200\pi}}e^{-\frac{(x-1000)^2}{20000}}$，则 $E(x)=$________，$D(X)=$________.

2. 一台仪器中有 3 个元件，各元件发生故障相互独立，其概率分别为 0.2，0.3，0.4. 求同一时间发生故障的元件数 X 的数学期望和方差.

学习指导

一、主要知识点

1. 位置特征数：众数、中位数、数学期望（均值）等.

2. 离散特征数:方差、均方差(标准差)等.
3. 常用分布的数学期望与方差.
4. 数学期望与方差的性质.
重点:(1) 数学期望与方差的概念与性质;
(2) 常用分布的数学期望与方差.
难点:实例中求一组数据的数学期望、方差.

二、主要题型及解法

1. 求一组离散型数据的平均数、众数、中位数、数学期望等.
2. 求一组离散型数据的方差、均方差等.
3. 求常用分布的数学期望与方差.
4. 运用随机变量的数字特征,解决实际问题.
重点:(1) 求随机变量的数学期望与方差;
(2) 求一组数据的均值、方差、均方差.
难点:运用随机变量的数字特征,解决实际问题.

项目训练二

一、判断题.

1. 若 $X \sim N(\mu, \sigma^2)$,则 $P\{X < x\} = P\{X \leqslant x\} = \Phi\left(\frac{x-\mu}{\sigma}\right)$;
2. 若 $\Phi(x)$是标准正态变量 X 分布函数,则 $\Phi(-x) = -\Phi(x)$;
3. 两点分布是二项分布的特例;二项分布可以用泊松分布近似代替;
4. 对于离散性随机变量 X,满足 $P\{a < X \leqslant b\} = P\{a < X < b\}$;
5. 若随机变量 X 服从二项分布 $B\left(3, \frac{1}{3}\right)$,则它的数学期望为 1;
6. 任何一个随机变量的方差都是非负的;
7. 对任意的随机变量 X、Y 都有 $E(XY) = E(X)E(Y)$;
8. 若随机变量 $X \sim P(\lambda)$(泊松分布),则 $E(X) = D(X) = \frac{1}{\lambda}$;

二、填空题.

1. 随机变量 X 的概率密度为 $f(x) = \begin{cases} \frac{1}{b-a}, & a \leqslant x \leqslant b \\ 0, & 其他 \end{cases}$,则 X 服从________上的均匀分布;
2. 若 $X \sim N(\mu, \sigma^2)$,则________ $\sim N(0, 1)$;
3. $X \sim U(0, 4)$,则随机变量 X 的概率密度为________;
4. 离散性随机变量 X 服从二项分布 $B(3, 0.2)$,则 $P\{X = 3\} =$ ________;
5. 随机变量 X 在区间$[0, 10]$上服从均匀分布,则其概率密度为________;
6. 若随机变量 $X \sim E(\lambda)$(指数分布),则 $E(X) =$________,$D(X) =$________;
7. 随机变量 X 服从泊松分布 $P(5)$,则 $E(X) =$ ________;$D(X+1) =$ ________;
8. 离散性随机变量 X 服从二项分布 $B(3, 0.2)$,则 $E(X) =$ ________,$D(X) =$ ________;
9. 若随机变量 X 在区间$[0, 10]$上服从均匀分布,则 $E(X) =$ ________,$D(X) =$ ________;
10. $E(CX) =$ ________;$D(CX) =$ ________.

三、选择题.

1. 若随机变量 X 的概率密度为 $f(x)=\begin{cases}\dfrac{a}{x^2}, & x>10\\ 0, & x\leqslant 10\end{cases}$，则常数 $a=$(　　).

A. -10；　B. $-\dfrac{1}{500}$；　C. $\dfrac{1}{500}$；　D. 10.

2. 以下不是离散型随机变量分布的是(　　).

A. 0-1 分布；　B. 二项分布；　C. 泊松分布；　D. 指数分布.

4. 以下不是连续型随机变量分布的是(　　).

A. 均匀分布；　B. 正态分布；　C. 泊松分布；　D. 指数分布.

5. $X\sim N(\mu,\sigma^2)$，则以下关于正态曲线的说法不正确的是(　　).

A. 曲线关于直线 $x=\mu$ 对称；　B. 固定 σ 改变 μ，曲线沿 x 轴平移；

C. 曲线以 x 轴为渐近线；　D. 固定 μ 改变 σ，σ 越大曲线越陡峭.

6. 以下关于各种分布的说法不正确的是(　　).

A. 正态分布又叫高斯分布；　B. 泊松分布又叫散点分布；

C. 0-1 分布又叫二项分布；　D. 指数分布具有"无记忆性"的特征.

7. 下面有关随机变量 X 的期望和方差的 4 个式子中正确的是(　　).

A. $D(X)=[E(X)]^2-E(X^2)$；　B. $D(X)=E(X^2)-[E(X)]^2$；

C. $D(3X-1)=3D(X)-1$；　D. $D(3X-1)=9D(X)-1$.

8. 若随机变量 X 的概率密度为 $f(x)=\begin{cases}\dfrac{1}{x^2}, & x>10,\\ 0, & x\leqslant 10,\end{cases}$ 则常数 $E(X)=$(　　).

A. -10；　B. $-\dfrac{1}{10}$；　C. $\dfrac{1}{10}$；　D. 10.

9. 数学期望和方差相同的分布的是(　　).

A. 0-1 分布；　B. 二项分布；　C. 泊松分布；　D. 指数分布.

10. 指数分布的数学期望和方差分别是(　　).

A. $\dfrac{1}{\lambda}$，$\dfrac{1}{\lambda}$；　B. $\dfrac{1}{\lambda}$，$\dfrac{1}{\lambda^2}$；　C. $\dfrac{1}{\lambda}$，λ；　D. λ，λ.

四、解答题

1. 一口袋中盛有编号为 1，2，3，4，5 的乒乓球 5 只，现从中任取 3 只，记编号居中的号码为随机变量 X. 求随机变量 X 的分布列和分布函数.

2. 一位乘客到某公共汽车站等候汽车，假设该汽车站每隔 6 分钟有一辆汽车通过，乘客在 0 到 6 分钟内乘上汽车的可能性是相同的. 求该乘客等候时间不超过 3 分钟和超过 4 分钟的概率.(提示：利用均匀分布计算)

3. 某种产品共有 10 件，其中有 3 件次品. 现从中任取 3 件，求取出的 3 件产品中次品数 X 的数学期望和方差.

4. 设离散随机变量 X 的分布列为：

X	-1	0	1/2	1	2
P	1/3	1/6	1/6	1/12	1/4

求 $E(X)$ 及 $D(X)$.

数学实验五　概率问题的EXCEL计算

一、实验目的

1. 学习 EXCEL 软件中关于概率方面的命令.
2. 掌握用 EXCEL 软件求最值、均值、方差、标准差等特征值的方法与步骤.

二、实验内容

1. 概率中涉及的函数命令及使用方法

作为普及程度非常高的应用软件,EXCEL 除了具有强大的电子表格功能外,也提供了很多函数用于各种计算,其中就有计算各种概率问题的函数.

下面通过几个例子说明这些函数的使用方法.

例 2.10　从某企业中按随即抽样的原则抽出 50 名工人,已了解该企业工人生产状况(日加工零件数),数据如下,试通过计算描述这批数据.

117　108　110　112　137　122　131　118　134　114　124　125　123　127　120　129　117　126　123　128　139　122　133　119　124　107　133　134　113　115　117　126　127　120　139　130　122　123　123　128　122　118　118　127　124　125　108　112　135　509

解　将数据输入到 EXCEL 中.单元格区域 A3:B53 中是 50 名工人的加工零件的数量,C4:C19 是一些描述性统计量的说明,D4:D19 是统计结果.其做法如下:

第一步:在单元格 D3 中输入公式"=COUNT (B4:B53)"并回车,得到 B4:B53 区域中非空数值型数据的个数统计;在单元格 D4 中输入公式"=SUM(B3:B53)"并回车,得到 50 名工人的日加工零件数的总和;同样,在 D5:单元格 D15 中分别输入 MAX, MIN, AVERAGE, MEDIAN, GEOMEAN, HARMEAN, AVEDEV, STDEV, VAR, KURT 和 SKEW 函数,分别得到 50 个数据中的最大值、最小值、平均值、中位数、几何平均数和调和平均数及变异统计的平均差、标准差、方差峰度和偏度.(图 2-7)

D3　=　=COUNT(B3:B53)

	A	B	C	D
1	50名工人某日加工零件个数			
2				
3	工号	零件数	个数	50
4	1	117	总和	5969
5	2	122	最大值	129
6	3	124	最小值	106
7	4	129	平均值	119.38
8	5	108	中值	121
9	6	107	几何平均数	119.2073
10	7	117	调和平均数	119.0313
11	8	125	平均差	5.3744
12	9	122	标准差	6.426635
13	10	125	方差	41.30163
14	11	108	峰度	-0.76492
15	12	113	偏度	-0.47901
16	13	125		

图 2-7

第二步:首先在 EXCEL 的工具栏中选择"插入"中的函数,其次在函数对话框中选择所计算的函数,然后根据函数向导提示一步步的完成.

例 2.11　如图 2-8 所示,单元格区域 D3:E18 中是学生平时、期末成绩,请用 EXCEL 计算每个学生的总评、级别,并计算每个级别的人数和比例.

（要求：总评成绩按照平时成绩占 30%，期末成绩占 70%计算；等级分为“优秀”“良好”“中等”“及格”“不及格”，具体规则为：大于等于 90 分为优秀，大于等于 80 分且小于 90 分为良好，大于等于 70 分且小于 80 分为中等，大于等于 60 分且小于 70 分为及格，60 分以下为不及格.）

	A	B	C	D	E	F	G	H
1	成绩统计表							
2	学号	专业	课程	平时	期末	总评	级别	统计
3	200501001	中文	计算机	93	90			
4	200501001	中文	英语	66	51			
5	200501002	中文	计算机	86	55			
6	200501002	中文	英语	66	86			
7	200501071	新闻	计算机	83	75			
8	200501071	新闻	英语	95	91			
9	200501072	新闻	计算机	66	71			
10	200501072	新闻	英语	85	81			
11	200502011	历史	计算机	70	55			
12	200502011	历史	英语	83	71			
13	200502012	历史	计算机	5	68			
14	200502012	历史	英语	90	81			
15	200502061	法律	计算机	91	78			
16	200502061	法律	英语	90	85			
17	200502062	法律	计算机	70	81			
18	200502062	法律	英语	90	71			
19								

Sheet1 / 抽样 / Sheet3

就绪

图 2-8

解　第一步：按平时成绩占 30%，期末成绩占 70%计算学期总评成绩.

(1) 在 F3 单元格中输入公式“=INT(D3 * 0.3+E3 * 0.7)”.

(2) 拖动 F3 单元格右下方的填充柄，将 F3 单元格中的公式通过填充方式复制到 F4 至 F18 单元格中，计算出其他学生的总评成绩.

第二步：按总评成绩评出等级.

(1) 在 G3 单元格中输入公式“=IF(F3<60,“不及格”,IF(F3>=90,“优秀”,IF(F3>=80,“良好”,IF(F3>=70,“中等”,F3>=60,“及格”)))).

(2) 拖动 G3 单元格右下方的填充柄，将 G3 单元格中的公式通过填充方式复制到 G4 至 G18 单元格中.

第三步：统计各等级人数和比率.

(1) 在 H3，H6，H9，H12，H15 单元格中分别输入“优秀”“良好”“中等”“及格”“不及格”.

(2) 在 H4 单元格中输入公式“=COUNTIF(G3:G18,“优秀”)”，统计出“优秀”的人数.

(3) 在 H5 单元格中输入公式“=H4/OUNT(F3:F18)”，统计出“优秀”的比率.

(4) 用同样的方法再统计出“良好”“中等”“及格”“不及格”的人数和比率.

统计完成后得到图 2-9 所示结果.

2. 利用 EXCEL 对数据进行分组分析，并作直方图

利用 EXCEL 处理数据，可以建立频率分布表和条形图. 一般统计数据有两大类，即定性数据和定量数据. 定性数据用代码转化为定量数据后再处理，这里就不涉及了.

下面主要以定量数据为例来说明如何利用 EXCEL 进行分组，并作直方图.

例 2.12　现有某管理局下属 40 个企业产值计划完成百分比资料如下，用 EXCEL 画直方图.

97，123，119，112，113，117，105，107，120，107，125，142，103，115，119，88，115，158，146，126，108，110，137，136，108，127，118，87，114，105，117，124，129，138，100，103，92，95，127，104.

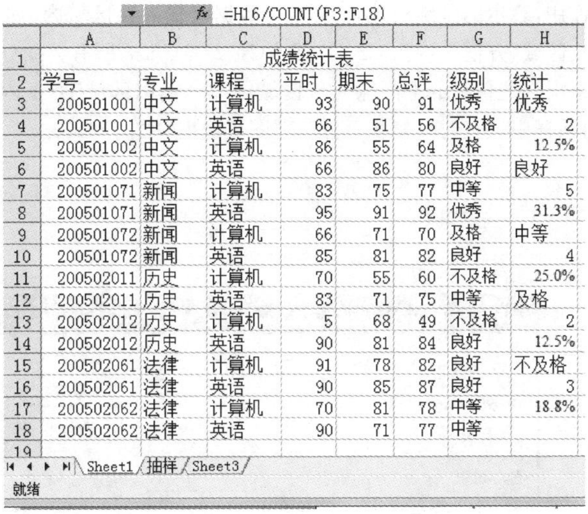

=H16/COUNT(F3:F18)

	A	B	C	D	E	F	G	H
1	成绩统计表							
2	学号	专业	课程	平时	期末	总评	级别	统计
3	200501001	中文	计算机	93	90	91	优秀	优秀
4	200501001	中文	英语	66	51	56	不及格	2
5	200501002	中文	计算机	86	55	64	及格	12.5%
6	200501002	中文	英语	66	86	80	良好	良好
7	200501071	新闻	计算机	83	75	77	中等	5
8	200501071	新闻	英语	95	91	92	优秀	31.3%
9	200501072	新闻	计算机	66	71	70	及格	中等
10	200501072	新闻	英语	85	81	82	良好	4
11	200502011	历史	计算机	70	55	60	不及格	25.0%
12	200502011	历史	英语	83	71	75	中等	及格
13	200502012	历史	计算机	5	68	49	不及格	2
14	200502012	历史	英语	90	81	84	良好	12.5%
15	200502061	法律	计算机	91	78	82	良好	不及格
16	200502061	法律	英语	90	85	87	良好	3
17	200502062	法律	计算机	70	81	78	中等	18.8%
18	200502062	法律	英语	90	71	77	中等	
19								

图 2-9

解 用 EXCEL 作直方图的步骤如下：

第一步：打开 EXCEL 界面，输入 40 个企业的数据，从上到下输入到第 A 列中(也可分组排列).

第二步：选择“数据”选项卡下的“数据分析”按钮，弹出数据分析对话框，如图 2-10 和图 2-11.

注意，如果没有“数据分析”按钮，则要先行安装.“数据分析”的具体安装方法：选择“工具”下拉菜单中“加载宏”，在出现的选项中选择“分析工具库”，并“确定”就可自动安装.

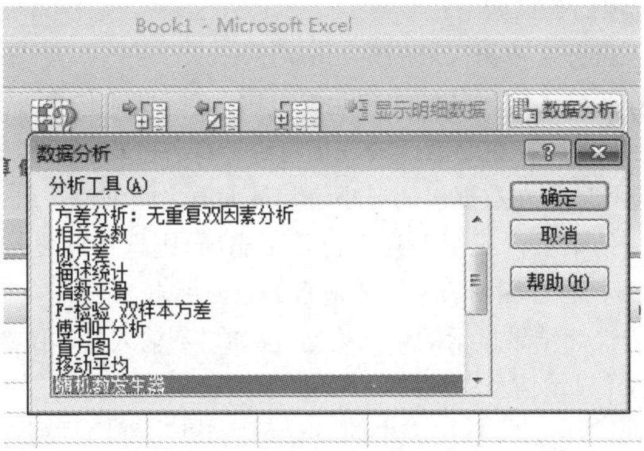

图 2-10

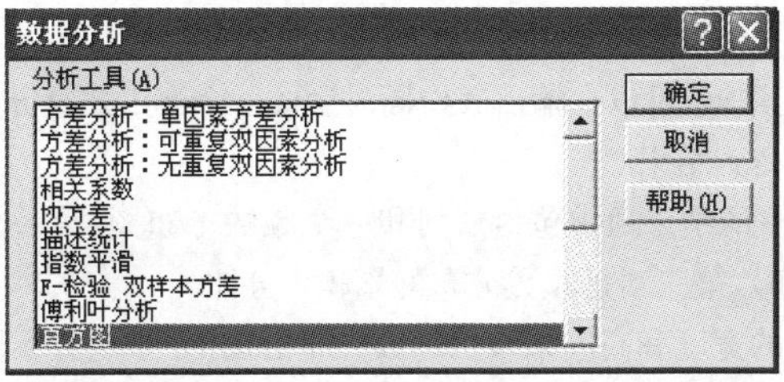

图 2-11

第三步：选择“直方图”，单击“确定”.

第四步：当出现“直方图”对话框时，在“输入区域”方框内键入 A2:A41 或 $A$2:$A$41(“$”符号起到固定单元格坐标的作用,表示的是绝对地址),40 个数据已输入该区域内,如果是分组排列的,就应选择整个分组区域. 在“接收区域”方框内键入 C2:C9 或 $C$2:$C$9,所有数据分成 8 组(主要根据资料的特点,决定组数、组距和组限),把各组的上限输入该区域内. 在“输出区域”方框内键入 E2 或 $E$2,也可重新建表在其他位置. 对话框中,还选择“累积百分率”“图表输出”(图 2-12).

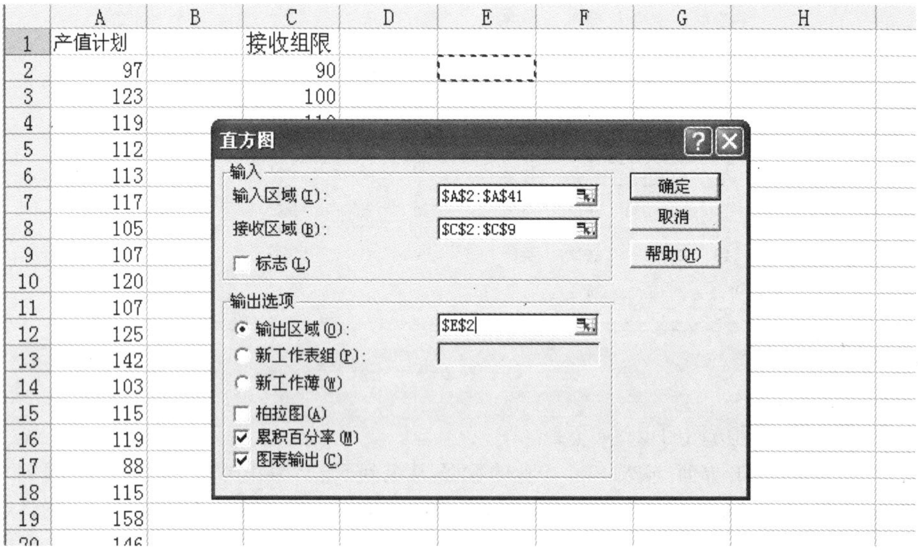

图 2-12

说明 对话框内主要选项的含义如下:

(1) 输入区域:在此输入待分析数据区域的单元格范围.

(2) 接收区域(可选):在此输入接收区域的单元格范围,该区域应包含一组可选的用来计算频数的边界值. 这些值应当按升序排列. 只要存在的话,EXCEL 将统计在各个相邻边界值之间的数据出现的次数. 如果省略此处的接收区域,EXCEL 将在数据组的最小值和最大值之间创建一组平滑分布的接收区间.

(3) 标志:如果输入区域的第一行或第一列中包含标志项,则选中此复选框;如果输入区域没有标志项,则清除此该复选框,EXCEL 将在输出表中生成适宜的数据标志.

(4) 输出区域:在此输入计算结果显示的单元格地址. 如果不输入具体位置将覆盖已有的数据,EXCEL 会自动确定输出区域的大小并显示信息.

(5) 柏拉图:选中此复选框,可以在输出表中同时显示按升序、降序排列频率数据. 如果此复选框被清除,EXCEL 将只按升序来排列数据.

(6) 累积百分比:选中此复选框,可以在输出结果中添加一列累积百分比数值,并同时在直方图表中添加累积百分比折线. 如果清除此选项,则会省略以上结果.

(7) 图表输出:选中此复选框,可以在输出表中同时生成一个嵌入式直方图表. [结果]

第五步:点“确定”,就可得到结果.

有关结果如图 2-13. 完整的结果通常包括三列和一个频数分布图,第一列是数值的区间范围,第二列是数值分布的频数(不是频率),第三列是频数分布的累积百分比.

结语 直方图是用矩形的宽度和高度来表示频数分布的图形. 绘制直方图时,将所研究的变量放在横轴上,频数、频率放在纵轴上. 每组的频数、频率在图上就是一个长方形,长方形的底在横轴上,宽度是组距,长方形的高就是对应的频数或频率.

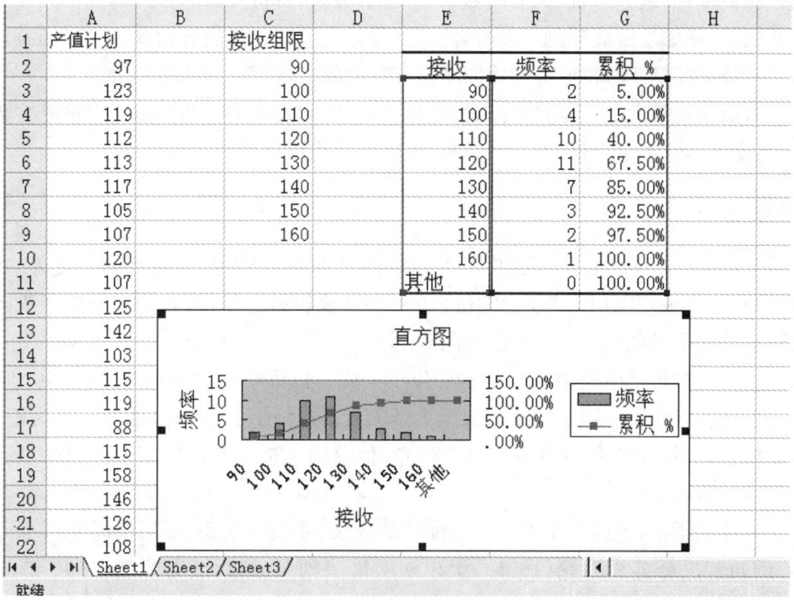

图 2-13

数学史知识

伯努利家族的贡献

伯努利家族(Bernoulli family)又译作贝努利家族. 17～18 世纪瑞士的一个拥有数位数理科学家的家族,原籍比利时安特卫普.

1583 年,家族遭天主教迫害,整体迁往德国法兰克福,最后定居瑞士巴塞尔. 其中以雅各布第一·伯努利(Jakob Bernoulli 或 Jacques Bernoulli 或 James Bernoulli),约翰第一·伯努利(Johann Bernoulli 或 Jean Bernoulli),丹尼尔第一·伯努利(Daniel Bernoulli)这三人的成就最大.

一、雅各布第一

1654 年 12 月 27 日,雅各布第一生于巴塞尔,1705 年 8 月 16 日卒于同地. 他分别于 1671 和 1676 年获得艺术硕士和神学硕士学位,但他对数学有着浓厚的兴趣,他的数学几乎是无师自通的.

1676 年,他到荷兰、英国、德国、法国等地旅行,结识了莱布尼茨、惠更斯等著名科学家,从此与莱布尼茨一直保持经常的通讯联系,互相探讨微积分的有关问题.

1687 年回国后,雅各布第一担任巴塞尔大学数学教授,教授实验物理和数学,直至去世. 由于雅各布第一杰出的科学成就,1699 年,他当选为巴黎科学院外籍院士;1701 年被柏林科学协会(后为柏林科学院)接纳为会员.

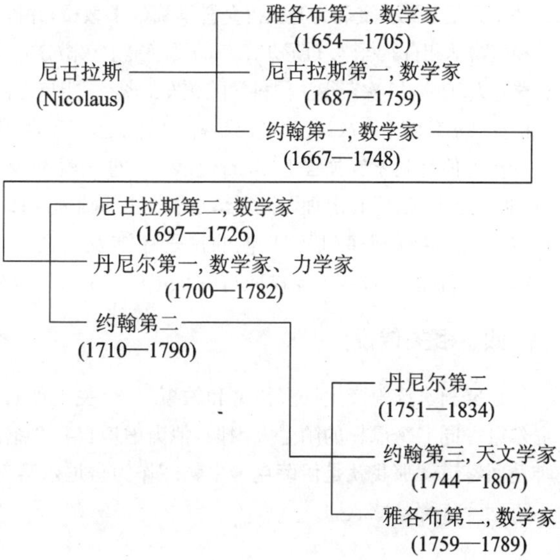

雅各布第一在概率论、微分方程、无穷级数求和、变分方法、解析几何等方面均有很大建树.许多数学成果与他的名字相联系.例如悬链线问题(1690),曲率半径公式(1694),“伯努利双纽线”(1694),“伯努利微分方程”(1695),“等周问题”(1700),“伯努利数”和“伯努利大数定理”等.

雅各布第一对数学最重大的贡献是概率论.他从1685年起发表关于赌博游戏中输赢次数问题的论文,后来写成巨著《猜度术》,这本书在他死后8年,即1713年才得以出版.

二、约翰第一

约翰第一,1667年8月6日生于巴塞尔,1748年1月1日卒于同地.雅各布第一之弟.最初学医,同时研习数学.约翰第一于1690年获医学硕士学位,1694年又获得博士学位,其论文是关于肌肉的收缩问题.但他发现他骨子里的兴趣是数学,不久他爱上了微积分.

1695年,28岁的他取得了他的第一个学术职位——荷兰格罗宁根大学数学教授.10年后的1705年,约翰第一接替去世的雅各布第一接任巴塞尔大学数学教授.同他的哥哥一样,他也当选为巴黎科学院外籍院士和柏林科学协会会员.1712年、1724年和1725年,他分别当选为英国皇家学会、意大利波伦亚科学院和彼得堡科学院的外籍院士.

约翰第一是一位数学家,他的大量论文涉及曲线的求长、曲面的求积、等周问题和微分方程.指数运算也是他发明的.例如解决悬链线问题(1691),提出洛必塔法则(1694)、最速降线(1696年)和测地线问题(1697年),给出求积分的变量替换法(1699),研究弦振动问题(1727),出版《积分学数学讲义》(1742年)等.

值得一提的是,1696年约翰第一以公信的方式,向全欧数学家提出了著名的“最速降线问题”,从而引发了欧洲数学界的一场论战.争论无疑促进了科学的发展,论战的结果产生了一个新的数学分支——变分法.因此,约翰第一是公认的变分法奠基人.

约翰第一的另一大功绩是培养了一大批出色的数学家,其中包括18世纪最著名的数学家欧拉、瑞士数学家克莱姆、法国数学家洛必塔,以及他自己的儿子丹尼尔和侄子尼古拉二世等.

三、丹尼尔第一

丹尼尔第一,1700年2月9日生于荷兰格罗宁根,1782年3月17日卒于巴塞尔.约翰第一次子.也像其父一样先习医,1721年获巴塞尔大学医学博士学位,但在其家族的熏陶感染下,不久便转向数学,在父兄指导下从事数学研究,并且成为这个家族中成就最大者.1724年,他在威尼斯旅途中发表《数学练习》,引起学术界关注,并被邀请到俄国圣彼得堡科学院工作.同年,他还用变量分离法解决了微分方程中的“里卡蒂”方程.第二年,25岁的丹尼尔第一受聘为圣彼得堡科学院数学教授,并被选为该院名誉院士.1733年,他返回巴塞尔,教授解剖学和植物学和自然哲学.丹尼尔第一的贡献集中在微分方程、概率和数学物理,被誉之为数学物理方程的开拓者和奠基人.他曾10次获得法国科学院颁发的奖金,能与之相媲美的只有大数学家欧拉.丹尼尔第一于1747年当选为柏林科学院院士,1748年当选巴黎科学院院士,1750年当选英国皇家学会会员.他一生获得多项荣誉称号.

作为伯努利家族博学广识的代表,他的成就涉及多个科学领域.他出版了经典著作《流体动力学》(1738),给出“伯努利定理”等流体动力学的基础理论;研究弹性弦的横向振动问题(1741—1743),提出声音在空气中的传播规律(1762).他的论著还涉及天文学(1734)、地球引力(1728)、潮汐(1740)、磁学(1743、1746)、振动理论(1747)、船体航行的稳定(1753、1757)和生理学(1721、1728)等.

四、相关传说

伯努利家族曾产生许多传奇和轶事.一个关于丹尼尔第一的传说是这样的:有一次在旅途中,年轻的丹尼尔第一同一个风趣的陌生人闲谈,他谦虚地自我介绍说:“我是丹尼尔·伯努利.”陌生人立即带着讥讽的神情回答道:“那我就是伊萨克·牛顿.”作为丹尼尔第一,这是他有生以来受到过的最诚恳的赞颂,这使他一直到晚年都甚感欣慰.

项目三 数理统计初步

知识目标

理解概念：总体与样本、统计量、样本均值、样本方差、正态总体的抽样分布、点估计、点估计的评价标准、置信区间、分位点、区间估计、假设检验.

掌握题型：求样本均值与样本方差、正态总体下统计量的分布.

能力目标

通过学习常见统计量及其分布、估计及假设检验等相关数学知识，让学生领会数理统计在生产及生活中的广泛应用，渗透数理统计思想，进而提高数据分析与处理的能力.

统计的任务是根据数据对研究对象的客观规律性做出合理的估计与推断的过程. 在生产和管理中，统计方法有着非常广泛的应用.

本项目将结合生产实例，研究总体与样本、样本的均值与方差、统计量及分布、正态总体的抽样分布等内容.

任务一 常见统计量及分布

知识目标

理解概念：总体与样本、统计量、样本均值、样本方差、正态总体的抽样分布.

掌握题型：求样本均值与样本方差、求正态总体下统计量的分布、求简单抽样中未知参数的点估计量、点估计量的无偏性验证、求单个正态总体下样本均值与方差的置信区间.

能力目标

通过学习常见统计量及其分布等数学知识，让学生领会统计量及分布知识在生产及生活中的广泛应用，从而提高学生运用数学知识与方法分析、解决问题的能力.

一、总体与个体

1. 总体

定义 3.1 在数理统计中，把研究对象的全体称为总体，而把组成总体的每一单元称为个体.

例 3.1 欲从某纺织厂 5 万只细纱钢领中随机地抽出 100 只纲领，对其作表面硬度测试，看其硬度有无差异？

分析 本题的研究对象是 5 万只钢领的硬度值有无差异，所以总体就是 5 万只钢领的硬度值，个体为每只钢领的硬度值.

事实上，对每只钢领而言有许多特征(几何形状、质量、寿命等)，而本问题中我们只关心每只钢领的硬度值如何，对其他的特征不予考虑. 这样一来，若抛开实际背景，总体就是一堆数，这堆数中有大有小，有的出现的机会多，有的出现的机会少，因此用一个概率分布去描述和归纳总体是恰当的. 从这个意义上看，总体就是一个分布，而其数量指标就是服从这个分布的随机变量.

2. 样本

在例 3.1 中，总体中包含的个体的数目是有限的. 当然，总体中包含的个体数目也可以是无限的. 例如分析某纺织厂每台梳棉机的产量时，全厂所有梳棉机的台数，就是这一总体中的个体数，这个数值是有限的. 又如分析细纱机的断头率时，每次试验所得的结果称为一个个体，试验的次数愈多，则个体数也愈多，试验次数不断增加，得到无限多的个体，这许多无限多的个体组成的总体即为无穷大的.

要了解总体的性质，必须对其中的个体进行观测统计. 第一种方法是对全部个体逐个进行观测，称为全面观测. 这种方法可以准确地了解每一个个体，但是在很多情况下往往是具有破坏性的，客观情况不允许的. 第二种观测统计的方法是从总体中抽取个体进行观测，然后根据这 n 个个体的性质来推断总体的性质，这是实际中常用的方法.

定义 3.2 我们把为了了解总体的分布而从总体中抽取的 n 个个体，记其指标值为 X_1，X_2，…，X_n，则 X_1，X_2，…，X_n 称为总体 X 的一个样本，同时把样本内所含有的个体数 n 称为该样本的容量，或简称样本量.

如在例 3.1 中抽出供试验的 100 只钢领的硬度值组成一个样本，其容量为 100.

从总体中抽取样本可以有不同的抽法，最常用的“简单随机抽样”有如下两个要求：

(1) 样本具有随机性，即要求总体中每一个个体都有同等机会被选入样本，这便意味着每一样品 X_i 与总体有相同的分布.

(2) 样本要有独立性，即要求样本中每一样品的取值不影响其他样品的取值，这意味着 X_1，X_2，…，X_n 相互独立.

用简单随机抽样方法得到的样本称为简单随机样本，也简称样本. 本书中的样本均为简单随机样本. 于是，样本 X_1，X_2，…，X_n 可以看成是相互独立的具有同一分布的随机变量，其共同分布即为总体分布.

为了获得简单样本，必须遵循随机性原则和采用放回抽样方法. 但当总体的大小是无限的或虽有限却相当大，即一般 $\dfrac{N}{n}>10$ (N 与 n 分别为总体与样本的容量)时，可采用无放回抽样，近似地看作独立随机抽样.

3. 统计量

样本来自总体，样本的观测值中含有总体各方面的信息，但这些信息较为分散，有时显得杂乱无章. 为将这些分散在样本中的有关总体的信息集中起来以反映总体的各种特征，需要对样本进行加工，当人们需要从样本获得对总体各种参数的认识时，最常用的加工方法是构造样本的函数,不同的函数反映总体的不同特征.

定义 3.3 设 $X_1, X_2, \cdots, X_n$ 为取自某总体的样本,若样本函数 $S=S(X_1, X_2, \cdots, X_n)$ 中不含有任何未知参数,则称 S 为统计量.统计量的分布称为抽样分布.

按照这一定义,若 $X_1, X_2, \cdots, X_n$ 为样本,则 X_1-X_2, $\sum_{i=1}^{n} X_i$, $\sum_{i=1}^{n} X_i^2$ 都是统计量.而当 μ, σ^2 未知时,$\sum_{i=1}^{n}(X_i-\mu)^2$, $\frac{X_1}{\sigma}$ 等均不是统计量.

定义 3.4 设 $X_1, X_2, \cdots, X_n$ 为取自总体 X 的一个样本,则统计量

样本均值—— $\bar{X}=\frac{1}{n}\sum_{i=1}^{n} X_i$;

样本方差—— $S^2=\frac{1}{n-1}\sum_{i=1}^{n}(X_i-\bar{X})^2$;

样本均方差—— $S=\sqrt{\frac{1}{n-1}\sum_{i=1}^{n}(X_i-\bar{X})^2}$.

例 3.2 已知在一本书上随机地检查了 10 页,发现每页上的错误数为

$$4, 5, 6, 0, 3, 1, 4, 2, 1, 4.$$

试计算其样本均值、样本方差和样本标准差.

解 样本均值 $\bar{x}=\frac{x_1+x_2+\cdots+x_n}{n}=\frac{4+5+\cdots+4}{10}=3$,

样本方差 $s^2-\frac{1}{n-1}\sum_{i=1}^{n}(x_i-\bar{x})^2=\frac{1}{9}[(4-3)^2+(5-3)^2+\cdots+(4-3)^2]=3.78$

样本标准差 $s=\sqrt{x^2}=1.94$

说明 (1) $\bar{X}$反映总体 X 取值的平均数,S^2 或 S 反映总体 X 取值的离散程度.它们的观测值用相应的小写字母表示.

(2) 由于现实中不可能将所有的样本都抽出来,因此,统计量的抽样分布实际上是一种理论分布,但它与总体分布存在着密切的关系.以均值$\bar{X}$的抽样分布为例,其抽样分布与原有总体的分布有关.以下就给出相关研究.

二、样本均值及其分布

定义 3.5 设 $X_1, X_2, \cdots, X_n$ 为取自总体 X 的一个样本,其算术平均值称为样本均值,一般用$\bar{X}$ 表示,即 $\bar{X}=\frac{X_1+X_2+\cdots+X_n}{n}=\frac{1}{n}\sum_{i=1}^{n} X_i$.

定理 3.1 设 $X_1, X_2, \cdots, X_n$ 为取自总体 $X\sim N(\mu, \sigma^2)$ 的一个样本,$\bar{X}$ 为样本均值,则$\bar{X}\sim N\left(\mu, \frac{\sigma^2}{n}\right)$.

说明 (1) 如果原有总体是正态分布,那么,无论样本容量的大小,样本均值也服从正态分布,其分布的数学期望为总体均值,方差为总体方差的 $1/n$,即$\bar{X}\sim N\left(\mu, \frac{\sigma^2}{n}\right)$.

(2) 如果原有总体的分布不是正态分布,就要看样本容量的大小了.当 n 为大样本时

$(n \geqslant 30)$，根据统计上的中心极限定理可知，当样本容量 n 增大时，不论原来的总体是否服从正态分布，样本均值的抽样分布都将趋于服从正态分布. 其分布的数学期望为总体均值，方差为总体方差的 $1/n$. 即当 n 为大样本 $(n \geqslant 30)$ 时，$\bar{X}$ 近似服从 $N\left(\mu, \dfrac{\sigma^2}{n}\right)$.

例 3.3 已知某厂生产的灯泡使用寿命 $X \sim N(2\,250, 250^2)$，现要对这批灯泡进行质量检查，方法如下：随机抽取若干个灯泡，如果这些灯泡的平均寿命超过 2 200 小时，就认为该厂生产的灯泡质量合格. 若要使检查能通过的概率不低于 0.997，问至少应检查多少只灯泡？

解 设 $X_1, X_2, \cdots, X_n$ 是来自总体的样本，则 $\bar{X} \sim N(2\,250, 250^2/n)$. 由题意，应有

$$P(\bar{X} > 2\,200) \geqslant 0.997,$$

即 $P\left(\sqrt{n}\dfrac{\bar{X}-2\,250}{250} > \sqrt{n}\dfrac{2\,200-2\,250}{250}\right) = \Phi\left(\dfrac{\sqrt{n}}{5}\right) \geqslant 0.997$，

查表可以得到 $\dfrac{1}{5}\sqrt{n} \geqslant 2.75$，解得 $n \geqslant 189.1$，所以 n 至少应取 190，即至少应检查 190 只灯泡.

总结 提高对灯泡质量的检查要求有两个途径：

(1) 提高“通过概率”. 如将“通过概率”由 0.997 提高到 0.998，这时由 $\Phi(\sqrt{n}/5) \geqslant 0.998$ 查表得 $\dfrac{\sqrt{n}}{5} \geqslant 2.88$，从而 $n \geqslant (2.88 \times 5)^2 = 207.36$，即 n 至少应取 208；

(2) 提高样本均值通过检查的临界值. 如将要求“灯泡的平均寿命超过 2 200 小时”改为要求“灯泡的平均寿命超过 2 210 小时”，此时与上面过程类似可得到 $\Phi(4\sqrt{n}/25) \geqslant 0.997$，由此有 $\dfrac{4}{25}\sqrt{n} \geqslant 2.75$，即此时 n 至少应取 296.

应用 欲提高对检验质量的要求，就需要增加对样本量的要求，只是样本量的增加量不同而已；反之，欲降低对质量的要求则可减少样本量.

三、样本方差与样本标准差及其分布

定义 3.6 设 $X_1, X_2, \cdots, X_n$ 为取自总体 X 的一个样本，则它关于样本均值 $\bar{X}$ 的平均偏差平方和 $S^2 = \dfrac{1}{n-1}\sum\limits_{i=1}^{n}(X_i - \bar{X})^2$ 称为样本方差，其算术根 $S = \sqrt{S^2}$ 为样本标准差.

定理 3.2 设总体 X 具有二阶矩，即 $E(X) = \mu$, $D(X) = \sigma^2 < +\infty$, $X_1, X_2, \cdots, X_n$ 为从该总体得到的样本，$\bar{X}$ 和 S^2 分别是样本均值和样本方差，则

$$E(\bar{X}) = \mu,\ D(\bar{X}) = \frac{\sigma^2}{n},\ E(S^2) = \sigma^2.$$

此定理表明，样本均值的均值与总体均值相同，而样本均值的方差是总体方差的 $\dfrac{1}{n}$.

四、常见正态总体的抽样分布

1. χ^2 分布

定义 3.7 设随机变量 $X_1, X_2, \cdots, X_n$ 相互独立，且均服从 $N(0, 1)$，则随机变量 χ^2

$= \sum_{i=1}^{n} X_i^2$ 的概率密度为 $f_{\chi^2}(x)=\begin{cases}\dfrac{1}{2^{n/2}\Gamma\left(\dfrac{n}{2}\right)}x^{\frac{n}{2}-1}\mathrm{e}^{-\frac{x}{2}}, & x>0,\\ 0, & x\leqslant 0.\end{cases}$

称随机变量 χ^2 服从自由度为 n 的 χ^2 分布，记作 $\chi^2 \sim \chi^2(n)$.

2. *t* 分布

定义 3.8　设随机变量 X 与 Y 相互独立，X 服从 $N(0, 1)$，Y 服从自由度为 n 的 χ^2 分布，则随机变量 $t=\dfrac{X}{\sqrt{Y/n}}$ 的概率密度为 $f_t(x)=\dfrac{\Gamma\left(\dfrac{n+1}{2}\right)}{\sqrt{n\pi}\,\Gamma\left(\dfrac{n}{2}\right)}\left(1+\dfrac{x^2}{n}\right)^{-\frac{n+1}{2}}$，

称随机变量 t 服从自由度为 n 的 t 分布，记作 $t\sim t(n)$.

注　可以证明，当自由度 $n\to\infty$ 时，t 分布将趋于 $N(0, 1)$.

3. *F* 分布

定义 3.9　设随机变量 X 与 Y 相互独立，分别服从自由度为 n_1 与 n_2 的 χ^2 分布，则称随机变量 $F=\dfrac{X/n_1}{Y/n_2}$ 服从自由度为 (n_1, n_2) 的 F 分布，记作 $F\sim F(n_1, n_2)$.

（其中 n_1 称为第一自由度，n_2 称为第二自由度）

五、单个正态总体统计量的分布

从总体 X 中抽取容量为 n 的样本 $X_1, X_2, \cdots, X_n$，样本均值与样本方差分别是 $\bar{X}=\dfrac{1}{n}\sum_{i=1}^{n}X_i$ 和 $S^2=\dfrac{1}{n-1}\sum_{i=1}^{n}(X_i-\bar{X})^2$.

定理 3.3　设总体 X 服从正态分布 $N(\mu, \sigma^2)$，则统计量 $u=\dfrac{\bar{X}-\mu}{\sigma/\sqrt{n}}$ 服从标准正态分布 $N(0, 1)$，即 $u=\dfrac{\bar{X}-\mu}{\sigma/\sqrt{n}}\sim N(0, 1)$

由定理 3.1 结论的标准化即得到定理 3.3.

定理 3.4　设总体 X 服从正态分布 $N(\mu, \sigma^2)$，则统计量 $\chi^2=\dfrac{1}{\sigma^2}\sum_{i=1}^{n}(X_i-\bar{X})^2$ 服从自由度为 n 的 χ^2 分布，即 $\chi^2=\dfrac{1}{\sigma^2}\sum_{i=1}^{n}(X_i-\bar{X})^2\sim\chi^2(n)$.

证明　注意到 $X_i\sim N(\mu, \sigma^2)$，则 $\dfrac{X_i-\mu}{\sigma}\sim N(0, 1)$，$i=1, 2, \cdots, n$

又上述统计量相互独立，并按照 χ^2 分布的定义可得结果.

定理 3.5　设总体 X 服从正态分布 $N(\mu, \sigma^2)$，则

(1) 样本均值 $\bar{X}$ 与样本方差 S^2 相互独立；

(2) 统计量 $\chi^2=\dfrac{(n-1)S^2}{\sigma^2}$ 服从自由度为 $n-1$ 的 χ^2 分布，即

$$\chi^2 = \frac{(n-1)S^2}{\sigma^2} \sim \chi^2(n-1).$$

定理 3.6 设总体 X 服从正态分布 $N(\mu, \sigma^2)$，则统计量 $t = \frac{\bar{X}-\mu}{S/\sqrt{n}}$ 服从自由度为 $n-1$ 的 t 分布，即 $t = \frac{\bar{X}-\mu}{S/\sqrt{n}} \sim t(n-1)$.

六、几种常见分布的应用

(1) 正态分布：是应用最为广泛的分布，其分布密度是"钟"形曲线，生产和生活中有很多符合正态分布的指标. 例如，同一生物体的身长、体重；生产条件不变的情况下，产品的强力、抗压强度、直径等指标.

(2) t 分布：用于在总体方差未知的前提下进行正态分布均值的检验，如比较南方人和北方人的平均身高是否有显著性差异；比较两所大学学生的四、六级考试的平均水平是否一致.

(3) χ^2 分布：用于单个正态总体的方差检验和分布拟合问题.

(4) F 分布：用于检验两个正态总体的方差是否相等和方差分析.

测试训练一

1. 填空题.

(1) 从某纺织厂生产的 2 500 批次棉纱中随机抽样调查 500 批次检验是否有质量问题，这个样本的容量是________.

(2) 从某纺织厂生产纱线总体 X 中得到一个样本观察值为：2.1，5.4，3.2，9.8，3.5，则样本均值为________，样本方差为________.

(3) 设总体 $X \sim N(\mu, 4)$ 的一个样本为 X_1, X_2, X_3, X_4，则样本均值的期望 $E(\bar{X}) =$ ________，样本均值的方差 $D(\bar{X}) =$ ________.

(4) 设随机变量 $X \sim N(8, 16)$，随机抽取的样本容量为 4，则样本均值 $\bar{X}$ 的期望 $E(\bar{X}) =$ ________，样本均值 $\bar{X}$ 的方差 $D(\bar{X}) =$ ________.

(5) 设 $(x_1, x_2, x_3, \cdots, x_n)$ 总体 X 的一个样本，则称统计量 $S^2 = \frac{1}{n-1}\sum_{i=1}^{n}(x_i - \bar{X})^2$ 为________，其自由度为________；称 $S = \sqrt{S^2} = \sqrt{\frac{1}{n-1}\sum_{i=1}^{n}(x_i - \bar{X})^2}$ 为________.

(6) 设总体 $X \sim N(\mu, \sigma^2)$，则统计量 $\chi^2 = \frac{(n-1)S^2}{\sigma^2}$ 服从自由度为________ 的________ 分布.

(7) 设总体 $X \sim N(\mu, \sigma^2)$，则统计量 $t = \frac{\bar{X}-\mu}{S/\sqrt{n}}$ 服从自由度为________ 的________ 分布.

2. 判断题.

(1) 从两个总体甲和乙中各抽取一个样本，经计算得 $\bar{X}_{甲} = 10$，$\bar{X}_{乙} = 10$，则下列说法中错误的有哪些?

(a) 总体甲与总体乙的波动情况一样；　　(b) 总体甲比总体乙的波动小；

(c) 总体乙比总体甲的波动小；　　(d) 两个总体的波动情况不能确定.

2. 设 X_1，X_2，X_3 是总体 $X\sim N(\mu,\sigma^2)$ 的一个样本，其中 μ 已知而 $\sigma>0$ 未知，则以下函数中哪些为统计量？为什么？

(a) $X_1+X_2+X_3$；　(b) $X_3+3\mu$；　(c) X_1；　(d) μX_2^2；

(e) $\sum_{i=1}^{3}X_i/\sigma^2$；　(f) $\max\{X_i\}$；　(g) $\sigma+X_3$.

3. 解答题.

(1) 计算下列容量为 10 的细纱单纱强力(克)的样本均值和样本方差：180，182.5，178.3，170，177.3，184.2，180.1，179，178.7，185.

(2) 今在某一纱线长度方向任取 10 段等长片段的纱线并分别称重，得其质量$\left(\frac{1}{10}\text{克}\right)$为：4，8，3，6，2，4，10，5，2，6. 试求纱线片段的平均质量，并计算样本的均方差.

(3) 设 X_1，X_2，…，X_n 是总体 $X\sim P(8)$ 的一个样本，$\bar{X}$ 与 S^2 分别为其样本均值与样本方差，求 $E(\bar{X})$，$D(\bar{X})$ 与 $E(S^2)$.

(4) 设 X_1，X_2，…，X_n 是来自具有 $\chi^2(m)$ 分布总体的样本. 求样本均值 $\bar{X}$ 的期望与方差.

(5) 设总体 $X\sim B(1,p)$，X_1，X_2，…，X_n 是来自该总体的样本.

(a) 求 $(X_1,X_2,\cdots,X_n)$ 的分布列；(b) 求 $\sum_{i=1}^{n}X_i$ 的分布列；(c) 求 $E(\bar{X})$，$D(\bar{X})$ 与 $E(S^2)$.

(6) 设 A 类纱线的平均强力约为 1 400 厘牛，标准差为 200 厘牛；B 类纱线的平均强力约为 1 200 厘牛，标准差为 100 厘牛. 抽取两种纱线各 250 根进行测试，问 A 类纱线的平均强力比 B 类纱线的平均强力至少强 180 厘牛和 230 厘牛的概率分别是多少？

任务二　参数估计

知识目标

理解概念：点估计、点估计的评价标准、区间估计、置信区间、分位点.

掌握题型：简单抽样中未知参数的点估计量的求解、点估计量的一致性/无偏性/有效性验证、单个正态总体下样本均值和方差的置信区间的求解.

能力目标

通过学习点估计及单个正态总体下的区间估计等数理统计知识，可以大大提高学生解决实际问题的能力，如生产实践中机器的寿命、瑕疵品率、产品的等级标准的检验等都需要以上相关知识与方法作为重要支撑.

参数估计与假设检验统称为统计推断，即以实验观察所得数据，对总体的某些性质进行估计或推断，从而认识该总体，指导生产实践. 参数估计和假设检验在纺织生产实际中有广泛的应用，如新产品的研发效果分析、生产质量分析等.

本任务将结合生产、生活中的实例，研究参数估计与假设检验的有关概念、原理等内容，为后续专业课程学习及纺织品质量管理与控制工作等奠定基础.

一、参数的点估计

在实际问题中，当所研究的总体分布类型已知，但分布中含有一个或多个未知参数时，如何根据样本来估计未知参数,这就是参数估计问题.

参数估计问题分为点估计与区间估计问题两类. 所谓点估计就是用某一个函数值作为总体未知参数的估计值;区间估计就是对于未知参数给出一个范围,并且在一定的可靠度下使这个范围包含未知参数.

例如,生产设备的寿命 X 是一个总体,根据实际经验知道,X 服从 $N(\mu, \sigma^2)$,但对每一批灯泡而言,参数 μ, σ^2 是未知的,要写出具体的分布函数,就必须确定出参数. 此类问题就属于参数估计问题.

参数估计问题的一般提法:设有一个统计总体,总体的分布函数为 $F(x, \theta)$,其中 θ 为未知参数. 现从该总体中随机地抽样,得一样本 $X_1, X_2, \cdots, X_n$,再依据该样本对参数 θ 做出估计,或估计参数 θ 的某已知函数 $\hat{\theta} = \hat{\theta}(X_1, X_2, \cdots, X_n)$.

1. 点估计综述

直接用来估计未知参数 θ 的统计量 $\hat{\theta} = \hat{\theta}(X_1, X_2, \cdots, X_n)$ 称为参数 θ 的点估计量,简称为点估计. 下面介绍两种最常用的点估计方法:矩法估计和极大似然估计.

设总体 X 服从某已知分布,如 $N(\mu, \sigma^2)$, $E(\theta)$ 等,但是其中的一个或多个参数为未知,怎样根据抽取的样本估计未知参数的值,就是参数的点估计问题.

定义 3.10 设总体 X 的分布中含有未知参数 θ,从总体 X 中抽取样本 $X_1, X_2, \cdots, X_n$,构造某个统计量 $\hat{\theta} = \hat{\theta}(X_1, X_2, \cdots, X_n)$ 作为参数 θ 的估计,则称 $\hat{\theta} = \hat{\theta}(X_1, X_2, \cdots, X_n)$ 为参数 θ 的点估计量;若样本 $X_1, X_2, \cdots, X_n$ 的观测值为 $x_1, x_2, \cdots, x_n$,则称 $\hat{\theta}(x_1, x_2, \cdots, x_n)$ 为参数 θ 的点估计值.

例如,人的身高 $X \sim N(\mu, \sigma^2)$,一个样本为 $X_1, X_2, \cdots, X_n$,则 $\bar{X} = \frac{1}{n}(X_1 + \cdots + X_n)$ 为 n 个人的平均身高,近似认为总体均值 μ 为 $\bar{X}$,即 $\hat{\mu} = \bar{X}$. 用 $\bar{X}$ 来估计 μ,这里 $\hat{\mu}$ 不是真值,而是估计值.

若总体的分布中含有 m $(m > 1)$ 个未知参数,则需构造 m 个统计量作为相应 m 个未知参数的点估计量.

下面介绍两种最常用的点估计方法:矩法估计和极大似然估计.

2. 替换原理和矩法估计

1900 年英国统计学家 K. Pearson 提出了一个替换原则,后来人们称此方法为矩法.

替换原理常指如下两句话:

(1) 用样本矩去替换总体矩,这里的矩可以是原点矩也可以是中心距;

(2) 用样本矩的函数去替换总体矩的函数.

定义 3.11 (1) 总体 k 阶原点矩 $E(X^k)$,样本 k 阶原点矩 $\frac{1}{n}\sum_{i=1}^{n} X_i^k$, $k = 1, 2, \cdots$;

(2) 总体 k 阶中心矩 $E[X - EX]^k$,样本 k 阶中心矩 $\frac{1}{n}\sum_{i=1}^{n}(X_i - \bar{X})^k$, $k = 1, 2, \cdots$.

定义 3.12 根据替换原理,用相应的样本矩来估计总体矩,有如下常见的矩法估计形式:

(1) 用样本均值 $\bar{X}$ 估计总体均值 $E(X)$,即 $\hat{E}(X) = \bar{X}$;

(2) 用样本二阶中心距 S^2 估计总体方差 $D(X)$,即 $\hat{D}(X) = S^2$,也可以转换为如下形式

$\hat{D}(X)=\frac{1}{n}\sum_{i=1}^{n}(X_i-\bar{X})^2$；

(3) 用事件 A 出现的频率估计事件 A 发生的概率.

特别需要指出的是，由于 $D(X)=E(X^2)-[E(X)]^2$，故有

$$\hat{D}(X)=\hat{E}(X^2)-[\hat{E}(X)]^2=\frac{1}{n}\sum_{i=1}^{n}X_i^2-\bar{X}^2.$$

例 3.4　对某型号的 20 根棉线做拉力测试，观测数据如下：

29.8	27.6	28.3	27.9	30.1	28.7	29.9	28.0	27.9	28.7
28.4	27.2	29.5	28.5	28.0	30.0	29.1	29.8	29.6	26.9

这是一个容量为 20 的样本观测值，对应总体是该型号棉线的拉力值，其分布形式尚不清楚，可用矩法估计其均值、方差等. 本例中经计算有 $\bar{X}=28.695$，$S^2=0.9185$，

由此给出总体均值、方差的估计分别为 28.695，0.918 5.

例 3.5　(1) 若总体 $X\sim N(\mu,\sigma^2)$，$\mu=E(X)$，$\sigma^2=D(X)$，$X_1, X_2, \cdots, X_n$ 为来自总体的一个样本，则

$$\hat{\mu}=\hat{E}(X)=\bar{X}=\frac{1}{n}\sum_{i=1}^{n}X_i,\ \hat{\sigma}^2=\hat{D}(X)=\frac{1}{n}\sum_{i=1}^{n}(X_i-\bar{X})^2\ 或\ \frac{1}{n}\sum_{i=1}^{n}X_i^2-\bar{X}^2.$$

(2) 若 $X\sim P(\lambda)$，$\lambda=E(X)$，一个样本为 $X_1, X_2, \cdots, X_n$，则 $\hat{\lambda}=\hat{E}(X)=\bar{X}$.

(3) 若 $X\sim E(\theta)$，$\theta=E(X)$，取其中一个样本为 $X_1, X_2, \cdots, X_n$，则

$$\hat{\theta}=\bar{X}=\frac{1}{n}\sum_{i=1}^{n}X_i.$$

(4) 若 $X\sim E\left(\frac{1}{\lambda}\right)$，则有 $\frac{1}{\lambda}=E(X)$，$\lambda=\frac{1}{E(X)}$，$\hat{\lambda}=\frac{1}{\hat{E}(X)}=\frac{1}{\bar{X}}$.

例 3.6　设 $X\sim U(a,b)$，其中一个样本为 $X_1, X_2, \cdots, X_n$，求参数 a, b 的矩估计.

解　因为
$$\begin{cases}E(X)=\dfrac{a+b}{2}\Rightarrow b=2E(X)-a,\\ D(X)=\dfrac{(b-a)^2}{12}\Rightarrow\dfrac{(E(X)-a)^2}{3}=D(X),\end{cases}$$

故 $a=E(X)-\sqrt{3D(X)}$，　$b=E(X)+\sqrt{3D(X)}$.

则
$$\hat{a}=\hat{E}(X)-\sqrt{3\hat{D}(X)}=\bar{X}-\sqrt{\frac{3}{n}\sum_{i=1}^{n}(X_i-\bar{X})},$$

$$\hat{b}=\hat{E}(X)+\sqrt{3\hat{D}(X)}=\bar{X}+\sqrt{\frac{3}{n}\sum_{i=1}^{n}(X_i-\bar{X})}.$$

3. 极大似然估计及一般步骤

极大似然估计法是求估计用得最多的方法，它最早是高斯在 1821 年提出的，但一般将之归功于费希尔，因为费希尔在 1922 年再次提出了这种想法并证明了它的一些性质而使得极大似然估计法得到了广泛的应用.

例 3.7　设有两个规模完全相同的两个纺织厂，甲厂生产 99 种一级纱线和 1 种二级纱

线，乙厂生产 99 种二级纱线和 1 种一级纱线. 现将两个厂生产的纱线等量码放在一起，并从中随机抽取一种，结果得到的是一级纱线，问这种纱线是哪一个厂家生产的?

解 根据题目描述，从甲厂得到一级纱线的概率是 0.99，从乙厂得到一级纱线的概率是 0.01. 人们的第一印象就是"此纱线最像从甲厂取得的". 这个推断很符合人们的经验事实，这里"最像"就是"极大似然"的意思.

本例中假设的数据很极端. 一般地，可以设想：两个厂家各生产 100 种纱线，甲厂生产一级纱线的比例是 p_1，乙厂生产一级纱线的比例是 p_2，已知 $p_1 > p_2$，现随机抽取一厂并从中抽取一种纱线，假定抽到的是一级纱线，如果我们要在两个厂家中进行选择，由于甲厂中一级纱线的比例高于乙厂中一级纱线的比例，根据极大似然原理，我们应该推断该纱线来自甲厂.

极大似然估计的一般步骤：

设总体 X 的一个样本为 $X_1, X_2, \cdots, X_n$，由样本的独立性可得

$$f(x_1, x_2, \cdots, x_n) = f(x_1)f(x_2)\cdots f(x_n) = \prod_{i=1}^{n} f(x_i),$$

(其中 $f(x, \theta)$ 为总体 X 的分布密度函数，θ 为未知参数).

设 $\hat{\theta} = L(X_1, X_2, \cdots, X_n)$ 是 θ 的点估计量，则 $\hat{\theta} = L(X_1, X_2, \cdots, X_n)$ 取样本值 $x_1, x_2, \cdots, x_n$ 的概率应最大，于是选取 $\hat{\theta}$，使得 $x_1, x_2, \cdots, x_n$ 最可能出现，步骤如下：

(1) 构造似然函数，令 $L = f(x_1, x_2, \cdots, x_n) = \prod_{i=1}^{n} f(x_i; \theta)$；

(2) 求对数似然函数，即对上式两边取对数，得 $\ln L = \sum_{i=1}^{n} \ln f(x_i; \theta)$；

(3) 令上式导数为零，得到似然方程 $(\ln L)'_{\theta} = 0$；

(4) 解上式，求出最大值点 θ_0，则 $\hat{\theta} = \theta_0$.

例 3.8 设一个试验有三种可能结果，发生概率分别为 $p_1 = \theta^2$，$p_2 = 2\theta(1-\theta)$，$p_3 = (1-\theta)^2$. 现做了 n 次试验，观测到三种结果发生的次数分别为 $n_1, n_2, n_3 (n_1 + n_2 + n_3 = n)$，则似然函数为

$$L(\theta) = (\theta^2)^{n_1}[2\theta(1-\theta)]^{n_2}[(1-\theta)^2]^{n_3} = 2^{n_2}\theta^{2n_1+n_2}(1-\theta)^{2n_3+n_2},$$

其对数似然函数为 $\ln L(\theta) = (2n_1 + n_2)\ln\theta(2n_3 + n_2)\ln(1-\theta) + n_2\ln 2$，

将之关于 θ 求导，并令其为 0，得到似然方程为 $\dfrac{2n_1 + n_2}{\theta} - \dfrac{2n_3 + n_2}{1-\theta} = 0$，

解之，得 $\hat{\theta} = \dfrac{2n_1 + n_2}{2(n_1 + n_2 + n_3)} = \dfrac{2n_1 + n_2}{2n}$，

由于 $\dfrac{\partial^2 \ln L(\theta)}{\partial\theta^2} = -\dfrac{2n_1 + n_2}{\theta^2} - \dfrac{2n_3 + n_2}{(1-\theta)^2} < 0$，

故 $\hat{\theta}$ 是极大值点，即 $\hat{\theta}$ 是 θ 的极大似然估计.

二、估计量的评价标准

前面学习了两种参数点估计的方法，它们是矩估计法和极大似然估计法. 对于同一个未

知参数，用不同的估计法得到的点估计量一般是不相同的，那么哪一个估计量更好呢？

为此需要建立判别估计量好坏的标准，而参数 θ 的所谓“最佳估计量” $\hat{\theta}(X_1, X_2, \cdots, X_n)$ 应当在某种意义下最接近于 θ.

数理统计中给出了众多的估计量评价标准，对同一估计量使用不同的评价标准可能会得到完全不同的结论，因此，在评价某一个估计好坏时首先要说明是在哪一个标准下，否则所论好坏毫无意义.

但在诸多标准中，有一个基本标准是所有的估计都应该满足的，它是衡量一个估计是否可行的必要条件，这就是估计的一致性. 我们就从一致性开始介绍.

1. 一致性

定义 3.13　若对于任意给定的正数 ε，有 $\lim\limits_{x\to\infty}P\{|\hat{\theta}_n-\theta|<\varepsilon\}=1$，则称 $\hat{\theta}_n$ 是参数 θ 的一致估计量.

一致性被认为是对估计的一个最基本要求. 如果一个估计量，在样本量不断增大时，它都不能把被估参数估计到任意指定的精度，那么这个估计是很值得怀疑的. 通常，不满足一致性要求的估计一般不予考虑.

例 3.9　设总体 X 的期望 $E(X)=\mu$，方差 $D(X)=\sigma^2$，证明样本均值 $\bar{X}$ 是总体均值 μ 的一致估计量.

证明　因为样本 $X_1, X_2, \cdots, X_n$ 相互独立，且与总体 X 服从相同的分布，所以

$$E(X_i)=\mu,\ D(X_i)=\sigma^2,\ i=1, 2, \cdots, n,$$

于是，由切比雪夫定理知

$$\lim_{n\to\infty}P\left(\left|\frac{1}{n}\sum_{i=1}^{n}X_i-\frac{1}{n}\sum_{i=1}^{n}E(X_i)\right|<\varepsilon\right)=\lim_{n\to\infty}P(|\bar{X}-\mu|<\varepsilon)=1,$$

所以 $\bar{X}$ 是 μ 的一致估计量.

同理可以证明：设 $X_1, X_2, \cdots, X_n$ 是来自正态总体 $N(\mu, \sigma^2)$ 的样本，则

(1) $\bar{X}$ 是 μ 的一致估计量；

(2) $S_n^2=\dfrac{1}{n}\sum\limits_{i=1}^{n}(X_i-\bar{X})^2$ 是 σ^2 的一致估计量，S^2 也是 σ^2 的一致估计量.

定理 3.7　设 $\hat{\theta}=\hat{\theta}(X_1, X_2, \cdots, X_n)$ 是参数 θ 的一个估计量，若 $\lim\limits_{n\to+\infty}E(\hat{\theta}_n)=\theta$，$\lim\limits_{n\to+\infty}D(\hat{\theta}_n)=0$，则 $\hat{\theta}$ 是 θ 的一致估计量.

2. 无偏性

一致性是大样本下估计量的评价标准，对小样本而言，需要一些其他的评价标准，无偏性便是一个常用的评价标准.

由于估计量是样本的函数，是随机变量，它对于每一个样本观测值都会得到不同的估计值. 我们自然希望这些不同的估计值能以未知参数的真值为中心左右摆动，也就是希望一个好的估计量的均值等于未知参数的真值，具有这种特性的估计量，称为无偏估计量.

定义 3.14　设 $\hat{\theta}=\hat{\theta}(X_1, X_2, \cdots, X_n)$ 为未知参数 θ 的一个估计量，若 $E(\hat{\theta})=\theta$ 成立，则称 $\hat{\theta}$ 是 θ 的无偏估计量，否则称为有偏估计量.

无偏性要求可以改写为 $E(\hat{\theta}-\theta)=0$，这表示无偏估计没有系统偏差. 当我们使用 $\hat{\theta}$ 估

计 θ 时，由于样本的随机性，$\hat{\theta}$ 与 θ 总是有偏差的，这种偏差时而（对某些样本观测值）为正，时而（对另一些样本观测值）为负，时而大，时而小. 无偏性表示，把这些偏差平均起来其值为0，这就是无偏估计的含义. 而若估计不具有无偏性，则无论使用多少次，其平均值也会与参数真值有一定的距离，这个距离就是系统误差.

例 3.10 设总体 X 的均值 $E(X)=\mu$，方差 $D(X)=\sigma^2$，证明样本均值 $\bar{X}=\frac{1}{n}\sum_{i=1}^{n}X_i$ 是总体均值 μ 的无偏估计量.

证明 因为样本 $X_1, X_2, \cdots, X_n$ 相互独立，且与总体 X 服从相同分布，

所以有 $E(X_i)=\mu$, $D(X_i)=\sigma^2$, $i=1, 2, \cdots, n$,

由于 $E(\bar{X})=E\left(\frac{1}{n}\sum_{i=1}^{n}X_i\right)=\frac{1}{n}E\left(\sum_{i=1}^{n}X_i\right)=\frac{1}{n}\sum_{i=1}^{n}E(X_i)=\frac{1}{n}\sum_{i=1}^{n}\mu=\frac{1}{n}\cdot n\mu=\mu$.

所以样本均值 X 是总体均值 μ 的无偏估计量.

定理 3.8 设 $X_1, \cdots, X_n$ 为取自总体 X 的一个样本，总体 X 的均值为 μ，方差为 σ^2，则

(1) 样本均值 $\bar{X}$ 是 μ 的无偏估计量；

(2) 样本方差 S^2 是 σ^2 的无偏估计量；

(3) 样本二阶中心矩 $\frac{1}{n}\sum_{i=1}^{n}(X_i-\bar{X})^2$ 是 σ^2 的有偏估计量.

注 在数理统计中常用到最小方差无偏估计，其定义如下：

设 $X_1, X_2, \cdots, X_n$ 是取自总体 X 的一个样本，$\hat{\theta}(X_1, X_2, \cdots, X_n)$ 是未知参数 θ 的一个估计量，若 $\hat{\theta}$ 满足：(1) $E(\hat{\theta})=\theta$，即 $\hat{\theta}$ 为 θ 的无偏估计；(2) $E(\hat{\theta})\leqslant(\hat{\theta}^*)$，$\hat{\theta}^*$ 是 θ 的任一无偏估计.

则称 $\hat{\theta}$ 为 θ 的最小方差无偏估计（也称最佳无偏估计）.

3. 有效性

未知参数的无偏估计可以有很多，那么如何比较它们的好坏呢？直观的想法是无偏估计围绕参数真值的波动越小越好，也就是希望估计量 $\hat{\theta}$ 与 θ 的真值偏差越小越好，这种偏差可以用方差来衡量.

定义 3.15 设 $\hat{\theta}_1=\hat{\theta}_1(X_1, X_2, \cdots, X_n)$ 与 $\hat{\theta}_2=\hat{\theta}_2(X_1, X_2, \cdots, X_n)$ 都是参数 θ 的无偏估计量，若 $D(\hat{\theta}_1)<D(\hat{\theta}_2)$，则称 $\hat{\theta}_1$ 较 $\hat{\theta}_2$ 有效.

定义 3.16 当样本容量 n 一定时，若 θ 的所有无偏估计量中，$\hat{\theta}$ 的方差 $D(\hat{\theta})$ 最小，则称 $\hat{\theta}$ 是参数 θ 的有效估计量.

例 3.11 证明样本均值 $\bar{X}$ 作为总体均值 μ 的估计量，较个别样本 $X_i(i=1, 2, \cdots, n)$ 有效.

证明 因为 $\bar{X}$ 与 X_i 都是总体均值 μ 的无偏估计量，即

$$E(\bar{X})=\mu, E(X_i)=\mu, i=1, 2, \cdots, n,$$

又 $D(\bar{X})=D\left(\frac{1}{n}\sum_{i=1}^{n}X_i\right)=\frac{1}{n^2}\sum_{i=1}^{n}D(X_i)=\frac{1}{n^2}n\sigma^2=\frac{\sigma^2}{n}$,

而 $D(X_i)=\sigma^2$, $i=1, 2, \cdots, n$，所以当 $n\geqslant 2$ 时，$D(\bar{X})<D(X_i)$，

故样本均值 $\bar{X}$ 作为总体均值 μ 的估计量较个别样本 $X_i(i=1, 2, \cdots, n)$ 有效.

例 3.12 从总体 X 中抽取样本 X_1, X_2, X_3,证明下列三个统计量

$$\hat{\theta}_1 = \frac{X_1}{2} + \frac{X_2}{3} + \frac{X_3}{6}, \hat{\theta}_2 = \frac{X_1}{2} + \frac{X_2}{4} + \frac{X_3}{4}, \hat{\theta}_3 = \frac{X_1}{3} + \frac{X_2}{3} + \frac{X_3}{3},$$

都是总体均值 $E(X) = \mu$ 的无偏估计量,并确定哪个估计量更有效.

证明 因为 $E(\hat{\theta}_1) = E\left(\frac{X_1}{2} + \frac{X_2}{3} + \frac{X_3}{6}\right) = \frac{\mu}{2} + \frac{\mu}{3} + \frac{\mu}{6} = \mu,$

$$E(\hat{\theta}_2) = E\left(\frac{X_1}{2} + \frac{X_2}{4} + \frac{X_3}{4}\right) = \frac{\mu}{2} + \frac{\mu}{4} + \frac{\mu}{4} = \mu,$$

$$E(\hat{\theta}_3) = E\left(\frac{X_1}{3} + \frac{X_2}{3} + \frac{X_3}{3}\right) = \frac{\mu}{3} + \frac{\mu}{3} + \frac{\mu}{3} = \mu,$$

所以三个统计量都是总体均值 μ 的无偏估计量.

而 $D(\hat{\theta}_1) = D\left(\frac{X_1}{2} + \frac{X_2}{3} + \frac{X_3}{6}\right) = \frac{\sigma^2}{4} + \frac{\sigma^2}{9} + \frac{\sigma^2}{36} = \frac{28}{72}\sigma^2,$

$$D(\hat{\theta}_2) = D\left(\frac{X_1}{2} + \frac{X_2}{4} + \frac{X_3}{4}\right) = \frac{\sigma^2}{4} + \frac{\sigma^2}{16} + \frac{\sigma^2}{16} = \frac{27}{72}\sigma^2,$$

$$D(\hat{\theta}_3) = D\left(\frac{X_1}{3} + \frac{X_2}{3} + \frac{X_3}{3}\right) = \frac{\sigma^2}{9} + \frac{\sigma^2}{9} + \frac{\sigma^2}{9} = \frac{24}{72}\sigma^2,$$

且 $D(\hat{\theta}_3) = \frac{24}{72}\sigma^2$ 的值最小,所以 $\hat{\theta}_3$ 是三个估计量中的最有效估计量.

三、参数的区间估计

前面已经讨论了参数的点估计,但是对于一个估计量,人们在测量或计算时,常不以得到近似值为满足,还需估计误差,即要求知道近似值的精确程度.因此,对于未知参数 θ,除了求出它的点估计 $\hat{\theta}$ 外,我们还希望估计出一个范围,并希望知道这个范围包含参数 θ 真值的可信程度.这个范围通常用区间的形式表示,所以又称为参数的区间估计.

在生产实践中,产品在什么范围内是合格的,或者说依照什么标准给产品划分档次,就不仅需要产品的估计值,更需要给出一定的可信区间.

1. 区间估计的概念

定义 3.17 设总体 X 的分布中含有一个未知参数 θ. 若对于给定的概率 $1-\alpha$(其中 $0<\alpha<1$),存在两个统计量 $\theta_1 = \theta_1(X_1, X_2, \cdots, X_n)$ 与 $\theta_2 = \theta_2(X_1, X_2, \cdots, X_n)$,使得 $P\{\theta_1 < \theta < \theta_2\} = 1-\alpha$,则随机区间 (θ_1, θ_2) 称为参数 θ 的置信水平为 $1-\alpha$ 的置信区间.(θ_1 称为置信下限,θ_2 称为置信上限,$1-\alpha$ 称为置信水平)

注 (1) 置信区间的含义:若反复抽样多次(各次的样本容量相等,均为 n),每一组样本值确定一个区间 (θ_1, θ_2),每个这样的区间要么包含 θ 的真值,要么不包含 θ 的真值.按伯努利大数定理,在这么多的区间中,包含 θ 真值的约占 $100(1-\alpha)\%$,不包含 θ 真值的约仅占 $100\alpha\%$.例如:若 $\alpha = 0.01$,反复抽样 1 000 次,则得到的 1 000 个区间中,不包含 θ 真值的约为 10 个.

(2) 置信区间的长度表示估计结果的精确性,而置信水平表示估计结果的可靠性.对于

置信水平为 $1-\alpha$ 的置信区间 (θ_1, θ_2)，一方面置信水平 $1-\alpha$ 越大，估计的可靠性越高；另一方面区间 (θ_1, θ_2) 的长度 2ε 越小，估计的精确性越好. 但这两方面通常是矛盾的，提高可靠性通常会使精确性下降（区间长度变大），而提高精确性通常会使可靠性下降（$1-\alpha$ 变小），所以要找两方面的平衡点.

总结 置信度与精度之间有如下关系：

(1) 当置信度 $1-\alpha$ 增大，又样本容量 n 固定时，置信区间长度增大，即区间估计精度降低；当置信度 $1-\alpha$ 减小，又样本容量 n 固定时，置信区间长度减小，即区间估计精度提高.

(2) 设置信度 $1-\alpha$ 固定，则样本容量 n 增大时，置信区间长度减小，区间估计精度提高.

2. 分位点

在学习区间估计方法之前，我们先介绍标准正态分布的 α 分位点概念.

设 $X \sim N(0, 1)$，若 U_α 满足条件 $P\{X > U_\alpha\} = \alpha$，$0 < \alpha < 1$，则称点 U_α 为标准正态分布的 α 分位点.

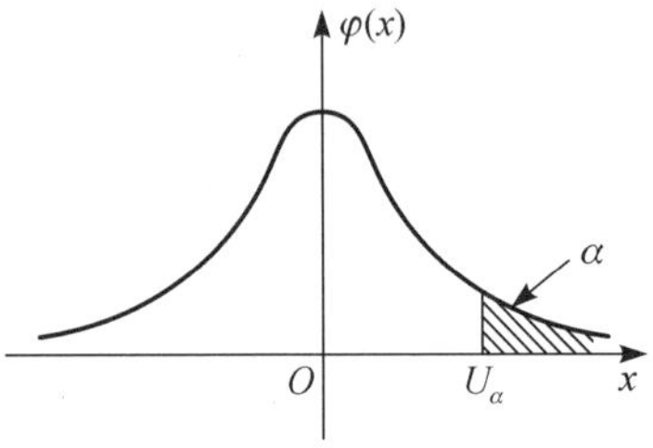

图 3-1

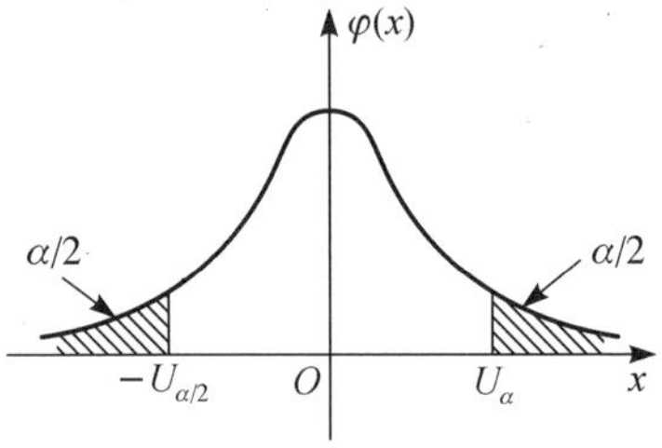

图 3-2

如求 $U_{0.01}$，按照 α 分位点定义，我们有 $P\{X > U_{0.01}\} = 0.01$，则 $P\{X \leqslant U_{0.01}\} = 0.99$，即 $\Phi(U_{0.01}) = 0.99$. 查表可得 $U_{0.01} = 2.327$. 又由 $\varphi(x)$ 图形的对称性知 $U_{1-\alpha} = -U_\alpha$.

表 3-1 列出了几个常用的 U_α 值.

表 3-1

α	0.001	0.005	0.01	0.025	0.05	0.10
U_α	3.090	2.576	2.327	1.960	1.645	1.282

3. 正态总体均值 μ 的区间估计

设已给定置信水平为 $1-\alpha$，总体 $X \sim N(\mu, \sigma^2)$，$X_1, X_2, \cdots, X_n$ 为一个样本，$\bar{X}$ 和 S^2 分别是样本均值和样本方差.

(1) σ^2 已知时，μ 的置信区间

我们知道 $\bar{X}$ 是 μ 的无偏估计，且有统计量 $\dfrac{\bar{X}-\mu}{\sigma/\sqrt{n}} \sim N(0, 1)$. 由标准正态分布的上 α 分位点的定义，有 $P\left\{\left|\dfrac{\bar{X}-\mu}{\sigma/\sqrt{n}}\right| < U_{\alpha/2}\right\} = 1-\alpha$，即

$$P\left\{\bar{X} - \frac{\sigma}{\sqrt{n}}U_{\alpha/2} < \mu < \bar{X} + \frac{\sigma}{\sqrt{n}}U_{\alpha/2}\right\} = 1-\alpha.$$

这样，就得到了 μ 的一个置信水平为 $1-\alpha$ 的置信区间 $\left(\bar{X} - \dfrac{\sigma}{\sqrt{n}}U_{\alpha/2}, \bar{X} + \dfrac{\sigma}{\sqrt{n}}U_{\alpha/2}\right)$.

说明　实际应用中，常用$\left(\bar{X}\pm\frac{\sigma}{\sqrt{n}}U_{\alpha/2}\right)$表示置信区间$\left(\bar{X}-\frac{\sigma}{\sqrt{n}}U_{\alpha/2},\ \bar{X}+\frac{\sigma}{\sqrt{n}}U_{\alpha/2}\right)$.

例 3.13　从某厂生产的某种股线中随机抽取 10 个，测得股线的强力(单位：千克)：14.6，15.0，14.7，15.1，14.9，14.8，15.0，15.1，15.2，14.8.

若股线强力服从正态分布 $N(\mu,\sigma^2)$，并且已知 $\sigma=0.16$，求滚珠直径均值 μ 的置信水平为 95%的置信区间.

解　计算样本均值 $\bar{X}=14.92$，置信水平 $1-\alpha=0.95$，$\alpha=0.05$，查表得 $U_{\alpha/2}=U_{0.025}=1.96$. 由此得 μ 的置信水平为 95% 的置信区间为$\left(\bar{X}\pm\frac{\sigma}{\sqrt{n}}U_{\alpha/2}\right)=\left(14.92\pm\frac{0.16}{\sqrt{10}}\times1.96\right)$，即 $(14.92-0.099,\ 14.92+0.099)=(14.821,\ 15.019)$. (图 3-3)

(2) σ^2 未知时，μ 的置信区间

此时不能使用$\left(\bar{X}\pm\frac{\sigma}{\sqrt{n}}U_{\alpha/2}\right)$，因为其中包含了未知参数 σ. 考虑到 S^2 是 σ^2 的无偏估计，将上述区间中的 σ 换成 $S=\sqrt{S^2}$. 已知统计量$\frac{\bar{X}-\mu}{S/\sqrt{n}}\sim t(n-1)$，可得

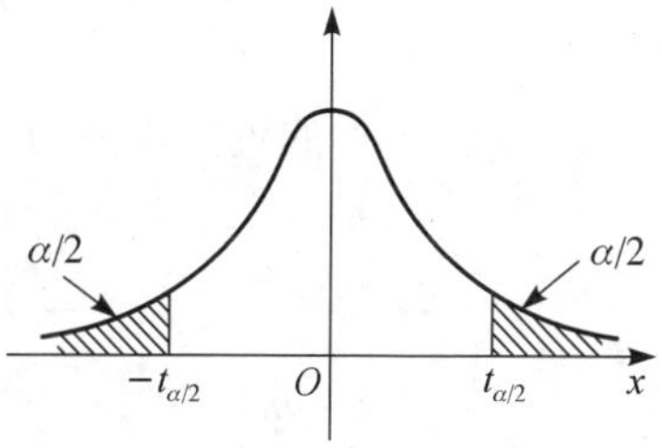

图 3-3

$$P\left\{-t_{\alpha/2}(n-1)<\frac{\bar{X}-\mu}{\sigma/\sqrt{n}}<t_{\alpha/2}(n-1)\right\}=1-\alpha,$$

即 $P\left\{\bar{X}-\frac{S}{\sqrt{n}}t_{\alpha/2}(n-1)<\mu<\bar{X}+\frac{S}{\sqrt{n}}t_{\alpha/2}(n-1)\right\}=1-\alpha$,

于是得，μ 的一个置信水平为 $1-\alpha$ 的置信区间$\left(\bar{X}\pm\frac{S}{\sqrt{n}}t_{\alpha/2}(n-1)\right)$.

例 3.14　例 3.13 中，若 σ^2 未知，求滚珠直径均值 μ 的置信水平为 95%的置信区间.

解　由已知计算得 样本均值 $\bar{X}=14.92$，样本标准差 $S=0.193$；置信水平 $1-\alpha=0.95$，$\alpha=0.05$，自由度 $n-1=10-1=9$；

查表得 $t_{\alpha/2}(n-1)=t_{0.025}(9)=2.26$.

由此得 μ 的置信水平为 95%的置信区间为

$$\left(\bar{X}\pm\frac{S}{\sqrt{n}}t_{\alpha/2}(n-1)\right)=\left(14.92\pm\frac{0.193}{\sqrt{10}}\times2.26\right).$$

即 所求置信区间 $(14.92-0.138,\ 14.92+0.138)=(14.782,\ 15.058)$

注　比较 σ^2 已知和 σ^2 未知情况下的 μ 的置信区间，可以发现：当 σ^2 未知时，μ 的置信区间长度比 σ^2 已知时的置信区间长度长.

这表明当未知条件增多时，估计的精确程度变差，这也符合人们的直观感觉.

4. 正态总体方差 σ^2 的区间估计

1) μ 已知时，σ^2 的置信区间

已知$\frac{1}{\sigma^2}\sum_{i=1}^{n}(X_i-\mu)^2\sim\chi^2(n)$，但是 χ^2 分布的概率密度图形不是对称的，对于已给的置

信水平 $1-\alpha$，要想找到最短的置信区间是困难的. 因此，习惯上仍然取对称的分位点 $\chi^2_{1-\alpha/2}$ 和 $\chi^2_{\alpha/2}$，可得 $P\left\{\chi^2_{1-\alpha/2}(n) < \frac{1}{\sigma^2}\sum_{i=1}^{n}(X_i-\mu)^2 < \chi^2_{\alpha/2}(n)\right\} = 1-\alpha$.

即 $$P\left\{\frac{\sum_{i=1}^{n}(X_i-\mu)^2}{\chi^2_{\alpha/2}(n)} < \sigma^2 < \frac{\sum_{i=1}^{n}(X_i-\mu)^2}{\chi^2_{1-\alpha/2}(n)}\right\} = 1-\alpha.$$

于是得到方差 σ^2 的一个置信水平为 $1-\alpha$ 的置信区间 $\left(\frac{\sum_{i=1}^{n}(X_i-\mu)^2}{\chi^2_{\alpha/2}(n)}, \frac{\sum_{i=1}^{n}(X_i-\mu)^2}{\chi^2_{1-\alpha/2}(n)}\right)$.

例 3.15 在例 3.13 中，若 $\mu=14.9$，求方差 σ^2 的置信水平为 95% 的置信区间.

解 因为 $\mu=14.9$，置信水平 $1-\alpha=0.95$，$\alpha=0.05$，自由度 $n-1=10-1=9$，查表得 $\chi^2_{\alpha/2}(n)=\chi^2_{0.025}(10)=20.5$，$\chi^2_{1-\alpha/2}(n)=\chi^2_{0.975}(10)=3.25$.

则方差 σ^2 的置信水平为 95% 的置信区间为

$$\left(\frac{\sum_{i=1}^{n}(X_i-\mu)^2}{\chi^2_{\alpha/2}(n)}, \frac{\sum_{i=1}^{n}(X_i-\mu)^2}{\chi^2_{1-\alpha/2}(n)}\right) = \left(\frac{\sum_{i=1}^{10}(x_i-14.9)^2}{20.5}, \frac{\sum_{i=1}^{10}(x_i-14.9)^2}{3.25}\right),$$

即所求置信区间为 $\left(\frac{0.34}{20.5}, \frac{0.34}{3.25}\right)=(0.0166, 0.1046)$.

2) μ 未知时，σ^2 的置信区间

因为 σ^2 的无偏估计为 S^2，且统计量 $\frac{(n-1)S^2}{\sigma^2} \sim \chi^2(n-1)$，

所以取分位点 $\chi^2_{1-\alpha/2}$ 和 $\chi^2_{\alpha/2}$，可得 $P\left\{\chi^2_{1-\alpha/2}(n-1) < \frac{(n-1)S^2}{\sigma^2} < \chi^2_{\alpha/2}(n-1)\right\} = 1-\alpha$，

即 $$P\left\{\frac{(n-1)S^2}{\chi^2_{\alpha/2}(n-1)} < \sigma^2 < \frac{(n-1)S^2}{\chi^2_{1-\alpha/2}(n-1)}\right\} = 1-\alpha,$$

于是得到方差 σ^2 的一个置信水平为 $1-\alpha$ 的置信区间为

$$\left(\frac{(n-1)S^2}{\chi^2_{\alpha/2}(n-1)}, \frac{(n-1)S^2}{\chi^2_{1-\alpha/2}(n-1)}\right).$$

由此，还可以得到标准差 σ 的一个置信水平为 $1-\alpha$ 的置信区间

$$\left(\sqrt{\frac{(n-1)S^2}{\chi^2_{\alpha/2}(n-1)}}, \sqrt{\frac{(n-1)S^2}{\chi^2_{1-\alpha/2}(n-1)}}\right) = \left(\frac{\sqrt{(n-1)}S}{\sqrt{\chi^2_{\alpha/2}(n-1)}}, \frac{\sqrt{(n-1)}S}{\sqrt{\chi^2_{1-\alpha/2}(n-1)}}\right).$$

注 在实际问题中，对 σ^2 做估计的时候，一般均是 μ 未知的情况.
因此，要重点掌握 μ 未知条件下求 σ^2 的置信区间问题.

例 3.16 在例 3.13 中，若未知 μ，求 σ^2 的置信水平为 95% 的置信区间.

解 因为 μ 未知，所以计算样本方差得 $s^2=0.0373$，

又置信水平 $1-\alpha=0.95$，$\alpha=0.05$，自由度 $n-1=10-1=9$，

查表得 $\chi^2_{\alpha/2}(n-1)=\chi^2_{0.025}(9)=19.0$，$\chi^2_{1-\alpha/2}(n-1)=\chi^2_{0.975}(9)=2.70$，

则方差 σ^2 的置信水平为 95%的置信区间为

$$\left(\frac{(n-1)S^2}{\chi^2_{\alpha/2}(n-1)},\frac{(n-1)S^2}{\chi^2_{1-\alpha/2}(n-1)}\right)=\left(\frac{9\times 0.0373}{19.0},\frac{9\times 0.0373}{2.70}\right),$$

即所求置信区间为(0.017 7，0.124 3).

四、结语

参数估计就是用样本统计量去估计总体的参数，它的方法有点估计和区间估计两种.

1. 点估计是用估计量的某个取值直接作为总体参数的估计值. 点估计的缺陷是没法给出估计的可靠性，也没法说出点估计值与总体参数真实值接近的程度.

2. 区间估计是在点估计的基础上给出总体参数估计的一个估计区间，该区间通常是由样本统计量加减估计误差得到的. 在区间估计中，由样本估计量构造出的总体参数在一定置信水平下的估计区间称为置信区间. 统计学家在某种程度上确信这个区间会包含真正的总体参数.

在区间统计中，置信度越高，置信区间越大. 置信水平为 $1-\alpha$，α 为小概率事件或者不可能事件，常用的置信水平值为 99%，95%，90%，对应的 α 为 0.01，0.05，0.1.

置信区间是一个随机区间，它会因样本的不同而变化，而且不是所有的区间都包含总体参数.

3. 一个总体参数的区间估计，需要考虑总体是否为正态分布，总体方差是否已知，用于估计的样本是大样本还是小样本等.

(1) 来自正态分布的样本均值，不论抽取的是大样本还是小样本，均服从正态分布；

(2) 总体不是正态分布，大样本的样本均值服从正态分布，小样本的服从 t 分布；

(3) 不论已判断是正态分布还是 t 分布，如果总体方差未知，都按 t 分布来处理；

(4) t 分布比标准正态分布平坦，比标准正态分布离散，随着自由度的增大，t 分布逐渐趋近于标准正态分布；

(5) 样本均数服从的正态分布为 $N\left(\mu_0,\frac{\sigma^2}{n}\right)$远远小于原变量离散程度 $N(\mu_0,\sigma^2)$.

测试训练二

1. 设总体 X 在$[a,b]$上服从均匀分布，a 和 b 未知，X_1，X_2，…，X_n 是来自总体 X 的一个样本. 试求 a，b 的矩估计量.

2. 设 $X\sim B(1,p)$，X_1，X_2，…，X_n 取自总体 X. 试求参数 p 的极大似然估计.

3. 设总体 $X\sim U(0,\theta)$，其中 $\theta>0$，现从该总体中抽取容量为 10 的样本，样本值为

0.5，1.3，0.6，1.7，2.2，1.2，0.8，1.5，2.0，1.6.

求参数 θ 的矩法估计及极大似然估计.

4. 设总体 X 服从$[0,\theta]$上的均匀分布，θ 未知. X_1，X_2，…，X_n 为总体 X 的一个样本，x_1，x_2，…，x_n 为样本值. 试求 θ 的极大似然估计.

5. 设总体 $X\sim N(0,\sigma^2)$，x_1，x_2，…，x_n 是来自这一总体的样本.

(1) 证明$\hat{\sigma}^2 = \frac{1}{n}\sum_{i=1}^{n} x_i^2$是$\sigma^2$的无偏估计； (2) 求$D(\hat{\sigma}^2)$.

6. 假设在某省抽样调查的1 600名城镇待业人员中有1 024名青年，求待业人员中青年占比重的0.95置信区间.

7. 已知初婚年龄服从正态分布，根据21个人的抽样调查有：$\bar{X} = 23.5$(岁)，$S = 3$(岁)，求置信水平为95%的初婚年龄的置信区间.

(已知$t_{0.05}(21) = 1.721 t_{0.05}(20) = 1.725 t_{0.025}(21) = 2.080 t_{0.025}(20) = 2.086$).

8. 某厂纺织女工从事家务劳动时间服从正态分布$N(\mu, 0.66^2)$. 根据36人的随机抽样调查，每天平均从事家务劳动时间$\bar{X}$为：$\bar{X} = 2.65$小时. 求μ的双侧置信区间(置信度取0.95和0.99两种).

9. 某工厂根据200名青年职工的抽样调查，得知其中有60%参加各种形式的业余学习. 求青年职工参加业余学习成数的区间估计(置信水平取0.90).

10. 某企业有职工1 385人，现从中随机抽出50人调查其工资收入情况如下：

表3-2

周收入(元)	220	285	310	330	375	405	440	495	530
工人数(人)	4	6	6	8	10	7	4	3	2

试以0.95的置信度估计该企业职工的月平均工资收入所在范围.

任务三 假设检验

知识目标

理解概念：假设检验、待验假设、备择假设、显著性水平、两类错误、U-检验、t-检验、拒绝域.

掌握题型：单个正态母体参数的假设检验(U-检验、t-检验)、两正态总体均值差的检验、大样本的U检验.

能力目标

通过学习假设检验基本思想及解题方法，提高学生对产品质量的检验与监管水平，对学生职业基本能力的综合能力的提高奠定坚实基础.

一、假设检验的基本思想和概念

1. 小概率事件及其实际不可能性原理

(1) 小概率事件：随机事件的概率表示随机事件在一次试验中出现的可能性大小. 若随机事件的概率很小，例如小于0.05，0.01，0.001，称为小概率事件.

(2) 小概率事件实际不可能性原理：小概率事件在一次试验中出现的可能性很小，不出现的可能性很大，以至于实际上可以看成是不可能发生的，这就是实际不可能性原理，亦称为小概率原理.

说明 小概率事件实际不可能性原理是统计学进行假设检验(显著性检验)的基本依据.

2. 假设检验的概念

简单地说，假设检验是借助样本信息、运用合适的统计量，对总体特征的某些假设做出检验的统计方法.

引例　在进行一项教学方法改革实验之前,我们可在同一年级随机抽取 30 人的样本进行短期(如只讲一章)的微型试验.试验后对全年级进行统一测验,取得全年级的平均成绩 μ_0、标准差 σ 和 30 人样本的平均分 $\bar{X}$.据这些资料,如何决断是否应进行这项教改实验?

分析　(1) 我们可以把 30 人的实验组看成来自广泛进行实验的总体中的一个样本,这个假定的总体在统一测验中的平均成绩是 μ,是一个未知数,而标准差与全年级的实测标准差视为一样,均为 σ.

(2) 本例的目的是判断实验总体的平均分 μ 与全年级实际总体的平均分 μ_0 是否不同.

方法　作假设 $H_0: \mu = \mu_0$,这个假设称为待验假设,通常又称为零假设.

(1) 当 H_0 为真时,表明实验总体与实际总体无区别,即没有进行这项教改实验的必要;

(2) 当 H_0 不真($\mu \neq \mu_0$)且 $\mu > \mu_0$ 时,表示这项教改有成效,实验可进行下去;而 $\mu < \mu_0$ 时,则表明实验是失败的.

由此得统计假设检验的概念如下:

定义 3.18　对母体的分布类型或分布中某些未知参数作某种假设,然后由抽取的样本所提供的信息对假设的正确性进行判断的过程,称为统计假设检验,简称假设检验.

(1) 在假设检验中,希望通过研究来加以证实的假设,用 H_1 表示,称为备择假设.

(2) 与 H_1 对立的假设,用 H_0 表示,称为零假设或待检假设.

(3) 若 H_0 能完全确定母体分布的假设,则称为简单统计假设或简单假设(如例 3.1),否则称为复合统计假设或复合假设.

(4) 只对总体分布中未知参数或数字特征作假设检验的类型,称为参数的假设检验.(如引例与例 3.17),这类问题一般对总体分布的类型有一定了解.

(5) 对总体分布的情况了解不多,而需对其分布类型进行假设检验时,称这样类型的检验为拟合检验,这类检验属于非参数检验.

(6) 只对 H_0 作接受或否定的检验,称作显著性假设检验(如例 3.1).

① 称 α 为显著性水平,简称水平;

② α 也是判断零假设 H_0 真伪的依据(一般取 α 为 0.01, 0.05, 0.01 等)(较规范).

二、显著性假设检验的一般步骤

(1) 根据实际问题提出原假设 H_0 及备择假设 H_1.

(2) 构造一个合适的检验统计量,此处不妨设它为 U(其构造以能反映相对差异,且在 H_0 为真时,较易确定其分布为准).

(3) 给定显著性水平 α,并在 H_0 为真的假定下,由 U 的分布确定出临界值 μ_0 进而求出拒绝域 W.

(4) 由样本观察值计算检验统计量 U 的值 u,视其是否落入 W 做出拒绝或接受 H_0 的判断(这样的 W 称为拒绝域).

例 3.17　设某厂生产的一种灯管的寿命 $\xi \sim N(\mu, 40\,000)$,从过去较长一段时间的生产情况来看,灯管的平均寿命 $\mu_0 = 1\,500$ 小时,现在采用新工艺后,在所生产的灯管中抽取 25 只,测得平均寿命 $\bar{X} = 1\,675$ 小时,问采用新工艺后,灯管寿命是否有显著提高?

分析 本例的问题是:需检验采用新工艺后,是否有灯管寿命 $\mu>\mu_0$.

(1) 因为直接利用所取的样本来推断 H_0 是否为真,比较困难,所以必需构造一个适用于检验 H_0 的统计量.此处自然想到选用 μ 的无偏估计量 $\bar{\xi}$ 比较合适.

(2) 据已知 $\bar{\xi}$ 的观察值为 $\bar{X}=1\,675>1\,500=\mu_0$,分析造成这种差异的原因,有两种可能:一种可能是采用新工艺后,确实有 $\mu>\mu_0$,另一种可能是纯粹由随机抽样引起,属随机误差.若是后者,$\bar{X}-\mu_0$ 不应太大,如 $\bar{X}-\mu_0$ 大到一定程度,就应怀疑 H_0 不真.也就是说,根据 $\bar{X}-\mu_0$ 的大小就能对 H_0 作检验.

(3) 在数理统计中,就是要按一定原则找一个常数 K 作为界,当 $\bar{X}-\mu_0>K$ 时就认为 H_0 不真,而接受 H_1,反之若 $\bar{X}-\mu_0\leqslant K$,则接受 H_0,这就是假设检验的基本思想.

(4) 那么又如何确定 K 呢? 由于 $\bar{X}$ 是 $\bar{\xi}$ 的观察值,所以应由 $\bar{\xi}$ 的分布来确定 K.

若 H_0 为真,$\bar{\xi}\sim N\left(\mu_0,\dfrac{\sigma^2}{n}\right)$,将其标准化,所得的统计量记为

$$U=\frac{\bar{\xi}-\mu_0}{\sigma}\sqrt{n}=\frac{\bar{\xi}-1\,500}{200}\sqrt{25}.$$

结论 若 H_0 为真,则 $U\sim N(0,1)$.

解 (1) 做待验假设 $H_0:\mu=\mu_0(1\,500)$,并称 $H_1:\mu>\mu_0$ 为备择假设.

(2) 取统计量 $U=\dfrac{\bar{\xi}-\mu_0}{\sigma}\sqrt{n}=\dfrac{\bar{\xi}-1\,500}{200}\sqrt{25}$,取 $\alpha=0.05$,由 $P\{u\geqslant u_{1-\alpha}\}=\alpha$,查表得 $u_{1-\alpha}=1.65$,($u_{1-\alpha}$ 为该处临界值)(它相当于上面的 K 值).

(3) 由 $\bar{X}=1675$,$\mu_0=1500$,算得 U 的观察值为 $U=4.375>1.65=u_{1-\alpha}$,所以按"小概率原则",应否定 H_0,接受 H_1.即采用新工艺后,灯泡平均寿命有显著提高.

三、假设检验的概率论依据

假设检验的概率论依据与贯穿其中的辩证哲理息息相关,原则上这种辩证哲理在检验过程中的每一步都有体现.

1. 待验假设 H_0 的三种类型及取法(以正态总体的均值检验为例)

1) 正态总体均值检验类型汇总表(表 3-3)

表 3-3

检验类型	单个正态总体	两个正态总体
双边检验	$H_0:\mu=\mu_0$	$H_0:\mu_1=\mu_2$
单边右侧检验	$H_0:\mu\leqslant\mu_0$	$H_0:\mu_1\leqslant\mu_2$
单边右侧检验	$H_0:\mu\geqslant\mu_0$	$H_0:\mu_1\geqslant\mu_2$

2) 检验类型取法原则

(1) 单纯考察差异的显著性,则选择双边检验;

(2) 要进行合格与否或大与小、强与弱的比较,则应选择单边检验.至于选择左侧还是

右侧检验，则一般要根据具体题设问题的性质与提法确定.

一般原则：凡论及质量是否合格(或某个指标是否达到)的情形，则往往从否定条件误差的乐观原则出发，待验假设 H_0 以认可合格(或达标)的方式给出；凡涉及改革操作工艺、变动材料配方后，某个参数是否显著变大(或变小)的情形，通常从偏护原有工艺、配方的保守原则出发，待验假设 H_0 采取未变大(或未变小)的方式给出.

2. 检验法的核心在于确定拒绝域

选择合适的统计量是实现对 H_0 检验的关键，对于不同的检验，拒绝域的确定与统计量及显著性水平 α 都有关系.

只有在拒绝域建立起来之后，才有可能在抽样的基础上对 H_0 做出拒绝或接受的判断.

从这个意义上说，一个拒绝域必将对应着一个检验方法.

3. 显著性水平 α 体现了对于待验假设 H_0 的保护

检验实践表明，待验假设 H_0 始终处于保护地位. 事实上，只有当发现了不利于 H_0 成立的显著证据时，才能拒绝 H_0 的判断；否则，由于未获得显著证据而决不轻易拒绝 H_0，这样处理的本身就是对 H_0 的保护.

另外，对于一个真实的 H_0，被拒绝的概率恰为显著性水平 α，而这里的 α 通常是一个小概率. 因此，相对而言，真实的 H_0 被拒绝的概率相当小.

4. 拒绝 H_0 的概率论依据

假设检验的推理是在假设 H_0 成立下进行的. 若推理过程中出现了实际上不该发生的小概率事件，自然就怀疑 H_0 的真实性而予以拒绝，这个过程就是反证法思想的直接体现. 不过这里的反证法对假设否定(拒绝)的依据，不是数学上公认的绝对结果，而是概率论上的实际推断原理，这便是所谓概率性质的反证法.

按照反证法的思路，这里对 H_0 的拒绝是以事实上出现了在一次实验中本不该发生的小概率事件为显著证据. 而这点不仅是拒绝 H_0 的概率论依据，也是假设检验的概率论依据.

5. 假设检验中的两类错误

由于检验原假设 H_0 时，是根据一次抽样后所得的样本值是否落在拒绝域 W 中而做出拒绝或接受原假设 H_0，因此检验的结果往往因为提供信息的不完备而出现结果与真实情况不吻合的情形. 此时，假设检验就会因出现误判而犯错误(表 3-4).

1) 第Ⅰ类错误(拒真错误)

原假设 H_0 为真时，但由于随机性样本观测值落在拒绝域中，而拒绝原假设 H_0 的错误. 其发生的概率为犯第Ⅰ类错误的概率，又称为拒真概率.

即 H_0 本来正确，却拒绝了它.

说明 犯第Ⅰ类错误的概率为 α(α 为显著性水平)，即 $P\{拒绝H_0 \mid H_0 为真\} = \alpha$.

2) 第Ⅱ类错误(受伪错误)

原假设 H_0 不真，但由于随机性样本观测值落在接受域中，从而使原假设 H_0 被接受，这种错误称为第Ⅱ类错误，其发生的概率为受伪概率.

即 H_0 本来不真，却接受了它.

说明 犯第Ⅱ类错误的概率记为 β，即 $P\{接受H_0 \mid H_1 为真\} = \beta$.

表 3-4

真实情况（未知）	所做决策	
	接受 H_0	拒绝 H_0
H_0 为真	正确	犯第Ⅰ类错误
H_0 不真	犯第Ⅱ类错误	正确

在实际问题中，为确保检验效果，理想的情形是希望犯这两类错误的概率都尽可能小(即 α 和 β 都尽可能小，甚至都为 0)；而实际上，当样本容量 n 固定时，减少其中某一类错误的概率，将会导致另一类错误的增大，即欲使 α 和 β 都很小是办不到的. 为此，必须深入分析两类错误度不同性质问题造成的影响情况，合理限制某一类错误发生的概率. 有效的方法一般是：先控制 α，再使 β 尽可能小.

四、单个正态母体参数的假设检验

1. U-检验(σ^2 已知)

设 $\xi_1, \xi_2, \cdots, \xi_n$ 为取自正态母体 $N(\mu, \sigma^2)$ 的一个样本，$\sigma^2=\sigma_0^2$ 为已知常数，

检验 $H_0: \mu=\mu_0$(μ_0 已知)(这里视 $H_1: \mu\neq\mu_0$)

选用统计量 $U=\dfrac{\bar{\xi}-\mu_0}{\sigma_0}\sqrt{n}\overset{H_0\text{真}}{\sim}N(0, 1)$，

对给定的水平 α 由 $P\{|U|\geqslant u_{1-\frac{\alpha}{2}}\}=\alpha$，查表得临界值 $u_{1-\frac{\alpha}{2}}$，确定拒绝域为 $W=\{U: |U|\geqslant u_{1-\frac{\alpha}{2}}\}$，(其中 U 为样本的观察值).

例 3.18 某区进行数学统考，初二年级平均成绩为 75.6 分，标准差为 7.4 分，从该区某中学中抽取 50 位初二学生，测得平均数学统考成绩为 78 分，试问该中学初二的数学成绩与全区数学成绩有无显著差异?

分析与解 该例中总体为全区初二的数学统考成绩，但是否服从正态分布我们并不知道.

但由中心极限定理，U 统计量的极限分布为 $N(0.1)$分布，因此当样本容量较大时(一般是 $n\geqslant 30$)，无论母体是什么分布，仍可用 U 检验，

为此，当取 $\alpha=0.05$ 时，由 $P\{|U|\geqslant u_{1-\frac{\alpha}{2}}\}=0.05$，查表得 $u_{1-\frac{\alpha}{2}}=1.96$.

由 $\mu_0=75.6$，$\sigma_0=7.4$，$n=50$，$\bar{x}=78$，得 $U=\dfrac{78-75.6}{7.4}\sqrt{50}\cong 2.29$.

因 $|U|=2.29>1.96$. 故应拒绝 $H_0: \mu=\mu_0$，即认为该中学初二数学成绩与全区成绩有显著差异.

问题 例 3.17 与例 3.18 的拒绝域 W 有什么区别?

(1) 例 3.17 的 $W=(\mu_{1-\alpha}, +\infty)$，这是因为备选假设为 $H_1: \mu>\mu_0$，是单侧的；

(2) 例 3.18 的 $W=(-\infty, -u_{1-\frac{\alpha}{2}}]\cup[u_{1-\frac{\alpha}{2}}, +\infty)$]，这是因为其 H_1 是 H_0 的否定，$H_1: \mu\neq\mu_0$ 为双侧的.

为此，称例 3.17 的 U-检验为单边(侧)检验(此例为右边检验)，例 3.18 为双边(侧)检验. 下面介绍的检验法亦有双侧、单侧之分，将不再重述.

2. t-检验(σ^2 未知)

分析 做单个母体均值的 U 检验,要求总体标准差已知,但在实际应用中,σ^2 往往并不知道,自然想到用 σ^2 的无偏估计 $S_n^{*2}=\frac{n}{n-1}S_n^2$ 来代替它,便得到 t-检验法.

方法 $\xi_1, \xi_2, \cdots, \xi_n$ 为取自母体 $N(\mu, \sigma^2)$ 的样本,需检验 $H_0: \mu=\mu_0$, $H_1: \mu \neq \mu_0$

(1) 选用统计量 $T=\frac{\bar{\xi}-\mu_0}{S_n^*}\sqrt{n}=\frac{\bar{\xi}-\mu_0}{S_n}\sqrt{n-1} \overset{H_0\text{具}}{\sim} t(n-1)$;

(2) 由给定的水平 α 及 $P\{|T| \geqslant t_{1-\frac{\alpha}{2}}\}=\alpha$,查表定出临界值 $t_{1-\frac{\alpha}{2}}$;

(3) 确定拒绝域为 $W=\{|T| \geqslant t_{1-\frac{\alpha}{2}}\}$.

例 3.19 健康成年男子脉搏平均为 72 次/分钟,高考体检时,某校参加体检的 26 名男生的脉搏平均为 74.2 次/分钟,标准差为 6.2 次/分钟,问此 26 名男生每分钟脉搏次数与一般成年男子有无显著差异?($\alpha=0.05$)

分析 题意是问 26 名男生是否来自 $\mu_0=72$ 的总体,由于总体方差未知,只能用 t-检验.

解 假设 $H_0: \mu=\mu_0 \longleftrightarrow H_1: \mu \neq \mu_0$ 取统计量 $t=\frac{\bar{x}-\mu_0}{S}\sqrt{n-1}$,则 ($H_0$ 真时),$T=\frac{\bar{\xi}-\mu_0}{S}\sqrt{n-1} \sim t(25)$.

由 $\bar{x}=74.2$, $\mu_0=72$, $S=6.2$,得 $t=\frac{\bar{x}-\mu_0}{S}\sqrt{n-1}=\frac{74.2-72}{6.2/\sqrt{26-1}}=1.774$.

由 $\alpha=0.05$,按 $P\{|T|>t_{1-\frac{\alpha}{2}}\}=\alpha=0.05$ 得 $t_{0.975}=2.06$.

由于 $|1.774|<2.06$,故接受 H_0,即认为此 26 名男生每分钟脉搏次数与一般成年男子无显著差别.

五、两正态总体均值差的检验

1. 方差相齐的均值差检验

设 $\xi_1, \xi_2, \cdots, \xi_{n1}$ 是取自正态母体 $N(\mu_1, \sigma^2)$ 的样本,$\eta_1, \eta_2, \cdots, \eta_{n2}$ 是取自正态母体 $N(\mu_2, \sigma^2)$ 的样本,且两个样本相互独立,σ^2 未知,检验

$H_0: \mu_1=\mu_2$(或 $\mu_1-\mu_2=0$) $\longleftrightarrow H_1: \mu_1 \neq \mu_2$,

记这两个样本的均值和方差的无偏估计分别为

$$\bar{\xi}=\frac{1}{n_1}\sum_{i=1}^{n_1}\xi_i,\ \bar{\eta}=\frac{1}{n^2}\sum_{i=1}^{n_2}\eta_i,\ S_{1n_1}^{*2}=\frac{n_1}{n_1-1}S_{1n_1}^2=\frac{1}{n_1-1}\sum_{i=1}^{n_1}(\xi_i-\bar{\xi})^2,$$

$$S_{2n_2}^{*2}=\frac{n_2}{n_2-1}S_{2n_2}^2=\frac{1}{n_2-1}\sum_{i=1}^{n_2}(\eta_i-\bar{\eta})^2.$$

选用检验统计量 $T=\frac{\bar{\xi}-\bar{\eta}}{S_w\sqrt{\frac{1}{n_1}+\frac{1}{n_2}}}$,

$$(\text{其中 } S_w^2=\frac{\sum_{i=1}^{n_1}(\xi_i-\bar{\xi})^2+\sum_{i=1}^{n_2}(\eta_i-\bar{\eta})^2}{n_1+n_2-2}=\frac{(n_1-1)S_{1n_1}^{*2}+(n_2-1)S_{2n_2}^{*2}}{n_1+n_2-2}$$

$$=\frac{n_1S_{1n_1}^2+n_2S_{2n_2}^2}{n_1+n_2-2}.)$$

t-检验统计量 $T\overset{H_0\text{真}}{\sim}t(n_1+n_2-2)$，对给定的水平 α，在 H_0 为真时，按 $P\{|T|>t_{1-\frac{\alpha}{2}}\}=\alpha$，

查表定出临界值 $t_{1-\frac{\alpha}{2}}$. 确定拒绝域 $W=\{t: |t|>t_{1-\frac{\alpha}{2}}\}$，

当 T 的观察值 $t\in W$ 时，则拒绝 H_0，否则接受 H_0.

2. 方差不齐的均值差检验

由于方差不齐，不能用前面前述 t 检验来检验均值是否相等，可用下面的 T' 检验，即用统计量 T' 检验 $H_0: \mu_1=\mu_2$，$T'=\dfrac{\bar{\xi}-\bar{\eta}}{\sqrt{\dfrac{S_{1n_1}^2}{n_1-1}+\dfrac{S_{2n_2}^2}{n_2-1}}}$.

它的临界值为 $t'_{1-\frac{\alpha}{2}}=\dfrac{[S_{1n_1}^2/(n_1-1)]t_{1-\frac{\alpha}{2}}(n_1-1)+[S_{2n_2}^2/(n_2-1)]t_{1-\frac{\alpha}{2}}(n_2-1)}{S_{1n_1}^2/(n_1-1)+S_{2n_2}^2/(n_2-1)}$；

拒绝域为 $W=\{t': |t'|\geqslant t'_{1-\frac{\alpha}{2}}\}$.

六、大样本的 U-检验

在实际应用中，如遇两个独立样本的容量都较大(均超过 30)，此时可不管独立样本的分布是否为正态的，则可用 U-检验做近似(依据是中心极限定理)，即选用检验统计量为：

$$U=\frac{\bar{\xi}-\bar{\eta}}{\sqrt{\dfrac{S_1^2}{n_1}+\dfrac{S_2^2}{n_2}}}\overset{H_0\text{真}}{\sim}N(0,\ 1)$$(其中 S_1^2 可以是 $S_{1n_1}^2$ 或 $S_{1n_1}^{*2}$，S_2^2 可以是 $S_{2n_2}^2$ 或 $S_{2n_2}^{*2}$)

例 3.20 对 7 岁儿童做身高调查，结果如表 3-5，能否说明性别对 7 岁儿童的身高有显著影响？

表 3-5

性　别	人数(n)	平均身高($\bar{x}$)	标准差
男	384	118.64	4.53
女	377	117.86	4.86

解 假设 $H_0: \mu_1=\mu_2 \leftrightarrow H_1: \mu_1\neq\mu_2$，

由 $P\{|U|\geqslant u_{1-\frac{\alpha}{2}}\}=\alpha=0.05$，查表得 $u_{0.975}=1.96$，

所以拒绝域为 $W=\{u: |u|\geqslant 1.96\}$.

又 $U=\dfrac{118.64-117.86}{\sqrt{\dfrac{4.53^2}{384}+\dfrac{4.86^2}{377}}}=2.29>1.96$，所以在 $\alpha=0.05$ 下，拒绝 H_0，接受 H_1，即认

为性别对 7 岁儿童的身高有显著影响.

七、常见正态总体参数检验类型汇总表

表 3-6

方法与类型							检验用统计量及服从的分布	临界值与拒绝域	
检验方法	被检验参数	适用范围及条件		待验假设 H_0				查表项	拒绝域
U-检验法	总体均值	1个总体	σ^2 已知	双边		$\mu=\mu_0$	$U=\frac{\overline{\xi}-\mu_0}{\sigma}\sqrt{n}$ 服从 $N(0,1)$ 分布	$u_{\frac{\alpha}{2}}$	$(-\infty,-u_{1-\frac{\alpha}{2}}]\cup[u_{1-\frac{\alpha}{2}},+\infty)$
				单边	右侧	$\mu\leqslant\mu_0$		u_α	$[u_\alpha,+\infty)$
					左侧	$\mu\geqslant\mu_0$			$(-\infty,-u_\alpha]$
		2个总体	$\sigma_1^2\sigma_2^2$ 未知	双边		$\mu_1=\mu_2$	$U=\frac{\overline{\xi}-\overline{\eta}}{\sqrt{\frac{\sigma_1^2}{n_1}+\frac{\sigma_2^2}{n_2}}}$ 服从 $N(0,1)$ 分布 $u_\alpha=u(1-\alpha)$	$u_{\frac{\alpha}{2}}$	$(-\infty,-u_{1-\frac{\alpha}{2}}]\cup[u_{1-\frac{\alpha}{2}},+\infty)$
				单边	右侧	$\mu_1\leqslant\mu_2$		u_α	$[u_\alpha,+\infty)$
					左侧	$\mu_1\geqslant\mu_2$			$(-\infty,-u_\alpha]$
t-检验法		1个总体	σ^2 未知	双边		$\mu=\mu_0$	$T=\frac{\overline{\xi}-\mu_0}{S_w}\sqrt{n}$ 服从 $t(n-1)$ 分布	$t_{\frac{\alpha}{2}}$	$(-\infty,-t_{1-\frac{\alpha}{2}}]\cup[t_{1-\frac{\alpha}{2}},+\infty)$
				单边	右侧	$\mu\leqslant\mu_0$		t_α	$[t_\alpha,+\infty)$
					左侧	$\mu\geqslant\mu_0$			$(-\infty,-t_\alpha]$
		2个总体	$\sigma_1^2\sigma_2^2$ 未知但相等	双边		$\mu_1=\mu_2$	$T=\frac{\overline{\xi}-\overline{\eta}}{\sqrt{\frac{n_1S_1^2+n_2S_2^2}{n_1+n_2-2}\left(\frac{1}{n_1}+\frac{1}{n_2}\right)}}$ 服从 $t(n_1+n_2-2)$ 分布	$t_{\frac{\alpha}{2}}$	$(-\infty,-t_{1-\frac{\alpha}{2}}]\cup[t_{1-\frac{\alpha}{2}},+\infty)$
				单边	右侧	$\mu_1\leqslant\mu_2$		t_α	$[t_\alpha,+\infty)$
					左侧	$\mu_1\geqslant\mu_2$			$(-\infty,-t_\alpha]$

八、参数假设检验与区间估计的联系与区别

1. 参数假设检验与区间估计的内在联系

统计学方法包括统计描述和统计推断两种方法;而统计推断的基本问题分为两类:一类是参数估计问题,另一类是假设检验问题.

主要联系:参数区间估计与假设检验虽然提法不同,但解决问题的途径是相关联的,其统计推断的思想方法是一样的. ①都是根据样本信息推断总体参数; ②都以抽样分布为理论依据,通过选取一个统计量,推得统计量被某个区间包含的概率,进而得到推断结论; ③利用区间估计可以建立假设检验,二者可相互转换,形成对偶性;反之亦然.

具体做法:设总体服从正态分布 $N(\mu,\sigma^2)$,σ^2 未知,则

(1) 若求 μ 的区间估计,应选择统计量 $T=\frac{\bar{X}-\mu}{S/\sqrt{n}}\sim t(n-1)$,按置信度 $1-\alpha$ 确定一个

大概率事件,其概率为 $P\{\left|\frac{\bar{X}-\mu_0}{S/\sqrt{n}}\right|\leqslant t_{\frac{\alpha}{2}}(n-1)\}=1-\alpha$.

由此得到 μ 的置信度为 $1-\alpha$ 的置信区间为 $(\bar{X}-\frac{S}{\sqrt{n}}t_{\frac{\alpha}{2}}(n-1),\ \bar{X}+\frac{S}{\sqrt{n}}t_{\frac{\alpha}{2}}(n-1))$.

(2) 如果是假设检验,则设 H_0: $\mu=\mu_0$, H_1: $\mu\neq\mu_0$, 选择统计量 $T=\frac{\bar{X}-\mu_0}{S/\sqrt{n}}\sim t_{\alpha}(n-1)$, 对给定的显著性水平 α,确定一个小概率事件$\{\left|\frac{\bar{X}-\mu_0}{S/\sqrt{n}}\right|>t_{\frac{\alpha}{2}}(n-1)\}$,使得其概率 $P\left\{\left|\frac{\bar{X}-\mu_0}{S/\sqrt{n}}\right|>t_{\frac{\alpha}{2}}(n-1)\right\}=\alpha$. 由实测值$\frac{|\bar{x}-\mu_0|}{s/\sqrt{n}}>t_{\frac{\alpha}{2}}(n-1)$是否成立,决定是否拒绝原假设.

拒绝域为$\left|\frac{\bar{X}-\mu_0}{S/\sqrt{n}}\right|>t_{\frac{\alpha}{2}}(n-1)$,接受域为$-t_{\frac{\alpha}{2}}(n-1)<\frac{\bar{X}-\mu_0}{S/\sqrt{n}}<t_{\frac{\alpha}{2}}(n-1)$.

将接受域中的 μ_0 改为 μ,那么结果正是 μ 的置信度为 $1-\alpha$ 的置信区间:

$$\left(\bar{X}-\frac{S}{\sqrt{n}}t_{\frac{\alpha}{2}}(n-1),\ \bar{X}+\frac{S}{\sqrt{n}}t_{\frac{\alpha}{2}}(n-1)\right).$$

2. 参数假设检验与参数估计的区别

假设检验与区间估计这两种统计推断方法,都是用样本的信息来推断总体的性质,但是它们各自依据的理论和适用条件是有差异的.

(1) 区间估计是对参数所在区间的估计,在置信水平 $1-\alpha$ 选定后,完全由样本信息决定,显然十分客观,但它不适用于有许多非样本信息需要考虑的情况.

(2) 假设检验是推断统计的另一项重要内容,它与参数估计类似,但角度不同,参数估计是利用样本信息推断未知的总体参数;而假设检验则是先对总体参数提出一个假设值,然后利用样本信息判断这一假设是否成立.

主要区别:

(1) 两者的要求各不相同.

区间估计要求是以一定的置信度给出未知参数的所在范围;而假设检验是要求以一定的显著性水平来判定未知参数取已给定的值.

(2) 两者各对问题的了解程度不同.

区间估计对未知参数几乎一无所知;而假设检验对未知参数有所了解,但无确切把握.

(3) 参数估计是以样本资料估计总体参数的真值;假设检验是以样本资料检验对总体参数的先验假设是否成立;

(4) 区间估计求得的是求以样本估计值为中心的双侧置信区间;假设检验既有双侧检验,也有单侧检验.

(5) 区间估计立足于大概率,假设检验立足于小概率.

在实际应用中,如果我们对问题有很多实际的了解和经验或有许多非样本信息需要考虑,则我们应选用假设检验方法,非样本信息的影响通过备择假设和显著性水平的选定发生作用;如果我们对问题除样本信息外没有其他信息考虑,用区间估计方法较为妥当,因为既能得到参数的变化区间又有置信度的数值,作判断较为客观、较少失误.

测试训练三

1. 某批矿砂的 5 个样品中的镍含量,经测定为(%):3.25,3.27,3.24,3.26,3.24.设测定值总体服从正态分布,问在 $\alpha=0.01$ 下能否接受假设:这批矿砂含镍量的均值为 3.25.

2. 要求一种元件使用寿命不得低于 1 000 小时,今从一批这种元件中随机抽取 25 件,测得其寿命的平均值为 950 小时,已知这种元件寿命服从标准差为 $\sigma=100$ 小时的正态分布.试在显著水平 $\alpha=0.05$ 下确定这批元件是否合格?(设总体均值为 μ. 即需检验假设 $H_0: \mu \geqslant 1\,000$, $H_1: \mu < 1\,000$)

3. 一个小学校长在报纸上看到报导:"这一城市的初中学生平均每周看 8 小时电视".她认为她所领导的学校的学生看电视的时间明显小于该数字.为此她对 100 个学生做了调查,得知平均每周看电视的时间 $\bar{x}=6.5$ 小时,样本标准差为 $S=2$ 小时.问是否可以认为这位校长的看法是对的?(取 $\alpha=0.05$)

(注:这是大样本检验问题.由中心极限定理和斯鲁茨基定理知道不管总体服从什么分布,只要方差存在,当 n 充分大时 $\dfrac{\bar{x}-\mu}{s/\sqrt{n}}$ 近似地服从正态分布.)

4. 某种导线,要求其电阻的标准差不得超过 0.005(欧姆).今在生产的一批导线中取样品 9 根,测得 $S=0.007$(欧姆),设总体为正态分布.问在水平 $\alpha=0.05$ 能否认为这批导线的标准差显著地偏大?

*任务四　回归分析与方差分析

知识目标

理解概念:回归分析、残差、标准离差、相关系数、线性拟合图;方差分析、实验指标、实验因素、处理组、因素水平、随机误差、偏差平方和、交互作用.

掌握题型:运用回归分析方法,结合 EXCEL 软件,研究变量间的相关关系;运用方差分析方法,结合 EXCEL 软件,对单因素或双因素对统计数据是否有显著性影响.

能力目标

通过学习回归分析、方差分析及 EXCEL 命令,让学生领会运用统计的方法研究复杂的实际问题,并结合 EXCEL 软件,提高处理大数据或复杂数据的能力,从而提高学生的分析能力和运算能力.

一、回归分析

1. 回归分析的概念

回归分析(regression analysis)是确定两种或两种以上变量间相互依赖的定量关系的一种统计分析方法.

回归分析在生产实践及生活实际中的应用十分广泛.

2. 回归分析的分类

(1) 按照涉及的自变量的多少分类,分为回归和多重回归分析;

(2) 按照自变量的多少分类,可分为一元回归分析和多元回归分析;

(3) 按照自变量和因变量之间的关系类型,可分为线性回归分析和非线性回归分析.

如果在回归分析中,只包括一个自变量和一个因变量,且二者的关系可用一条直线近似表示,这种回归分析称为一元线性回归分析.

如果回归分析中包括两个或两个以上的自变量,且因变量和自变量之间是线性关系,则称为多重线性回归分析.

3. 回归分析的应用概述

作为一种常用的统计方法,回归分析在实际中的应用十分广泛,但该方法的运算十分繁琐,所以在实际应用中都使用软件进行计算. 可以实现回归分析功能的软件很多,如 SPSS 和 SAS 等,但最方便的是 EXCEL.

下面通过例子来介绍 EXCEL 求解回归分析的方法.

4. 求回归分析的方法及实例

例 3.21 某地有一座水库,可以用于灌溉,以下是每两年测得的最大水深和可以灌溉的耕地面积表(表 3-7). 请尝试研究两者之间的相关关系,并给出表达式.

表 3-7

年份	最大水深 x(米)	灌溉面积 y(千亩)
1970	15.2	28.6
1972	10.4	19.3
1974	21.2	40.5
1976	18.6	35.6
1978	26.4	48.9
1980	23.4	45
1982	13.5	29.2
1984	16.7	34.1
1986	24	46.7
1988	19.1	37.4

解 第一步,录入数据,录入结果见图 3-4.

	A	B	C
1	年份	最大水深x(米)	灌溉面积y(千亩)
2	1970	15.2	28.6
3	1972	10.4	19.3
4	1974	21.2	40.5
5	1976	18.6	35.6
6	1978	26.4	48.9
7	1980	23.4	45
8	1982	13.5	29.2
9	1984	16.7	34.1
10	1986	24	46.7
11	1988	19.1	37.4

图 3-4

第二步,作散点图.

如图 3-5 所示，选中数据(B1:C11)，点击“插入”选项卡下的“散点图”图标，选择其中的第一个.

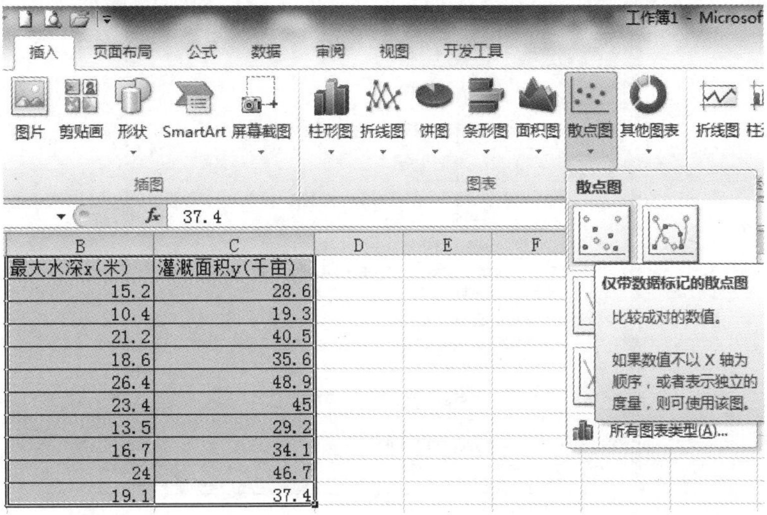

图 3-5

完成的散点图如图 3-6.

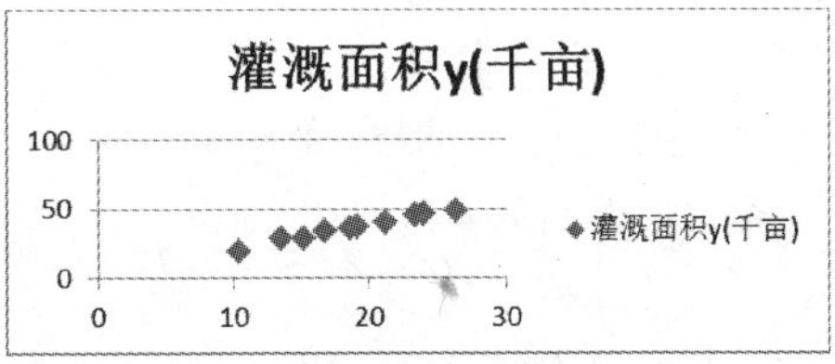

图 3-6

在图 3-7 中的数据上点击鼠标右键，选择“添加趋势线”选项.

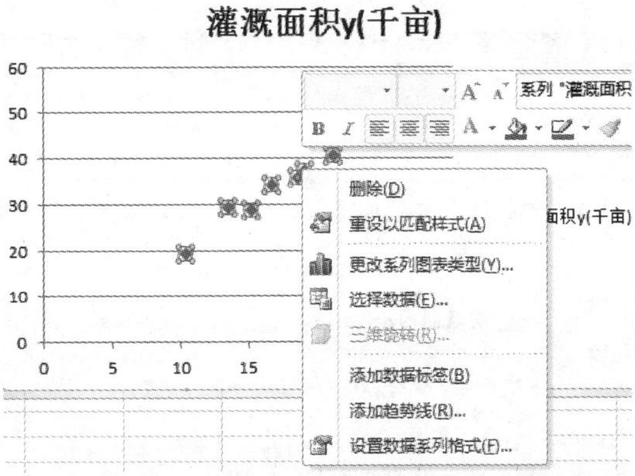

图 3-7

弹出以下对话框(图 3-8)：

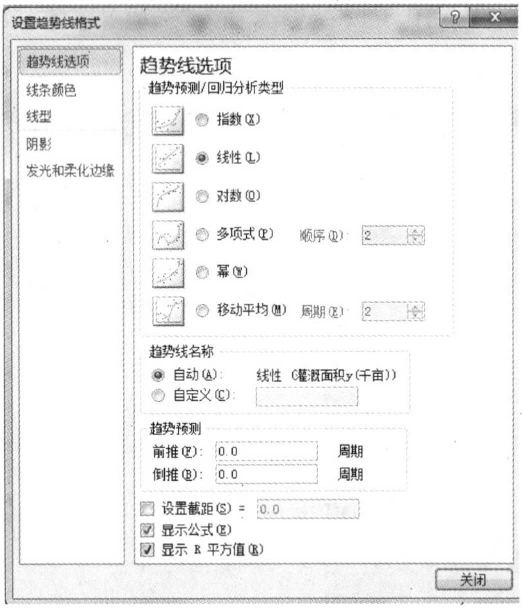

图 3-8

从上到下依次选择“线性”、“显示公式”和“显示 R 平方值”，然后点击“关闭”，将显示以下结果：

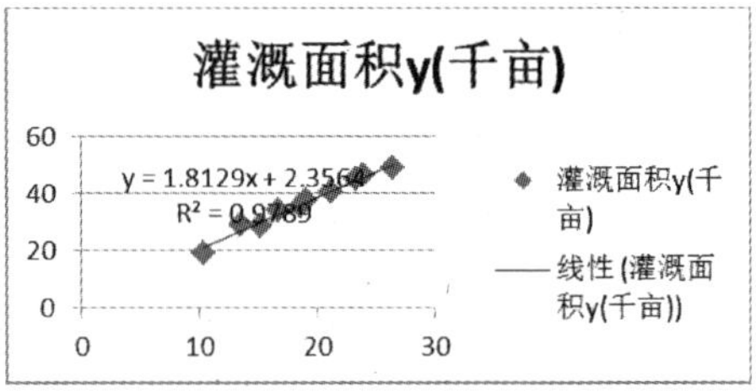

图 3-9

图 3-9 中的 $y = 1.8129x + 2.3564$ 就是两个变量之间的关系，$R^2 = 0.9789$ 是拟合优度，拟合优度可以直观地理解为上述关系的正确程度，越接近 1 越好.

EXCEL 也有更详细的线性回归求解程序. 仍然以上面的例题为例，步骤如下：

先录入数据并作散点图. 完成散点图之后，进行如下步骤：

(1) 点击“数据”选项卡下的“数据分析”按钮，如图 3-10.

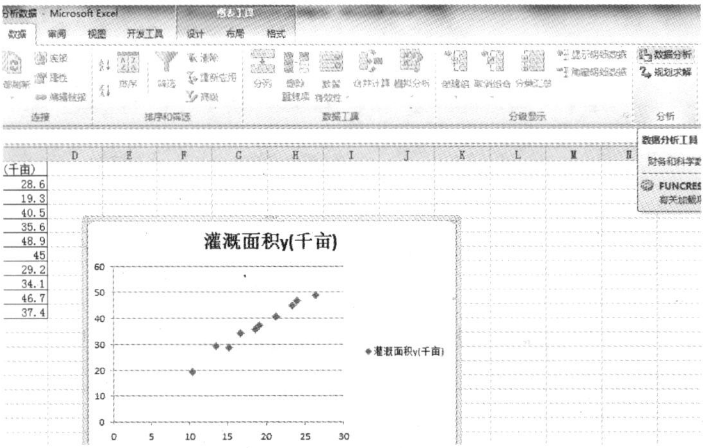

图 3-10

(2) 在弹出的“数据分析”对话框中选择“回归”,如图 3-11.

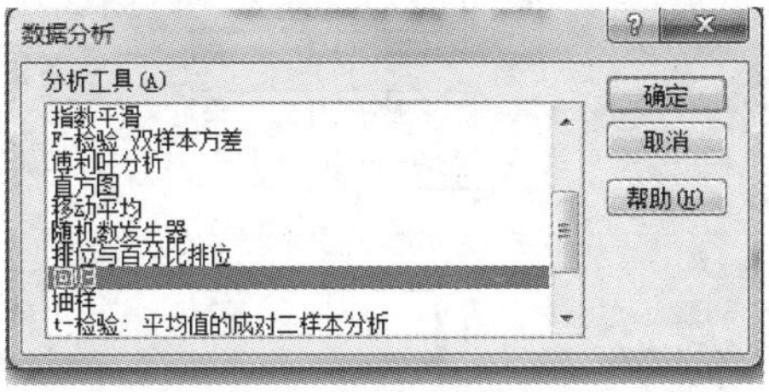

图 3-11

弹出以下选项表(图 3-12):

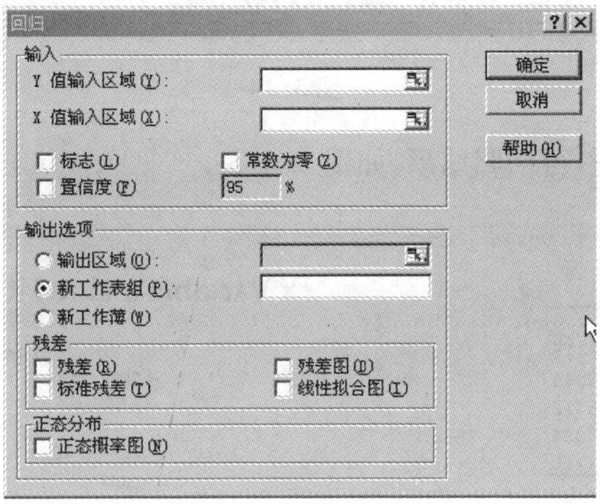

图 3-12

进行以下选择:

X、Y 值的输入区域(B1:B11,C1:C11),标志,置信度(95%),新工作表组,残差,线性拟合图.(图 3-13)

或者:X、Y 值的输入区域(B2:B11,C2:C11),置信度(95%),新工作表组,残差,线性拟合图.(图 3-14)

注　选中数据“标志”和不选“标志”,X 和 Y 值的输入区域是不一样的:前者包括数据标志,后者不包括.这一点务必请注意.

最大水深 x(米)　　灌溉面积 y(千亩)

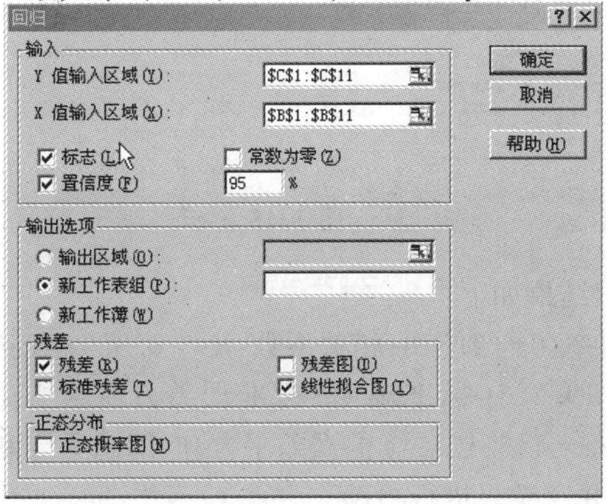

图 3-13

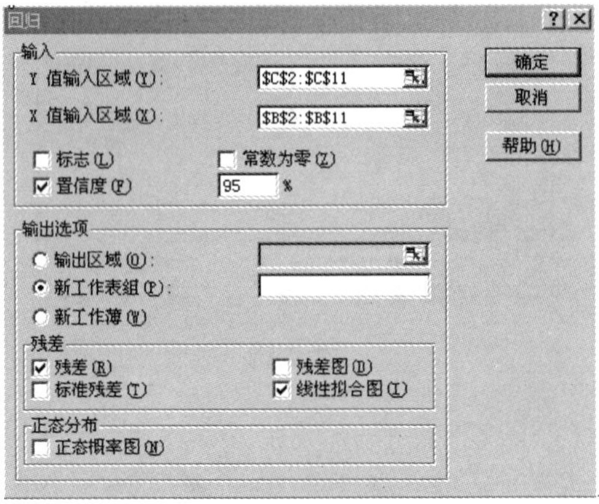

图 3-14

(3) 点击"确定"按钮，得回归结果，如图 3-15.

	A	B	C	D	E	F	G	H	I
1	SUMMARY OUTPUT								
2									
3	回归统计								
4	Multiple	0.989416							
5	R Square	0.978944							
6	Adjusted	0.976312							
7	标准误差	1.418924							
8	观测值	10							
9									
10	方差分析								
11		df	SS	MS	F	gnificance F			
12	回归分析	1	748.8542	748.8542	371.9453	5.42E-08			
13	残差	8	16.10676	2.013345					
14	总计	9	764.961						
15									
16		Coefficien	标准误差	t Stat	P-value	Lower 95%	Upper 95%	下限 95.0%	上限 95.0%
17	Intercept	2.356438	1.827876	1.289167	0.233363	-1.85865	6.571527	-1.85865	6.571527
18	X Variabl	1.812921	0.094002	19.28588	5.42E-08	1.596151	2.029691	1.596151	2.029691
19									
20	RESIDUAL OUTPUT								
21									
22	观测值	预测 Y	残差						
23	1	29.91284	-1.31284						
24	2	21.21082	-1.91082						
25	3	40.79036	-0.29036						
26	4	36.07677	-0.47677						
27	5	50.21755	-1.31755						
28	6	44.77879	0.221209						
29	7	26.83087	2.369128						
30	8	32.63222	1.46778						
31	9	45.86654	0.833457						
32	10	36.98323	0.41677						

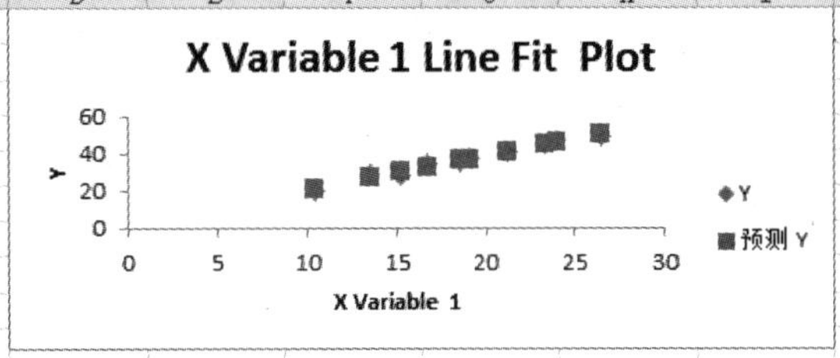

图 3-15

(4) 由上图读取回归结果如下：

截距：$a=2.356$；斜率：$b=1.813$；相关系数：$R=0.989$；测定系数：$R^2=0.979$；F 值：$F=371.945$；t 值：$t=19.286$；标准离差(标准误差)：$S=1.419$；回归平方和：$SSr=748.854$；剩余平方和：$SSe=16.107$；y 的误差平方和(即总平方和)：$SSt=764.961$.

(5) 建立回归模型，并对结果进行检验.

模型为 $\hat{y}=2.356+1.813x$.

至于检验,R, R^2和 F 值可以直接从回归结果中读出.

实际上,$R=0.989\,416>0.632=R_{0.05(8)}$,检验通过.

有了 R 值,F 值和 t 值均可计算出来.

F 值的计算公式和结果为

$$F=\frac{R^2}{\frac{1}{n-k-1}(1-R^2)}=\frac{0.989\,416^2}{\frac{1}{10-1-1}(1-0.989\,416^2)}=371.945>5.32=F_{0.05(8)}.$$

显然与上述结果一样.

t 值的计算公式和结果为

$$t=\frac{R}{\sqrt{\frac{1-R^2}{n-k-1}}}=\frac{0.979\,416}{\sqrt{\frac{1-0.979\,416}{10-1-1}}}=19.286>2.306=t_{0.05(8)}.$$

(6) 回归结果中给出了残差(图 3-15),据此可以计算标准离差(图 3-16).

首先求残差的平方 $\varepsilon_i^2=(y_i-\hat{y}_i)^2$,然后求残差平方和 $=\sum_{i=1}^{n=10}\varepsilon_i^2=1.724+\cdots+0.174=16.107$,则标准离差为

$$S=\sqrt{\frac{1}{n-k-1}\sum_{i=1}^{n}(y_i-\hat{y}_i)^2}=\sqrt{\frac{1}{\nu}S}=\sqrt{\frac{16.107}{8}}=1.419.$$

于是

$$\frac{S}{y}=\frac{1.419}{36.53}=0.038\,8<10\%\sim15\%=0.1\sim0.15.$$

观测值	灌溉面积y	残差	残差平方		
1	29.91284	-1.3128381	1.723544		标准离差s
2	21.21082	-1.910817	3.651222		1.418923905
3	40.79036	-0.2903645	0.084312		
4	36.07677	-0.4767697	0.227309		s/y的均值
5	50.21755	-1.317554	1.735949		0.038842702
6	44.77879	0.22120916	0.048933		
7	26.83087	2.3691277	5.612766		
8	32.63222	1.46778029	2.154379		
9	45.86654	0.83345652	0.69465		
10	36.98323	0.41676973	0.173697		
		残差平方和	16.10676	2.013345	

图 3-16

进而可以计算 DW 值(参见图 3-17),计算公式及结果为

$$\mathrm{DW}=\frac{\sum_{i=1}^{n}(\varepsilon_i-\varepsilon_{i-1})^2}{\sum_{i=1}^{n}\varepsilon_i^2}=\frac{(-1.911+1.313)^2+\cdots+(0.417-0.833)^2}{(-1.313)^2+(-1.911)^2+\cdots+0.417^2}=0.751.$$

取 $\alpha = 0.05$，$k = 1$，$n = 10$（显然 $\nu = 10 - 1 - 1 = 8$），查表得 $d_l = 0.94$，$d_u = 1.29$. 显然，$\mathrm{DW} = 0.751 < d_l = 0.94$，可见有序列正相关，预测的结果令人怀疑.

残差1－9	残差2－10	残差之差	残差之差的平方	
-1.312838	-1.910817	-0.597978889	0.357578752	
-1.910817	-0.290365	1.620452501	2.625866307	
-0.290365	-0.47677	-0.186405232	0.03474691	
-0.47677	-1.317554	-0.840784305	0.706918248	
-1.317554	0.2212092	1.538763194	2.367792168	
0.2212092	2.3691277	2.147918541	4.613554059	
2.3691277	1.4677803	-0.901347407	0.812427149	
1.4677803	0.8334565	-0.634323773	0.402366649	
0.8334565	0.4167697	-0.416686783	0.173627875	DW值
0.4167697		残差之差的平方和	12.09487812	0.750919

图 3-17

二、方差分析

1. 方差分析简述

1）方差分析的概念

方差分析（analysis of variance，简称 ANOVA）是一种假设检验方法. 其基本思想可概述为：把全部数据的总方差分解成几部分，每一部分表示某一影响因素或各影响因素之间的交互作用所产生的效应，将各部分方差与随机误差的方差相比较，依据 F 分布做出统计推断，从而确定各因素或交互作用的效应是否显著. 因为分析是通过计算方差的估计值进行的，所以称为方差分析.

2）方差分析的主要目标

方差分析的主要目标是检验均值间的差别是否在统计意义上显著.

说明 （1）如果只比较两个均值，事实上方差分析的结果和 t-检验完全相同.

（2）之所以很多情况下采用方差分析，是因为它具有两个优点：①方差分析可以在一次分析中同时考察多个因素的显著性，比 t-检验所需的观测值少；②方差分析可以考察多个因素的交互作用.

3）方差分析需满足的条件

（1）各样本是相互独立的；（2）各样本数据来自正态总体（正态性：normality）；（3）各处理组总体方差相等（方差齐性：homogeneity of variance）.

说明 在做方差分析之前，要做正态性检验和方差齐性检验. 如不满足上述要求，可考虑做变量变换.（常用的变量变换方法有平方根变换、平方根反正弦变换、对数变换及倒数变换等）

4）方差分析的应用

方差分析在医药、制造业、农业等领域有重要应用，多用于试验优化和效果分析中.

2. 单因素方差分析

1）基本概念

（1）试验指标：在一项试验中，用来衡量试验效果的特征量称为试验指标，有时简称指标，也称试验结果，通常用 y 表示. 它类似于数学中的因变量或目标函数. 试验指标用数量表示称为定量指标，如速度、温度、压力、质量、尺寸、寿命、硬度、强度、产量和成本等. 不能直接用数量表示的指标称为定性指标，如颜色、人的性别等. 定性指标也可以转化为定量指标，方法是用不同的数表示不同的指标值.

(2) 试验因素：试验中，凡对试验指标可能产生影响的原因都称为因素(factor)，也称因子或元，类似于数学中的自变量. 需要在试验中考察研究的因素，称为试验因素，有时也称为因素，通常用大写字母 A，B，…表示. 在试验中，有些因素能严格控制，称为可控因素；有些因素难以控制，称为不可控因素. 试验因素是试验中的已知条件，能严格控制，所以是可控因素. 通常把未被选作试验因素的可控因素和不可控因素都称为条件因素，统称为试验条件.

(3) 因素水平：因素在试验中所处的各种状态或所取的不同值，称为该因素的水平(level)，也简称为水平或位级，通常用下标 1，2，…表示. 若一个因素取 K 种状态或 K 个值，就称该因素为 K 水平因素. 因素的水平，有的可以取得具体值，如 6 千克、10 厘米；有的只能取大致范围或某个模糊概念，如软、硬、大、小、好、较好等；但也有无法用数值表征的，如履带的不同形式、轮胎花纹的不同种类、机器的不同操作方式、大豆的不同品种等.

(4) 处理组：所有试验因素的水平组合所形成的试验点称为处理组(treatment group)，也称组合处理. 三因素试验中，$A_1B_2C_3$ 是一个组合处理，它表示由 A 因素 1 水平、B 因素 2 水平和 C 因素 3 水平组合而形成的一个试验点.

2) 基本原理

方差分析的基本原理是认为不同处理组的均数间的差别基本来源有两个：

(1) 随机误差：如测量误差造成的差异或个体间的差异，称为组内差异，用变量在各组的均值与该组内变量值之偏差平方和的总和表示，记作 SSw，组内自由度 dfw.

(2) 实验条件：即不同的处理造成的差异，称为组间差异. 用变量在各组的均值与总均值之偏差平方和表示，记作 SSb，组间自由度 dfb.

总偏差平方和 SSt = SSb + SSw.

组内 SSw、组间 SSb 除以各自的自由度(组内 dfw = n − m，组间 dfb = m − 1，其中 n 为样本总数，m 为组数)，得到其均方 MSw 和 MSb，一种情况是处理没有作用，即各组样本均来自同一总体，MSb/MSw≈1. 另一种情况是处理确实有作用，组间均方是由于误差与不同处理共同导致的结果，即各样本来自不同总体. 那么，MSb≫MSw(远远大于).

MSb/MSw 比值构成 F 分布. 用 F 值与其临界值比较，推断各样本是否来自相同的总体.

3. 基本思想

方差分析的基本思想是：通过分析研究不同来源的变异对总变异的贡献大小，从而确定可控因素对研究结果影响力的大小.

进行方差分析需要大量的计算工作，用手工计算是非常烦琐的. 不过这些计算工作可以由计算机完成. EXCEL 里有现成的方差分析程序，可以进行单因素方差分析、双因素无重复试验的方差分析和双因素等重复试验的方差分析.

下面结合具体实例介绍用 EXCEL 进行方差分析的方法.

4. 方差分析的方法及实例

1) 单因素方差分析实例

例 3.22　一家管理咨询公司为不同的客户进行人力资源管理讲座. 每次讲座的内容基

本上是一样的，但讲座的听课者有时是高级管理者，有时是中级管理者，有时是低级管理者.该咨询公司认为，不同层次的管理者对讲座的满意度是不同的.听完讲座后随机抽取的不同层次管理者的满意度评分如表 3-8(评分标准从 1～10，10 代表非常满意).

表 3-8

高级管理者	中级管理者	低级管理者
7	8	5
7	9	6
8	8	5
7	10	7
9	9	4
	10	8
	8	

取显著性水平 $\alpha = 0.05$，检验管理者的水平不同是否会导致评分的显著性差异?

解 首先提出假设 H_0:管理者的水平对评分没有显著影响.

操作步骤:

① 输入数据，如图 3-18.

	A	B	C	D
1	高级管理者	中级管理者	低级管理者	
2	7	8	5	
3	7	9	6	
4	8	8	5	
5	7	10	7	
6	9	9	4	
7		10	8	
8		8		
9				

图 3-18

选取【数据】选项卡→【数据分析】按钮，在弹出的对话框中选定【方差分析:单因素方差分析】，点击【确定】，显示【单因素方差分析】对话框，如图 3-19.

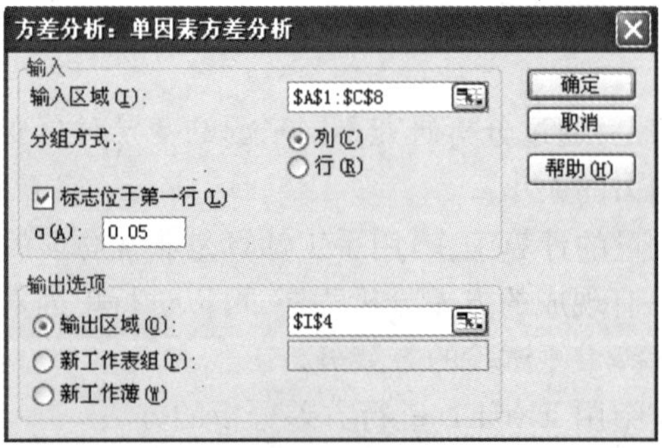

图 3-19

② 在“输入区域”框中输入数据矩阵(首坐标:尾坐标)，可选为“A1:C8”，点选“标志位于

第一行"，在"分组方式"框选定"列"，指定显著水平 $\alpha = 0.05$，输出选项的输出区域可为工作表的任何位置，本例选择在 I4 处.

③ 点击【确定】，则得输出结果，如图 3-20.

方差分析：单因素方差分析

SUMMARY

组	观测数	求和	平均	方差
高级管理者	5	38	7.6	0.8
中级管理者	7	62	8.857143	0.809524
低级管理者	6	35	5.833333	2.166667

方差分析

差异源	SS	df	MS	F	P-value	F crit
组间	29.60952	2	14.80476	11.75573	0.000849	3.68232
组内	18.89048	15	1.259365			
总计	48.5	17				

图 3-20

上图是一个单因素方差分析结果的报告. 第一个表是有关各样本的一些描述统计量，它可以作为方差分析的参考信息. 第二个表是方差分析结果. 其中 SS 表示平方和，df 为自由度，MS 表示均方，F 为检验的统计量，P-value 为用于检验的 P 值，F crit 为给定 α 水平下的临界值.

从方差分析表可以看到，由于 $F = 11.75573 > F_{\alpha} = 3.68232$，所以拒绝原假设，即管理者的水平对评分的影响是显著的.

在进行决策时，可以直接利用方差分析表中的 P 值与显著性水平 α 的值进行比较，若 $P < \alpha$，则拒绝原假设；若 $P > \alpha$，则不能拒绝原假设. 在本例中，$P = 0.000849 < \alpha = 0.05$，所以拒绝原假设.

2）双因素无重复试验的方差分析实例

例 3.23 有 4 个品牌的洗衣机在 5 个地区销售，为分析洗衣机的品牌和销售地区对销售量的影响，取得每个品牌在各地区的销售量数据（单位：台），如表 3-9. 试分析品牌和销售地区对洗衣机的销售量是否有显著影响？（$\alpha = 0.05$）

解 首先对行因素和列因素分别提出假设：

H_{01}：品牌因素对洗衣机销售量没有显著影响

H_{02}：地区因素对洗衣机销售量没有显著影响

表 3-9

	地区 1	地区 2	地区 3	地区 4	地区 5
品牌 1	365	350	343	340	323
品牌 2	345	368	363	330	333
品牌 3	358	332	353	343	308
品牌 4	288	280	298	260	298

操作步骤：

① 在 EXCEL 中输入数据.

② 选取【数据】选项卡→【数据分析】按钮，在弹出的对话框中选定【方差分析：无重复双因素分析】选项，点击【确定】，显示【方差分析：无重复双因素分析】对话框.

③ 在【输入区域】框中输入 A1:F5，选择“标志”，指定显著水平 $\alpha=0.05$，选择输出区域，如图 3-21.

④ 点击【确定】，得到图 3-22 所示结果.

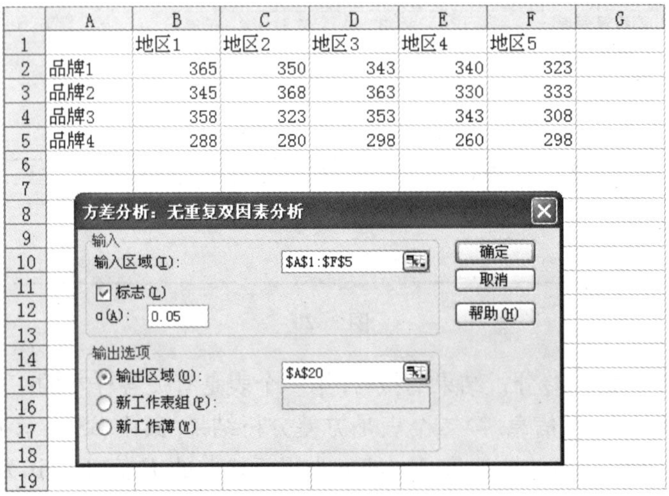

图 3-21

方差分析：无重复双因素分析

SUMMARY	观测数	求和	平均	方差
品牌1	5	1721	344.2	233.7
品牌2	5	1739	347.8	295.7
品牌3	5	1685	337	442.5
品牌4	5	1424	284.8	249.2
地区1	4	1356	339	1224.667
地区2	4	1321	330.25	1464.25
地区3	4	1357	339.25	822.9167
地区4	4	1273	318.25	1538.917
地区5	4	1262	315.5	241.6667

方差分析

差异源	SS	df	MS	F	P-value	F crit
行	13004.55	3	4334.85	18.10777	9.46E-05	3.490295
列	2011.7	4	502.925	2.100846	0.143665	3.259167
误差	2872.7	12	239.3917			
总计	17888.95	19				

图 3-22

上图中的“行”指行因素，即品牌因素；“列”指列因素，即地区因素. 根据方差分析表的计算结果，得出以下结论：

由于 $F_R=18.10777>F_\alpha=3.490295$，所以拒绝原假设 H_{01}，表明 4 种品牌洗衣机的销售量的平均值之间的差异是显著的，这说明品牌对销售量有显著影响.

由于 $F_C = 2.100846 < F_\alpha = 3.259167$，所以不拒绝原假设 H_{02}，表明 5 个地区的洗衣机的销售量平均值之间的差异不显著，不能认为地区对销售量有显著影响.

直接用 P 值进行分析，结论也是一样. 用于检验行因素的 $P = 9.46E-05 < \alpha = 0.05$，所以拒绝假设"品牌对销售量没有显著影响"，即认为品牌对销售量有显著影响；用于检验列因素的 $P = 0.143665 > \alpha = 0.05$，所以不能拒绝假设"地区对销售量没有显著影响"，即认为地区对销售量没有显著影响.

3）双因素等重复试验方差分析实例

例 3.24　一家超市连锁店进行一周研究，确定超市所在的位置和竞争者的数量对销售额是否有显著影响. 表 3-10 是获得的月销售额数据(单位：万元).

表 3-10

超市位置	竞争者数量			
	0	1	2	3 个以上
位于市内居民小区	41	38	59	47
	30	31	48	40
	45	39	51	39
位于写字楼	25	29	44	43
	31	35	48	42
	22	30	50	53
位于郊区	18	22	29	24
	29	17	28	27
	33	25	26	32

取显著性水平 $\alpha = 0.01$，检验：

(1) 竞争者的数量对销售额是否有显著影响?

(2) 超市的位置对销售额是否有显著影响?

(3) 竞争者的数量和超市的位置对销售额是否有交互影响?

解　首先对行因素、列因素和两者的交互作用分别提出假设：

H_{01}：超市位置对试验结果无显著影响；

H_{02}：竞争者数量对试验结果无显著影响；

H_{03}：超市位置和竞争者数量的交互作用对试验结果无显著影响.

操作步骤：

① 在 EXCEL 中输入数据.

② 选取【数据】选项卡→【数据分析】按钮，在弹出的对话框中选定【方差分析：可重复双因素分析】选项，点击【确定】，显示【方差分析：可重复双因素分析】对话框.

③ 在【输入区域】框中输入 A1：E10，在【每一样本的行数】框中输入"3"，代表数据重复 3 次，指定显著水平 $\alpha = 0.01$，选择输出区域，如图 3-23.

④ 点击【确定】，得到图 3-24 所示结果.

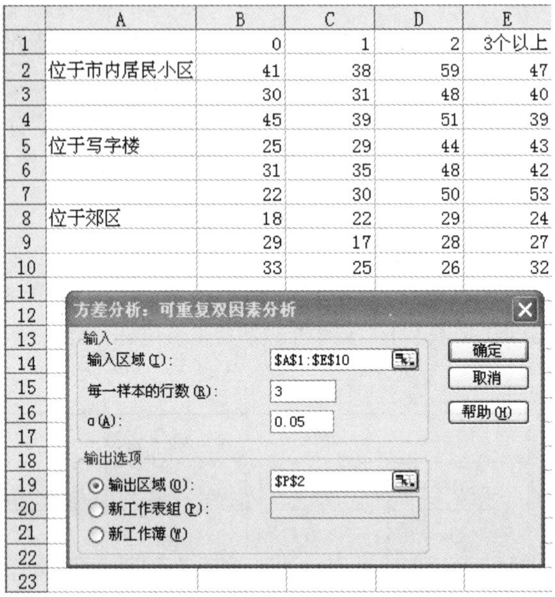

	A	B	C	D	E
1		0	1	2	3个以上
2	位于市内居民小区	41	38	59	47
3		30	31	48	40
4		45	39	51	39
5	位于写字楼	25	29	44	43
6		31	35	48	42
7		22	30	50	53
8	位于郊区	18	22	29	24
9		29	17	28	27
10		33	25	26	32

图 3-23

SUMMARY	0	1	2	3个以上	总计
位于市内居民小区					
观测数	3	3	3	3	12
求和	116	108	158	126	508
平均	38.66667	36	52.66667	42	42.33333
方差	60.33333	19	32.33333	19	67.51515
位于写字楼					
观测数	3	3	3	3	12
求和	78	94	142	138	452
平均	26	31.33333	47.33333	46	37.66667
方差	21	10.33333	9.333333	37	106.6061
位于郊区					
观测数	3	3	3	3	12
求和	80	64	83	83	310
平均	26.66667	21.33333	27.66667	27.66667	25.83333
方差	60.33333	16.33333	2.333333	16.33333	24.87879
总计					
观测数	9	9	9	9	
求和	274	266	383	347	
平均	30.44444	29.55556	42.55556	38.55556	
方差	73.52778	53.52778	141.0278	87.77778	

方差分析

差异源	SS	df	MS	F	P-value	F crit
样本	1736.222	2	868.1111	34.30516	9.18E-08	5.613591
列	1078.333	3	359.4444	14.20417	1.57E-05	4.718051
交互	503.3333	6	83.88889	3.315038	0.01605	3.666717
内部	607.3333	24	25.30556			
总计	3925.222	35				

图 3-24

由上图可知：

(1) 用于检验“超市位置”的 $F=34.30516>F_\alpha=5.613591$（行因素，输出为“样本”），拒绝原假设，表明不同位置的超市的销售额之间有显著差异，即超市位置对销售额有显著影响；

(2) 用于检验“竞争者数量”的 $F=14.20417>F_\alpha=4.718051$，拒绝原假设，表明超市面对的竞争者数量对销售额有显著影响；

(3) 交互作用反映的是位置因素和竞争者数量因素联合产生的对销售额的附加效应，而用于检验“交互作用”的 $F=3.315038<F_\alpha=3.666717$，因此不能拒绝原假设，即没有证据表明位置和竞争者数量的交互作用对销售额有显著影响.

学习指导

一、主要知识点

1. 总体、个体、样本、样本容量的概念.
2. 简单随机抽样的原则.
3. 样本的联合分布函数形式(连续型和离散型随机变量).
4. 统计量的概念.
5. 常用统计量(样本均值、样本方差、样本均方差)的定义.
6. 正态总体下，样本均值的分布.
7. 常见正态总体的抽样分布(χ^2 分布、t 分布、F 分布).
8. 正态总体统计量的分布.
9. 点估计的定义和常用方法.
10. 替换原理、矩法估计、极大似然估计的基本概念.
11. 常见的矩法估计及其应用.
12. 极大似然估计的步骤和应用.
13. 常见的极大似然估计及其应用.
14. 点估计的评价标准(一致性、无偏性、有效性)的定义和判定.
15. 常见分布样本估计量的评价标准验证.
16. 置信区间和分位点的概念.
17. 单个正态总体下期望和方差的置信区间的求解.
18. 假设检验、待验假设、备择假设、显著性水平、拒绝域、两类错误等概念.
19. U-检验、t-检验.

重点：(1) 总体、样本、统计量的概念；

(2) 正态总体下，常用统计量的求解和分布；

(3) 极大似然估计的步骤和应用；

(4) 常见分布样本估计量的评价标准验证；

(5) 假设检验、显著性水平、拒绝域、两类错误等概念；

(6) 单个正态母体参数的假设检验(U-检验、t-检验).

难点：(1) 常见正态总体的抽样分布；

(2) 正态总体统计量的分布；

(3) 单个正态总体下期望和方差的置信区间的求解；

(4) 两正态总体均值差的检验.

二、主要题型及解法

1. 判别总体、个体、样本、样本容量.
2. 求解样本均值、样本方差、样本均方差.
3. 利用公式求解常见分布的样本均值的期望和方差.
4. 利用公式进行正态总体样本的标准化.
5. 正态总体下，求解常见统计量的分布.
6. 求常见分布的未知参数的矩估计量.
7. 求常见分布的未知参数的极大似然估计量.
8. 求证点估计量的一致性、无偏性、有效性.
9. 运用点估计量的评价标准选择最有效估计量.
10. 求单个正态总体参数的置信区间：(1)σ 已知时 μ 的置信区间；(2)σ 未知时 μ 的置信区间；(3)μ 已知时 σ^2 的置信区间；(4)μ 未知时 σ^2 的置信区间.
11. 单个正态母体参数的假设检验(U-检验、t-检验).
12. 两正态总体均值差的检验、大样本的 U 检验.

重点：(1) 求样本均值、样本方差及均方差；

(2) 熟练掌握正态总体样本的标准化过程；

(3) 求常见分布的未知参数的极大似然估计量；

(4) 求证点估计量的一致性、无偏性、有效性；

(5) 求单个正太总体参数的置信区间：(1)σ 已知时 μ 的置信区间；(2)μ 未知时 σ^2 的置信区间；

(6) 单个正态母体参数的假设检验(U-检验、t-检验).

难点：(1) 正态总体下，求解常见统计量的分布；

(2) 求单个正态总体参数的置信区间；

(3) 两正态总体均值差的检验.

三、主要数学知识、方法在生产实际中的应用

1. 样本与统计量的知识在生产产品检测和质量控制中有广泛的应用.因此，本项目的学习为以后的数理统计知识奠定良好的基础，同时使学生建立数理统计思想.

2. 在生产产品质量控制中，要做到出厂产品的质量必须要进行检验，而这种检验具有破坏性，所以通常采用抽样计算次品率或合格品率，从而推测某批次产品的总体质量.

3. 参数估计和假设检验的知识在纺织生产检测和质量控制中应用非常的广泛.在生产中将数据收集整理后，需要运用参数估计做出论证、推理，进而指导生产实践.

4. 产品质量受到多方面因素的影响，诸如原料、设备、操作、工艺、环境等，我们要让产品质量在受控之中，就要做好各方面的数据整理和分析，这就是参数估计要做的内容.

项目训练三

一、选择题.

1. 如果统计量的抽样分布的均值恰好等于被估计的参数之值，那么这一估计便可以认为是(　　)估计.

A. 有效；　　B. 一致；　　C. 无偏；　　D. 精确.

2. 虽然随机样本和总体之间存在一定的误差，但当样本容量逐渐增加时，统计量越来越接近总体参数，满足这种情况，就说该统计量对总体参数是一个(　　)的估计量.

A. 有效；　　B. 一致；　　C. 无偏；　　D. 精确.

3. 估计量的(　　)指统计量的抽样分布集中在真实参数周围的程度.

A. 有效性；　　B. 一致性；　　C. 无偏性；　　D. 精确性.

4. 用简单随机重复抽样方法抽样，如果要使抽样误差降低 50%，则样本容量需要扩大到原来的(　　).

A. 2 倍；　　B. 3 倍；　　C. 4 倍；　　D. 5 倍.

5. 在统计中，为了确定每一种估计究竟如何，就必须掌握以下标准(　　).

A. 无偏性；　　B. 精确性；　　C. 一致性；　　D. 有效性.

6. 设 $\hat{\theta}$ 是未知参数 θ 的一个估计量，若 $E(\hat{\theta})\neq\theta$，则 $\hat{\theta}$ 不是 θ 的(　　).

A. 极大似然估计；　　B. 矩估计量；

C. 有效估计量；　　D. 无偏估计量.

二、解答题.

1. 设 X 表示某种型号的纺纱耗材的寿命(以小时计)，它服从指数分布：

$$X\sim f(x,\theta)=\begin{cases}\dfrac{1}{\theta}\mathrm{e}^{-x/\theta}, & x>0,\\ 0, & x\leqslant 0.\end{cases}\quad(\theta\text{ 为未知参数},\theta>0)$$

现抽样测得样本值为 168，130，169，143，174，198，108，212，252. 试估计未知参数 θ.

2. 设分别自总体 $N(\mu_1,\sigma^2)$ 和 $N(\mu_2,\sigma^2)$ 中抽取容量为 n_1，n_2 的两个独立样本. 其样本方差分别为 S_1^2，S_2^2. 试证，对于任意常数 a，b(其中 $a+b=1$)，$Z=aS_1^2+bS_2^2$ 都是 σ^2 的无偏估计.

3. 设总体 X 的 k 阶矩 $\mu_k=E(X^k)(k\geqslant 1)$ 存在，X_1，X_2，…，X_n 是 X 的一个样本. 试证明不论总体服从什么分布，k 阶样本矩 $A_k=\dfrac{1}{n}\sum\limits_{i=1}^{n}X_i^k$ 是 k 阶总体矩 μ_k 的无偏估计量.

4. 设总体 X 的概率分布为

X	1	2	3
P_k	θ^2	$2\theta(1-\theta)$	$(1-\theta)^2$

其中 θ 为未知参数. 现抽得一个样本 $x_1=1$，$x_2=2$，$x_3=1$. 求 θ 的矩估计值.

5. 设总体 X 的概率密度为 $f(x)=\begin{cases}\theta x^{\theta-1}, & 0<x<1,\\ 0, & \text{其他},\end{cases}$ 其中 $\theta>0$ 是未知数，X_1，X_2，…，X_n 是取自总体 X 的样本. 求：(1) 参数 θ 的矩估计；(2) 参数 θ 的极大似然估计.

6. 设总体 X 服从指数分布，其概率密度函数 $f(x,\lambda)=\begin{cases}\lambda\mathrm{e}^{-\lambda x}, & x>0,\\ 0, & x\leqslant 0,\end{cases}$ 其中 $\lambda>0$ 是未知参数，x_1，x_2，…，x_n 是来自总体 X 的样本观察值. 求参数 λ 的极大似然估计值.

7. 设总体 X 在 $[a,b]$ 上服从均匀分布，a，b 未知，x_1，x_2，…，x_n 是一个样本值. 试求 a，b 的极大似然估计量.

8. 某纺织厂所生产的纱锭中，随机抽 7 个，称得各个质量如下：

9.6，10.2，9.8，10.0，10.4，9.8，10.2.

如纱锭质量近似于正态分布，求置信水平为 95%的情况下纱锭平均质量的置信区间.

9. 从纺织厂随机地抽取 81 名女工，测得平均身高为 163 厘米，标准差为 6.0 厘米. 试求该纺织厂女工平均身高 95%的置信区间.

10. 设总体 $X \sim N(\mu, \sigma^2)$，X_1，X_2，X_3 是来自 X 的样本.试证:以下三个估计量 $\hat{\mu}_1 = \frac{1}{5}X_1 + \frac{3}{10}X_2 + \frac{1}{2}X_3$，$\hat{\mu}_2 = \frac{1}{3}X_1 + \frac{1}{4}X_2 + \frac{5}{12}X_3$，$\hat{\mu}_3 = \frac{1}{3}X_1 + \frac{1}{6}X_2 + \frac{1}{2}X_3$ 都是 μ 的无偏估计,并指出它们中哪一个最有效.

11. 某纺织厂生产一匹棉布所需时间(单位:秒) $X \sim N(\mu, \sigma^2)$,观察 25 匹的生产时间,得 $\bar{x} = 5.5$，$S = 1.73$.试求 μ 和 σ^2 置信度为 0.95 的置信区间.

12. 从甲、乙两个纺织厂的产品中分别抽取 6 个产品,测得产品质量指标如下:

甲厂:140，138，143，141，144，137;　乙厂:135，140，142，136，138，140.

设产品质量服从正态分布,且方差相等,求两个纺织厂生产的产品均值差 95%的置信区间.

数学实验六　用 EXCEL 进行统计分析

一、实验目的

1. 了解 EXCEL 软件在统计分析方面的应用.
2. 掌握运用 EXCEL 软件进行统计分析的方法与步骤.

二、实验内容

1. EXCEL 软件简介

MICROSOFT OFFICE EXCEL 有丰富的内部函数(EXCEL 2003 版本提供 329 个内置函数),不但可以进行简单的加减乘除数学运算,还具有复杂的财务、日期与时间、数学与三角函数、查找与引用、逻辑判断、数据库、文本、统计资料分析等功能.

此外,EXCEL 有强大的数据分析功能,它含有完备的数据分析工具,除了可以进行数据管理和数据图表管理外,还可以进行线性分折、回归分折、方差分折等.

本部分主要介绍的基本统计方法以及相应的 EXCEL 应用内容如图 3-25.

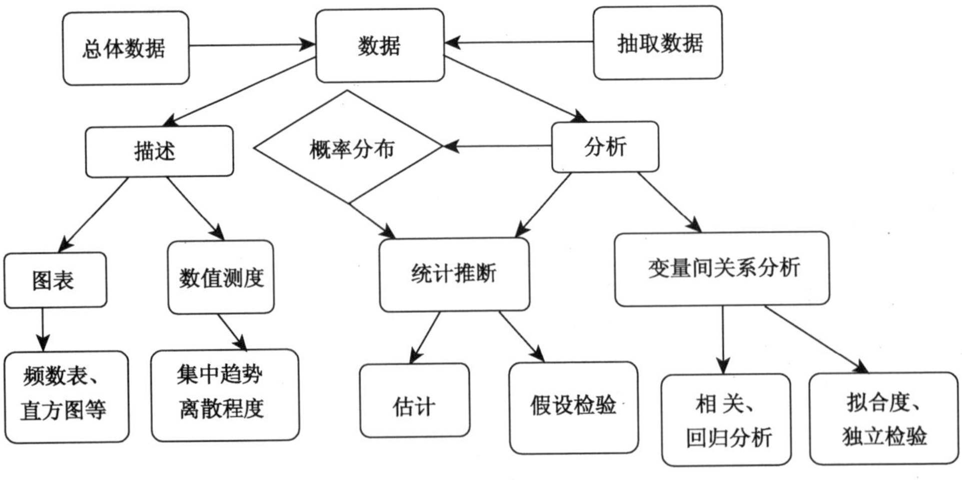

图 3-25

2. 运用 EXCEL 软件进行统计分析概述

所谓的统计方法是指用以收集数据、分析数据,以及由数据得出结论的一系列方法.

统计方法通常可分为两类:描述统计方法和推断统计方法.

1) 描述统计方法

描述统计方法是指通过图表的方式对数据进行处理显示,进而对数据进行定量的综合概括的统计方法.

例 3.25 表 3-11 列出了 10 家公司首席执行官(CEO)的酬金,请运用描述统计方法对数据进行处理,给出综合信息.

表 3-11

公司代码	1	2	3	4	5	6	7	8	9	10
酬金(千美元)	8 925	2 437	1 410	696	1 847	1 490	3 414	3 344	1 490	2 861

解 (1) 由 EXCEL 软件可做出上表所示数据的直方图(图 3-26)

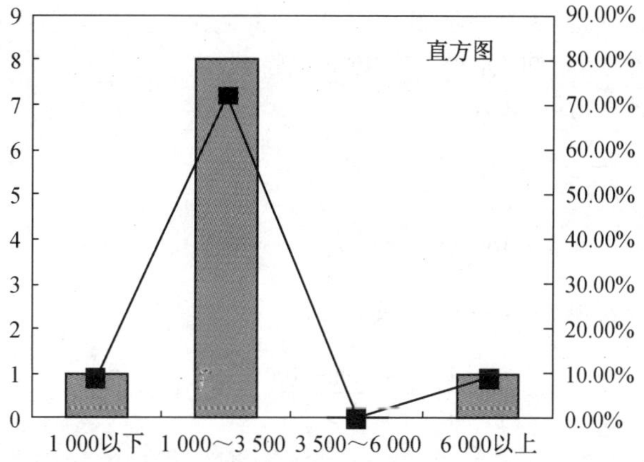

图 3-26

显然,图表示的数据更加容易理解.

图 3-26 中的数据表明,大多数公司的 CEO 的酬金在 1 000～3 500 千美元之间,且 CEO 的酬金在1 000 千美元以下的公司占 10%, CEO 的酬金在 1 000～3 500 千美元之间的公司占 80%, CEO 的酬金在3 500 千美元以上的占 10%.

(2) 除了用图表方法对数据进行分析处理外,还可用描述统计方法进行数据汇总计算.

如可以计算出 10 家公司的 CEO 的平均酬金为 2 801. 4 千美元(使用函数 average),中位数为 2 142 千美元(使用函数 median).

这些数据一方面说明 CEO 的酬金的平均水平是 2 801. 4 千美元,中位数则说明有一半公司的 CEO 的酬金低于 2 142 千美元,有一半公司的 CEO 的酬金高于 2 142 千美元;另一方面也说明 CEO 的酬金之间的差异是比较大的.

2) 推断统计方法

推断统计方法是指根据样本数据去推断总体数量测度的方法.

例 3.26 假设某公司为了了解所生产的某种易耗产品的使用寿命,从生产的某批产品中随机抽取 50 件产品进行测试,其结果(单位:小时)如下:

62, 65, 68, 71, 80, 88, 102, 86, 79, 73, 77, 63, 88, 81, 74, 71, 62, 90,

79, 83, 93, 62, 92, 58, 84, 77, 70, 78, 66, 63, 75, 71, 59, 71, 105, 89,

86, 66, 68, 77, 60, 87, 75, 51, 89, 69, 107, 93, 84, 80.

(1) 试利用 EXCEL 统计分析工具,计算出 50 件产品的平均使用寿命,抽样极限误差;

(2) 根据统计推断方法,推断出可靠度为 95%的整批产品的使用寿命范围.

解 计算出 50 件产品的平均使用寿命为 76.94 小时,抽样极限误差为 3.48. 根据统计推断方法,由此可以推断出整批产品的使用寿命在 73.46~80.42 小时之间,而且此结论的可靠程度为 95%.

3. 运用 EXCEL 软件进行假设检验举例

例 3.27 某糖厂用自动包装机将糖装箱,每箱标准质量为 100 千克,每天开工时,需先检验自动包装机工作是否正常,根据以往的经验知道,其包装的质量在正常情况下,其各箱质量服从正态分布,且标准差为 1.5 千克(单位:kg),先抽测了 9 箱,其质量为:

99.3, 98.7, 100.5, 101.2, 98.3, 99.7, 99.5, 102.1, 100.5.

问这些包装机工作是否正常?

分析 关键是将这一问题转化为假设检验问题. 因检验包装机工作是否正常,化为数学问题应为双边检验: $H_0: u = 100$, $H_1: u \neq 100$

解 由题意,设 X 为一箱糖果的质量,则 $X \sim N(\mu, 1.5^2)$,

这是单个正态总体在方差已知的前提下对均值的检验.

假设 $H_0: \mu = 100$, $H_1: \mu \neq 100$,

取检验统计量 $u = \dfrac{\bar{x} - 100}{\sigma/\sqrt{n}}$,则由已知得

样本均值 $\bar{x} = \dfrac{1}{9}(99.3 + \cdots + 100.5) = 99.98$.

当 $\alpha = 0.05$ 时,则查表可得 $\mu_{\alpha/2} = 1.96$,又

$$u = \frac{\bar{x} - \mu_0}{\sigma/\sqrt{n}} = \frac{99.98 - 100}{1.5/3} = 0.04 < 0.05,$$

此时 u 的值未落在拒绝域内,则接受原假设 H_0,即认为包装机工作正常.

下面通过几个例子来说明 EXCEL 如何进行假设检验.

(1) t-检验:成对双样本均值分析.

在总体标准差未知且样本量比较小的时候,对成对样本均值进行检验就会用到 t 检验,对此,EXCEL 中提供了专门的分析工具.

例 3.28 某公司为了了解采用新工艺对某产品生产的生产效率的影响,随机抽取 10 天的采用新工艺和普通工艺生产的产品数量作为样本(表 3-12),EXCEL 表中为样本数据.

表 3-12

日期	新工艺	普通工艺	日期	新工艺	普通工艺
1	23	20	6	18	21
2	25	22	7	15	12
3	20	20	8	16	13
4	18	14	9	21	21
5	26	21	10	24	20

输入 EXCEL，如图 3-27.

	A	B	C	D
1	日期	新工艺	普通工艺	
2	1	23	20	
3	2	25	22	
4	3	20	20	
5	4	18	14	
6	5	26	21	
7	6	18	21	
8	7	15	12	
9	8	16	13	
10	9	21	21	
11	10	24	20	
12				

图 3-27

利用 EXCEL 解题的过程如下：

① 单击【数据】选项卡下的【数据分析】按钮，在数据分析对话框中选择【t-检验：平均值的成对二样本分析】，弹出【t-检验：平均值的成对二样本分析】对话框.

② 在【t-检验：平均值的成对二样本分析】对话框中进行设置：在"变量 1 的区域"中填入新工艺序列"＄B＄1：＄B＄11"，在"变量 2 的区域"中填入普通工艺序列"＄C＄1：＄C＄11"，在"假设平均差"中填入 0，选中"标志"复选框，在"α"中填入 0.05，并在适当的地方选择输出区域(如＄A＄15). 如图 3-28 所示.

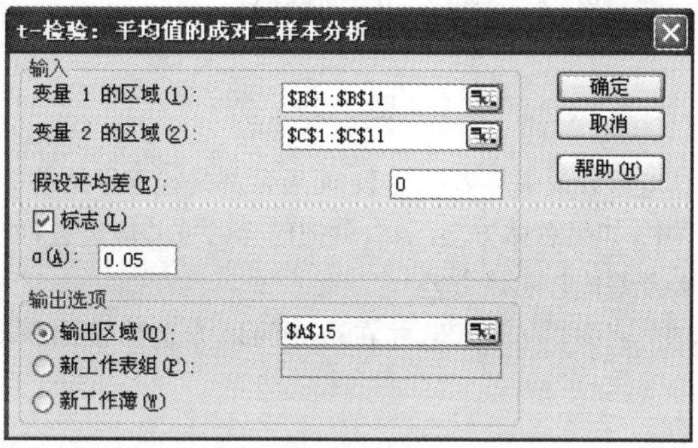

图 3-28

③ 单击【确定】，即可得到图 3-29 所示结果.

图 3-29 给出了普通工艺和新工艺的平均值和方差，重要的是还给出了 t-检验统计量和单双尾 t-检验的 P 值和临界值. 有了 t 分布检验统计量和 t 检验临界值，就可以判断出假设检验的结果. 若本题为单尾检验，即检验新工艺的效率是否高于普通工艺，因 t 值为 2.851，大于单尾临界值 1.833，所以可以认为新工艺的效率高于普通工艺.

(2) Z-检验：双样本均值检验.

对于独立双样本的假设检验，在总体方差已知，或者虽然总体方差未知但样本容量足够大的情况下，可以用 Z-检验的方法来检验两个均值差是否等于某一数.

继续使用上例的数据. 这里假设两总体方差已知. 操作过程如下：

① 单击【数据】选项卡下的【数据分析】按钮，在数据分析对话框中选择【Z-检验：双样本平均差检验】，弹出【Z-检验：双样本平均差检验】对话框.

② 在【Z-检验：双样本平均差检验】对话框中进行设置：在"变量 1 的区域"中填入新工艺序列"＄B＄1：＄B＄11"，在"变量 2 的区域"中填入普通工艺序列"＄C＄1：＄C＄11".

③ 在"假设平均差"中填入 0."假设平均差"一项要填入的数值取决于对零假设和备择假设的设置. 如

	A	B	C
1	日期	新工艺	普通工艺
2	1	23	20
3	2	25	22
4	3	20	20
5	4	18	14
6	5	26	21
7	6	18	21
8	7	15	12
9	8	16	13
10	9	21	21
11	10	24	20
12			
13			
14			
15	t-检验：成对双样本均值分析		
16			
17		新工艺	普通工艺
18	平均	20.6	18.4
19	方差	14.71111111	14.48888889
20	观测值	10	10
21	泊松相关系数	0.796065671	
22	假设平均差	0	
23	df	9	
24	t Stat	2.850765804	
25	P(T<=t) 单尾	0.009532678	
26	t 单尾临界	1.833112923	
27	P(T<=t) 双尾	0.019065356	
28	t 双尾临界	2.262157158	

图 3-29

果零假设为 $H_0: u_1 - u_2 \leqslant D$，那假设平均差就为 D. 而通常都是检验平均差等于零.

④ 在“变量的方差”一项中，如果总体方差已知，就把已知的方差填进去；如果总体方差未知，但样本容量足够大的话，可以填入样本方差代替总体方差.

⑤ 选中“标志”复选框，在“α”中填入 0.05，并在适当的地方选择输出区域（如＄A＄15）. 如图 3-30 所示.

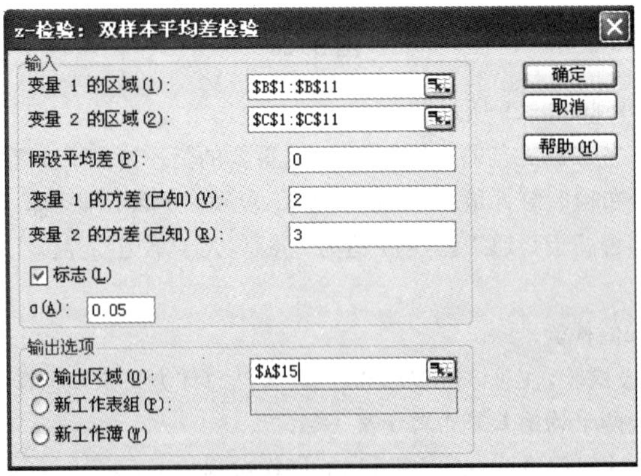

图 3-30

⑥ 点击【确定】，就可见到图 3-31 所示的输入结果.

从上图的检验结果可以看出，Z 统计量值为 3.111，大于单尾临界值 1.645，所以可以认为新工艺的效率高于原工艺.

	A	B	C
1	日期	新工艺	普通工艺
2	1	23	20
3	2	25	22
4	3	20	20
5	4	18	14
6	5	26	21
7	6	18	21
8	7	15	12
9	8	16	13
10	9	21	21
11	10	24	20
12			
13			
14			
15	z-检验：双样本均值分析		
16			
17		新工艺	普通工艺
18	平均	20.6	18.4
19	已知协方差	2	3
20	观测值	10	10
21	假设平均差	0	
22	z	3.111269837	
23	P(Z<=z) 单尾	0.000931423	
24	z 单尾临界	1.644853627	
25	P(Z<=z) 双尾	0.001862846	
26	z 双尾临界	1.959963985	

图 3-31

实训五

1. 踏步公司是一家专业生产运动鞋的企业，为了保证产品质量，该企业对多个环节进行了层层监督.最近一段时间，公司质量部门的张经理理发现许多鞋子的尺码偏差比较大，如 40 码(25 厘米)的鞋子，有时与所规定的标准差别较大.为了验证产品是否真的是产品质量出了问题，质检员小李按照简单随机抽样的方法，从一批产品中抽取了 50 只皮鞋，精确测量出这些皮鞋的尺码(单位:0.1 毫米)，具体如下：

2 500.9，2 499.3，2 498.8，2 501.1，2 499.9，2 500.4，2 501.6，2 498.6，2 498.9，2 500.1，2 499.6，2 498.2，2 497.8，2 500.7，2 500.9，2 501.2，2 502.4，2 498.7，2 501.4，2 497.8，2 501.2，2 500.7，2 501.9，2 501.7，2 498.8，2 497.6，2 498.0，2 499.5，2 504.4，2 503.1，2 498.7，2 498.7，2 499.5，2 500.5，2 502.6，2 498.7，2 497.8，2 499.9，2 498.3，2 498.7，2 500.6，2 501.3，2 501.1，2 502.1，2 501.6，2 501.8，2 501.7，2 499.5，2 497.3，2 498.3.

试通过以上数据，在 95%置信水平下，推断该批皮鞋的平均尺码的置信区间.假如该企业规定，平均尺码极限误差超过 0.05 毫米即为不合格品，根据计算结果，试判断该批产品是否合格.

2. 刘先生打算在中部地区的 B 市新开一家快餐经营的连锁店，将店址选择在一个人流量较大的交通路口处.

刘先生派人在该市最繁华的淮河路某十字路口进行了考察，计算每分钟通过该路口的行人数量，每天在 11:00—14:00 这个时间段随机统计一次，经过连续 20 天的观察，统计结果如下：

41，26，39，48，25，43，33，41，25，33，43，27，21，50，38，25，34，37，40，2.6.

如果刘先生认为，在该时间段每分钟通过的行人平均数量超过 36 人，就可以考虑新开这家快餐店.在置信水平为 0.05 的条件下为刘先生做出决策，考虑是否可以在该处开张一家新店.

3. 某食品公司推出了一种新口味的巧克力，在一项新产品推广活动的跟踪调查中，在被调查的 512 人中有 327 人认同这种新口味的巧克力.在 95%的置信度下，试求能认同这种新口味的人数占总体比率的估计区间.

数学史知识

统计的若干应用

一、统计与文学

《红楼梦》前八十回与后四十回的作者是否相同?

1980 年 6 月,在美国威斯康辛大学召开的首届国际《红楼梦》研讨会上,来自威斯康辛大学的华裔学者陈炳藻先生宣读了一篇《从词汇上的统计论〈红楼梦〉的作者问题》的博士论文,引起了国际红学界的关注和兴趣. 1986 年,陈炳藻教授公开发表了《电脑在文学上的应用:〈红楼梦〉与〈儿女英雄传〉两书的作者》的专著,利用计算机对《红楼梦》前八十回和后四十回的用字进行了测定,并从数理统计的观点出发,探讨《红楼梦》前后用字的相关度. 他将《红楼梦》的一百二十回分为三组,每组四十回. 并将《儿女英雄传》作为第四组进行比较,从每组中任意取出八万字,分别挑出名词、动词、形容词、副词、虚词这五种词汇,运用数理语言学,通过计算机程序对这些词进行编排、统计、比较和处理,进而找出各组相关度. 结果发现《红楼梦》前八十回与后四十回词汇相关程度达 78.57%,《红楼梦》与《儿女英雄传》的词汇相关程度是 32.14%. 由此推断出《红楼梦》的作者为一人的结论.

当然,这个结论是否被红学界所接受,还存在一定的争论.

苏联的著名长篇小说《静静地顿河》,也曾经有过关于作者的争论. 有人认为,该书是肖洛霍夫(M. A. Sholokhov, 1905—1984)剽窃了一个无名作者的作品加工而成的. 后来,用与上述方法类似的数学方法,还了肖洛霍夫的一个清白.

二、统计与战争

日本是唯一的原子弹受害国,但未必知道“统计”与它的关系. 当时美国想登陆日本,但日本在海岸线布置了很多地雷. 美国不敢轻易登陆,于是就想找一种方法破雷. 欧洲有一种飞机投炸弹的方法,但效果不好. 一位叫安德森的统计学者设计了另外一种方法,但不知道这种方法破雷效果如何,不能直接派兵去试. 于是他做了一个计算机模拟,发现那个效果不好. 最后,美国决定用原子弹,若没有安德森,也许美国会直接派兵,那将会有很多伤亡.

三、统计与法律

统计在法律上也有应用,有人说美国没有种族歧视,因为根据某年的数据进行统计分析,白人杀人后被判死刑的概率 19/160,黑人杀人后被判死刑的概率是 17/160,由此说明美国人没有种族歧视. 后来有人仔细研究过这组数据,发现真实的情况是:白人杀人被判死刑的概率是 12.6%,白人杀黑人判死刑的概率是 0,黑人杀白人判死刑的概率是 17.5%,黑人杀黑人判死刑的概率是 5.8%,由此可看到明显的种族歧视. 这是同一组数据,制成了统计中的列联表,原来用的二维列联表,后来只不过多加一列,成为三维列联表. 所以,同一组数据进行统计,用法不同可能结果大相径庭. 统计研究数据能不能把真实的东西挖掘出来,这点很重要!

模块三　线性代数基础

项目一 矩阵及应用

知识目标

理解概念：矩阵及运算、方阵的行列式及性质、逆矩阵、初等变换、矩阵的秩.
掌握题型：矩阵的运算、解矩阵方程、求行列式的值、求逆矩阵、求矩阵的秩.

能力目标

体会多元关系的矩阵表示及运算，提高数据的表示与分析能力.

在数学中，矩阵(Matrix)是指纵横排列的二维数据表格，最早来自于方程组的系数及常数所构成的方阵. 这一概念由19世纪的英国数学家凯利首先提出.

矩阵是高等代数学中的常见工具，也常见于统计分析等应用数学中. 在物理学中，矩阵在电路学、力学、光学和量子物理中都有应用；在计算机科学中，三维动画制作也需要用到矩阵. 而矩阵的运算是数值分析领域的重要问题. 将矩阵分解为简单矩阵的组合，可以在理论和实际应用上简化矩阵的运算.

本项目以线性方程组为主线，阐述矩阵、方阵的行列式、初等变换等线性代数的知识，突出对学生计算能力的培养，注重解题方法的归纳和总结.

任务一 矩阵及运算

知识目标

理解概念：矩阵、矩阵的相等、矩阵的转置、矩阵的线性运算及乘法.
掌握题型：求矩阵的和、差、积、数乘，解矩阵方程，求矩阵的转置.

能力目标

通过矩阵运算的学习，提高观察、变形能力和运算能力，培养严谨的学风.

一、认识矩阵

矩阵的研究历史悠久，拉丁方阵和幻方在史前年代已有人研究.

作为解决线性方程的工具，矩阵也有不短的历史. 成书最迟在东汉前期的《九章算术》

中，用分离系数法表示线性方程组，得到了其增广矩阵. 在消元过程中，使用的把某行乘以某一非零实数、从某行中减去另一行等运算技巧，相当于矩阵的初等变换. 但那时并没有现今理解的矩阵概念，虽然它与现有的矩阵形式上相同，但在当时只是作为线性方程组的标准表示与处理方式.

矩阵的现代概念在 19 世纪逐渐形成. 1800 年，高斯和威廉・约当建立了高斯-约当消去法. 1844 年，德国数学家费迪南・艾森斯坦(F. Eisenstein)讨论了“变换”(矩阵)及其乘积. 1850 年，英国数学家詹姆斯・约瑟夫・西尔维斯特(James Joseph Sylvester)首先使用矩阵一词.

英国数学家凯利被公认为矩阵论的奠基人. 他从 1858 年开始，发表了《矩阵论的研究报告》等一系列关于矩阵的专门论文，研究了矩阵的运算律、矩阵的逆以及转置和特征多项式方程. 凯利还提出了凯莱-哈密尔顿定理，并验证了 3×3 矩阵的情况，而且指出进一步的证明是不必要的. 哈密尔顿证明了 4×4 矩阵的情况，而一般情况下的证明是德国数学家弗罗贝尼乌斯(F. G. Frohenius)于 1898 年给出的.

1854 年，法国数学家埃尔米特(C. Hermite)使用了“正交矩阵”这一术语，但其正式定义直到 1878 年才由费罗贝尼乌斯发表. 1879 年，费罗贝尼乌斯引入矩阵秩的概念. 至此，矩阵的体系基本上建立起来了.

矩阵的概念最早于 1922 年在中文中出现. 1922 年，程廷熙在一篇介绍文章中将矩阵译为“纵横阵”. 1925 年，科学名词审查会算学名词审查组在《科学》第十卷第四期刊登的审定名词表中，矩阵被翻译为“矩阵式”，方块矩阵翻译为“方阵式”，而各类矩阵如“正交矩阵”、“伴随矩阵”中的“矩阵”则被翻译为“方阵”. 1935 年，中国数学会审查后，中华民国教育部审定的《数学名词》(并“通令全国各院校一律遵用，以昭划一”)中，“矩阵”作为译名首次出现. 1938 年，曹惠群在接受科学名词审查会委托就数学名词加以校订的《算学名词汇编》中，认为应当的译名是“长方阵”. 中华人民共和国成立后编订的《数学名词》中，则将译名定为“(矩)阵”. 1993 年，中国自然科学名词审定委员会公布的《数学名词》中，“矩阵”被定为正式译名，并沿用至今.

1. 矩阵的概念

线性方程组 $\begin{cases} a_{11}x_1+a_{12}x_2+\cdots+a_{1n}x_n=b_1, \\ a_{21}x_1+a_{22}x_2+\cdots+a_{2n}x_n=b_2, \\ \cdots \\ a_{m1}x_1+a_{m2}x_2+\cdots+a_{mn}x_n=b_m \end{cases}$ 的系数可以排成 m 行 n 列的数表，由此引进下述矩阵的概念：

定义 1.1　由 $m\times n$ 个数 a_{ij} $(i=1,\ 2,\ \cdots,\ m;\ j=1,\ 2,\ \cdots,\ n)$ 排成的矩形表，

$$\begin{pmatrix} a_{11} & a_{12} & \cdots & a_{1n} \\ a_{21} & a_{22} & \cdots & a_{2n} \\ \vdots & \vdots & & \vdots \\ a_{m1} & a_{m2} & \cdots & a_{mn} \end{pmatrix}$$

称为一个 $m\times n$ 矩阵.(其中横排称为矩阵的行，纵排称为矩阵的列. a_{ij} 称为矩阵第 i 行、第 j 列元素)

矩阵通常用大写字母 $\boldsymbol{A}$，$\boldsymbol{B}$ 等表示. 有时为了说明矩阵 $\boldsymbol{A}$ 的行数和列数，可用 $\boldsymbol{A}_{m\times n}$ 表示，或记作 $(a_{ij})_{m\times n}$.

几种特殊的矩阵：

(1) 零矩阵：所有元素为零的矩阵，称为零矩阵，记作 $\boldsymbol{O}$.

注意 不同阶数的零矩阵是不相等的.

(2) 行矩阵：只有一行的矩阵，$\boldsymbol{\alpha}=(a_1 \quad a_2 \quad \cdots \quad a_n)$. 行矩阵也称为行向量.

(3) 列矩阵：只有一列的矩阵，$\boldsymbol{\beta}=\begin{pmatrix} b_1 \\ b_2 \\ \vdots \\ b_n \end{pmatrix}$.

2. 方阵的概念

定义 1.2 如果矩阵 $\boldsymbol{A}=(a_{ij})$ 的行数与列数都等于 n，则 $\boldsymbol{A}$ 称为 n 阶矩阵或 n 阶方阵.

$$\boldsymbol{A}_{n\times n}=\begin{pmatrix} a_{11} & a_{12} & \cdots & a_{1n} \\ a_{21} & a_{22} & \cdots & a_{2n} \\ \cdots & \cdots & \cdots & \cdots \\ a_{n1} & a_{n2} & \cdots & a_{nn} \end{pmatrix}$$

说明 n 阶方阵从左上角到右下角元素称为矩阵的主对角线，主对角线上的元素称为对角元.

几种特殊的方阵：

(1) 上三角方阵：非零元素只可能在主对角线及其上方，$\begin{pmatrix} a_{11} & a_{12} & \cdots & a_{1n} \\ & a_{22} & \cdots & a_{2n} \\ & & \ddots & \vdots \\ & & & a_{nn} \end{pmatrix}$.

(2) 下三角方阵：非零元素只可能在主对角线及其下方，$\begin{pmatrix} a_{11} & & & \\ a_{21} & a_{22} & & \\ \vdots & \vdots & \ddots & \\ a_{n1} & a_{n2} & \cdots & a_{nn} \end{pmatrix}$

(3) 对角矩阵：形如 $\begin{pmatrix} \lambda_1 & & & \\ & \lambda_2 & & \\ & & \ddots & \\ & & & \lambda_n \end{pmatrix}$ 的方阵称为对角矩阵(或对角阵)，记作：$\prod_{i=1}^{n}\lambda_i\boldsymbol{E}_n$.

(4) 数量矩阵：主对角元素都相等的对角矩阵，记作 $k\boldsymbol{E}$ 或 $k\boldsymbol{E}_n$：

$$k\boldsymbol{E}_n=\begin{pmatrix} k & & & \\ & k & & \\ & & \ddots & \\ & & & k \end{pmatrix}.$$

(5) 单位方阵：主对角线上全为 1 的对角方阵，记作 $\boldsymbol{E}=\begin{pmatrix} 1 & & & \\ & 1 & & \\ & & \ddots & \\ & & & 1 \end{pmatrix}$.

(6) 对称矩阵:如果 n 阶矩阵 $\boldsymbol{A}$ 满足 $\boldsymbol{A}^{\mathrm{T}}=\boldsymbol{A}$,则称 $\boldsymbol{A}$ 为对称矩阵.

根据定义,对称矩阵 $\boldsymbol{A}=(a_{ij})_{n\times n}$,有 $a_{ij}=a_{ji}$.

如:$\boldsymbol{A}=\begin{pmatrix}1&3&-2&4\\3&2&0&-1\\-2&0&3&5\\4&-1&5&4\end{pmatrix}$ 为对称矩阵.

对称矩阵的性质:

① 如果 $\boldsymbol{A}$, $\boldsymbol{B}$ 同是对称矩阵,则 $\boldsymbol{A}+\boldsymbol{B}$ 也是对称矩阵.

② 数 k 与对称矩阵的乘积仍为对称矩阵.

必须注意:两个同阶对称矩阵的乘积不一定是对称矩阵.

二、矩阵的运算

1. 线性运算及运算律

定义 1.3 (同型矩阵)两个矩阵的行数和列数均相等时,称它们为同型矩阵.

如:$\begin{pmatrix}1&2&3\\4&5&6\end{pmatrix}$与$\begin{pmatrix}3&2&1\\-2&4&0\end{pmatrix}$为同型矩阵.

定义 1.4(矩阵的相等) 如果两个矩阵 $\boldsymbol{A}$, $\boldsymbol{B}$ 有相同的行数与列数,并且对应位置元素都相等,则称矩阵 $\boldsymbol{A}$ 与 $\boldsymbol{B}$ 相等,记为 $\boldsymbol{A}=\boldsymbol{B}$.

定义 1.5(矩阵的加法) 两个 m 行、n 列的矩阵 $\boldsymbol{A}=(a_{ij})_{m\times n}$, $\boldsymbol{B}=(b_{ij})_{m\times n}$,对应位置元素相加得到的 m 行、n 列的矩阵,称为矩阵 $\boldsymbol{A}$, $\boldsymbol{B}$ 的和,记作矩阵 $\boldsymbol{A}+\boldsymbol{B}$.

$$\text{即 }\boldsymbol{A}+\boldsymbol{B}=\begin{pmatrix}a_{11}+b_{11}&a_{12}+b_{12}&\cdots&a_{1n}+b_{1n}\\a_{21}+b_{21}&a_{22}+b_{22}&\cdots&a_{2n}+b_{2n}\\\cdots&\cdots&\cdots&\cdots\\a_{m1}+b_{m1}&a_{m2}+b_{m2}&\cdots&a_{mn}+b_{mn}\end{pmatrix}.$$

注 同型矩阵才能相加减.

定义 1.6(负矩阵) 记 $-\boldsymbol{A}=(-a_{ij})$,称 $-\boldsymbol{A}$ 为 $\boldsymbol{A}$ 的负矩阵.

定义 1.7(矩阵的减法) $\boldsymbol{A}-\boldsymbol{B}=\boldsymbol{A}+(-\boldsymbol{B})$.

定义 1.8(数乘矩阵) 设矩阵 $\boldsymbol{A}=(a_{ij})_{m\times n}$, k 为任意常数,用数 k 乘矩阵 $\boldsymbol{A}$ 的每一个元素得到的矩阵,称为数 k 与矩阵 $\boldsymbol{A}$ 的乘积,记作 $k\boldsymbol{A}$ 或 $\boldsymbol{A}k$.

$$\text{即 }k\boldsymbol{A}=\boldsymbol{A}k=\begin{pmatrix}ka_{11}&ka_{12}&\cdots&ka_{1n}\\ka_{21}&ka_{22}&\cdots&ka_{2n}\\\cdots&\cdots&\cdots&\cdots\\ka_{n1}&ka_{n2}&\cdots&ka_{nn}\end{pmatrix}.$$

定义 1.9(矩阵的线性运算) 矩阵的加法和数乘统称为矩阵的线性运算.

例 1.1 已知 $\boldsymbol{A}=\begin{pmatrix}-2&4\\1&-2\end{pmatrix}$, $\boldsymbol{B}=\begin{pmatrix}2&4\\-3&-6\end{pmatrix}$,求:(1) $\boldsymbol{A}+\boldsymbol{B}$; (2) $\boldsymbol{A}-\boldsymbol{B}$; (3) $3\boldsymbol{A}+2\boldsymbol{B}$.

解 (1) $\boldsymbol{A}+\boldsymbol{B}=\begin{pmatrix}-2&4\\1&-2\end{pmatrix}+\begin{pmatrix}2&4\\-3&-6\end{pmatrix}=\begin{pmatrix}0&8\\-2&-8\end{pmatrix}$;

(2) $\boldsymbol{A}-\boldsymbol{B}=\begin{pmatrix}-2 & 4\\ 1 & -2\end{pmatrix}-\begin{pmatrix}2 & 4\\ -3 & -6\end{pmatrix}=\begin{pmatrix}-4 & 0\\ 4 & 4\end{pmatrix}$;

(3) $3\boldsymbol{A}+2\boldsymbol{B}=3\begin{pmatrix}-2 & 4\\ 1 & -2\end{pmatrix}+2\begin{pmatrix}2 & 4\\ -3 & -6\end{pmatrix}=\begin{pmatrix}-2 & 20\\ -3 & -18\end{pmatrix}$.

矩阵的线性运算满足的运算律(设 $\boldsymbol{A}$, $\boldsymbol{B}$, $\boldsymbol{C}$ 为 $m\times n$ 矩阵;k, l 为常数):

(1) $\boldsymbol{A}+\boldsymbol{B}=\boldsymbol{B}+\boldsymbol{A}$;

(2) $(\boldsymbol{A}+\boldsymbol{B})+\boldsymbol{C}=\boldsymbol{A}+(\boldsymbol{B}+\boldsymbol{C})$;

(3) $\boldsymbol{A}+0=\boldsymbol{A}$;

(4) $\boldsymbol{A}-\boldsymbol{A}=0$;

(5) $\boldsymbol{A}-\boldsymbol{B}=\boldsymbol{A}+(-\boldsymbol{B})$;

(6) $1\cdot\boldsymbol{A}=\boldsymbol{A}$;

(7) $(kl)\boldsymbol{A}=k(l)\boldsymbol{A}$;

(8) $(k+l)\boldsymbol{A}=k\boldsymbol{A}+l\boldsymbol{A}$;

(9) $k(\boldsymbol{A}+\boldsymbol{B})=k\boldsymbol{A}+k\boldsymbol{B}$.

2. 矩阵的乘法运算

$$\begin{pmatrix}a_{11} & a_{12} & a_{13}\\ a_{21} & a_{22} & a_{23}\end{pmatrix}\begin{pmatrix}b_{11} & b_{12}\\ b_{21} & b_{22}\\ b_{31} & b_{32}\end{pmatrix}=\begin{pmatrix}a_{11}b_{11}+a_{12}b_{21}+a_{13}b_{31} & a_{11}b_{12}+a_{12}b_{22}+a_{13}b_{32}\\ a_{21}b_{11}+a_{22}b_{21}+a_{23}b_{31} & a_{21}b_{12}+a_{22}b_{22}+a_{23}b_{32}\end{pmatrix}.$$

说明 矩阵 $\boldsymbol{A}$ 左乘矩阵 $\boldsymbol{B}\Leftrightarrow$矩阵 $\boldsymbol{A}$ 的列数=矩阵 $\boldsymbol{B}$ 的行数,即并非所有矩阵都能相乘. 如:若矩阵 $\boldsymbol{A}$ 为 $m\times k$ 矩阵,矩阵 $\boldsymbol{B}$ 为 $k\times n$ 矩阵,则 $\boldsymbol{AB}$ 为 $m\times n$ 矩阵.

例 1.2 已知 $\boldsymbol{A}=\begin{pmatrix}-3 & 1\\ 9 & -3\end{pmatrix}$, $\boldsymbol{B}=\begin{pmatrix}7 & -2\\ 8 & 4\end{pmatrix}$, $\boldsymbol{C}=\begin{pmatrix}5 & -3\\ 2 & 1\end{pmatrix}$, $\boldsymbol{D}=\begin{pmatrix}6 & 1\\ 2 & 3\end{pmatrix}$,

计算:$\boldsymbol{AB}$; $\boldsymbol{AC}$; $\boldsymbol{AD}$; $\boldsymbol{DA}$.

解 $\boldsymbol{AB}=\begin{pmatrix}-13 & 10\\ 39 & -30\end{pmatrix}$; $\boldsymbol{AC}=\begin{pmatrix}-13 & 10\\ 39 & -30\end{pmatrix}$; $\boldsymbol{AD}=\begin{pmatrix}0 & 0\\ 0 & 0\end{pmatrix}$; $\boldsymbol{DA}=\begin{pmatrix}3 & -1\\ 9 & -3\end{pmatrix}$.

乘法满足的运算律:

(1) $(\boldsymbol{AB})\boldsymbol{C}=\boldsymbol{A}(\boldsymbol{BC})$;

(2) $\boldsymbol{A}(\boldsymbol{B}+\boldsymbol{C})=\boldsymbol{AB}+\boldsymbol{AC}$, $(\boldsymbol{B}+\boldsymbol{C})\boldsymbol{A}=\boldsymbol{BA}+\boldsymbol{CA}$;

(3) $k(\boldsymbol{AB})=(k\boldsymbol{A})\boldsymbol{B}=\boldsymbol{A}(k\boldsymbol{B})$;

(4) $\boldsymbol{A}_{m\times n}\boldsymbol{E}_n=\boldsymbol{E}_m\boldsymbol{A}_{m\times n}=\boldsymbol{A}$.

注 (1)矩阵的乘法不满足交换律.

即一般地,$\boldsymbol{AB}\neq\boldsymbol{BA}$.

(2) 矩阵的乘法也不满足消去律.

即一般地,由 $\boldsymbol{AB}=\boldsymbol{AC}$ 或 $\boldsymbol{BA}=\boldsymbol{CA}$,推不出 $\boldsymbol{B}=\boldsymbol{C}$;

同理,由 $\boldsymbol{AB}=0$,推不出 $\boldsymbol{A}=0$ 或 $\boldsymbol{B}=0$.

如:$\boldsymbol{A}=\begin{pmatrix}1 & 1\\ 1 & 1\end{pmatrix}$, $\boldsymbol{B}=\begin{pmatrix}1 & -1\\ -1 & 1\end{pmatrix}$, $\boldsymbol{AB}=0$,但 $\boldsymbol{A}\neq 0$ 且 $\boldsymbol{B}\neq 0$.

说明 n 元线性方程组 $\begin{cases}a_{11}x_1+a_{12}x_2+\cdots+a_{1n}x_n=b_1,\\ a_{21}x_1+a_{22}x_2+\cdots+a_{2n}x_n=b_2,\\ \cdots\\ a_{m1}x_1+a_{m2}x_2+\cdots+a_{mn}x_n=b_m.\end{cases}$ 可以用矩阵表示为

$$\begin{pmatrix} a_{11} & a_{12} & \cdots & a_{1n} \\ a_{21} & a_{22} & \cdots & a_{2n} \\ \cdots & \cdots & \cdots & \cdots \\ a_{m1} & a_{m2} & \cdots & a_{mn} \end{pmatrix} \begin{pmatrix} x_1 \\ x_2 \\ \vdots \\ x_n \end{pmatrix} = \begin{pmatrix} b_1 \\ b_2 \\ \vdots \\ b_m \end{pmatrix}.$$

3. n 阶方阵 A 的 m 次多项式

$$f(\boldsymbol{A}) = a_0\boldsymbol{A}^m + a_1\boldsymbol{A}^{m-1} + \cdots + a_{m-1}\boldsymbol{A} + a_m,$$

$$(\text{其中 } f(x) = a_0x^m + a_1x^{m-1} + \cdots + a_{m-1}x + a_m\ (a_0 \neq 0)).$$

例 1.3 已知 $f(x) = 2x^2 - 3x + 1$，$\boldsymbol{A} = \begin{pmatrix} 2 & 1 \\ 3 & -1 \end{pmatrix}$，求 $f(\boldsymbol{A})$.

解 $f(\boldsymbol{A}) = 2\boldsymbol{A}^2 - 3\boldsymbol{A} + \boldsymbol{E} = 2\begin{pmatrix} 7 & 1 \\ 3 & 4 \end{pmatrix} - 3\begin{pmatrix} 2 & 1 \\ 3 & -1 \end{pmatrix} + \begin{pmatrix} 1 & 0 \\ 0 & 1 \end{pmatrix} = \begin{pmatrix} 9 & -1 \\ -3 & 12 \end{pmatrix}$.

4. 矩阵的转置

定义 1.10 把 $m \times n$ 矩阵 $\boldsymbol{A}$ 的行与列依次互换得到另一个 $n \times m$ 矩阵，称为 $\boldsymbol{A}$ 的转置矩阵，记作 $\boldsymbol{A}^{\mathrm{T}}$ 或 $\boldsymbol{A}'$.

转置矩阵的运算性质：

(1) $(\boldsymbol{A}^{\mathrm{T}})^{\mathrm{T}} = \boldsymbol{A}$；

(2) $(\boldsymbol{A} + \boldsymbol{B})^{\mathrm{T}} = \boldsymbol{A}^{\mathrm{T}} + \boldsymbol{B}^{\mathrm{T}}$；

(3) $(k\boldsymbol{A})^{\mathrm{T}} = k\boldsymbol{A}^{\mathrm{T}}$；

(4) $(\boldsymbol{AB})^{\mathrm{T}} = \boldsymbol{B}^{\mathrm{T}}\boldsymbol{A}^{\mathrm{T}}$.

$$\boldsymbol{A} = \begin{pmatrix} a_{11} & a_{12} & \cdots & a_{1n} \\ a_{21} & a_{22} & \cdots & a_{2n} \\ \cdots & \cdots & \cdots & \cdots \\ a_{n1} & a_{n2} & \cdots & a_{nn} \end{pmatrix},\ \boldsymbol{A}^{\mathrm{T}} = \begin{pmatrix} a_{11} & a_{21} & \cdots & a_{n1} \\ a_{12} & a_{22} & \cdots & a_{n2} \\ \cdots & \cdots & \cdots & \cdots \\ a_{1n} & a_{2n} & \cdots & a_{nn} \end{pmatrix}.$$

例 1.4 已知 $\boldsymbol{A} = \begin{pmatrix} 2 & 0 & -1 \\ 1 & 3 & 2 \end{pmatrix}$，$\boldsymbol{B} = \begin{pmatrix} 1 & 7 & -1 \\ 4 & 2 & 3 \\ 2 & 0 & 1 \end{pmatrix}$，求 $(\boldsymbol{AB})^{\mathrm{T}}$.

解 因为 $\boldsymbol{AB} = \begin{pmatrix} 0 & 14 & -3 \\ 17 & 13 & 10 \end{pmatrix}$，所以 $(\boldsymbol{AB})^{\mathrm{T}} = \begin{pmatrix} 0 & 17 \\ 14 & 13 \\ -3 & 10 \end{pmatrix}$.

例 1.5 已知某乡有三个村，今年农作物产量及农作物运输价格和收购价格如表 1-1 和表 1-2 所示，请列出运输费用与收购费用一览表.

表 1-1 单位：吨

作物 / 村名	小麦	玉米	大豆	棉花
一村	600	800	400	30
二村	550	700	500	20
三村	500	600	600	40

表 1-2　　　　单位:元/吨

作物＼项目	运输价格	收购价格
小麦	12	1 200
玉米	10	1 000
大豆	11	1 500
棉花	90	8 000

解　设农作物产量表对应的矩阵为 $\boldsymbol{A}$,农作物运输及收购价格表对应的矩阵为 $\boldsymbol{B}$,则

$$\boldsymbol{A}=\begin{pmatrix}600&80&40&30\\550&70&50&20\\500&60&60&40\end{pmatrix},\quad \boldsymbol{B}=\begin{pmatrix}12&1\,200\\10&1\,000\\11&1\,500\\90&8\,000\end{pmatrix},$$

$$\boldsymbol{AB}=\begin{pmatrix}600&80&40&30\\550&70&50&20\\500&60&60&40\end{pmatrix}\begin{pmatrix}12&1\,200\\10&1\,000\\11&1\,500\\90&8\,000\end{pmatrix}=\begin{pmatrix}22\,300&2\,360\,000\\20\,900&2\,270\,000\\22\,200&2\,420\,000\end{pmatrix}.$$

由实际意义得,以上矩阵显示的就是农作物运输费用与收购费用.用表格形式表示为

村名＼费用类别	运输费用	收购费用
一村	22 300	2 360 000
二村	20 900	2 270 000
三村	22 200	2 420 000

测试训练一

1. 判断题.

(1) 任何两个矩阵都可以相加减,任何两个矩阵也都能相乘;

(2) 若 $\boldsymbol{AB}=\boldsymbol{AC}$ 或 $\boldsymbol{BA}=\boldsymbol{CA}$,则 $\boldsymbol{B}=\boldsymbol{C}$;

(3) $(\boldsymbol{AB})^{\mathrm{T}}=\boldsymbol{A}^{\mathrm{T}}\boldsymbol{B}^{\mathrm{T}}$;

(4) 若 $\boldsymbol{A}^2=0$,则 $\boldsymbol{A}=0$;

(5) $\boldsymbol{A}+\boldsymbol{B}=\boldsymbol{B}+\boldsymbol{A}$,且 $\boldsymbol{AB}=\boldsymbol{BA}$.

2. 选择题.

(1) 设 $\boldsymbol{A}$ 为 n 阶方阵,则下列矩阵为对称矩阵的是(　　).

A. $\boldsymbol{A}+\boldsymbol{A}^{\mathrm{T}}$;　　B. $\boldsymbol{A}-\boldsymbol{A}^{\mathrm{T}}$;　　C. $2\boldsymbol{A}$;　　D. $\boldsymbol{A}^2$.

(2) 若 $\boldsymbol{A}=\begin{pmatrix}0&a&0\\1&0&1\\b&c&0\end{pmatrix}$ 为对称矩阵,则必有(　　).

A. $a=b=-1, c=0$;　　B. $a=c=1, b=0$;

C. $a=c=0, b=1$;　　D. $c=b=-1, a=0$.

3. 计算题.

(1) 已知 $\boldsymbol{A}=\begin{pmatrix}1 & 3\\4 & 2\end{pmatrix}$,求 $2\boldsymbol{A}$ 和 $\boldsymbol{A}^2$;

(2) 已知 $\boldsymbol{A}=\begin{pmatrix}2 & -1 & 0\\1 & 1 & 3\end{pmatrix}$, $\boldsymbol{B}=\begin{pmatrix}1 & 0\\0 & -1\\1 & 2\end{pmatrix}$,求 $\boldsymbol{AB}$ 和 $\boldsymbol{BA}$.

(3) 设 $\boldsymbol{A}=\begin{pmatrix}2 & 1 & 5\\0 & 4 & -2\\4 & -3 & 1\end{pmatrix}$, $\boldsymbol{B}$ 是三阶方阵,且满足 $3\boldsymbol{A}-\boldsymbol{A}^2=\boldsymbol{B}-\boldsymbol{E}$,求 $\boldsymbol{B}$.

任务二　行列式及应用

知识目标

理解概念:行列式及性质、行列式的展开、克拉默法则.

掌握题型:求行列式的值、运用克拉默法则解线性方程组.

能力目标

通过行列式的学习,体会多元关系的表示及运算方法,提高数据的表示与分析能力.

一、认识行列式

行列式概念最早出现在解线性方程组的过程中,是由解线性方程组产生的一种算式. 17 世纪晚期,日本数学家关孝和与德国数学家莱布尼茨的著作中已经使用行列式来确定线性方程组解的个数以及形式. 18 世纪开始,行列式开始作为独立的数学概念被研究.

19 世纪以后,行列式理论进一步得到发展和完善. 矩阵概念的引入使得更多有关行列式的性质被发现,行列式在许多领域都逐渐显现出重要的意义和作用.

二、二阶及三阶行列式

1. 二阶行列式

当 $a_{11}a_{22}-a_{12}a_{21}\neq 0$ 时,利用加减消元法,可得二元线性方程组 $\begin{cases}a_{11}x_1+a_{12}x_2=b_1,\\a_{21}x_1+a_{22}x_2=b_2\end{cases}$ 的解为

$$x_1=\frac{b_1a_{22}-b_2a_{12}}{a_{11}a_{22}-a_{12}a_{21}},\ x_2=\frac{b_2a_{11}-b_1a_{21}}{a_{11}a_{22}-a_{12}a_{21}}.$$

为了容易记住上面的公式解,引入二阶行列式的概念.

定义 1.11　称 $\begin{vmatrix}a_{11} & a_{12}\\a_{21} & a_{22}\end{vmatrix}=a_{11}a_{12}-a_{21}a_{22}$ 的左边 $\begin{vmatrix}a_{11} & a_{12}\\a_{21} & a_{22}\end{vmatrix}$ 为二阶行列式,右边为其展开式.(其中 a_{ij} 为行列式的元素;i, j 分别表示该元素位于第 i 行第 j 列;$i, j=1, 2$)

说明 二阶行列式的计算满足对角线法则

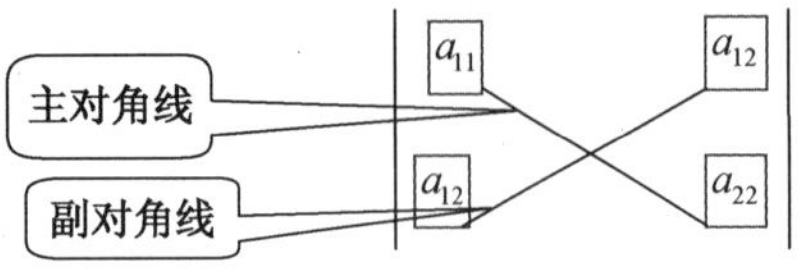

$= a_{11}a_{22} - a_{12}a_{21}.$

如：$\begin{vmatrix} 1 & -3 \\ 8 & 5 \end{vmatrix} = 1 \times 5 - 8 \times (-3) = 29.$

注意 行列式的计算结果是一个数.(矩阵是一个数表)

设 $D = \begin{vmatrix} a_{11} & a_{12} \\ a_{21} & a_{22} \end{vmatrix}$，$D_1 = \begin{vmatrix} b_1 & a_{12} \\ b_2 & a_{22} \end{vmatrix}$，$D_2 = \begin{vmatrix} a_{11} & b_1 \\ a_{21} & b_2 \end{vmatrix}$.

则上述二元线性方程组的解可写成

$$x_1 = \frac{D_1}{D} = \frac{\begin{vmatrix} b_1 & a_{12} \\ b_2 & a_{22} \end{vmatrix}}{\begin{vmatrix} a_{11} & a_{12} \\ a_{21} & a_{22} \end{vmatrix}},\ x_2 = \frac{D_2}{D} = \frac{\begin{vmatrix} a_{11} & b_1 \\ a_{21} & b_2 \end{vmatrix}}{\begin{vmatrix} a_{11} & a_{12} \\ a_{21} & a_{22} \end{vmatrix}}.$$

2. 三阶行列式

类似地，对于三元线性方程组 $\begin{cases} a_{11}x_1 + a_{12}x_2 + a_{13}x_3 = b_1, \\ a_{21}x_1 + a_{22}x_2 + a_{23}x_3 = b_2, \\ a_{31}x_1 + a_{32}x_2 + a_{33}x_3 = b_2, \end{cases}$ 为了容易记住其求解公式，引入三阶行列式的概念.

定义 1.12 称下式左边 $\begin{vmatrix} a_{11} & a_{12} & a_{13} \\ a_{21} & a_{22} & a_{23} \\ a_{31} & a_{32} & a_{33} \end{vmatrix}$ 为三阶行列式，其右边为三阶行列式的展开式.

$$\begin{vmatrix} a_{11} & a_{12} & a_{13} \\ a_{21} & a_{22} & a_{23} \\ a_{31} & a_{32} & a_{33} \end{vmatrix} = a_{11}a_{22}a_{33} + a_{12}a_{23}a_{31} + a_{21}a_{13}a_{32} - a_{31}a_{22}a_{13} - a_{12}a_{21}a_{33} - a_{32}a_{23}a_{11}.$$

说明 三阶行列式的计算可用下面的对角线法则

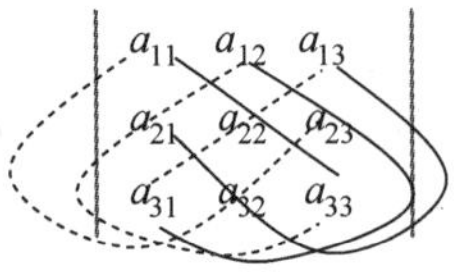

$= a_{11}a_{22}a_{33} + a_{12}a_{23}a_{31} + a_{21}a_{32}a_{13} - a_{11}a_{23}a_{32} - a_{12}a_{21}a_{32} - a_{13}a_{22}a_{31}.$

注意 (1) 三阶行列式包括 3!项，每一项都是位于不同行、不同列的三个元素的乘积；

(2) 实线上三元素的乘积冠以正号，虚线上三元素的乘积冠以负号.

例 1.6 计算三阶行列式 $D = \begin{vmatrix} -1 & 6 & 7 \\ 4 & 0 & 9 \\ 2 & 1 & 5 \end{vmatrix}$ 的值.

解 按对角线法则，得 $D = 0 + 28 + 108 - 0 + 9 - 120 = 25.$

三、克拉默(Cramer)法则及应用

定理 1.1　设 n 元线性方程组为 $\begin{cases} a_{11}x_1+a_{12}x_2+\cdots+a_{1n}x_n=b_1, \\ a_{21}x_1+a_{22}x_2+\cdots+a_{2n}x_n=b_2, \\ \cdots \\ a_{n1}x_1+a_{n2}x_2+\cdots+a_{nn}x_n=b_n. \end{cases}$

记 $D=\begin{vmatrix} a_{11} & a_{12} & \cdots & a_{1n} \\ a_{21} & a_{22} & \cdots & a_{2n} \\ \cdots & \cdots & \cdots & \cdots \\ a_{n1} & a_{n2} & \cdots & a_{nn} \end{vmatrix}$, $D_j=\begin{vmatrix} a_{11} & \cdots & b_1 & \cdots a_{1n} \\ a_{21} & \cdots & b_2 & \cdots a_{2n} \\ \cdots & \cdots & \cdots & \cdots\cdots \\ a_{n1} & \cdots & b_n & \cdots a_{nn} \end{vmatrix}$.

其中 D_j 是把系数行列式 D 中第 j 列的元素用方程组右端的常数项代替后所得到的 n 阶行列式.

如果上述方程组的系数行列式 $D\neq 0$，则它有唯一解，且其解为

$$x_1=\frac{D_1}{D},\cdots,x_j=\frac{D_j}{D},\cdots,x_n=\frac{D_n}{D}\ (j=1,2,\cdots,n).$$

如：若记

$$D=\begin{vmatrix} a_{11} & a_{12} & a_{13} \\ a_{21} & a_{22} & a_{23} \\ a_{31} & a_{32} & a_{33} \end{vmatrix},\ D_1=\begin{vmatrix} b_1 & a_{12} & a_{13} \\ b_2 & a_{22} & a_{23} \\ b_3 & a_{32} & a_{33} \end{vmatrix},\ D_2=\begin{vmatrix} a_{11} & b_1 & a_{13} \\ a_{21} & b_2 & a_{23} \\ a_{31} & b_3 & a_{33} \end{vmatrix},\ D_3=\begin{vmatrix} a_{11} & a_{12} & b_1 \\ a_{21} & a_{22} & b_2 \\ a_{31} & a_{32} & b_3 \end{vmatrix},$$

则三元线性方程组 $\begin{cases} a_{11}x_1+a_{12}x_2+a_{13}x_3=b_1, \\ a_{21}x_1+a_{22}x_2+a_{23}x_3=b_2, \\ a_{31}x_1+a_{32}x_2+a_{33}x_3=b_3 \end{cases}$ 的解为

$$x_1=\frac{D_1}{D},\ x_2=\frac{D_2}{D},\ x_3=\frac{D_3}{D}.$$

例 1.7　解线性方程组 $\begin{cases} 2x_1+3x_2+8x_3=-5, \\ x_1-2x_2-4x_3=3, \\ -5x_1+3x_2+x_3=2. \end{cases}$

解　因为 $D=\begin{vmatrix} 2 & 3 & 8 \\ 1 & -2 & -4 \\ -5 & 3 & 1 \end{vmatrix}=-4+24+60-80-3+24=21\neq 0$,

所以方程组有唯一解.

又 $D_1=\begin{vmatrix} -5 & 3 & 8 \\ 3 & -2 & -4 \\ 2 & 3 & 1 \end{vmatrix}=10+72-24+32-9-60=21$,

$D_2=\begin{vmatrix} 2 & -5 & 8 \\ 1 & 3 & -4 \\ -5 & 2 & 1 \end{vmatrix}=6+16-100+120+5+16=63$,

$$D_3=\begin{vmatrix}2&3&-5\\1&-2&3\\-5&3&2\end{vmatrix}=-8-15-45+50-6-18=-42.$$

因此,由克拉默法则得 $x_1=\dfrac{D_1}{D}=1$, $x_2=\dfrac{D_2}{D}=3$, $x_3=\dfrac{D_3}{D}=-2$.

即线性方程组的解为 $\begin{cases}x_1=1,\\x_2=3,\\x_3=-2.\end{cases}$

结语 关于二元、三元线性方程组解的公式还可推广到 n 元线性方程组,这就需要类似地引入 n 阶行列式.

引子 为了给出 n 阶行列式的定义,需要用到逆序数与对换的概念.

四、逆序数与对换

定义 1.13 将 n 个数 1, 2, …, n 按某种次序排成一排,称其为这 n 个数的一个全排列,简称为排列.这 n 个数按自然次序由小到大的排列称为标准排列.显然,n 个数共有 $n!$ 个全排列.

如:35241 是一个 5 级全排列.

3 级全排列的全体共有 6 个,分别为:123, 231, 312, 132, 213, 321.其中 123 是标准排列.

定义 1.14 在 n 个数 1, 2, …, n 的一个全排列中,若两个数的前后次序和标准排列不一致,则称这两个数构成一个逆序.

一个排列中逆序的总的个数称为这个排列的逆序数,记为 t.

例 1.8 求排列 3 2 5 1 4 的逆序数.

解 3 在首位,逆序数为 0; 2 的前面是 3,故逆序数为 1; 5 的前面数都小于 5,故逆序为 0; 1 的前面 3, 2, 5 都大于 0,故逆序为 3; 4 的前面只有 5 大于 4,故逆序为 1.

于是这个排列的逆序数为 $t=0+1+0+3+1=5$.

定义 1.15 如果一个排列的逆序数是奇(偶)数,那么称这个排列为奇(偶)排列.

定义 1.16 在一个排列中,任意对调两个元素,其余元素不动,这过程称为对换.相邻两个元素的对换称为相邻对换.

定理 1.2 一个排列进行奇(偶)数次对换,排列改变(不改变)奇偶性.

推论 奇(偶)排列经过奇(偶)次对换可成为标准排列.

五、n 阶行列式的定义

1. 引子

1) 由以上定义得,二阶与三阶行列式的特点为:

(1) 它们的展开式的每一项都是位于不同行、不同列的元素的乘积;

(2) 每一项前面的正负号由 $(-1)^t$ 确定,其中 t 是该项各元素的行下标从左至右按标准排列时相应的列下标排列的逆序数;

(3) 二阶行列式的展开式有 2!项,三阶行列式的展开式有 3!项.

2）由以上三个特点，二、三阶行列式的定义可写成：

(1) 二阶行列式的定义可写成 $\begin{vmatrix} a_{11} & a_{12} \\ a_{21} & a_{22} \end{vmatrix} = \sum (-1)^t a_{1P_1} a_{2P_2}$（其中：$p_1$，$p_2$ 是 1，2 的排列；$\sum$ 表示对 1，2 所有排列（共 2! 个）求和；t 是排列 p_1，p_2 的逆序数）.

(2) 三阶行列式的定义可写成 $\begin{vmatrix} a_{11} & a_{12} & a_{13} \\ a_{21} & a_{22} & a_{23} \\ a_{31} & a_{32} & a_{33} \end{vmatrix} = \sum (-1)^t a_{1p_1} a_{2p_2} a_{3p_3}$（其中：$p_1$，$p_2$，$p_3$ 是 1，2，3 的排列；$\sum$ 表示对 1，2，3 所有排列（共 3! 个）求和；t 是排列 p_1，p_2，p_3 的逆序数）.

2. *n* 阶行列式的定义

定义 1.17 将 n^2 个数 a_{ij} $(i, j = 1, 2, \cdots, n)$ 排成 n 行 n 列得 n 阶行列式的定义如下：

$$\begin{vmatrix} a_{11} & a_{12} & \cdots & a_{1n} \\ a_{21} & a_{22} & \cdots & a_{2n} \\ \cdots & \cdots & \cdots & \cdots \\ a_{n1} & a_{n2} & \cdots & a_{nn} \end{vmatrix} = \sum (-1)^t a_{1p_1} a_{2p_2} \cdots a_{np_n}.$$

其中：p_1，p_2，…，p_n 是 1，2，…，n 的排列；$\sum$ 表示对 1，2，…，n 所有排列（共 $n!$ 个）求和；t 是排列 p_1，p_2，…，p_n 的逆序数. 称上式左边为 n 阶行列式，右边为 n 阶行列式的展开式；称 a_{ij} $(i, j = 1, 2, \cdots, n)$ 为 n 阶行列式中位于第 i 行第 j 列位置的元素.

注 (1) n 阶行列式是 $n!$ 项的代数和；

(2) n 阶行列式的每项都是位于不同行、不同列的 n 个元素的乘积；

(3) $a_{1p_1} a_{2p_2} \cdots a_{np_n}$ 的符号为 $(-1)^t$，t 为排列 p_1，p_2，…，p_n 的逆序数；

(4) 一阶行列式 $|a| = a$ 不要与绝对值记号相互混淆（如 $|-2| = -2$，$|3| = 3$）；

(5) n 阶行列式可简记为 $|a_{ij}|$ 或 $\det(a_{ij})$.

3. 几种特殊的行列式

(1) 对角行列式 $\begin{vmatrix} \lambda_1 & & & \\ & \lambda_2 & & \\ & & \ddots & \\ & & & \lambda_n \end{vmatrix} = \lambda_1 \lambda_2 \cdots \lambda_n$，$\begin{vmatrix} & & & \lambda_1 \\ & & \lambda_2 & \\ & \iddots & & \\ \lambda_n & & & \end{vmatrix} = (-1)^{\frac{n(n-1)}{2}} \lambda_1 \lambda_2 \cdots \lambda_n$.

(2) 三角行列式.

① 上三角行列式

$$\begin{vmatrix} a_{11} & a_{12} & \cdots & a_{1n} \\ 0 & a_{22} & \cdots & a_{2n} \\ \vdots & \vdots & \ddots & \vdots \\ 0 & 0 & \cdots & a_{nn} \end{vmatrix} = a_{11} a_{22} \cdots a_{nn};$$

② 下三角行列式

$$\begin{vmatrix} a_{11} & 0 & \cdots & 0 \\ a_{21} & a_{22} & \cdots & 0 \\ \vdots & \vdots & \ddots & 0 \\ a_{n1} & a_{n2} & \cdots & a_{nn} \end{vmatrix} = a_{11}a_{22}\cdots a_{nn}.$$

六、行列式及性质

1. 方阵的行列式及性质

定义 1.18 n 阶方阵 $\boldsymbol{A}=(a_{ij})_{n\times n}$ 的元素按原来的位置构成的行列式，称为矩阵 $\boldsymbol{A}$ 的行列式，记作 $|\boldsymbol{A}|$.

n 阶矩阵的行列式有下列性质：

(1) $|\boldsymbol{A}|=|\boldsymbol{A}^{\mathrm{T}}|$；(2) $|k\boldsymbol{A}|=k^n|\boldsymbol{A}|$；(3) $|\boldsymbol{AB}|=|\boldsymbol{A}|\cdot|\boldsymbol{B}|$.

2. 行列式的运算性质

定义 1.18 设 $D=\begin{vmatrix} a_{11} & a_{12} & \cdots & a_{1n} \\ a_{21} & a_{22} & \cdots & a_{2n} \\ \cdots & \cdots & \cdots & \cdots \\ a_{n1} & a_{n2} & \cdots & a_{nn} \end{vmatrix}$，$D^{\mathrm{T}}=\begin{vmatrix} a_{11} & a_{21} & \cdots & a_{n1} \\ a_{12} & a_{22} & \cdots & a_{n2} \\ \cdots & \cdots & \cdots & \cdots \\ a_{1n} & a_{2n} & \cdots & a_{nn} \end{vmatrix}$，则行列式 D^{T} 称为行列式 D 的转置行列式.

性质 1 行列式与它的转置行列式相等，即 $D=D^{\mathrm{T}}$.

性质 2 互换行列式的两行(列)，行列式变号.

性质 3 行列式有两行(列)对应元素相等时，该行列式等于零.

性质 4 行列式中某一行(列)中的公因子可以提到行列式号外面，即

$$\begin{vmatrix} a_{11} & a_{12} & \cdots & a_{1n} \\ ka_{21} & ka_{22} & \cdots & ka_{2n} \\ \cdots & \cdots & \cdots & \cdots \\ a_{n1} & a_{n2} & \cdots & a_{nn} \end{vmatrix} = k\begin{vmatrix} a_{11} & a_{12} & \cdots & a_{1n} \\ a_{21} & a_{22} & \cdots & a_{2n} \\ \cdots & \cdots & \cdots & \cdots \\ a_{n1} & a_{n2} & \cdots & a_{nn} \end{vmatrix}.$$

此性质也相当于:用 k 乘以行列式等于用 k 乘行列式的某一行(列)中的所有元素.

推论 行列式中如果有两行(列)元素成比例，则此行列式为 0.

性质 5 行列式具有分行(列)相加性，即

$$D=\begin{vmatrix} a_{11} & a_{12} & \cdots & a_{1n} \\ \vdots & \vdots & \cdots & \vdots \\ a_{i1}+b_{i1} & a_{i2}+b_{i2} & \cdots & a_{in}+b_{in} \\ \vdots & \vdots & \vdots & \vdots \\ a_{n1} & a_{n2} & \cdots & a_{nn} \end{vmatrix} = \begin{vmatrix} a_{11} & a_{12} & \cdots & a_{1n} \\ \vdots & \vdots & \cdots & \vdots \\ a_{i1} & a_{i2} & \cdots & a_{in} \\ \vdots & \vdots & \cdots & \vdots \\ a_{n1} & a_{n2} & \cdots & a_{nn} \end{vmatrix} + \begin{vmatrix} a_{11} & a_{12} & \cdots & a_{1n} \\ \vdots & \vdots & \cdots & \vdots \\ b_{i1} & b_{i2} & \cdots & b_{in} \\ \vdots & \vdots & \cdots & \vdots \\ a_{n1} & a_{n2} & \cdots & a_{nn} \end{vmatrix}$$

$$=D_1+D_2.$$

性质 6 行列式某一行(列)各元素乘以同一个数加到另一行(列)对应元素上，行列式不变，即

$$\begin{vmatrix} a_{11} & a_{12} & \cdots & a_{1n} \\ \vdots & \vdots & \cdots & \vdots \\ a_{i1} & a_{i2} & \cdots & a_{in} \\ \vdots & \vdots & \cdots & \vdots \\ a_{n1} & a_{n2} & \cdots & a_{nn} \end{vmatrix} = \begin{vmatrix} \vdots & \vdots & \cdots & \vdots \\ a_{i1}+ka_{j1} & a_{i2}+ka_{j2} & \cdots & a_{in}+kb_{jn} \\ \vdots & \vdots & \cdots & \vdots \\ a_{j1} & a_{j2} & \cdots & a_{jn} \\ \vdots & \vdots & \cdots & \vdots \end{vmatrix}.$$

例 1.9 计算：(1) $D=\begin{vmatrix} 3 & 5 & 2 & 1 \\ 4 & 6 & 1 & 1 \\ 5 & 7 & 0 & 1 \\ 6 & 10 & 8 & 2 \end{vmatrix}$；(2) $D=\begin{vmatrix} a & b & b & b \\ b & a & b & b \\ b & b & a & b \\ b & b & b & a \end{vmatrix}$.

解 (1) $D=\begin{vmatrix} 3 & 5 & 2 & 1 \\ 4 & 6 & 1 & 1 \\ 5 & 7 & 0 & 1 \\ 6 & 10 & 8 & 2 \end{vmatrix}=\begin{vmatrix} 3 & 5 & 2 & 1 \\ 1 & 1 & -1 & 0 \\ 2 & 2 & -2 & 0 \\ 0 & 0 & 4 & 0 \end{vmatrix}=\begin{vmatrix} 3 & 5 & 2 & 1 \\ 1 & 1 & -1 & 0 \\ 0 & 0 & 0 & 0 \\ 0 & 0 & 4 & 0 \end{vmatrix}=0$;

(2) $D=\begin{vmatrix} a & b & b & b \\ b & a & b & b \\ b & b & a & b \\ b & b & b & a \end{vmatrix}=\begin{vmatrix} a+3b & a+3b & a+3b & a+3b \\ b & a & b & b \\ b & b & a & b \\ b & b & b & a \end{vmatrix}=(a+3b)\begin{vmatrix} 1 & 1 & 1 & 1 \\ b & a & b & b \\ b & b & a & b \\ b & b & b & a \end{vmatrix}$

$$=\begin{vmatrix} 1 & 1 & 1 & 1 \\ 0 & a-b & 0 & 0 \\ 0 & 0 & a-b & 0 \\ 0 & 0 & 0 & a-b \end{vmatrix}=(a-b)^3.$$

七、行列式的按行(或列)展开

1. 余子式与代数余子式

定义 1.19 n 阶行列式 $\begin{vmatrix} a_{11} & a_{12} & \cdots & a_{1n} \\ a_{21} & a_{22} & \cdots & a_{2n} \\ \cdots & \cdots & \cdots & \cdots \\ a_{n1} & a_{n2} & \cdots & a_{nn} \end{vmatrix}$ 中，把元素 a_{ij} 所在的第 i 行和第 j 列划去后，留下来的 $(n-1)$ 阶行列式叫作元素 a_{ij} 的余子式，记作 $M_{ij}\ (i, j=1, 2, \cdots, n)$.

定义 1.20 记 $\boldsymbol{A}_{ij}=(-1)^{i+j}M_{ij}$，$(i, j=1, 2, \cdots, n)$，称 $\boldsymbol{A}_{ij}$ 为元素 a_{ij} 的代数余子式.

如：四阶行列式 $\begin{vmatrix} a_{11} & a_{12} & a_{13} & a_{14} \\ a_{21} & a_{22} & a_{23} & a_{24} \\ a_{31} & a_{32} & a_{33} & a_{34} \\ a_{41} & a_{42} & a_{43} & a_{44} \end{vmatrix}$ 中，元素 a_{32} 的余子式 $M_{32}=\begin{vmatrix} a_{11} & a_{13} & a_{14} \\ a_{21} & a_{23} & a_{24} \\ a_{41} & a_{43} & a_{44} \end{vmatrix}$，元素 a_{32} 的代数余子式 $\boldsymbol{A}_{32}=(-1)^{3+2}M_{32}=-\begin{vmatrix} a_{11} & a_{13} & a_{14} \\ a_{21} & a_{23} & a_{24} \\ a_{41} & a_{43} & a_{44} \end{vmatrix}$.

2. 行列式的按行(或列)展开法则

定理 1.3 行列式等于它的任一行(列)的各元素与其对应的代数余子式乘积之和. 即:

(按行展开) $$\begin{vmatrix} a_{11} & a_{12} & \cdots & a_{1n} \\ a_{21} & a_{22} & \cdots & a_{2n} \\ \cdots & \cdots & \cdots & \cdots \\ a_{n1} & a_{n2} & \cdots & a_{nn} \end{vmatrix} = a_{i1}\boldsymbol{A}_{i1} + a_{i2}\boldsymbol{A}_{i2} + \cdots + a_{in}\boldsymbol{A}_{in} = \sum_{j=1}^{n} a_{ij}\boldsymbol{A}_{ij}, (i = 1, 2, \cdots, n).$$

(按列展开) $$\begin{vmatrix} a_{11} & a_{12} & \cdots & a_{1n} \\ a_{21} & a_{22} & \cdots & a_{2n} \\ \cdots & \cdots & \cdots & \cdots \\ a_{n1} & a_{n2} & \cdots & a_{nn} \end{vmatrix} = a_{1j}\boldsymbol{A}_{1j} + a_{2j}\boldsymbol{A}_{2j} + \cdots + a_{nj}\boldsymbol{A}_{nj} = \sum_{i=1}^{n} a_{ij}\boldsymbol{A}_{ij}, (i = 1, 2, \cdots, n).$$

应用 利用这一法则,并结合行列式的性质,可以简化行列式的计算.

注 $a_{i1}\boldsymbol{A}_{k1} + a_{i2}\boldsymbol{A}_{k2} + \cdots + a_{in}\boldsymbol{A}_{kn} = a_{1j}\boldsymbol{A}_{1k} + a_{2j}\boldsymbol{A}_{2k} + \cdots + a_{nj}\boldsymbol{A}_{nk} = 0, (k \neq i, k \neq j).$

例 1.10 计算 $D = \begin{vmatrix} 2 & -5 & 1 & 2 \\ -3 & 7 & -1 & 4 \\ 5 & -9 & 2 & 7 \\ 4 & -6 & 1 & 2 \end{vmatrix}$.

解 $$D = \begin{vmatrix} 2 & -5 & 1 & 2 \\ -3 & 7 & -1 & 4 \\ 5 & -9 & 2 & 7 \\ 4 & -6 & 1 & 2 \end{vmatrix} = -\begin{vmatrix} 1 & -5 & 2 & 2 \\ -1 & 7 & -3 & 4 \\ 2 & -9 & 5 & 7 \\ 1 & -6 & 4 & 2 \end{vmatrix} = -\begin{vmatrix} 1 & -5 & 2 & 2 \\ 0 & 2 & -1 & 6 \\ 0 & 1 & 1 & 3 \\ 0 & -1 & 2 & 0 \end{vmatrix}$$

$$= -\begin{vmatrix} 2 & -1 & 6 \\ 1 & 1 & 3 \\ -1 & 2 & 0 \end{vmatrix} = \begin{vmatrix} 1 & 1 & 3 \\ 2 & -1 & 6 \\ -1 & 2 & 0 \end{vmatrix} = \begin{vmatrix} 1 & 1 & 3 \\ 0 & -3 & 0 \\ 0 & 3 & 3 \end{vmatrix} = \begin{vmatrix} -3 & 0 \\ 3 & 3 \end{vmatrix} = -9.$$

测试训练二

1. 判断题.

(1) $|\boldsymbol{A}| = |\boldsymbol{A}^{\mathrm{T}}|$; (2) $|k\boldsymbol{A}| = k|\boldsymbol{A}|$; (3) $|\boldsymbol{AB}| = |\boldsymbol{A}| \cdot |\boldsymbol{B}|$; (4) $D = D^{\mathrm{T}}$;

(5) $\begin{vmatrix} 1 & 2 & 3 \\ 1 & 1 & 1 \\ 3 & 2 & 1 \end{vmatrix} = \begin{vmatrix} 1 & 1 & 1 \\ 1 & 2 & 3 \\ 3 & 2 & 1 \end{vmatrix}$; (6) $\begin{vmatrix} p+q & q+r & r+p \\ p_1+q_1 & q_1+r_1 & r_1+p_1 \\ p_2+q_2 & q_2+r_2 & r_2+p_2 \end{vmatrix} = 2\begin{vmatrix} p & q & r \\ p_1 & q_1 & r_1 \\ p_2 & q_2 & r_2 \end{vmatrix}$.

2. 填空题.

(1) 设 $\boldsymbol{A}$ 为三阶方阵, 且 $|\boldsymbol{A}| = 2$, 则 $|-2\boldsymbol{A}| =$ ________;

(2) 行列式 $\begin{vmatrix} -1 & 0 & 0 \\ 1 & 4 & 5 \\ 3 & \lambda & 1 \end{vmatrix}$ 中元素 λ 的代数余子式为________;

(3) 四阶行列式中项 $a_{21}a_{32}a_{13}a_{44}$ 的符号为________;

(4) 若四阶行列式 D 中的第一行的元素依次为 1, 2, 0, 1,它们对应的代数余子式依次为 2, −1, 1, 3,则 $D=$________.

3. 计算下列行列式的值.

(1) $D=\begin{vmatrix}1&1&1&1\\1&-1&1&1\\1&1&-1&1\\1&1&1&1\end{vmatrix}$; (2) $D=\begin{vmatrix}2&3&5&-1\\0&-1&0&2\\1&3&2&0\\2&-1&1&1\end{vmatrix}$; (3) $D=\begin{vmatrix}1&2&3&4\\-1&2&3&4\\-1&-2&3&4\\-1&-2&-3&4\end{vmatrix}$.

4. 用克拉默法则解下列解线性方程组.

(1) $\begin{cases}3x_1-x_2+x_3=2,\\2x_1-x_2-x_3=0,\\x_1+2x_2+x_3=4.\end{cases}$　　(2) $\begin{cases}x_1-2x_2+x_3=1,\\x_1-5x_2-x_3=-7,\\2x_1+2x_2+x_3=6.\end{cases}$

任务三　初等变换及应用

知识目标

理解概念:初等变换、可逆矩阵、伴随矩阵、矩阵的秩.

掌握题型:求矩阵的秩、求逆矩阵、解矩阵方程.

能力目标

通过学习初等变换,提高灵活变形能力和严谨的思维习惯.

一、初等变换

矩阵的初等变换来源于消元法解线性方程组.

引例　消元法解线性方程组
$$\begin{cases}2x_1-x_2-x_3+x_4=2, & (1)\\x_1+x_2-2x_3+x_4=4, & (2)\\4x_1-6x_2+2x_3-2x_4=4, & (3)\\3x_1+6x_2-9x_3+7x_4=9. & (4)\end{cases}$$

解
$$\xrightarrow[(3)\times\frac{1}{2}]{(1)\leftrightarrow(2)}\begin{cases}x_1+x_2-2x_3+x_4=4, & (1)\\2x_1-x_2-x_3+x_4=2, & (2)\\2x_1-3x_2+x_3-x_4=2, & (3)\\3x_1+6x_2-9x_3+7x_4=9, & (4)\end{cases}\left(\text{交换式(1)与式(2),式(3)}\times\frac{1}{2}\right)$$

$$\xrightarrow[\substack{-2(1)+(3)\\-3(1)+(4)}]{-2(1)+(2)}\begin{cases}x_1+x_2-2x_3+x_4=4, & (1)\\-3x_2+3x_3-x_4=-6, & (2)\\-5x_2+5x_3-3x_4=-6, & (3)\\3x_2-3x_3+4x_4=-3, & (4)\end{cases}\text{(消去式(2)、(3)、(4)中的}x_1\text{)}$$

$$\xrightarrow[(2)+(4)]{-2(2)+(3)}\begin{cases}x_1+x_2-2x_3+x_4=4, & (1)\\ -3x_2+3x_3-x_4=-6, & (2)\\ x_2-x_3-x_4=6, & (3)\\ 3x_4=-9, & (4)\end{cases}$$（消去式(4) 中的 x_2，x_3）

$$\xrightarrow[(4)\times\frac{1}{3}]{\substack{-(3)+(1)\\3(3)+2}}\begin{cases}x_1-x_3+2x_4=-2, & (1)\\ -4x_4=12, & (2)\\ x_2-x_3-x_4=6, & (3)\\ x_4=-3, & (4)\end{cases}$$（消去式(1)、(2) 中的 x_2）

$$\xrightarrow[(4)\leftrightarrow(2)]{4(4)+(2)}\begin{cases}x_1-x_3+2x_4=-2, & (1)\\ x_4=-3, & (2)\\ x_2-x_3-x_4=6, & (3)\\ 0=0, & (4)\end{cases}$$（合并等价方程(2) 与(4)）

$$\xrightarrow[(2)+(3)]{-2(2)+(1)}\begin{cases}x_1-x_3=4, & (1)\\ x_4=-3, & (2)\\ x_2-x_3=3, & (3)\\ 0=0, & (4)\end{cases}$$（消去式(1)、(3) 中的 x_4）

解得 $\begin{cases}x_1=4+x_3,\\ x_2=3+x_3,\\ x_4=-3.\end{cases}$（方程有无数解）

由此得，矩阵的初等行变换定义如下：

1. 矩阵的初等行变换

定义 1.21 下面三种变换称为矩阵的初等行变换：

(1) 交换矩阵第 i 行和第 j 行的位置，记作 $r_i\leftrightarrow r_j$；

(2) 以数 k $(k\neq0)$ 乘以矩阵第 i 行的各元素，记作 kr_i；

(3) 矩阵的第 i 行各元素乘以数 k 加到第 j 行各对应元素上，记作 r_j+kr_i.

以上三种变换通常称为交换行变换、倍乘行变换、和倍加行变换.

同理，可给出矩阵的初等列变换定义如下：

2. 矩阵的初等列变换

定义 1.22 下面三种变换称为矩阵的初等列变换：

(1) 换矩阵第 i 列和第 j 列的位置，记作 $c_i\leftrightarrow c_j$；

(2) 以数 k $(k\neq0)$ 乘以矩阵第 i 列的各元素，记作 kc_i；

(3) 矩阵的第 i 列各元素乘以数 k 加到第 j 列各对应元素上，记作 c_j+kc_i.

3. 矩阵的初等变换

定义 1.23 矩阵的初等行变换和初等列变换，统称为矩阵的初等变换.

二、方阵的逆矩阵及求法

在数的运算中，当数 $a\neq0$ 时，有 $aa^{-1}=a^{-1}a=1$，其中 $a^{-1}=\dfrac{1}{a}$ 为 a 的倒数.

在矩阵的乘法运算中,也有类似情形(单位阵 $\boldsymbol{E}$ 相当于数的乘法运算中的1).

定义 1.24 对于 n 阶方阵 $\boldsymbol{A}$,如果存在 n 阶方阵 $\boldsymbol{B}$, 使得 $\boldsymbol{AB}=\boldsymbol{BA}=\boldsymbol{E}_n$, 则称 $\boldsymbol{A}$ 为可逆矩阵,$\boldsymbol{B}$ 是 $\boldsymbol{A}$ 的逆方阵.(注:方阵才有逆矩阵)

注 (1) 可逆矩阵及其逆矩阵是同阶方阵;

(2) 可逆矩阵必为方阵;

(3) 若 $\boldsymbol{B}$ 是 $\boldsymbol{A}$ 的逆矩阵,则 $\boldsymbol{A}$ 也是 $\boldsymbol{B}$ 的逆矩阵.

定理 1.4 若方阵 $\boldsymbol{A}$ 可逆,则其逆矩阵必唯一.

定理 1.5 若方阵 $\boldsymbol{A}$ 可逆,则其行列式 $|\boldsymbol{A}|\neq 0$(此时称矩阵 $\boldsymbol{A}$ 为非奇异矩阵)

定义 1.25 设 $\boldsymbol{A}_{ij}$ 是行列式 $|\boldsymbol{A}|=|a_{ij}|$ 的元素 a_{ij} 的代数余子式,称方阵

$$\boldsymbol{A}^*=\begin{pmatrix}\boldsymbol{A}_{11} & \boldsymbol{A}_{21} & \cdots & \boldsymbol{A}_{n1}\\ \boldsymbol{A}_{12} & \boldsymbol{A}_{22} & \cdots & \boldsymbol{A}_{n2}\\ \vdots & \vdots & \cdots & \vdots\\ \boldsymbol{A}_{1n} & \boldsymbol{A}_{2n} & \cdots & \boldsymbol{A}_{nn}\end{pmatrix}$$ 为方阵 $\boldsymbol{A}$ 的伴随方阵.

注 $$\boldsymbol{A}^*\boldsymbol{A}=\boldsymbol{A}\boldsymbol{A}^*=\begin{pmatrix}|\boldsymbol{A}| & 0 & \cdots & 0\\ 0 & |\boldsymbol{A}| & \cdots & 0\\ \vdots & \vdots & \cdots & \vdots\\ 0 & 0 & \cdots & |\boldsymbol{A}|\end{pmatrix}=|\boldsymbol{A}|\boldsymbol{E}.$$

思考 $|\boldsymbol{A}^*|=?$

定理 1.6 若 $|\boldsymbol{A}|\neq 0$,则 $\boldsymbol{A}$ 可逆,且 $\boldsymbol{A}^{-1}=\dfrac{1}{|\boldsymbol{A}|}\boldsymbol{A}^*$(其中 $\boldsymbol{A}^*$ 为 $\boldsymbol{A}$ 的伴随方阵).

思考 $|\boldsymbol{A}^{-1}|=?$

例 1.11 已知 $\boldsymbol{A}=\begin{pmatrix}1 & 2 & 3\\ 2 & 1 & 2\\ 1 & 3 & 3\end{pmatrix}$, $\boldsymbol{B}=\begin{pmatrix}1 & 0 & 2\\ 2 & 0 & 4\\ 1 & 2 & 3\end{pmatrix}$,

判断 $\boldsymbol{A}$, $\boldsymbol{B}$ 是否可逆;若可逆,求其逆.

解 因为 $|\boldsymbol{A}|=4\neq 0$, $|\boldsymbol{B}|=0$, 所以 $\boldsymbol{A}$ 可逆,$\boldsymbol{B}$ 不可逆.

又 $\boldsymbol{A}$ 中各元素的代数余子式为 $\boldsymbol{A}_{11}=-3$, $\boldsymbol{A}_{12}=-4$, $\boldsymbol{A}_{13}=5$, $\boldsymbol{A}_{21}=3$, $\boldsymbol{A}_{22}=0$, $\boldsymbol{A}_{23}=-1$, $\boldsymbol{A}_{31}=1$, $\boldsymbol{A}_{32}=4$, $\boldsymbol{A}_{33}=-3$,

于是伴随阵 $$\boldsymbol{A}^*=\begin{pmatrix}\boldsymbol{A}_{11} & \boldsymbol{A}_{21} & \boldsymbol{A}_{31}\\ \boldsymbol{A}_{12} & \boldsymbol{A}_{22} & \boldsymbol{A}_{32}\\ \boldsymbol{A}_{13} & \boldsymbol{A}_{23} & \boldsymbol{A}_{33}\end{pmatrix}=\begin{pmatrix}-3 & 3 & 1\\ -4 & 0 & 4\\ 5 & -1 & -3\end{pmatrix},$$

因此 $$\boldsymbol{A}^{-1}=\frac{1}{|\boldsymbol{A}|}\boldsymbol{A}^*=\frac{1}{4}\begin{pmatrix}-3 & 3 & 1\\ -4 & 0 & 4\\ 5 & -1 & -3\end{pmatrix}=\begin{pmatrix}-\frac{3}{4} & \frac{3}{4} & \frac{1}{4}\\ -1 & 0 & 1\\ \frac{5}{4} & -\frac{1}{4} & -\frac{3}{4}\end{pmatrix}.$$

定理 1.7 设 $\boldsymbol{A}$, $\boldsymbol{B}$ 皆为 n 阶可逆方阵,则 $\boldsymbol{A}^{-1}$, $k\boldsymbol{A}(k\neq 0)$, $\boldsymbol{AB}$, $\boldsymbol{A}^{\mathrm{T}}$ 皆可逆,且满足:

(1) $(\boldsymbol{A}^{-1})^{-1}=\boldsymbol{A}$;　　(2) $(k\boldsymbol{A})^{-1}=\frac{1}{k}\boldsymbol{A}$;

(3) $(\boldsymbol{AB})^{-1}=\boldsymbol{B}^{-1}\boldsymbol{A}^{-1}$;　　(4) $(\boldsymbol{A}^{\mathrm{T}})^{-1}=(\boldsymbol{A}^{-1})^{\mathrm{T}}$;

(5) $|\boldsymbol{A}^{-1}|=\frac{1}{|\boldsymbol{A}|}$;　　(6) $|\boldsymbol{A}^{*}|=|\boldsymbol{A}|^{n-1}$.

例 1.12　设 $\boldsymbol{A}=\begin{pmatrix}1&2&3\\2&2&1\\3&4&3\end{pmatrix}$,求 $\boldsymbol{A}^{-1}$.

解　(法 1)定义法或公式法 $\left(\boldsymbol{A}^{-1}=\frac{1}{|\boldsymbol{A}|}\boldsymbol{A}^{*}\right)$

因为 $|\boldsymbol{A}|=\begin{vmatrix}1&2&3\\2&2&1\\3&4&3\end{vmatrix}=2\neq 0$,所以 $\boldsymbol{A}$ 可逆.

又 $\boldsymbol{A}_{11}=\begin{vmatrix}2&1\\4&3\end{vmatrix}=2$,　$\boldsymbol{A}_{12}=-\begin{vmatrix}2&1\\3&3\end{vmatrix}=-3$,　$\boldsymbol{A}_{13}=\begin{vmatrix}2&2\\3&4\end{vmatrix}=2$;

$\boldsymbol{A}_{21}=-\begin{vmatrix}2&3\\4&3\end{vmatrix}=6$,　$\boldsymbol{A}_{22}=\begin{vmatrix}1&3\\3&3\end{vmatrix}=-6$,　$\boldsymbol{A}_{23}=-\begin{vmatrix}1&2\\2&2\end{vmatrix}=2$,

$\boldsymbol{A}_{31}=\begin{vmatrix}2&3\\2&1\end{vmatrix}=-4$,　$\boldsymbol{A}_{32}=-\begin{vmatrix}1&3\\2&1\end{vmatrix}=5$,　$\boldsymbol{A}_{33}=\begin{vmatrix}1&2\\2&2\end{vmatrix}=-2$;

所以 $\boldsymbol{A}^{*}=\begin{pmatrix}\boldsymbol{A}_{11}&\boldsymbol{A}_{21}&\boldsymbol{A}_{31}\\\boldsymbol{A}_{12}&\boldsymbol{A}_{22}&\boldsymbol{A}_{32}\\\boldsymbol{A}_{13}&\boldsymbol{A}_{23}&\boldsymbol{A}_{33}\end{pmatrix}=\begin{pmatrix}2&6&-4\\-3&-6&5\\2&2&-2\end{pmatrix}$.

因此 $\boldsymbol{A}^{-1}=\frac{1}{|\boldsymbol{A}|}\boldsymbol{A}^{*}=\frac{1}{2}\begin{pmatrix}2&6&-4\\-3&-6&5\\2&2&-2\end{pmatrix}=\begin{pmatrix}1&3&-2\\-\frac{3}{2}&-3&\frac{5}{2}\\1&1&-1\end{pmatrix}$.

(法 2)初等行变换法 $(\boldsymbol{A}|\boldsymbol{E})\to(\boldsymbol{E}|\boldsymbol{A}^{-1})$

$$(\boldsymbol{A}|\boldsymbol{E})=\begin{pmatrix}1&2&3&1&0&0\\2&2&1&0&1&0\\3&4&3&0&0&1\end{pmatrix}\xrightarrow[-3r_1+r_3]{-2r_1+r_2}\begin{pmatrix}1&2&3&1&0&0\\0&-2&-5&-2&1&0\\0&-2&-6&-3&0&1\end{pmatrix}$$

$$\xrightarrow[-r_2+r_3]{r_2+r_1}\begin{pmatrix}1&0&-2&-1&1&0\\0&-2&-5&-2&1&0\\0&0&-1&-1&-1&1\end{pmatrix}\xrightarrow[-5r_3+r_2]{-2r_3+r_1}\begin{pmatrix}1&0&0&1&3&-2\\0&-2&0&3&6&-5\\0&0&-1&-1&-1&1\end{pmatrix}$$

$$\xrightarrow[-r_{32}]{-\frac{1}{2}r_1}\begin{pmatrix}1&0&0&1&3&-2\\0&1&0&-\frac{3}{2}&-3&\frac{5}{2}\\0&0&1&1&1&-1\end{pmatrix}\Rightarrow\boldsymbol{A}^{-1}=\begin{pmatrix}1&3&-2\\-\frac{3}{2}&-3&\frac{5}{2}\\1&1&-1\end{pmatrix}.$$

3. 矩阵的秩及求法

定义 1.26　若矩阵 $\boldsymbol{A}$ 有一个 k 阶子式不为零，而所有 $k+1$ 阶子式(如果有的话)全为零，则称 k 为矩阵 $\boldsymbol{A}$ 的秩，记作 $R(\boldsymbol{A})=k$.

规定:零矩阵的秩为 0.

矩阵秩的性质：

(1) $R(\boldsymbol{A})=R(\boldsymbol{A}^{\mathrm{T}})$；

(2) $R(k\boldsymbol{A})=R(\boldsymbol{A})\ (k\neq 0)$；

(3) $\boldsymbol{A}$ 是 n 阶方阵，则 $R(\boldsymbol{A})=n$ 的充分必要条件是 $|\boldsymbol{A}|\neq 0$.

定义 1.27　n 阶矩阵的秩为 n 时，称其为满秩矩阵，否则称其为降秩矩阵.

下面几个说法等价：

(1) $\boldsymbol{A}$ 可逆；　(2) $\boldsymbol{A}$ 非奇异；　(3) $\boldsymbol{A}$ 满秩；　(4) $|\boldsymbol{A}|\neq 0$.

定理 1.8　初等变换不改变矩阵的秩.

推论 1　矩阵的秩即为矩阵的行阶梯矩阵中非零行的行数.

推论 2　若 $\boldsymbol{A}\to\boldsymbol{B}$，则 $R(\boldsymbol{A})=R(\boldsymbol{B})$.

例 1.13　求矩阵 $\boldsymbol{A}=\begin{pmatrix}1&3&-2&5&-4\\3&1&2&-1&0\\-2&4&6&10&5\\-4&6&2&16&1\end{pmatrix}$ 的秩.

解　(方法:用矩阵的初等行(或列)变换把 $\boldsymbol{A}$ 化为行阶梯形矩阵)

$$\boldsymbol{A}=\begin{pmatrix}1&3&-2&5&-4\\3&1&2&-1&0\\-2&4&6&10&5\\-4&6&2&16&1\end{pmatrix}\xrightarrow[\substack{2r_1+r_3\\4r_1+r_4}]{-3r_1+r_2}\begin{pmatrix}1&3&-2&5&-4\\0&-8&8&-16&12\\0&10&2&20&-3\\0&18&-6&36&-15\end{pmatrix}$$

$$\xrightarrow[\substack{-\frac{1}{2}c_3\\\frac{1}{3}r_4}]{-\frac{1}{4}r_2}\begin{pmatrix}1&3&1&5&-4\\0&2&1&4&-3\\0&10&-1&20&-3\\0&6&1&12&-5\end{pmatrix}\xrightarrow[-3r_2+r_4]{-5r_2+r_3}\begin{pmatrix}1&3&1&5&-4\\0&2&1&4&-3\\0&0&-6&0&12\\0&0&-2&0&4\end{pmatrix}$$

$$\xrightarrow[r_3\leftrightarrow r_4]{-3r_4+r_3}\begin{pmatrix}1&3&1&5&-4\\0&2&1&4&-3\\0&0&-2&0&4\\0&0&0&0&0\end{pmatrix}=\boldsymbol{B}.$$

显然，$R(\boldsymbol{A})=R(\boldsymbol{B})=3$.

测试训练三

1. 判断题.

(1) 设 $\boldsymbol{A},\boldsymbol{B}$ 皆为 n 阶可逆方阵，则 $\boldsymbol{A}^{-1}$，$k\boldsymbol{A}(k\neq 0)$，$\boldsymbol{AB}$，$\boldsymbol{A}^{\mathrm{T}}$ 皆可逆；

(2) $|\boldsymbol{A}|\neq 0$ 是 $\boldsymbol{A}$ 可逆的充要条件；

(3) $(\boldsymbol{AB})^{-1}=\boldsymbol{A}^{-1}\boldsymbol{B}^{-1}$;

(4) 初等变换不改变矩阵的秩.

2. 填空题.

(1) 若 $\boldsymbol{A}$ 为 3 阶矩阵,且 $|\boldsymbol{A}|=\frac{1}{9}$,则 $|(3\boldsymbol{A})^{-1}|=$ ________;

(2) 设 $\boldsymbol{A}$, $\boldsymbol{B}$ 均为三阶可逆方阵,且 $|\boldsymbol{A}|=2$,则 $|2\boldsymbol{B}^{-1}\boldsymbol{A}^2\boldsymbol{B}|=$ ________;

(3) 设 $\boldsymbol{A}=\begin{pmatrix}1&-1\\-1&2\end{pmatrix}$,则 $\boldsymbol{A}$ 的伴随阵 $\boldsymbol{A}^*$ ________;

(4) 设 $\boldsymbol{A}=\begin{pmatrix}1&2&1\\0&2&3\\1&0&t\end{pmatrix}$,且 $r(\boldsymbol{A})=2$,则 $t=$ ________;

(5) 设矩阵 $\boldsymbol{A}=\begin{pmatrix}1&0&0\\0&\frac{1}{2}&0\\0&0&\frac{1}{3}\end{pmatrix}$,则 $\boldsymbol{A}^{-1}=($　　$)$;

3. 设矩阵 $\boldsymbol{A}=\begin{pmatrix}1&0&0\\2&1&0\\-2&2&2\end{pmatrix}$, $\boldsymbol{B}=\begin{pmatrix}1&1&2\\0&2&2\\0&4&6\end{pmatrix}$,求满足方程 $\boldsymbol{AX}=\boldsymbol{B}^{\mathrm{T}}$ 的矩阵 X.

学习指导

一、主要知识点

1. 矩阵、方阵、矩阵的秩、可逆矩阵、矩阵的加法、减法、数乘及乘法运算.

2. 行列式及性质、行列式的展开、克拉默法则.

3. 矩阵的初等变换.

重点:(1) 矩阵及运算;(2) 行列式及性质;(3) 矩阵的初等变换及应用.

难点:(1) 逆矩阵及求法;(2) 求行列式的值.

二、主要题型及解法

1. 求矩阵的和、差、积及数乘矩阵

(1) 同型矩阵才能相加减.

(2) 矩阵的减法,可以看做一个矩阵与另一个矩阵的负矩阵的和.

(3) 非零数 k 乘以某矩阵,把该矩阵的所有元素均乘以数 k.

(4) 两个矩阵相等⇔两矩阵的所有元素对应相等.

(5) 两矩阵相乘,需满足:左边矩阵的列数=右边矩阵的行数.

2. 求矩阵的逆矩阵

法 1:公式法 $\left(\boldsymbol{A}^{-1}=\frac{1}{|\boldsymbol{A}|}\boldsymbol{A}^*\right)$.

法 2:初等行变换法 $(\boldsymbol{A}|\boldsymbol{E})\rightarrow(\boldsymbol{E}|\boldsymbol{A}^{-1})$.

3. 求行列式的值

法 1:定义法(适合于二阶或三阶行列式).

法 2:行列式的性质及展开法则.

4. 求矩阵的秩

方法　用矩阵的初等行(或列)变换把 $\boldsymbol{A}$ 化为行阶梯形矩阵.

5. 运用克拉默法则解线性方程组

前提:(1)方程个数=未知数个数;(2)方程组有唯一解.(或系数行列式 $|\boldsymbol{A}| \neq 0$)

重点:(1)矩阵的运算;(2)求行列式的值;(3)初等变换及应用.

难点:(1)矩阵的乘法运算;(2)求逆矩阵;(3)解矩阵方程.

项目训练一

一、判断题.

1. 若矩阵 $\boldsymbol{A}=\boldsymbol{B}$,则一定有 $|\boldsymbol{A}|=|\boldsymbol{B}|$,同样若 $|\boldsymbol{A}|=|\boldsymbol{B}|$,则一定有 $\boldsymbol{A}=\boldsymbol{B}$.

2. 若 $\boldsymbol{A}$, $\boldsymbol{B}$ 均为 n 阶方阵,则 $\boldsymbol{AB}$ 不可逆的充要条件是 $\boldsymbol{A}$, $\boldsymbol{B}$ 都不可逆.

3. 矩阵 $\boldsymbol{A}=(a_{ij})_{n\times n}$ 为可逆矩阵的充要条件是 $\boldsymbol{A}$ 为非奇异的.

4. 可逆矩阵 $\boldsymbol{A}$ 的转置矩阵 $\boldsymbol{A}^{\mathrm{T}}$ 也是可逆的.

5. $|k\boldsymbol{A}|=k|\boldsymbol{A}|$.

6. $|k\boldsymbol{A}^{-1}|=\dfrac{1}{k|\boldsymbol{A}|}$,$(k\neq 0,\ |\boldsymbol{A}|\neq 0)$.

二、选择题.

1. 设行列式 $\begin{vmatrix} a_1 & b_1 \\ a_2 & b_2 \end{vmatrix}=1$,$\begin{vmatrix} a_1 & c_1 \\ a_2 & c_2 \end{vmatrix}=2$,则行列式 $\begin{vmatrix} a_1 & b_1-c_1 \\ a_2 & b_2-c_2 \end{vmatrix}=$(　　).

　A. -1;　　B. 1;　　C. 2;　　D. 3.

2. 设 $\boldsymbol{A}$ 是 n 阶矩阵,$\boldsymbol{O}$ 是 n 阶零矩阵,且 $\boldsymbol{A}^2-\boldsymbol{E}=0$,则必有(　　).

　A. $\boldsymbol{A}=\boldsymbol{E}$;　　B. $\boldsymbol{A}=-\boldsymbol{E}$;　　C. $\boldsymbol{A}=\boldsymbol{A}^{-1}$;　　D. $|\boldsymbol{A}|=1$.

3. $\boldsymbol{A}=\begin{pmatrix} 0 & a & 0 \\ 1 & 0 & 1 \\ b & c & 0 \end{pmatrix}$ 为反对称矩阵,则必有(　　).

　A. $a=b=-1$, $c=0$;　　B. $a=c=-1$, $b=0$;

　C. $a=c=0$, $b=-1$;　　D. $c=b=-1$, $a=0$.

4. $\boldsymbol{A}$, $\boldsymbol{B}$ 为同阶方阵,则下列结论正确的是(　　).

　A. $\boldsymbol{A}$, $\boldsymbol{B}$ 为可逆,则 $\boldsymbol{A}+\boldsymbol{B}$ 可逆;　　B. $\boldsymbol{A}$, $\boldsymbol{B}$ 为可逆,则 $\boldsymbol{A}-\boldsymbol{B}$ 可逆;

　C. $\boldsymbol{A}$, $\boldsymbol{B}$ 为可逆,则 $\boldsymbol{AB}$ 可逆;　　D. $\boldsymbol{A}+\boldsymbol{B}$ 可逆,则 $\boldsymbol{A}-\boldsymbol{B}$ 可逆.

5. 设 $\boldsymbol{A}$, $\boldsymbol{B}$ 为同阶方阵,则必有(　　).

　A. $|\boldsymbol{A}+\boldsymbol{B}|=|\boldsymbol{A}|+|\boldsymbol{B}|$;　　B. $\boldsymbol{AB}=\boldsymbol{BA}$;

　C. $(\boldsymbol{AB})^{\mathrm{T}}=\boldsymbol{A}^{\mathrm{T}}\boldsymbol{B}^{\mathrm{T}}$;　　D. $|\boldsymbol{AB}|=|\boldsymbol{BA}|$.

6. 设 n 阶方阵 $\boldsymbol{A}$, $\boldsymbol{B}$, $\boldsymbol{C}$ 满足 $\boldsymbol{ABC}=\boldsymbol{E}$, 则必有(　　).

　A. $\boldsymbol{ACB}=\boldsymbol{E}$;　　B. $\boldsymbol{CBA}=\boldsymbol{E}$;　　C. $\boldsymbol{BCA}=\boldsymbol{E}$;　　D. $\boldsymbol{BAC}=\boldsymbol{E}$.

7. 行列式 $\begin{vmatrix} 0 & a & 0 & 0 \\ b & c & 0 & 0 \\ 0 & 0 & d & e \\ 0 & 0 & 0 & f \end{vmatrix}$ 的值等于(　　).

　A. $abcdef$;　　B. $-abdf$;　　C. $abdf$;　　D. cdf.

三、填空题.

1. 设 $\boldsymbol{A}$ 为 2 阶矩阵，将 $\boldsymbol{A}$ 的第 1 行加到第 2 行得到 $\boldsymbol{B}$，若 $\boldsymbol{B}=\begin{pmatrix}1 & 2\\ 3 & 4\end{pmatrix}$，则 $\boldsymbol{A}=$ ________.

2. 行列式 $\begin{vmatrix}a & b & c\\ a^2 & b^2 & c^2\\ a^3 & b^3 & c^3\end{vmatrix}$ 的值为________.

3. 如果 $\boldsymbol{A}$ 可逆，则 $\boldsymbol{A}^{-1}$ 也可逆，并且 $(\boldsymbol{A}^{-1})^{-1}=$ ________.

4. 设 $\boldsymbol{A}=\begin{pmatrix}1 & -1\\ -1 & 0\end{pmatrix}$，则 $\boldsymbol{A}^{-1}=$ ________.

5. 若行列式 $\begin{vmatrix}10 & 9 & 8 & 7\\ 6 & 5 & 4 & 3\\ 0 & 0 & x & 2\\ 0 & 0 & 4 & 1\end{vmatrix}=0$，则 $x=$ ________.

四、解答题.

1. 已知 $\boldsymbol{A}=\begin{pmatrix}-2 & 4\\ 1 & -2\end{pmatrix}$ $\boldsymbol{B}=\begin{pmatrix}2 & 4\\ -3 & -6\end{pmatrix}$，求 $\boldsymbol{AB}$ 及 $\boldsymbol{BA}$.

2. 求 $\boldsymbol{A}=\begin{pmatrix}1 & 0 & 1\\ 2 & 1 & 0\\ -3 & 2 & -5\end{pmatrix}$ 的逆矩阵.

3. 求矩阵 $\boldsymbol{A}=\begin{pmatrix}1 & 2 & 1\\ 2 & 0 & 1\\ 0 & 1 & 3\end{pmatrix}$ 的秩.

4. 设 3 阶矩阵 $\boldsymbol{A}=\begin{pmatrix}1 & 1 & 1\\ 3 & 3 & 3\\ 5 & 5 & 5\end{pmatrix}$，求 $\boldsymbol{A}^{100}$.

五、解矩阵方程或线性方程组.

1. 求满足 $\boldsymbol{AXB}=\boldsymbol{C}$ 的矩阵 X.

2. 利用克拉默法则求解方程组 $\begin{cases}x_1+2x_2-x_3=2,\\ 2x_1+x_2+x_3=4,\\ x_1-x_2+x_3=1.\end{cases}$

数学实验七　矩阵运算的 MATLAB 实现

一、实验目的

1. 学习 MATLAB 的矩阵运算命令.
2. 掌握用 MATLAB 软件求矩阵相关运算的方法.

二、实验内容

1. 矩阵的生成

(1) 直接输入法

从键盘上直接输入矩阵是最方便、最常用的创建数值矩阵的方法，尤其适合较小的简单矩阵. 使用此方法创建矩阵时，应当注意以下几点：

① 输入矩阵时要以“[ ]”为其标识符号，矩阵的所有元素必须都在括号内.

② 矩阵同行元素之间由空格或逗号分隔，行与行之间用分号或回车键分隔.

③ 矩阵大小不需要预先定义.

④ 矩阵元素可以是运算表达式.

⑤ 若“[ ]”中无元素，表示空矩阵.

例 1.14 已知矩阵 $\boldsymbol{A}=\begin{pmatrix}1&2&3\\4&5&6\\7&8&9\end{pmatrix}$，试通过输入 MATLAB 命令，生成矩阵 $\boldsymbol{A}$.

解 操作步骤为：

(1) 按 MATLAB 命令要求输入矩阵 $\boldsymbol{A}$ 的数据；

(2) 按回车键，自动形成矩阵 $\boldsymbol{A}$

```
>> A=[1 2 3；4 5 6；7 8 9]            % 输入矩阵A
A=
     1    2    3
     4    5    6
     7    8    9
```

⑥ 在 MATLAB 语言中冒号的作用是最为丰富的.

※ 可以用冒号来定义行向量.

例 1.15 请在命令窗口输出行向量.(要求：行向量首位数为 1，末位数为 4，间隔 0.5)

解 操作命令与步骤如下：

```
>> a=1:0.5:4                         % 从1开始，间隔0.5，尾数为4的行向量
a一 Columns 1 through 7
     1    1.5    2    2.5    3    3.5    4
```

※ 通过使用冒号，可以截取指定矩阵中的部分.

例 1.16 设矩阵 $\boldsymbol{B}$ 由矩阵 $\boldsymbol{A}$ 的前两行的所有元素组成，试运用 MATLAB 命令由矩阵 $\boldsymbol{A}$ 生成矩阵 $\boldsymbol{B}$.

解 操作命令与步骤如下：

```
>> A=[1 2 3；4 5 6；7 8 9]；           % 输入矩阵A
A=
     1    2    3
     4    5    6
     7    8    9
>> B=A (1:2,:)；                       % 生成矩阵B，冒号表示包含矩阵A的所有列
     1       2        3
     4       5        6
```

(2) 特殊矩阵的生成

对于一些比较特殊的矩阵(如单位阵、全零矩阵和全 1 矩阵，矩阵中含 1 或 0 较多)，由于其具有特殊的结构，MATLAB 提供了一些函数用于生成这些矩阵.

常用生成特殊矩阵的命令的有：

zeros(m)	生成 m 阶全 0 矩阵
eye(m)	生成 m 阶单位矩阵
ones(m)	生成 m 阶全 1 矩阵
rand(m)	生成 m 阶均匀分布的随机阵

randn(m)　　　　　生成m阶正态分布的随机矩阵

2. 矩阵的基本数学运算

矩阵的基本数学运算包括矩阵的四则运算、与常数的运算、逆运算、行列式运算、秩运算、特征值运算等基本函数运算，这里进行简单介绍.

(1) 四则运算

矩阵的加、减、乘运算符分别为"+，-，*"，用法与数字运算几乎相同，但计算时要满足其数学要求(如：同型矩阵才可以相加、减等).

在MATLAB中矩阵的除法有两种形式：左除"\"和右除"/".

在传统的MATLAB算法中，右除是先计算矩阵的逆再相乘，而左除则不需要计算逆矩阵直接进行除运算. 通常右除要快一点，但左除可避免被除矩阵的奇异性所带来的麻烦. 在MATLAB6中两者的区别不太大.

例 1.17　已知矩阵 $\boldsymbol{A}=\begin{pmatrix}1&1&1\\1&2&3\\1&3&6\end{pmatrix}$，矩阵 $\boldsymbol{B}=\begin{pmatrix}8&1&6\\3&5&7\\4&9&2\end{pmatrix}$，试运用MATLAB命令求：(1) $\boldsymbol{A}+\boldsymbol{B}$；(2) $\boldsymbol{A}-\boldsymbol{B}$.

解　操作命令与步骤如下：

```
>> A=[1, 1, 1; 1, 2, 3; 1, 3, 6];        % 输入矩阵A
>> B=[8, 1, 6; 3, 5, 7; 4, 9, 2]         % 输入矩阵B
>> A+B;                                  % 求矩阵A与B的和A+B
>> A-B;                                  % 求矩阵A与B的差A-B
ans =
A+B=
        9    2    7
        4    7   10
        5   12    8
A-B=
       -7    0   -5
       -2   -3   -4
       -3   -6    4
```

例 1.18　设 $\boldsymbol{A}=\begin{pmatrix}3&4&5&2\\4&2&6&3\end{pmatrix}$，$\boldsymbol{B}=\begin{pmatrix}4&2&7\\1&9&2\\0&3&5\\8&4&1\end{pmatrix}$，求矩阵 $\boldsymbol{A}$ 与 $\boldsymbol{B}$ 的乘积 $\boldsymbol{AB}$.

解　操作命令与步骤如下：

```
>> A =[3 4 5 2; 4 2 6 3];                % 输入矩阵A
>> B =[4 2 7; 1 9 2; 0 3 5; 8 4 1];      % 输入矩阵B
>> A * B;                                % 求矩阵A与B的乘积AB
ans =
       32    65    56
       42    56    65
```

例 1.19　设 $\boldsymbol{X}=\begin{pmatrix}2&3&4&5\\1&2&2&1\end{pmatrix}$，$\boldsymbol{Y}=\begin{pmatrix}0&1&1\\1&1&0\\0&0&1\\1&0&0\end{pmatrix}$，求矩阵 $\boldsymbol{X}$ 与 $\boldsymbol{Y}$ 的乘积 $\boldsymbol{XY}$.

解 操作命令与步骤如下：

```
>> X= [2  3  4  5; 1  2  2  1];
>> Y=[0  1  1; 1  1  0; 0  0  1; 1  0  0];
>> Z=X * Y
ans =
Z=
      8  5  6
      3  3  3
```

(2) 与常数的运算

常数与矩阵的运算即是同该矩阵的每一元素进行运算.

但需注意进行数除时,常数通常只能做除数.

(3) 基本函数运算

矩阵的函数运算是矩阵运算中最实用的部分.

常用的主要有以下几个：

A′	求矩阵 $\boldsymbol{A}$ 的转置
det(A)	求矩阵 $\boldsymbol{A}$ 的行列式
eig(Q)	求矩阵 $\boldsymbol{A}$ 的特征值
inv(A)或 A^(−1)	求矩阵 $\boldsymbol{A}$ 的逆矩阵
rank(A)	求矩阵 $\boldsymbol{A}$ 的秩
trace(A)	求矩阵 $\boldsymbol{A}$ 的迹(对角线元素之和)

注意 命令行后加“;”,表示该命令执行,但不显示执行结果.

例 1.20 求矩阵 $\boldsymbol{A}=\begin{pmatrix}1&7&2\\3&4&2\\5&6&3\\1&1&4\end{pmatrix}$ 的转置矩阵 $\boldsymbol{A}^{\mathrm{T}}$.

解 操作命令与步骤如下：

```
>> A =[1 7 2; 3 4 2; 5 6 3; 1 1 4];          % 输入矩阵 A
>> A′;                                       % 求矩阵 A 的转置矩阵 A^T
ans =
      1     3     5     1
      7     4     6     1
      2     2     3     4
```

例 1.21 已知矩阵 $\boldsymbol{A}=\begin{pmatrix}1&7&2\\3&4&2\\5&6&3\\1&1&4\end{pmatrix}$，求:(1) 矩阵 $\boldsymbol{A}$ 的行列式 $|\boldsymbol{A}|$；(2) 矩阵 $\boldsymbol{A}$ 的逆矩阵 $\boldsymbol{A}^{-1}$ 的行列式 $|\boldsymbol{A}^{-1}|$；(3) $|\boldsymbol{A}|\cdot|\boldsymbol{A}^{-1}|$.

解 操作命令与步骤如下：

```
>> A =[2  1  -3  -1; 3  1  0  7; -1  2  4  -2; 1  0  -1  5];
>>A1=det(A);                  % 求矩阵 A 的行列式|A|)
>> A2=det(inv(A));            % 求矩阵 A^-1 的行列式|A^-1|)
>> A1 * A2;                   % 求 |A|·|A^-1|
```

```
ans=
    1
```

例 1.22　设 $\boldsymbol{A}=\begin{pmatrix}2&1&3&2\\5&2&3&3\\0&1&4&6\\3&2&1&5\end{pmatrix}$，求 $\boldsymbol{A}^{-1}$.

解　操作命令与步骤如下：

```
>> A =[2 1 3 2; 5 2 3 3; 0 1 4 6; 3 2 1 5];          % 输入矩阵 A
>> A^ -1                                              % 求矩阵 A 的逆矩阵 A^-1
ans =
     -1.7500     1.3125     0.5000    -0.6875
      5.5000    -3.6250    -2.0000     2.3750
      0.5000    -0.1250    -0.0000    -0.1250
     -1.2500     0.6875     0.5000    -0.3125
```

例 1.23　设矩阵 $\boldsymbol{A}=\begin{pmatrix}3&7&2&6&-4\\7&9&4&2&0\\11&5&-6&9&3\\2&7&-8&3&7\\5&7&9&0&-6\end{pmatrix}$，求 $|\boldsymbol{A}|$，$\mathrm{tr}(\boldsymbol{A})$，$\boldsymbol{A}^3$.

解　操作命令与步骤如下：

```
>> A =[3 7 2 6 -4; 7 9 4 2 0; 11 5 -6 9 3; 2 7 -8 3 7; 5 7 9 0 -6];
>> det(A)
ans =
     11592
>> trace(A)               % 求矩阵 A 的迹(对角线元素之和)
ans =
     3
>> A^ 3
ans =
        726   2062    944    294   -358
       1848   3150     26   1516    228
       1713   2218     31   1006    404
       1743    984   -451   1222    384
        801   2666    477    745   -125
```

例 1.24　设 $\boldsymbol{A}=\begin{pmatrix}\lambda&1&0\\0&\lambda&1\\0&0&\lambda\end{pmatrix}$，求 $\boldsymbol{A}^{10}$. 一般地，$\boldsymbol{A}^k=?$（k 是正整数）.

解　操作命令与步骤如下：

```
>> syms c;
>> A =[c 1 0; 0 c 1; 0 0 c];
>> A^ 10
ans =
```

```
[  c^10,  10*c^9,  45*c^8 ]
[     0,    c^10,  10*c^9 ]
[     0,       0,    c^10 ]
```

结论 对于一般的 k，$\boldsymbol{A}^k$ 的结果如下：

$$\boldsymbol{A}^k = \begin{matrix} \lambda^k & k\lambda^{k-1} & k(k-1)\lambda^{k-2} \\ 0 & \lambda^k & k\lambda^{k-1} \\ 0 & 0 & \lambda^k \end{matrix}$$

3. 矩阵数组的基本数学运算

在进行工程计算时，常常遇到矩阵对应元素之间的运算.这种运算不同于前面讲述的数学运算，为有所区别，称之为数组运算.

(1) 数组的加、减与矩阵的加、减运算完全相同.

(2) 乘除法运算有相当大的区别，数组的乘除法是指两同维数组对应元素之间的乘除法，它们的运算符为“.*”和“./”或“.\”.

前面讲过常数与矩阵的除法运算中常数只能做除数.

在数组运算中有了“对应关系”的规定，数组与常数之间的除法运算没有任何限制.

(3) 矩阵的数组运算中还有幂运算(运算符为.^)、指数运算(exp)、对数运算(log)、和开方运算(sqrt)等.

有了“对应元素”的规定，数组的运算实质上就是针对数组内部的每个元素进行的.

例 1.25 已知矩阵 $\boldsymbol{A} = \begin{pmatrix} 2 & 1 & -3 & -1 \\ 3 & 1 & 0 & 7 \\ -1 & 2 & 4 & -2 \\ 1 & 0 & -1 & 5 \end{pmatrix}$，(1) $\boldsymbol{A}$ 作为矩阵，求 $\boldsymbol{A}^3$；(2) $\boldsymbol{A}$ 作为数组，求 $\boldsymbol{A}^3$.

解 操作命令与步骤如下：

```
>> a=[2  1  -3  -1; 3  1  0  7; -1  2  4  -2; 1  0  -1  5];
>> a^3
ans=
    32   -28   -101    34
    99   -12   -151   239
    -1    49     93     8
    51   -17    -98   139
>> a.^3
ans=
     8   1   -27    -1
    27   1     0   343
    -1   8    64    -8
     1   0    -1   125
```

说明 (1) 由上例得，矩阵的幂运算(命令为 a^3)与数组的幂运算(命令为 a.^3)有很大的区别，但是其MATLAB命令极其相似，很容易出错.因此，输入时要格外小心，否则会因为一点误差导致很大的错误.

(2) 两种运算的运算法则分别为：

① 矩阵的幂运算：按照矩阵乘法法则计算；

② 数组的幂运算：将每个数进行幂运算.

因此，做此类题时，要看清题意；输入命令时，也要仔细核对，以免出错.

数学史知识

线性方程组的发展简史

线性方程组的研究起源于古代中国，在中国数学经典著作《九章算术》一书中就有了线性方程组的介绍和研究，有关解方程组的理论已经很完整，在以后近 10 个世纪里不再有所创新。

大约在公元 263 年，刘徽撰写了《九章算术注》一书，他创立了方程组的“互乘消除法”，为《九章算术》中解方程组增加了新的内容。

公元 1247 年，秦九韶完成《数书九章》一书，成为当时中国数学的最高峰。在该书中，秦九韶将《九章算术》中解方程组的“直除法”改进为“互乘法”，使线性方程组理论又增加了新内容，这至少说明了用初等方法解线性方程组理论已由我国数学家创立完成。

大约 1678 年，德国数学家莱布尼茨首次开始线性方程组在西方的研究。

1729 年，麦克劳林首次以行列式为工具解含有 3、4、5 个未知量的线性方程组。

1750 年，克拉默在他的代表作《线性代数分析导言》中，创立了克拉默法则，用它来解含有 5 个未知量、5 个方程的线性方程组。

1764 年，法国数学家裴蜀(Bezout，1730—1783)研究了含有 n 个未知量、n 个方程的齐次线性方程组的求解问题，证明了这一方程组有非零解的条件是其系数行列式等于零。后来，裴蜀和拉普拉斯等以行列式为工具，给出了齐次线性方程组有非零解的条件。

1867 年，道奇森(Dodgson，1832—1898)的著作《行列式初等理论》发表，他证明了含有 n 个未知量、m 个方程的一般先行方程组有解的充要条件是系数矩阵和增广矩阵有同阶的非零子式，这就是现在的结论：系数矩阵和增广矩阵的秩相等。

项目二 线性方程组

知识目标

理解概念：齐次线性方程组、非齐次线性方程组、系数矩阵、增广矩阵、高斯-约当消元法、基础解系、自由变量、线性无关.

掌握题型：解齐次线性方程组、解非齐次线性方程组.

能力目标

通过解线性方程组，讨论方程组的情况，提高变形能力及严谨的思维习惯.

线性方程组是线性代数的一个重要组成部分，也在现实生产生活中有着广泛的运用，如在电子工程、软件开发、人员管理、交通运输等领域都起着重要的作用. 在一些学科领域的研究中，线性方程组也有着不可撼动的辅助性作用，在实验和调查后期利用线性方程组对大量的数据进行处理是很方便简捷的选择.

本项目以线性方程组为主线，探讨线性方程组解的情况及解的结构等线性代数的知识，培养学生的观察能力、变形能力和分析问题及解决问题的能力.

任务一 高斯-约当消元法及应用

知识目标

理解概念：齐次线性方程组、非齐次线性方程组、系数矩阵、增广矩阵.

掌握题型：高斯-约当消元法解非齐次线性方程组.

能力目标

通过解线性方程组，讨论方程组解的情况，提高变形能力及严谨的思维习惯.

一、线性方程组的一般概念

定义 2.1 有 m 个方程、n 个未知数的线性方程组称为 n 元一次线性方程组. 其一般形式为

$$\begin{cases} a_{11}x_1 + a_{12}x_2 + \cdots + a_{1n}x_n = b_1, \\ a_{21}x_1 + a_{22}x_2 + \cdots + a_{2n}x_n = b_2, \\ \cdots \\ a_{m1}x_1 + a_{m2}x_2 + \cdots + a_{mn}x_n = b_m. \end{cases} \quad (*)$$

(1) 当 $b_i(i=1, 2, \cdots, m)$ 不全为零时，方程组(＊)为非齐次线性方程组；

(2) 当 $b_i(i=1, 2, \cdots, m)$ 全为零时，方程组(＊)为齐次线性方程组；

(3) 若存在一组数 $c_1, c_2, \cdots, c_n$ 代替未知数 $x_1, x_2, \cdots, x_n$ 代入方程组，使方程组成立，则这组数称为方程组的解.

(4) 方程组所有解的集合，称为方程组的通解.

说明 (1) 方程组(＊)可改写为向量形式：$x_1\alpha_1 + x_2\alpha_2 + \cdots + x_n\alpha_n = b$,

(其中 $\alpha_i = \begin{pmatrix} a_{1i} \\ a_{2i} \\ \vdots \\ a_{mi} \end{pmatrix}(i=1, 2, \cdots, n)$, $b = \begin{pmatrix} b_1 \\ b_2 \\ \vdots \\ b_m \end{pmatrix}$)

(2) 方程组(＊)还可以写为矩阵乘积形式 $\boldsymbol{AX} = b$,

其中矩阵 $\boldsymbol{A} = \begin{pmatrix} a_{11} & a_{12} & \cdots & a_{1n} \\ a_{21} & a_{22} & \cdots & a_{2n} \\ \vdots & \vdots & \cdots & \vdots \\ a_{m1} & a_{m2} & \cdots & a_{mn} \end{pmatrix}$ 为方程组(＊)的系数矩阵；

矩阵 $\bar{\boldsymbol{A}} = (\boldsymbol{A}|b) = \begin{pmatrix} a_{11} & a_{12} & \cdots & a_{1n} & b_1 \\ a_{21} & a_{21} & \cdots & a_{2n} & b_2 \\ \cdots & \cdots & \cdots & \cdots & \cdots \\ a_{m1} & a_{m2} & \cdots & a_{mn} & b_n \end{pmatrix}$ 为方程组(＊)的增广矩阵.

二、非齐次线性方程组有解的充要条件

定理 2.1 线性方程组有解 $\Leftrightarrow$ 系数矩阵 $\boldsymbol{A}$ 的秩 = 增广矩阵 $\bar{\boldsymbol{A}}$ 的秩 $\Leftrightarrow R(\boldsymbol{A}) = R(\bar{\boldsymbol{A}})$.

推论 1 非齐次线性方程组有唯一解 $\Leftrightarrow R(\boldsymbol{A}) = R(\bar{\boldsymbol{A}}) = n$.

推论 2 非齐次线性方程组有无穷多解 $\Leftrightarrow R(\boldsymbol{A}) = R(\bar{\boldsymbol{A}}) < n$.

推论 3 齐次线性方程组仅有零解 $\Leftrightarrow R(\boldsymbol{A}) = n$.

推论 4 齐次线性方程组有非零解 $\Leftrightarrow R(\boldsymbol{A}) < n$.

例 2.1 求 a, b 为何值时，方程组 $\begin{cases} x_1 + x_2 + x_3 + x_4 = 0, \\ x_2 + 2x_3 + 2x_4 = 1, \\ -x_2 + (a-3)x_3 - 2x_4 = b, \\ 3x_1 + 2x_2 + x_3 + ax_4 = 1 \end{cases}$ 有唯一解、无解、无穷解？

解 因为 $\bar{\boldsymbol{A}} = (\boldsymbol{A}|b) = \begin{pmatrix} 1 & 1 & 1 & 1 & 0 \\ 0 & 1 & 2 & 2 & 1 \\ 0 & -1 & a-3 & -2 & b \\ 3 & 2 & 1 & a & 1 \end{pmatrix} \xrightarrow{-3r_1 + r_4} \begin{pmatrix} 1 & 1 & 1 & 1 & 0 \\ 0 & 1 & 2 & 2 & 1 \\ 0 & -1 & a-3 & -2 & b \\ 0 & -1 & -2 & a-3 & 1 \end{pmatrix}$

$$\xrightarrow[r_2+r_4]{\substack{-r_2+r_1\\ r_2+r_3}}\begin{pmatrix}1&0&-1&-1&-1\\0&1&2&2&1\\0&0&a-1&0&b+1\\0&0&0&a-1&2\end{pmatrix},$$

所以由定理2.1及推论得：

(1) 当 $a\neq 1$ 时，$R(\mathbf{A})=R(\bar{\mathbf{A}})=4$，方程组有唯一解；

(2) $a=1$ 时，$R(\mathbf{A})\neq R(\bar{\mathbf{A}})$，方程组无解.

三、高斯-约当消元法及应用

在高中代数中，已经学过用消元法解二元或三元的线性方程组，在求解含有更多未知量的线性方程组时，也可用这一方法，这种方法叫作高斯-约当消元法.

例 2.2　解线性方程组 $\begin{cases}2x_1-x_2-x_3+x_4=2,\\x_1+x_2-2x_3+x_4=4,\\x_1-6x_2+2x_3-2x_4=4,\\3x_1+6x_2-9x_3+7x_4=9.\end{cases}$

解　通过消元，方程组变为 $\begin{cases}x_1+x_2-2x_3+x_4=4,\\x_2-x_3+x_4=0,\\x_4=-3,\\0=0,\end{cases}$ 到此消元法完结，

接下来用“回代”的方法求出解，得 $\begin{cases}x_1=x_3+4,\\x_2=x_3+3,\\x_4=-3,\end{cases}$（其中 x_3 为任意常数).

方程组有无数多组解，可记作

$$x=\begin{bmatrix}x_1\\x_2\\x_3\\x_4\end{bmatrix}=\begin{bmatrix}c+4\\c+3\\c\\-3\end{bmatrix}=c\begin{bmatrix}1\\1\\1\\0\end{bmatrix}+\begin{bmatrix}4\\3\\0\\-3\end{bmatrix},（其中 c 为任意常数).$$

从上述解题过程可以看出，用消元法求解线性方程组的具体做法就是对方程反复实施以下三种变换：

(1) 交换某两个方程的位置；

(2) 用一个非零的数乘某一个方程的两边；

(3) 将一个方程的倍数加到另一个方程上去.

以上三种变换称为线性方程组的初等变换.

说明　(1) 消元法的目的就是利用方程组的初等变换将原方程组化为阶梯形方程组.

(2) 对任何矩阵 $\mathbf{A}_{m\times n}$，总可以经过有限次初等行变换变为行阶梯形和行最简形.

(3) 如果用矩阵表示其系数及常数项，则将原方程组化为阶梯形方程组的过程就是将对应矩阵化为行梯形矩阵的过程.

(4) 这个阶梯形方程组与原来线性方程组同解.

(5) 运用初等变换解线性方程组时,只可以进行初等行变换,不能做初等列变换.

高斯-约当消元法解线性方程组的一般步骤如下:

第一步:对增广矩阵 $\bar{\mathbf{A}}$ 施以初等行变换,化为行阶梯矩阵,从而求出 $R(\mathbf{A})$ 及 $R(\bar{\mathbf{A}})$.

第二步:若 $R(\mathbf{A}) \neq R(\bar{\mathbf{A}})$,则方程组无解,解题结束.否则进行第三步.

第三步:继续对增广矩阵施以初等行变换,使它变为行最简矩阵.

若 $R(\mathbf{A}) = R(\bar{\mathbf{A}}) = n$,则方程组有唯一解 $x = \begin{pmatrix} d_1 \\ d_2 \\ \vdots \\ d_n \end{pmatrix}$;

若 $R(\mathbf{A}) = R(\bar{\mathbf{A}}) < n$,则方程组有无数解.其解的结构由下一任务完成.

例 2.3 解线性方程组 $\begin{cases} 2x_1 + 3x_2 + 8x_3 = -5, \\ x_1 - 2x_2 - 4x_3 = 3, \\ -5x_1 + 3x_2 + x_3 = 2. \end{cases}$

解 对方程组的增广矩阵做初等行变换,得

$$\bar{\mathbf{A}} = (\mathbf{A}|b) = \begin{pmatrix} 2 & 3 & 8 & -5 \\ 1 & -2 & -4 & 3 \\ -5 & 3 & 1 & 2 \end{pmatrix} \xrightarrow[5r_2+r_3]{-2r_2+r_1} \begin{pmatrix} 0 & 7 & 16 & -11 \\ 1 & -2 & -4 & 3 \\ 0 & -7 & -19 & 17 \end{pmatrix}$$

$$\xrightarrow{r_1+r_3} \begin{pmatrix} 0 & 7 & 16 & -11 \\ 1 & -2 & -4 & 3 \\ 0 & 0 & -3 & 6 \end{pmatrix} \xrightarrow[-\frac{1}{3}r_3]{r_1 \leftrightarrow r_2} \begin{pmatrix} 1 & -2 & -4 & 3 \\ 0 & 7 & 16 & -11 \\ 0 & 0 & 1 & -2 \end{pmatrix}$$

$$\xrightarrow[-16r_3+r_2]{4r_3+r_1} \begin{pmatrix} 1 & -2 & 0 & -5 \\ 0 & 7 & 0 & 21 \\ 0 & 0 & 1 & -2 \end{pmatrix} \xrightarrow{\frac{1}{7}r_2} \begin{pmatrix} 1 & -2 & 0 & -5 \\ 0 & 1 & 0 & 3 \\ 0 & 0 & 1 & -2 \end{pmatrix}$$

$$\xrightarrow{2r_2+r_1} \begin{pmatrix} 1 & 0 & 0 & 1 \\ 0 & 1 & 0 & 3 \\ 0 & 0 & 1 & -2 \end{pmatrix};$$

由 $R(\mathbf{A}) = R(\bar{\mathbf{A}}) = 3$,得方程组有唯一解,且 $x = \begin{pmatrix} 1 \\ 3 \\ -2 \end{pmatrix}$.

测试训练一

1. 填空题.

(1) 若线性方程组 $\begin{cases} x_1 + 2x_2 + 3x_3 = 1 \\ -2x_2 + x_3 = -2 \\ (\lambda+1)x_3 = -\lambda \end{cases}$ 无解,则数 $\lambda =$ ________.

(2) ① 若$R(\boldsymbol{A})=R(\bar{\boldsymbol{A}})=n$,则非齐次线性方程组有________解;

② 若$R(\boldsymbol{A})=R(\bar{\boldsymbol{A}})<n$,则非齐次线性方程组有________解;

③ 若$R(\boldsymbol{A})\neq R(\bar{\boldsymbol{A}})$,则非齐次线性方程组________解.

(3) 利用高斯-约当消元法解线性方程组,可以对其增广矩阵$\bar{\boldsymbol{A}}$进行________变换,使其化为________矩阵,从而求出________,以便判断方程组解的情况.

(4) 高斯-约当消元法除了可以解线性方程组外,还可以用来求矩阵的________和________.

2. 计算题.

(1) 求矩阵$\boldsymbol{A}=\begin{pmatrix}1&1&0&5&0\\0&2&3&2&1\\2&0&1&2&3\\0&0&2&3&1\end{pmatrix}$的秩,并求出$\boldsymbol{A}$的一个最高非零子式.

(2) 已知矩阵$\boldsymbol{A}=\begin{pmatrix}0&1&3&-1\\1&3&2&0\\5&1&-2&3\\1&2&0&1\end{pmatrix}$, $\boldsymbol{b}=\begin{pmatrix}1\\-1\\2\\1\end{pmatrix}$,求矩阵$\boldsymbol{A}$及矩阵$\boldsymbol{B}=(\boldsymbol{A},\boldsymbol{b})$的秩.

3. 运用高斯-约当消元法解线性方程组.

(1) $\begin{cases}3x_1-x_2+x_3=2,\\2x_1-x_2-x_3=0,\\x_1+2x_2+x_3=4;\end{cases}$ (2) $\begin{cases}x_1-2x_2+x_3=1,\\x_1-5x_2-x_3=-7,\\2x_1+2x_2+x_3=6.\end{cases}$

4. 解矩阵方程.

设矩阵$\boldsymbol{A}=\begin{pmatrix}1&0&0\\2&1&0\\-2&2&2\end{pmatrix}$, $\boldsymbol{B}=\begin{pmatrix}1&1&2\\0&2&2\\0&4&6\end{pmatrix}$,求满足方程$\boldsymbol{AX}=\boldsymbol{B}$的矩阵$\boldsymbol{X}$.

任务二 线性方程组及解的结构

知识目标

理解概念:解向量、向量的线性组合、线性无关向量组、基础解系、自由未知量、非齐次线性方程组的导出组、方程组解的结构.

掌握题型:讨论线性方程组解的情况,解线性方程组.

能力目标

通过各种途径解线性方程组,提高变形能力和运算能力,培养严谨的学风.

一、齐次线性方程组

1. 齐次线性方程组有非零解的充要条件

齐次线性方程组$\begin{cases}a_{11}x_1+a_{12}x_2+\cdots+a_{1n}x_n=0,\\a_{21}x_1+a_{22}x_2+\cdots+a_{2n}x_n=0,\\\qquad\vdots\\a_{m1}x_1+a_{m2}x_2+\cdots+a_{mn}x_n=0.\end{cases}$ (**)

其矩阵形式为 $\boldsymbol{AX}=0$,(其中 $\boldsymbol{A}=(a_{ij})_{m\times n}$ 为其系数矩阵,$\boldsymbol{X}=(x_1\quad x_2\quad\cdots\quad x_n)^{\mathrm{T}}$).

说明 (1) 齐次线性方程组 $\boldsymbol{AX}=0$ 必定有解向量 $\boldsymbol{X}=0$,称其具有零解;

(2) 若方程组 $\boldsymbol{AX}=0$ 存在分量不全为零的解向量,则称其具有非零解.

定理 2.2 方程组 $\boldsymbol{AX}=0$ 有非零解 $\Leftrightarrow R(\boldsymbol{A})=r<n$.

方程组 $\boldsymbol{AX}=0$ 只有零解 $\Leftrightarrow R(\boldsymbol{A})=n$.(其中 n 为未知数的个数).

推论 n 个方程组 n 个未知数的齐次线性方程组有非零解 $\Leftrightarrow|\boldsymbol{A}|=0$.

2. 齐次线性方程组解的性质:

性质 1 若 ξ_1,ξ_2 是齐次线性方程组 $\boldsymbol{AX}=0$ 的解,则 $\xi_1+\xi_2$ 也是 $\boldsymbol{AX}=0$ 的解.

性质 2 若 ξ 是齐次线性方程组 $\boldsymbol{AX}=0$ 的解,k 是任意实数,则 $k\xi$ 也是其解.

由此得,齐次线性方程组 $\boldsymbol{AX}=0$ 解的线性组合 $k_1\xi_1+k_2\xi_2$ 仍是方程组的解.

3. 齐次线性方程组的基础解系及解的结构

定义 2.2 设 $\{\xi_1,\xi_2,\cdots,\xi_s\}$ 为齐次线性方程组 $\boldsymbol{AX}=0$ 的一个解向量集,若它满足:

(1) $\xi_1,\xi_2,\cdots,\xi_s$ 是线性无关的向量组(由这些向量组成的矩阵的秩等于解向量的个数);

(2) 齐次线性方程组 $\boldsymbol{AX}=0$ 的任一个解 ξ 都可以表示为 $\xi_1,\xi_2,\cdots,\xi_s$ 的线性组合;

即存在不全为零的一组常数 $k_1,k_2,\cdots,k_s$,满足 $\xi=k_1\xi_1+k_2\xi_2+\cdots+k_s\xi_s$,则称 $\{\xi_1,\xi_2,\cdots\xi_s\}$ 为齐次线性方程组 $\boldsymbol{AX}=0$ 的一个基础解系.

定理 2.2 设 $\boldsymbol{A}$ 为 $m\times n$ 矩阵,且 $R(\boldsymbol{A})=r<n$,则:

(1) 方程组 $\boldsymbol{AX}=0$ 的基础解系中解向量的个数为 $n-r$;

(2) 方程组 $\boldsymbol{AX}=0$ 的任意 $n-r$ 个线性无关的解向量均可以作为它的基础解系.

注 基础解系的三个必需条件(缺一不可):

(1)向量个数为 $n-r$ 个;(2)都是 $\boldsymbol{AX}=0$ 的解;(3)是线性无关的向量组.

定义 2.3 设 $\{\xi_1,\xi_2,\cdots,\xi_{n-r}\}$ 为齐次线性方程组 $\boldsymbol{AX}=0$ 的任一个基础解系,则方程组 $\boldsymbol{AX}=0$ 的通解形式为:$\xi=k_1\xi_1+k_2\xi_2+\cdots+k_{n-r}\xi_{n-r}$($k_1,k_2,\cdots,k_{n-r}$ 为任意实数).

4. 齐次线性方程组的解法

例 2.4 求方程组 $\begin{cases}2x_1+x_2-2x_3+3x_4=0,\\3x_1+2x_2-x_3+2x_4=0,\\x_1+x_2+x_3-x_4=0\end{cases}$ 的通解.

解 (1) 对系数矩阵 $\boldsymbol{A}$ 施行初等行变换,化为阶梯形矩阵 $\boldsymbol{T}$,得

$$\boldsymbol{A}=\begin{pmatrix}2&1&-2&3\\3&2&-1&2\\1&1&1&-1\end{pmatrix}\xrightarrow{r_1\leftrightarrow r_3}\begin{pmatrix}1&1&1&-1\\3&2&-1&2\\2&1&-2&3\end{pmatrix}\xrightarrow[-2r_1+r_3]{-3r_1+r_2}\begin{pmatrix}1&1&1&-1\\0&-1&-4&5\\0&-1&-4&5\end{pmatrix}$$

$$\xrightarrow[r_2+r_1-r_2]{-r_2+r_3}\begin{pmatrix}1&0&-3&4\\0&1&4&-5\\0&0&0&0\end{pmatrix}=\boldsymbol{T}.$$

由此可得,原方程组的同解方程组为 $\begin{cases}x_1=3x_3-4x_4,\\x_2=-4x_3+x_4,\end{cases}$(其中 x_3,x_4 为自由未知量).

分别取 $\begin{pmatrix}x_3\\x_4\end{pmatrix}$ 为 $\begin{pmatrix}1\\0\end{pmatrix}$ 和 $\begin{pmatrix}0\\1\end{pmatrix}$，得方程组的一个基础解系为 $\xi_1=\begin{pmatrix}3\\-4\\1\\0\end{pmatrix}$，$\xi_2=\begin{pmatrix}-4\\5\\0\\1\end{pmatrix}$.

由此得，所求方程组的通解为 $\xi=k_1\xi_1+k_2\xi_2$，(其中 k_1，k_2 为任意实数).

二、非齐次线性方程组

1. 非齐次线性方程组 $\boldsymbol{AX}=b$ 的导出组

定义 2.3 称齐次线性方程组 $\boldsymbol{AX}=0$ 为对应非齐次线性方程组 $\boldsymbol{AX}=b$ 的导出组(或相伴方程组).

如：$\begin{cases}x_1+2x_2-x_3+3x_4+x_5=2,\\-x_1-2x_2+x_3-x_4+3x_5=4,\\2x_1+4x_2-2x_3+6x_4+3x_5=6\end{cases}$ 的导出组为 $\begin{cases}x_1+2x_2-x_3+3x_4+x_5=0,\\-x_1-2x_2+x_3-x_4+3x_5=0,\\2x_1+4x_2-2x_3+6x_4+3x_5=0.\end{cases}$

2. 非齐次线性方程组的解与其导出组解的关系

性质 1 若 η_1，η_2 是非齐次线性方程组 $\boldsymbol{AX}=b$ 的解，则 $\xi=\eta_1-\eta_2$ 必是它的导出组 $\boldsymbol{AX}=0$ 的解.

性质 2 若 η 是非齐次线性方程组 $\boldsymbol{AX}=b$ 的解，ξ 是其导出组 $\boldsymbol{AX}=0$ 的解，则 $\xi+\eta$ 也必是非齐次线性方程组 $\boldsymbol{AX}=b$ 的解.

由上得，要求非齐次线性方程组 $\boldsymbol{AX}=b$ 的通解，可以先求其一特解 η^*；再求出其导出组 $\boldsymbol{AX}=0$ 的一个通解 $\xi=k_1\xi_1+k_2\xi_2+\cdots+k_{n-r}\xi_{n-r}$，则可由性质 2 得所求非齐次线性方程组 $\boldsymbol{AX}=b$ 的通解 $\eta=\eta^*+\xi$.

3. 非齐次线性方程组解的结构

定理 2.3 设 $\boldsymbol{A}$ 为 $m\times n$ 矩阵，且 $R(\boldsymbol{A})=R(\bar{\boldsymbol{A}})<n$，则非齐次线性方程组 $\boldsymbol{AX}=b$ 的通解为 $\eta=\eta^*+\xi=\eta^*+k_1\xi_1+k_2\xi_2+\cdots+k_{n-r}\xi_{n-r}$.

(其中 η^* 为非齐次线性方程组 $\boldsymbol{AX}=b$ 的一个特解；$\{\xi_1,\xi_2,\cdots,\xi_{n-r}\}$ 为其导出组 $\boldsymbol{AX}=0$ 的任一个基础解系).

4. 非齐次线性方程组的解法

例 2.5 求方程组 $\begin{cases}x_1+2x_2-x_3+4x_4+x_5=2,\\-x_1-2x_2+x_3-x_4+3x_5=4,\\2x_1+4x_2-2x_3+6x_4+3x_5=6\end{cases}$ 的通解.

解 (1) 对增广矩阵 $\bar{\boldsymbol{A}}=(\boldsymbol{A}\,|\,b)$ 施行初等行变换，化为阶梯形矩阵 $(\boldsymbol{T}\,|\,d)$，得

$$\bar{\boldsymbol{A}}=\left(\begin{array}{ccccc|c}1&2&-1&3&1&2\\-1&-2&1&-1&3&4\\2&4&-2&6&3&6\end{array}\right)\xrightarrow[-2r_1+r_3]{r_1+r_2}\left(\begin{array}{ccccc|c}1&2&-1&3&1&2\\0&0&0&2&4&6\\0&0&0&0&1&2\end{array}\right)$$

$$\xrightarrow{\frac{1}{2}r_2}\left(\begin{array}{ccccc|c}1&2&-1&3&1&2\\0&0&0&1&2&3\\0&0&0&0&1&2\end{array}\right)\xrightarrow{-3r_2+r_1}\left(\begin{array}{ccccc|c}1&2&-1&0&-5&-7\\0&0&0&1&2&3\\0&0&0&0&1&2\end{array}\right)$$

$$\xrightarrow[-2r_3+r_2]{5r_3+r_1}\begin{pmatrix}1&2&-1&0&0&3\\0&0&0&1&0&-1\\0&0&0&0&1&2\end{pmatrix}=(\boldsymbol{T}|d),$$

由此可得，原方程组的同解方程组为$\begin{cases}x_1=3-2x_2+x_3,\\x_4=-1,\\x_5=2,\end{cases}$

(其中 x_2，x_3 为自由未知量).

取 $x_2=x_3=0$，得原方程组的一个特解为 $\eta^*=(3\quad 0\quad 0\quad -1\quad 2)^{\mathrm{T}}$，

又由上可得，原方程组导出组的同解方程组为$\begin{cases}x_1=-2x_2+x_3,\\x_4=0,\\x_5=0.\end{cases}$

所以分别取 $\begin{pmatrix}x_2\\x_3\end{pmatrix}$ 为 $\begin{pmatrix}1\\0\end{pmatrix}$ 和 $\begin{pmatrix}0\\1\end{pmatrix}$，得其导出组的一个基础解系为 $\xi_1=\begin{pmatrix}-2\\1\\0\\0\\0\end{pmatrix}$，$\xi_2=\begin{pmatrix}1\\0\\1\\0\\0\end{pmatrix}$.

由此得，原方程组的通解为 $\eta=\eta^*+k_1\xi_1+k_2\xi_2$，(其中 k_1，k_2 为任意实数).

例 2.6 当参数 a 为何值时，非齐次方程组$\begin{cases}x_1+5x_2-x_3-4x_4=-1,\\x_1+7x_2+x_3+3x_4=3,\\3x_1+17x_2-x_3+x_4=a,\\x_1+3x_2+3x_3-5x_4=-5,\end{cases}$有解？当它有解时，求出其通解.

解 (1) 对增广矩阵 $\bar{\boldsymbol{A}}=(\boldsymbol{A}|b)$ 施行初等行变换，化为阶梯形矩阵$(\boldsymbol{T}|d)$，得

$$\bar{\boldsymbol{A}}=\begin{pmatrix}1&5&-1&-1&-1\\1&7&1&3&3\\3&17&-1&1&a\\1&3&-3&-5&-5\end{pmatrix}\xrightarrow[-r_1+r_4]{\substack{-r_1+r_2\\-3r_1+r_3}}\begin{pmatrix}1&5&-1&-1&-1\\0&2&2&4&4\\0&2&2&4&a+3\\0&-2&-2&-4&-4\end{pmatrix}$$

$$\xrightarrow[r_2+r_4]{-r_2+r_3}\begin{pmatrix}1&5&-1&-1&-1\\0&2&2&4&4\\0&0&0&0&a-1\\0&0&0&0&0\end{pmatrix}=(\boldsymbol{T}|d).$$

① 当 $a\neq1$ 时，第三个方程为矛盾方程，所以方程组无解；

② 当 $a=1$ 时，去掉后两个零方程，可把最后一个同解方程组继续化简，得

$$\begin{pmatrix}1&5&-1&-1&-1\\0&2&2&4&4\end{pmatrix}\xrightarrow{\frac{1}{2}r_2}\begin{pmatrix}1&5&-1&-1&-1\\0&1&1&2&2\end{pmatrix}\xrightarrow{-5r_2+r_1}\begin{pmatrix}1&0&-6&-11&-11\\0&1&1&2&2\end{pmatrix}.$$

由此得，原方程组的同解方程组为$\begin{cases}x_1=-11+6x_3+11x_4,\\x_2=2-x_3-2x_4.\end{cases}$

取 $x_3=x_4=0$ 得原方程组的一个特解为 $\eta^*=\begin{pmatrix}-11\\2\\0\\0\end{pmatrix}$.

又原方程组导出组的同解方程组为 $\begin{cases}x_1=6x_3+11x_4,\\x_2=-x_3-2x_4.\end{cases}$

所以分别取 $\begin{pmatrix}x_3\\x_4\end{pmatrix}$ 为 $\begin{pmatrix}1\\0\end{pmatrix}$ 和 $\begin{pmatrix}0\\1\end{pmatrix}$，得其导出组的一个基础解系为 $\xi_1=\begin{pmatrix}6\\-1\\1\\0\end{pmatrix}$，$\xi_2=\begin{pmatrix}11\\-2\\0\\1\end{pmatrix}$.

由此得，原方程组的通解为 $\eta=\eta^*+k_1\xi_1+k_2\xi_2$，(其中 k_1，k_2 为任意实数).

测试训练二

1. 选择题.

(1) 设 $\boldsymbol{A}$ 为齐次线性方程组 $\boldsymbol{AX}=0$ 的系数矩阵，且 $R(\boldsymbol{A})=r<n$，则方程组 $\boldsymbol{AX}=0$ 的基础解系中解向量的个数为(　　).

A. n；　　B. r；　　C. $n-r$；　　D. 0.

(2) 若 ξ_1，ξ_2 是齐次线性方程组 $\boldsymbol{AX}=0$ 的解，则以下不是 $\boldsymbol{AX}=0$ 的解的是(　　).

A. $\xi_1+\xi_2$；　　B. $k\xi_1$；　　C. $k_1\xi_1-k_2\xi_2$；　　D. $\xi_1\xi_2$.

(3) 若 η_1，η_2 是非齐次线性方程组 $\boldsymbol{AX}=b$ 的解，ξ 是其导出组 $\boldsymbol{AX}=0$ 的解，则以下不是方程组 $\boldsymbol{AX}=b$ 的解的是(　　).

A. $\eta_1-\eta_2$；　　B. $\eta_1+\xi$；　　C. $\eta_1+k\xi$；　　D. $\eta_1+k(\eta_1-\eta_2)$.

(4) $\{\xi_1,\xi_2,\cdots,\xi_s\}$ 为齐次线性方程组 $\boldsymbol{AX}=0$ 的一个基础解系，且 $R(\boldsymbol{A})=r<n$ 则以下说法中错误的是(　　).

A. $\xi_1,\xi_2,\cdots,\xi_s$ 均是齐次线性方程组 $\boldsymbol{AX}=0$ 的解；B. $s=n-r$；

C. $\xi_1,\xi_2,\cdots,\xi_s$ 线性无关；　　D. $\xi_1,\xi_2,\cdots,\xi_s$ 线性相关.

(5) 齐次线性方程组 $\begin{cases}x_1+x_3+x_4=0\\x_2-x_3+2x_4=0\end{cases}$ 的基础解系所含解向量的个数为(　　).

A. 1；　　B. 2；　　C. 3；　　D. 4.

2. 填空题.

(1) 向量组 $\alpha_1=(k\ \ -2\ \ 2)^{\mathrm{T}}$，$\alpha_2=(4\ \ 8\ \ -8)^{\mathrm{T}}$ 线性相关，则数 $k=$________.

(2) 已知 $\boldsymbol{A}$ 为 3 阶矩阵，ξ_1，ξ_2 为齐次线性方程组 $\boldsymbol{AX}=0$ 的基础解系，则 $|\boldsymbol{A}|=$________.

(3) 三元方程组 $\begin{cases}x_1+x_3=0\\x_1-x_2=0\end{cases}$ 的通解是________.

3. 求齐次线性方程组的通解.

(1) $\begin{cases}3x_1+x_2-6x_3-4x_4+2x_5=0,\\2x_1+x_2-3x_3-5x_4+3x_5=0,\\x_1-5x_2-6x_3+8x_4-6x_5=0;\end{cases}$

(2) $\begin{cases}x_1-x_2-2x_3+3x_4+x_5=0,\\2x_1+3x_2-x_3-x_4+3x_5=0,\\x_1-2x_2-2x_3+5x_4-x_5=0;\end{cases}$

(3) $\begin{cases}x_1+3x_2+3x_3-2x_4+x_5=3,\\2x_1+6x_2+x_3-3x_4=2,\\x_1+3x_2-2x_3-x_4-x_5=-1,\\3x_1+9x_2+4x_3-5x_4+x_5=5;\end{cases}$

(4) $\begin{cases}x_1+3x_2+x_3-2x_4+x_5=3,\\2x_1+x_2+x_3-3x_4=1,\\x_1+3x_2-2x_3-x_4-x_5=0,\\x_1+x_2+2x_3-5x_4+2x_5=1.\end{cases}$

学习指导

一、主要知识点

1. 齐次线性方程组、非齐次线性方程组及其导出组、高斯-约当消元法.

2. 解向量、自由未知量、向量的线性组合、线性无关向量组、基础解系.

3. 齐次线性方程组与非齐次线性方程组解的情况及解的结构.

重点:(1) 高斯-约当消元法;(2) 方程组解的情况及解的结构.

难点:(1) 求齐次线性方程组的基础解系;(2) 解非齐次线性方程组.

二、主要题型及解法

1. 判断线性方程组解的情况

定理 2.1 线性方程组有解 $\Leftrightarrow$ 系数矩阵 $\mathbf{A}$ 的秩 $=$ 增广矩阵$\bar{\mathbf{A}}$ 的秩 $\Leftrightarrow R(\mathbf{A})=R(\bar{\mathbf{A}})$.

推论 1 非齐次线性方程组有唯一解 $\Leftrightarrow R(\mathbf{A})=R(\bar{\mathbf{A}})=n$.

推论 2 非齐次线性方程组有无穷多解 $\Leftrightarrow R(\mathbf{A})=R(\bar{\mathbf{A}})<n$.

推论 3 齐次线性方程组仅有零解 $\Leftrightarrow R(\mathbf{A})=n$.

推论 4 齐次线性方程组有非零解 $\Leftrightarrow R(\mathbf{A})<n$.

2. 线性方程组解的结构

(1) 齐次线性方程组有非零解时,其解的结构

方程组 $\mathbf{AX}=0$ 的通解形式为 $\xi=k_1\xi_1+k_2\xi_2+\cdots+k_{n-r}\xi_{n-r}$

(其中:$\{\xi_1,\xi_2,\cdots,\xi_{n-r}\}$为齐次线性方程组 $\mathbf{AX}=0$ 的任一个基础解系;$k_1,k_2,\cdots,k_{n-r}$ 为任意实数).

(2) 非齐次线性方程组有无数解时,其解的结构

非齐次线性方程组 $\mathbf{AX}=b$ 的通解为 $\eta=\eta^*+\xi=\eta^*+k_1\xi_1+k_2\xi_2+\cdots+k_{n-r}\xi_{n-r}$.

(其中:η^* 为非齐次线性方程组 $\mathbf{AX}=b$ 的一个特解;$\{\xi_1,\xi_2,\cdots,\xi_{n-r}\}$为其导出组 $\mathbf{AX}=0$ 的任一个基础解系).

3. 高斯-约当消元法解非齐次线性方程组(一般步骤)

第一步:对增广矩阵 $\bar{\mathbf{A}}$ 施以初等行变换,化为行阶梯矩阵,求出 $R(\mathbf{A})$ 及 $R(\bar{\mathbf{A}})$.

第二步:若 $R(\mathbf{A})\neq R(\bar{\mathbf{A}})$,则方程组无解,解题结束. 否则进行第三步.

第三步:继续对增广矩阵施以初等行变换,使它变为行最简矩阵.

若 $R(\mathbf{A})=R(\bar{\mathbf{A}})=n$,则方程组有唯一解;

若 $R(\mathbf{A})=R(\bar{\mathbf{A}})<n$,则方程组有无数解,则根据其解的结构,求出其通解.

项目训练二

一、选择题.

1. 设 α_1,α_2 是非齐次线性方程组 $\mathbf{AX}=b$ 的两个解向量,则下列向量中为方程组的解的是(　　).

A. $\alpha_1-\alpha_2$;　　　　B. $\alpha_1+\alpha_2$;

C. $\frac{1}{2}\alpha_1+\alpha_2$;　　　　D. $\frac{1}{2}\alpha_1+\frac{1}{2}\alpha_2$.

2. 齐次线性方程组 $x_1+x_2-x_3=0$ 的基础解系所含解向量的个数为(　　).

A. 1；　　B. 2；　　C. 3；　　D. 0.

3. 设 $\alpha_1=(1,0,0)$，$\alpha_2=(2,0,0)$，$\alpha_3=(1,1,0)$，则

A. $\alpha_1,\alpha_2,\alpha_3$ 线性无关；　　B. α_3 可由 α_1,α_2 线性表示；

C. α_1 可由 α_2,α_3 线性表示；　　D. $\alpha_1,\alpha_2,\alpha_3$ 的秩等于 3.

二、填空题.

1. 若线性方程组 $\begin{cases} x_1+2x_2+3x_3=1, \\ -2x_2+x_3=-2, \\ (\lambda+1)x_3=-\lambda \end{cases}$ 无解，则数 $\lambda=$ ________.

2. 已知 $\boldsymbol{A}$ 为 3 阶矩阵，ξ_1，ξ_2 为齐次线性方程组 $\boldsymbol{A}x=0$ 的基础解系，则 $|\boldsymbol{A}|=$ ________.

3. 三元方程组 $\begin{cases} x_1+x_3=0 \\ x_1-x_2=0 \end{cases}$ 的结构解是________.

三、解线性方程组.

1. $\begin{cases} x_1+3x_2+x_3-2x_4+x_5=3, \\ 2x_1+x_2+x_3-3x_4=1, \\ x_1+3x_2-2x_3-x_4-x_5=0, \\ x_1+x_2+2x_3-5x_4+2x_5=1. \end{cases}$

2. 方程组 $\begin{cases} x_1-x_2+3x_3+2x_4=3, \\ 2x_1-x_2+2x_3-x_4=2, \\ x_1-2x_2+7x_3+7x_4=t \end{cases}$ 中 t 取何值时该方程组有解？并在有解时求其通解.

3. 求解非齐次线性方程组 $\begin{cases} x_1+x_2-x_3-x_4=1, \\ 2x_1+x_2+x_3+x_4=4, \\ 4x_1+3x_2-x_3-x_4=6. \end{cases}$（要求用它的一个特解和导出组的基础解系表示）.

数学实验八　用 MATLAB 求解线性方程组

一、实验目的

1. 学习运用 MATLAB 解线性方程组的命令.

2. 掌握用 MATLAB 软件解线性方程组的方法.

二、实验内容

（一）线性方程组的类型及解的结构

1. 解线性方程组的类型：(1)求方程组的唯一解或特解；(2)求方程组的无穷解即通解.

2. 线性方程组解的判别方法：通过求系数矩阵 $\boldsymbol{A}$ 的秩来判断解的情形.

(1) 若系数矩阵的秩 $r=n$（n 为方程组中未知变量的个数），则有唯一解；

(2) 若系数矩阵的秩 $r<n$，则可能有无穷解；

3. 非齐次线性方程组的通解解＝ 对应齐次方程组的通解＋非齐次方程组的一个特解.

（二）MATLAB 软件解线性方程组的命令、方法及步骤

1. 利用矩阵除法求非齐次线性方程组的特解（或一个解）（适合有唯一解的情形）

方程：AX=b；　　解法：X=A\b

例 2.7 求方程组$\begin{cases}5x_1+6x_2=1,\\x_1+5x_2+6x_3=0,\\x_2+5x_3+6x_4=0,\\x_3+5x_4+6x_5=0,\\x_4+5x_5=1\end{cases}$的解.

解 程序如下：

```
>> A=[5 6 0 0 0;1 5 6 0 0;0 1 5 6 0;0 0 1 5 6;0 0 0 1 5];   % 系数矩阵
>> B=[1 0 0 0 1]';                                           % 常数列矩阵
>> R_A=rank(A)                                               % 求系数矩阵 A 的秩
>> X=A\B                                                     % 求方程组的解
```

运行后结果如下

```
R_A =

     5

X =                                                          % 方程组的解

    2.2662
   -1.7218
    1.0571
   -0.5940
    0.3188
```

例 2.8 解方程组$\begin{cases}3x+2y+z=7,\\x-y+3z=6,\\2x+4y-4z=-2.\end{cases}$

解 程序如下：

```
>> a=[3 2 1; 1 -1 3; 2 4 -4];
>> b=[7 6 -2];
>> a\b'
```

结果如下：

```
ans =

    1.0000
    1.0000
    2.0000
```

例 2.9 求方程组$\begin{cases}x_1+x_2-3x_3-x_4=1,\\3x_1-x_2-3x_3+4x_4=4,\\x_1+5x_2-9x_3-8x_4=0\end{cases}$的一个特解.

解 方法一：矩阵除法（缺点：系数矩阵不满秩时，解法可能存在误差）

程序如下：

```
>> A=[1 1 -3 -1; 3 -1 -3 4; 1 5 -9 -8];
>> B=[1   4   0]';                      % 常数列矩阵，“[1   4   0]'”表示行矩阵的转置矩阵
>> X=A\B                                % 由于系数矩阵不满秩，该解法可能存在误差
X =[ 0   0   -0.5333   0.6000]'         % 一个特解近似值
```

方法二：用 rref 求解（优点：结果比较精确）

```
>> A=[1 1 -3 -1; 3 -1 -3 4; 1 5 -9 -8];
```

```
>> B=[1  4  0]';
>> C=[A, B];                                    % 构成增广矩阵
>> R=rref(C)
R =
    1.0000        0   -1.5000    0.7500    1.2500
         0   1.0000   -1.5000   -1.7500   -0.2500
         0        0         0         0         0
```

由此得解向量 X=[1.2500　−0.2500　0　0]′(一个特解).

2. 求齐次线性方程组的通解(适合有无数解的情形)

在 MATLAB 中,函数 null 用来求解零空间,即满足 $A \cdot X = 0$ 的解空间,实际上是求出解空间的一组基(基础解系).

命令格式　(1) z=null　　　　% z 的列向量为方程组的正交规范基,满足 $Z' \times Z = I$.

　　　　　(2) z=null(A, 'r')　% z 的列向量是方程 $AX = 0$ 的有理基

例 2.11　求解方程组 $\begin{cases} x_1+2x_2+2x_3+x_4=0, \\ 2x_1+x_2-2x_3-2x_4=0, \\ x_1-x_2-4x_3-3x_4=0 \end{cases}$ 的通解

解　程序如下:

```
>> A=[1  2  2  1; 2  1  -2  -2; 1  -1  -4  -3];
>> format  rat                  % 指定有理式格式输出
>> B=null(A,'r')                % 求解空间的有理基
```

运行后显示结果如下:

```
B =
     2        5/3
    -2       -4/3
     1          0
     0          1
```

或通过行最简形得到基:

```
>> B=rref(A)
   B =
    1.0000        0   -2.0000   -1.6667
         0   1.0000    2.0000    1.3333
         0        0         0         0
```

即可写出其基础解系(与上面结果一致).

写出通解:

```
syms k1 k2
X=k1*B(:,1)+k2*B(:,2)           % 写出方程组的通解
pretty(X)                       % 让通解表达式更加精美
```

运行后结果如下:

```
X =
[  2*k1+5/3*k2]
[ -2*k1-4/3*k2]
[ k1          ]
[           k2]
```

例 2.10 求解线性方程组 $\begin{cases} x_1+x_2-2x_3-x_4=0, \\ 3x_1-x_2-x_3+2x_4=0, \\ 5x_2+7x_3+3x_4=0, \\ 2x_1-3x_2-5x_3-x_4=0. \end{cases}$

解 程序如下：

```
>> a1=[1 1 -2 -1];
>> a2=[3 -1 -1 2];
>> a3=[0 5 7 3];
>> a4=[2 -3 -5 -1];
>> linsolve([a1; a2; a3; a4],[0 0 0 0]')
ans =
     0
     0
     0
     0
```

该方程组无非零解.

3. 非齐次线性方程组的通解

例 2.11 解方程组 $\begin{cases} x_1-x_2+2x_3+x_4=1, \\ 2x_1-x_2+x_3+2x_4=3, \\ x_1-x_3+x_4=2, \\ 3x_1-x_2+3x_4=5. \end{cases}$

程序如下：

```
>> a1=[1  -1  2  1];
>> a2=[2  -1  1  2];
>> a3=[1  0  -1  1];
>> a4=[3  -1  0  3];
>> null([a1; a2; a3; a4],'r')
ans =
     1    -1
     3     0
     1     0
     0     1
```

所以该方程组的通解为：$y=k_1\,[1, 3, 1, 0]'+k_2\,[-1, 0, 0, 1]'$(其中 k_1, k_2 为任意常数)

数学史知识

数学技术的巨大应用

一、抗洪斗争

1998 年 9 月 7 日，上海《文汇报》报道："20 吨炸药进入倒计时，最后一刻共和国决策者决定荆江不分洪."其中有一段是这样写的："由多方专家组成的水利专家组用'有限单元法'对荆江大堤的体积渗漏进行了测算，确定出一个安全系数，照着一系列推定，沙市水位即使涨到 45.30 米，也可以坚持对长江大堤严防死守、不用分洪."这里提到的"有限单元法"，就是求解微分方程边值问题的一种数学方法. 我国已故数学家冯康(1920—1996)是这方面的首创者之一.有限单元法的用途十分广泛,在1998年的抗洪斗争中用于大堤的强度计算,是当时数学技术巨大作用的体现.

二、数字化电视

1998年5月,上海的《科学》杂志发表了中国科学院前院长周光召的文章《若干基础科学的发展趋势》,其中有一段提到数学:“作为一门基础学科,数学对当今生产产生也有巨大作用.例如,在信息传输过程中如何压缩信息是一个重要问题,而数学在这方面就大有可为.现代数学中有一门学问叫作小波分析,它在信息压缩技术中有重大作用,日本在发展高清晰度电视的竞争中落后于美国,就是因为信息压缩技术不够先进.美国应用数学研究成果发展信息压缩技术,在高清晰度电视及网络传输方面领先于日本,成为世界上信息技术最先进的国家.”正如周光召的文章所说,诞生于美国的小波技术——一种信息压缩的数学技术,在其中起到了关键作用.

三、通讯网络

这是一个真实的故事.20世纪80年代的某一天,美国著名的贝尔电话公司遇到了一件怪事:要求在一片荒无人烟的沼泽上安装一部电话.这是北卡罗琳那大学提出来的.这所大学有三个分校,位于等边三角形的三个顶点上.按照贝尔电话公司的收费标准,如果在三校之间安装直接可以联络的电话网,需要按三角形的两条较短边的长度之和收费.现在该大学向贝尔公司提出,要在等边三角形的中心装一部电话,然后将中心和三个顶点相连.依照规定,现在的电话费以中心到三顶点的连接长度之和收费.假定正三角形的边长是1,那么原来要按长度2交电话费;而在中心(沼泽)上安装电话之后,只需要按长度$\sqrt{3}$交费.

贝尔电话公司的研究部主任意识到,北卡罗琳那大学的能人在向公司挑战,沼泽地上安装电话需要花费人力、物力,到头来却少收电话费,岂不是赔了夫人又折兵?于是赶紧向北卡罗琳大学打招呼,沼泽地的电话不装了,电话费照原来的八五折收取,大约和$\sqrt{\frac{3}{2}}$差不多.同时,该主任连忙提出一个研究课题:看看贝尔电话公司的收费标准中是否还有别的空子可钻?打八五折收费是否已到了极限?这一研究任务落到了一个中国访问学者——来自中国科学院应用数学研究所的堵丁柱身上.经过一段时间的努力,堵丁柱终于证明:按通讯网络中的现行收费标准,不论如何安装新电话,减少收费的比例不会低于$\sqrt{\frac{3}{2}}$.堵丁柱的数学工作,直接成为公司进行决策的一项数学技术.

附录一　初等数学中的常用公式

(一) 代　　数

一、两数和与差的平方、立方及因式分解公式

1. $(a \pm b)^2 = a^2 \pm 2ab + b^2$

2. $(a \pm b)^3 = a^3 \pm 3a^2 b + 3ab^2 \pm b^3$

3. $a^2 - b^2 = (a+b)(a-b)$

4. $a^3 \pm b^3 = (a \pm b)(a^2 \mp ab + b^2)$

5. $a^n - b^n = (a-b)(a^{n-1} + a^{n-2}b + a^{n-3}b^2 + \cdots + ab^{n-2} + b^{n-1})$　（n 为正整数）

二、指数公式

1. $a^n = \underbrace{aa\cdots a}_{n}$　　2. $a^{-n} = \dfrac{1}{a^n}\ (a \neq 0)$

3. $a^0 = 1\ (a \neq 0)$　　4. $a^m \cdot a^n = a^{m+n}$

5. $\dfrac{a^m}{a^n} = a^{m-n}$　　6. $a^{\frac{m}{n}} = \sqrt[n]{a^m} = (\sqrt[n]{a})^m$

其中 a, b 是正实数，m, n 为任意实数.

三、对数公式($a > 0$, $a \neq 1$)

1. $a^b = N \Leftrightarrow \log_a N = b$

2. $a^{\log_a N} = N$；　$e^{\ln N} = N$

3. $\log_a 1 = 0$；　$\log_a a = 1$

4. $\log_a (MN) = \log_a M + \log_a N$

5. $\log_a \dfrac{M}{N} = \log_a M - \log_a N$

6. $\log_a N^x = x \log_a N$

7. 换底公式：$\log_a N = \dfrac{\log_b N}{\log_b a}$

四、数列公式

1. 等差数列：通项公式 $a_n = a_1 + (n-1)d$

　前 n 项和公式 $S_n = \dfrac{n(a_1 + a_n)}{2} = \dfrac{n}{2}[2a_1 + (n-1)d]$

2. 等比数列：通项公式 $a_n = a_1 q^{n-1}$

　前 n 项和公式 $s_n = \dfrac{a_1 - a_n q}{1-q} = \dfrac{a_1(1-q^n)}{1-q}$

五、阶乘公式

1. $n! = n(n-1)(n-2)\cdots 3 \times 2 \times 1$（规定：$0! = 1$）

2. $(2n)! = 2n(2n-2)(2n-4)\cdots 4\times 2$

3. $(2n-1)! = (2n-1)(2n-3)(2n-5)\cdots 3\times 1$

六、排列数公式

1. $A_n^m = n(n-1)(n-2)\cdots(n-m+1) = \dfrac{n!}{(n-m)!}$ ($m \leqslant n$，且 $m,\ n \in \mathbf{N}$)

七、组合数公式

1. $C_n^m = \dfrac{A_n^m}{A_m^m} = \dfrac{n(n-1)(n-2)\cdots(n-m+1)}{m!} = \dfrac{n!}{m!(n-m)!}$ ($m \leqslant n$，且 $m,\ n \in \mathbf{N}$)

2. $C_n^0 + C_n^1 + C_n^2 + \cdots + C_n^n = 2^n$

3. $C_n^0 + C_n^2 + C_n^4 + \cdots = C_n^1 + C_n^3 + C_n^5 + \cdots = 2^{n-1}$

八、二项式定理

1. $(a+b)^n = C_n^0 a^n + C_n^1 a^{n-1} b + \cdots + C_n^r a^{n-r} b^r + \cdots + C_n^n b^n \ n \in \mathbf{N}^+$

九、分式裂项公式

1. $\dfrac{1}{x(x+1)} = \dfrac{1}{x} - \dfrac{1}{x+1}$；

2. $\dfrac{1}{(x+a)(x+b)} = \dfrac{1}{b-a}\left(\dfrac{1}{x+a} - \dfrac{1}{x+b}\right)$.

（二）三　　角

一、同角三角函数关系式

1. $\tan x = \dfrac{\sin x}{\cos x}$；　$\cot x = \dfrac{\cos x}{\sin x} = \dfrac{1}{\tan x}$

2. $\sec x = \dfrac{1}{\cos x}$；　$\csc x = \dfrac{1}{\sin x}$

3. $\sin^2 x + \cos^2 x = 1$；　$1 + \tan^2 x = \sec^2 x$；　$1 + \cot^2 x = \csc^2 x$

二、倍角公式

1. $\sin 2\alpha = 2\sin\alpha\cos\alpha$

2. $\cos 2\alpha = \cos^2\alpha - \sin^2\alpha = 2\cos^2\alpha - 1 = 1 - 2\sin^2\alpha$

3. $\tan 2\alpha = \dfrac{2\tan\alpha}{1-\tan^2\alpha}$

三、半角公式

1. $\sin\dfrac{\alpha}{2} = \pm\sqrt{\dfrac{1-\cos\alpha}{2}}$

2. $\cos\dfrac{\alpha}{2} = \pm\sqrt{\dfrac{1+\cos\alpha}{2}}$

3. $\tan\dfrac{\alpha}{2} = \pm\sqrt{\dfrac{1-\cos\alpha}{1-\cos\alpha}} = \dfrac{1-\cos\alpha}{\sin\alpha} = \dfrac{\sin\alpha}{1+\cos\alpha}$

四、两角和与差公式

1. $\sin(\alpha\pm\beta) = \sin\alpha\cos\beta \pm \cos\alpha\sin\beta$

2. $\cos(\alpha\pm\beta) = \cos\alpha\cos\beta \mp \sin\alpha\sin\beta$

3. $\tan(\alpha\pm\beta) = \dfrac{\tan\alpha \pm \tan\beta}{1 \mp \tan\alpha\tan\beta}$

五、和差化积公式

1. $\sin\alpha + \sin\beta = 2\sin\dfrac{\alpha+\beta}{2}\cos\dfrac{\alpha-\beta}{2}$

2. $\sin\alpha-\sin\beta=2\cos\frac{\alpha+\beta}{2}\sin\frac{\alpha-\beta}{2}$

3. $\cos\alpha+\cos\beta=2\cos\frac{\alpha+\beta}{2}\cos\frac{\alpha-\beta}{2}$

4. $\cos\alpha-\cos\beta=-2\sin\frac{\alpha+\beta}{2}\sin\frac{\alpha-\beta}{2}$

六、积化和差公式

1. $\sin\alpha\cos\beta=\frac{1}{2}[\sin(\alpha+\beta)+\sin(\alpha-\beta)]$

2. $\cos\alpha\sin\beta=\frac{1}{2}[\sin(\alpha+\beta)-\sin(\alpha-\beta)]$

3. $\cos\alpha\cos\beta=\frac{1}{2}[\cos(\alpha+\beta)+\cos(\alpha-\beta)]$

4. $\sin\alpha\sin\beta=-\frac{1}{2}[\cos(\alpha+\beta)-\cos(\alpha-\beta)]$

七、正弦定理

1. $\frac{a}{\sin A}=\frac{b}{\sin B}=\frac{c}{\sin C}=2R$

（a，b，c 为三角形的三边；A，B，C 为三角形的三内角；R 该三角形的外接圆半径）

八、余弦定理

1. $a^2=b^2+c^2-2bc\cos A$
2. $b^2=a^2+c^2-2ac\cos B$
3. $c^2=a^2+b^2-2ab\cos C$

（a，b，c 为三角形的三边；A，B，C 为三角形的三内角）

（三）几　　何

一、几何公式

1. 圆：(1)周长 $C=2\pi r$；(2)面积 $S=\pi r^2$.（r 为半径）

2. 扇形：面积 $S=\frac{1}{2}r^2\alpha$.（α 为扇形的圆心角，以弧度为单位，r 为半径）

3. 平行四边形：面积 $S=bh$.（b 为底长，h 为高）

4. 梯形：面积 $S=\frac{1}{2}(a+b)h$.（a，b 分别为上底与下底的长，h 为高）

5. 圆柱体：(1)体积 $V=\pi r^2h$；(2)侧面积 $L=2\pi rh$.（r 为底半径，h 为高）

6. 圆锥体(1)体积 $V=\frac{1}{3}\pi r^2h$；(2)侧面积 $L=\pi rl$.（r 为底半径，h 为高，l 为斜高）

7. 球体：(1)体积 $V=\frac{4}{3}\pi r^3$；(2)表面积 $L=4\pi r^2$.（r 为球的半径）

8. 三角形的面积：

(1) $S=\frac{1}{2}bc\sin A$，$S=\frac{1}{2}ca\sin B$，$S=\frac{1}{2}ab\sin C$；

(2) $S=\sqrt{p(p-a)(p-b)(p-c)}$，其中 $p=\frac{1}{2}(a+b+c)$.

二、平面解析几何公式

1. 距离与斜率：

(1) 两点 $P_1(x_1, y_1)$ 与 $P_2(x_2, y_2)$ 之间的距离 $d=\sqrt{(x_2-x_1)^2+(y_2-y_1)^2}$；

(2) 线段 P_1P_2 的斜率 $k=\dfrac{y_2-y_1}{x_2-x_1}\ (x_1\neq x_2)$.

2. 直线的方程：

(1) 点斜式 $y-y_1=k(x-x_1)$；　　(2) 斜截式 $y=kx+b$；

(3) 两点式 $\dfrac{y-y_1}{y_2-y_1}=\dfrac{x-x_1}{x_2-x_1}$；　　(4) 截距式 $\dfrac{x}{a}+\dfrac{y}{b}=1$.

3. 圆的方程：$(x-a)^2+(y-b)^2=r^2$，圆心为 (a, b)，半径为 r.

4. 抛物线：

(1) 方程 $y^2=2px$，焦点 $\left(\dfrac{p}{2}, 0\right)$，准线 $x=-\dfrac{p}{2}$；

(2) 方程 $x^2=2py$，焦点 $\left(0, \dfrac{p}{2}\right)$，准线 $y=-\dfrac{p}{2}$；

(3) 方程 $y=ax^2+bx+c$，顶点 $\left(-\dfrac{b}{2a}, \dfrac{4ac-b^2}{4a}\right)$，对称轴方程 $x=-\dfrac{b}{2a}$.

5. 椭圆方程：

(1) $\dfrac{x^2}{a^2}+\dfrac{y^2}{b^2}=1(a>b)$ (焦点在 x 轴上)；

(2) $\dfrac{x^2}{b^2}+\dfrac{y^2}{a^2}=1\ (a>b)$ (焦点在 y 轴上).

6. 双曲线：

(1) $\dfrac{x^2}{a^2}-\dfrac{y^2}{b^2}=1$ (焦点在 x 轴上)；(2) $\dfrac{y^2}{a^2}-\dfrac{x^2}{b^2}=1$ (焦点在 y 轴上)；

(3) 等轴双曲线 $x^2-y^2=\pm a^2$，$a>0$.

附录二　MATLAB 常用函数表

一、基本数学函数

abs(x)：纯量的绝对值或向量的长度

angle(z)：复数 z 的相角(Phaseangle)

sqrt(x)：开平方

real(z)：复数 z 的实部

imag(z)：复数 z 的虚部

conj(z)：复数 z 的共轭复数

round(x)：四舍五入至最近整数

fix(x)：无论正负，舍去小数至最近整数

floor(x)：地板函数，即舍去正小数至最近整数

ceil(x)：天花板函数，即加入正小数至最近整数

rat(x)：将实数 x 化为分数表示

rats(x)：将实数 x 化为多项分数展开

sign(x)：符号函数(Signumfunction).

当 $x<0$ 时，$\mathrm{sign}(x)=-1$；当 $x=0$ 时，$\mathrm{sign}(x)=0$；当 $x>0$ 时，$\mathrm{sign}(x)=1$.

rem(x, y)：求 x 除以 y 的馀数

gcd(x, y)：整数 x 和 y 的最大公因数

lcm(x, y)：整数 x 和 y 的最小公倍数

exp(x)：自然指数

pow2(x)：2 的指数

log(x)：以 e 为底的对数，即自然对数

log2(x)：以 2 为底的对数

log10(x)：以 10 为底的对数

sin(x)：正弦函数

cos(x)：余弦函数

tan(x)：正切函数

asin(x)：反正弦函数

acos(x)：反余弦函数

atan(x)：反正切函数

atan2(x, y)：四象限的反正切函数

sinh(x)：超越正弦函数

cosh(x)：超越余弦函数

tanh(x)：超越正切函数
asinh(x)：反超越正弦函数
acosh(x)：反超越余弦函数
atanh(x)：反超越正切函数

二、数组运算函数

min(x)：矩阵 x 的元素的最小值
max(x)：矩阵 x 的元素的最大值
mean(x)：矩阵 x 的元素的平均值
median(x)：矩阵 x 的元素的中位数
std(x)：矩阵 x 的元素的标准差
diff(x)：矩阵 x 的相邻元素的差
sort(x)：对矩阵 x 的元素进行排序(Sorting)
length(x)：矩阵 x 的元素个数
norm(x)：矩阵 x 的欧氏(Euclidean)长度
sum(x)：矩阵 x 的元素总和
prod(x)：矩阵 x 的元素总乘积
cumsum(x)：矩阵 x 的累计元素总和
cumprod(x)：矩阵 x 的累计元素总乘积
dot(x, y)：矩阵 x 和 y 的内积
cross(x, y)：矩阵 x 和 y 的外积

三、MATLAB 基本绘图函数

plot：x 轴和 y 轴均为线性刻度(Linearscale)
loglog：x 轴和 y 轴均为对数刻度(Logarithmicscale)
semilogx：x 轴为对数刻度，y 轴为线性刻度
semilogy：x 轴为线性刻度，y 轴为对数刻度

四、各种二维绘图函数

Bar：长条图
errorbar：图形加上误差范围
fplot：较精确的函数图形
polar：极座标图
hist：累计图
rose：极座标累计图
stairs：阶梯图
stem：针状图
fill：实心图
feather：羽毛图
compass：罗盘图
quiver：向量场图

五、最优化函数

fgoalattain：多目标达到问题

fminbnd:有边界的标量非线性最小化

fmincon:有约束的非线性最小化

fminimax:最大最小化

fminsearch，fminunc:无约束非线性最小化

附录三　EXCEL 软件常用函数

1. SUM 函数

主要功能:计算所有参数数值的和.

使用格式:SUM(number1, number2, ……)

参数说明:number1, number2, ……代表需要计算的值,可以是具体的数值、引用的单元格(区域)、逻辑值等.

特别提醒:如果参数为数组或引用,只有其中的数字将被计算.数组或引用中的空白单元格、逻辑值、文本或错误值将被忽略.

2. AVERAGE 函数

主要功能:求出所有参数的算术平均值.

使用格式:AVERAGE(number1, number2, ……)

参数说明:number1, number2, ……:需要求平均值的数值或引用单元格(区域),参数不超过 30 个.

特别提醒:如果引用区域中包含"0"值单元格,则计算在内;如果引用区域中包含空白或字符单元格,则不计算在内.

3. MAX 函数

主要功能:求出一组数中的最大值.

使用格式:MAX(number1, number2, ……)

参数说明:number1, number2, ……代表需要求最大值的数值或引用单元格(区域),参数不超过 30 个.

特别提醒:如果参数中有文本或逻辑值,则忽略.

4. MIN 函数

主要功能:求出一组数中的最小值.

使用格式:MIN(number1, number2, ……)

参数说明:number1, number2, ……代表需要求最小值的数值或引用单元格(区域),参数不超过 30 个.

特别提醒:如果参数中有文本或逻辑值,则忽略.

5. FREQUENCY 函数

主要功能:以一列垂直数组返回某个区域中数据的频率分布.

使用格式:FREQUENCY(data_array, bins_array)

参数说明:Data_array 表示用来计算频率的一组数据或单元格区域;Bins_array 表示为前面数组进行分隔一列数值.

6. VAR 函数

主要功能:用于计算基于给定样本的方差.

使用格式:VAR(number1, number2, ……)

参数说明：number1，number2，……：需要求方差的数值或引用单元格(区域).

特别提醒：若在 VAR 函数中直接输入参数的值，那么该函数将会计算文本格式数字、数字和逻辑值，如果参数中包含文本或错误值，则该函数将会返回错误值.

若 VAR 函数的参数为单元格引用，则该函数将只计算数字，其他类型的值会被忽略不计，但参数中若只有一个数字参数或包含错误值，该函数将返回错误值.

7. STDEV 函数

主要功能：用于计算基于给定样本的标准差.

使用格式：STDEV (number1，number2，……)

参数说明：number1，number2，……：需要求标准差的数值或引用单元格(区域).

8. INT 函数

主要功能：将数值向下取整为最接近的整数.

使用格式：INT(number)

参数说明：number 表示需要取整的数值或包含数值的引用单元格.

特别提醒：在取整时，不进行四舍五入；如果输入的公式为＝INT(－18.89)，则返回结果为－19.

9. IF 函数

主要功能：根据对指定条件的逻辑判断的真假结果，返回相对应的内容.

使用格式：＝IF(logical，value_if_true，value_if_false)

参数说明：logical 代表逻辑判断表达式；value_if_true 表示当判断条件为逻辑"真(TRUE)"时的显示内容，如果忽略返回"TRUE"；value_if_false 表示当判断条件为逻辑"假(FALSE)"时的显示内容，如果忽略返回"FALSE".

10. COUNTIF 函数

主要功能：统计某个单元格区域中符合指定条件的单元格数目.

使用格式：COUNTIF(range，criteria)

参数说明：range 代表要统计的单元格区域；criteria 表示指定的条件表达式.

特别提醒：允许引用的单元格区域中有空白单元格出现.

11. SUMIF 函数

主要功能：计算符合指定条件的单元格区域内的数值和.

使用格式：SUMIF(range，criteria，sum_range)

参数说明：range 代表条件判断的单元格区域；criteria 为指定条件表达式；sum_range 代表需要计算的数值所在的单元格区域.

12. AND 函数

主要功能：返回逻辑值：如果所有参数值均为逻辑"真(TRUE)"，则返回逻辑"真(TRUE)"，反之返回逻辑"假(FALSE)".

使用格式：AND(logical1，logical2，……)

参数说明：logical1，logical2，logical3，……：表示待测试的条件值或表达式，最多这 30 个.

特别提醒：如果指定的逻辑条件参数中包含非逻辑值时，则函数返回错误值"＃VALUE!"或"＃NAME".

13. OR 函数

主要功能：返回逻辑值，仅当所有参数值均为逻辑"假(FALSE)"时返回函数结果逻辑"假(FALSE)"，否则都返回逻辑"真(TRUE)".

使用格式：OR(logical1，logical2，……)

参数说明：logical1，logical2，logical3，……：表示待测试的条件值或表达式，最多这 30 个.

特别提醒：若指定的逻辑条件参数中包含非逻辑值时，则函数返回错误值＃VALUE!"

14. ISERROR 函数

主要功能:用于测试函数式返回的数值是否有错.如果有错,该函数返回 TRUE,反之返回 FALSE.

使用格式:ISERROR(value)

参数说明:Value 表示需要测试的值或表达式.

15. MOD 函数

主要功能:求出两数相除的余数.

使用格式:MOD(number, divisor)

参数说明:number 代表被除数;divisor 代表除数.

16. DATE 函数

主要功能:给出指定数值的日期.

使用格式:DATE(year, month, day)

参数说明:year 为指定的年份数值(小于 9999);month 为指定的月份数值(可以大于 12);day 为指定的天数.

17. DATEDIF 函数

主要功能:计算返回两个日期参数的差值.

使用格式:=DATEDIF(date1, date2, "y")、=DATEDIF(date1, date2, "m")、=DATEDIF(date1, date2, "d")

参数说明:date1 代表前面一个日期,date2 代表后面一个日期;y(m、d)要求返回两个日期相差的年(月、天)数.

特别提醒:这是 EXCEL 中的一个隐藏函数,在函数向导中是找不到的,可以直接输入使用,对于计算年龄、工龄等非常有效.

18. DAY 函数

主要功能:求出指定日期或引用单元格中的日期的天数.

使用格式:DAY(serial_number)

参数说明:serial_number 代表指定的日期或引用的单元格.

特别提醒:如果是给定的日期,请包含在英文双引号中.

19. MONTH 函数

主要功能:求出指定日期或引用单元格中的日期的月份.

使用格式:MONTH(serial_number)

参数说明:serial_number 代表指定的日期或引用的单元格.

特别提醒:如果是给定的日期,请包含在英文双引号中;如果将上述公式修改为:=YEAR("2003-12-18"),则返回年份对应的值"2003".

20. NOW 函数

主要功能:给出当前系统日期和时间.

使用格式:NOW( )

参数说明:该函数不需要参数.

特别提醒:显示出来的日期和时间格式,可以通过单元格格式进行重新设置.

21. ABS 函数

主要功能:求出相应数字的绝对值.

使用格式:ABS(number)

参数说明:number 代表需要求绝对值的数值或引用的单元格.

22. DCOUNT 函数

主要功能:返回数据库或列表的列中满足指定条件并且包含数字的单元格数目.

使用格式:DCOUNT(database, field, criteria)

参数说明:Database 表示需要统计的单元格区域;Field 表示函数所使用的数据列(在第一行必须要有标志项);Criteria 包含条件的单元格区域.

23. CONCATENATE 函数

主要功能:将多个字符文本或单元格中的数据连接在一起,显示在一个单元格中.

使用格式:CONCATENATE(text1, text2, ……)

参数说明:text1, text2, ……为需要连接的字符文本或引用的单元格.

24. LEFT 函数

主要功能:从一个文本字符串的第一个字符开始,截取指定数目的字符.

使用格式:LEFT(text, num_chars)

参数说明:text 代表要截字符的字符串;num_chars 代表给定的截取数目.

特别提醒:此函数名的英文意思为"左",即从左边截取,EXCEL 很多函数都取其英文的意思.

25. RIGHT 函数

主要功能:从一个文本字符串的最后一个字符开始,截取指定数目的字符.

使用格式:RIGHT(text, num_chars)

参数说明:text 代表要截字符的字符串;num_chars 代表给定的截取数目.

特别提醒:num_chars 参数必须大于或等于 0,如果忽略,则默认其为 1;如果 num_chars 参数大于文本长度,则函数返回整个文本.

26. LEN 函数

主要功能:统计文本字符串中字符数目.

使用格式:LEN(text)

参数说明:text 表示要统计的文本字符串.

特别提醒:LEN 要统计时,无论中全角字符,还是半角字符,每个字符均计为"1";与之相对应的一个函数——LENB,在统计时半角字符计为"1",全角字符计为"2".

27. MID 函数

主要功能:从一个文本字符串的指定位置开始,截取指定数目的字符.

使用格式:MID(text, start_num, num_chars)

参数说明:text 代表一个文本字符串;start_num 表示指定的起始位置;num_chars 表示要截取的数目.

特别提醒:公式中各参数间,要用英文状态下的逗号","隔开.

28. RANK 函数

主要功能:返回某一数值在一列数值中的相对于其他数值的排位.

使用格式:RANK(Number, ref, order)

参数说明:Number 代表需要排序的数值;ref 代表排序数值所处的单元格区域;order 代表排序方式参数(如果为"0"或者忽略,则按降序排名,即数值越大,排名结果数值越小;如果为非"0"值,则按升序排名,即数值越大,排名结果数值越大;).

29. SUBTOTAL 函数

主要功能:返回列表或数据库中的分类汇总.

使用格式:SUBTOTAL(function_num, ref1, ref2, ……)

参数说明:function_num 为 1 到 11(包含隐藏值)或 101 到 111(忽略隐藏值)之间的数字,用来指定使用什么函数在列表中进行分类汇总计算;ref1, ref2, ……代表要进行分类汇总区域或引用,不超过 29 个.

特别提醒:如果采取自动筛选,无论 function_num 参数选用什么类型,SUBTOTAL 函数忽略任何不包括在筛选结果中的行;SUBTOTAL 函数适用于数据列或垂直区域,不适用于数据行或水平区域.

30. INDEX 函数

主要功能:返回列表或数组中的元素值,此元素由行序号和列序号的索引值确定.

使用格式:INDEX(array, row_num, column_num)

参数说明:array 代表单元格区域或数组常量;row_num 表示指定的行序号(若省略 row_num,则必须有 column_num);column_num 表示指定的列序号(若省略 column_num,则必须有 row_num).

特别提醒:此处的行序号参数(row_num)和列序号参数(column_num)是相对于所引用的单元格区域而言的,不是 EXCEL 工作表中的行或列序号.

31. TEXT 函数

主要功能:根据指定的数值格式将相应的数字转换为文本形式.

使用格式:TEXT(value, format_text)

参数说明:value 代表需要转换的数值或引用的单元格;format_text 为指定文字形式的数字格式.

特别提醒:format_text 参数根据“单元格格式”对话框“数字”标签的类型确定.

32. VALUE 函数

主要功能:将一个代表数值的文本型字符串转换为数值型.

使用格式:VALUE(text)

参数说明:text 代表需要转换文本型字符串数值.

附录四　参考答案或提示

模块一　一元函数微积分

项目一　函数、极限与连续

测试训练一

1. 基本初等函数包括幂函数、指数函数、对数函数、三角函数、反三角函数；
   属于基本初等函数的是(2)、(4)；其中(2)式是指数函数，(4)式是幂函数.

2. (1) $(-\infty, -1) \cup (-1, 4) \cup (4, +\infty)$；(2) $\left[\frac{1}{4}, +\infty\right)$.

3. (1)不相同，因为定义域不同；(2)不相同，因为定义域不同.

4. (1)、(3)为偶函数；(2)、(4)为奇函数.

5. $[1, 4]$.

6. (1) $(-\infty, 0) \cup (0, +\infty)$；(2) $f\left(\frac{1}{2}\right)=-\frac{1}{2}$；$f\{f[f(2)]\}=-\frac{3}{4}$.

7. (1) $y=\ln u$, $u=1-3x$；(2) $y=u^2$, $u=\sin v$, $v=2x+\frac{\pi}{4}$；

   (3) $y=e^u$, $u=\cos v$, $v=3x-1$.

8. $f[g(x)]=\sqrt{\ln x}$, $x\in[1, +\infty)$；$g[f(x)]=\frac{1}{2}\ln x$, $x\in(0, +\infty)$.

9. (1)美元兑换成加拿大元的函数式为 $y_1=(1+12\%)x$, $x\geqslant 0$；加拿大元兑换成美元的函数式为 $y_2=(1-12\%)x$, $x\geqslant 0$；(2)14.4 美元.

测试训练二

1. (1)、(2)、(5)、(7)、(8)、(9)极限不存在；(3)极限存在，值为 1；(4)、(6)、(10)极限存在，值均为 0.

2. (1) 0；(2) $+\infty$；(3) 0.

3. $\lim\limits_{x\to 0}f(x)=1$；$\lim\limits_{x\to 1}f(x)=2$.

4. $x\to 0$ 时，(2)是无穷小；(1)是无穷大；(3)、(4)既不是无穷小，也不是无穷大.

5. $x\to -2$ 时，函数为无穷小；$x\to 1$，函数为无穷大.

6. $x\to 1$ 时，$\sqrt{x}-1$ 是比 x^2-1 低阶的无穷小；$1-\cos x$ 是比 $\sin x$ 高阶的无穷小.

7. (1) 1/2；(2) 1/6；(3) 2/7；(4) 2/3；(5) 0；(6) 7/5；(7) -8；(8) 6；(9) 4；(10) e^{-9}；(11) e^{-10}；(12) 0.

8. (1) $\lim\limits_{t\to\infty}y(t)=1$ 说明最终市民都将知道这一消息；　(2)8/3 小时.

测试训练三

1. (1) $\frac{1}{3}$；(2) $\frac{\sqrt{2}}{2}$；(3) $\ln\frac{\sqrt{2}}{2}$ 或 $-2\ln 2$；(4) 2；(5) $\sin 1$；(6) $\ln 2$.

2. 因为在该点处左右极限存在，但不相等，所以函数在该点处不连续.

3. 1.

4. 3.

5. (1) 间断点 $x=0$，第一类(可去)间断点；

   (2) 间断点 $x=1$，第二类(无穷)间断点；

   (3) 间断点 $x=1$（第一类间断点）及间断点 $x=-1$（第二类间断点）；

   (4) 间断点 $x=1$（第一类间断点）及间断点 $x=0$（第二类间断点）.

6. 提示：运用根的存在定理证明.

项目训练一

一、1. √　2. √　3. √　4. √　5. √.

二、1. 1；　2. 0；　3. $(-\infty,-1)\cup(-1,4)\cup(4,+\infty)$；　4. 无关；必要.

三、1. 1/24；　2. $-1/4$；　3. ∞；　4. e^{-3}；　5. e^{-4}.

四、1. $(-\infty,-1]\cup[1,3)$；　2. $[-1,2]$.

五、1. $y=\arctan u$, $u=\sqrt{v}$, $v=1+x^2$；　2. $y=e^u$, $u=\cos v$, $v=3x-1$.

六、连续.

七、函数连续区间为 $(-\infty,1)\cup(1,2)\cup(2,+\infty)$；其中 $x=1$ 是函数的第一类间断点，$x=2$ 是函数的第二类间断点.

项目二　导数、微分及应用

测试训练一

1. (1) 变化率；(2) 函数、函数值；(3) $(\alpha+\beta)f'(x_0)$；(4) 必要；(5) 必要.

2. 切线方程为 $y-\frac{1}{2}=-\frac{\sqrt{3}}{2}\left(x-\frac{\pi}{3}\right)$ 或 $3\sqrt{3}x+6y-\sqrt{3}\pi-3=0$；

   法线方程为 $y-\frac{1}{2}=\frac{2\sqrt{3}}{3}\left(x-\frac{\pi}{3}\right)$ 或 $4\sqrt{3}x-18y-4\sqrt{3}\pi+9=0$.

3. $v(3)=27$, $a(3)=18$.

4. (1) $y'=3x^2+3x^{-4}$；　(2) $y'=\frac{3}{2}x^{\frac{1}{2}}+\frac{5}{2}x^{-\frac{3}{2}}$；　(3) $y'=12^x\ln 12$；

   (4) $y'=2x++2+2^x\ln 2$；(5) $y'=2x\ln 2+x+-\frac{1}{2\sqrt{x}}$；　(6) $y'=e^x(\cos x-\sin x)$；

   (7) $y'=\frac{1-x^2}{(1+x^2)^2}$；　(8) $y'=-\frac{1+\sin x+\cos x}{(1+\sin x)^2}$；　(9) $y'=-14(1-2x)^6$；

   (10) $y'=-\frac{x}{\sqrt{1-x^2}}$；　(11) $y'=\frac{2x}{1+x^2}$；　(12) $y'=-6x\sin(3x^2-2)$.

5. $y'=\frac{\sqrt{e^{\frac{1}{x}}\sqrt{x\sqrt{\sin x}}}}{x^2\sin x}(x^2\cos x+2x\sin x-4\sin x)$.

6. (1) $\frac{dy}{dx}=\frac{2x+y}{3y^2-x}$；(2) $\frac{dy}{dx}=-\frac{e^y}{1+xe^y}$ 或 $\frac{dy}{dx}=-\frac{e^y}{2-y}$；(3) $\frac{dy}{dx}=-\frac{y+e^{xy}\cos(x+y)}{x+e^{xy}\cos(x+y)}$.

7. (1) $y''=-\sec^2 x$；(2) $y''=2\ln x+3$；(3) $y''=e^x-\sin x$.

8. $f^{(n)}(x)=\frac{(-1)^n 2n!}{(1+x)^{n+1}}$.

9. 切线方程为 $y-1=\frac{1}{2}x$ 或 $x-2y+2=0$；法线方程为 $y-1=-2x$ 或 $2x+y-1=0$.

测试训练二

1. (1) $3\cos 3x$；(2) $\frac{1}{2\sqrt{x}}$；(3) $-\frac{1}{x^2}$；(4) $\ln|x|+C$；(5) $\frac{1}{x}+C$；(6) $y'=\sin x+C$；

(7) $\frac{1}{\sin x}$，$\cot x$；(8) $e^{\cos x}$，$-e^{\cos x}\sin x$.

2. (1) $dy=\left(2x\arcsin x+\frac{x^2}{\sqrt{1-x^2}}\right)dx$；(2) $dy=\frac{\cos x+x\ln x\sin x}{x\cos^2 x}dx$；

(3) $dy=\frac{1}{x(\ln y+1)}dx$.

3. 0.628 3.

4. 12.4 万元.

测试训练三

1. (1) ×；(2) √；(3) ×；(4)√；(5)√；(6)√；(7)√；(8)√；(9) ×；(10) ×.

2. 单增区间为 $(-\infty,0)$ 及 $(2,+\infty)$；单减区间为 $(0,2)$；极大值为 7，极小值为 3.

3. 极大值为 0，极小值为 −32.

4. 最大值为 7，最小值为 −25.

5. 三边长分别为 16 米，32 米，16 米.

6. 应在距离 C 处 12 公里的地方上岸.

项目训练二

一、1. ×；　2. √；　3. ×.

二、1. $\frac{1}{1+\ln^2 x}$，$\frac{1}{x(1+\ln^2 x)}$；　2. $e^{x^2}+C$，$2xe^{x^2}$.

三、1. $y'=\frac{1}{1+(x-5)^2}+5^{5x+1}\ln 5$；

2. $y'=e^{\sin x}\cos x$，$y'(0)=1$；

3. $y'=2x\tan^2 x^2+4x^3\tan x^2\sec^2 x$；

4. $y'=\frac{x\sec^2 x-\tan x}{x^2}$，$y'\left(\frac{\pi}{4}\right)=\frac{31x-16}{\pi^2}$；

5. $y'=-2\sin 2x$；

6. $y'=\frac{3e^{\sqrt{\cos 3x}}\sin 3x}{2\sqrt{\cos 3x}}$；

7. $y'=2\cot x\ln\sin x+\frac{\sin(2\ln x)}{x}$；

8. $y'=-\frac{2x}{\sqrt{1-x^4}}$；

9. $y'=\frac{1}{(x-1)\ln(1-x)}$；

10. $y'=e^{-x^2}(1-2x^2)$；

11. $y'=\arctan x$.

四、1. $y''=e^x(2+x)$；　2. $y''=\dfrac{2(1-x^2)}{(1+x^2)^2}$.

五、1. $dy=\dfrac{2(1-x^2)}{(1+x^2)^2}dx$；

2. $dy=-2e^{-4x}(1-2x^2)[2\sin(3-2x)+\cos(3-2x)]dx$；

3. $dy=\dfrac{x}{\sqrt{x^2+1}}dx$.

六、(2, ln2).

七、1. 极大值为0,极小值为$4e^{-2}$；2. 极大值为1,极小值为-1.

八、提示：设长方形的长为x，面积为S，周长为y，则宽为$\dfrac{S}{x}$，$y=2\left(x+\dfrac{S}{x}\right)$，$(x>0)$.（法1：由$a+b\geqslant 2\sqrt{ab}$，$(a>0,\ b>0)$证；法2：开区间连续函数求最值法）

九、1. 第10分钟时，学生的接受能力是增长的；2. 13分钟时学生的接受能力最强.

项目三　积分及应用

测试训练一

1. (1) 提示：由$y=\sin x$在$[-\pi, 0]$上与x轴所围图形在x轴上方，在$[0, \pi]$上与x轴所围图形在x轴上方，且两部分面积相等；而定积分等于各部分面积得代数和，故结果为0；

(2) 该定积分表示的图形为圆$x^2+y^2=1$的上半圆，故值为半圆的面积.

2. (1)>；(2)<.

3. (1) $\left[0, \dfrac{\pi}{4}\right]$；(2) $\left[\dfrac{2}{e}, 2e\right]$.

4. $\int_0^2 x^2 dx$.

5. $s=\int_0^{60}(3t^2+2t)dt$.

测试训练二

1. (1) $\dfrac{3^x}{\ln 3}$，$\dfrac{3^x}{\ln 3}+C$；(2) $3x^2-5x+C$；(3) $x^3-\dfrac{5}{2}x^2+C$；

(4) $x^2\sin x\ln x$，$e^{3x}\cos 2x+C$；(5) $3e^{3x}+\dfrac{1}{2\sqrt{x}}$.

2. $F(x)=x^2+1$；

3. (1) $x-\dfrac{x^2}{2}+\dfrac{x^4}{4}+\dfrac{2}{3}\sqrt[3]{x}+C$；(2) $\dfrac{2}{3}x^{\frac{3}{2}}+2x^{\frac{1}{2}}+C$；(3) $x^3-\dfrac{x^4}{4}+C$；

(4) $\dfrac{t^2}{2}+3t+3\ln|t|-\dfrac{1}{t}+C$；(5) $x-\arctan x+C$；(6) $\arctan x-\dfrac{1}{x}+C$.

4. $i(t)=2t^2-0.2t^3+2$.

测试训练三

1. (1) 1；(2) 1；(3) $-\dfrac{1}{2}$.

2. (1) $f'(x)=-xe^{-x}$；(2) $g'(x)=\dfrac{2x}{\sqrt{1+x^4}}$.

3. (1)1；(2) $\dfrac{1}{3}$.

4. (1) $4\sqrt{2}-4$；(2) $1+\frac{\pi}{4}$；(3) $\frac{\pi}{3}$；(4) 0；(5) $\frac{\pi}{2}$；(6) 4；(7) $\frac{2}{3}+e^3-e$.

5. 204.

6. 1.25×10^8.

7. 18.

测试训练四

1. (1) $-x\cos x+\sin x+C$；(2) $2e^{\frac{x}{2}}(x-2)+C$.

2. (1) $2x\sin\frac{x}{2}+4\cos\frac{x}{2}+C$；(2) $x\arcsin x+\sqrt{1-x^2}+C$；(3) $\frac{1}{6}(x+3)^6+C$；

(4) $2\arctan\sqrt{x}+C$；(5) $\frac{1}{6}(3+4x)^{\frac{3}{2}}-\frac{3}{8}\sqrt{3+4x}+C$；

(6) $-4\sqrt{2-x}+\frac{2}{3}\sqrt{(2-x)^3}+C$.

3. (1) $1-\frac{2}{e}$；(2) $\frac{1}{5}(e^{\pi}-2)$；(3) $-2^{\frac{3}{4}}-2$；(4) $\arctan e^2$.

4. $\frac{2}{\omega}(\cos 2\omega-\cos 4\omega)$.

5. 约245.9升.

6. 约4 048个.

7. (1) 当$t=2$时传播速度最快；(2) 3 838人.

测试训练五

1. (1) 2；(2) $\frac{3}{2}-\ln 2$；(3) $e+\frac{1}{e}-2$；(4) $\frac{9}{2}$.

2. 4.

3. (1) $\frac{31}{5}\pi$；(2) $\frac{3\pi}{10}$；(3) $\frac{2\pi}{15}$, $\frac{\pi}{6}$；(4) $\frac{512\pi}{3}$.

4. $\frac{\pi}{2}(1-e^{-2})$.

项目训练三

一、1. D； 2. D； 3. C； 4. A.

二、1. $\frac{1}{3}(1+x^2)^{\frac{3}{2}}+C$, $\frac{1}{2}e^{\sin^2 x}+C$； 2. $\frac{32}{3}$.

三、1. $\frac{1}{5}\ln\left|\frac{x-3}{x+2}\right|+C$； 2. $-\frac{1}{2}\cos(x^2+1)+C$； 3. $\frac{1}{5}\ln\left|\frac{x^5}{1+x^5}\right|+C$；

4. $\frac{\pi}{4}$； 5. $2\tan\frac{\pi}{8}$； 6. $\frac{1}{2}$.

四、1. 36； 2. $\frac{38\pi}{15}$.

项目四　简易微分方程

测试训练一

1. (1)是；(2)不是；(3)是，三阶；(4)是，二阶.

2. (1)是；(2)是；(3)不是.

3. (1) $y=3e^{-x}+x-1$.

4. $y=\sin x+1$.

5. $s(t)=t^2+2$.

测试训练二

1. (1) $\ln(x^3+5)+3y=C$； (2) $y=\frac{1}{2}(\arctan x)^2+C$；

(3) $e^x-e^{-y}=C$； (4) $y=C\sin^2 x$；

(5) $3\ln y+x^3=0$； (6) $2\ln(1-y)=1-2\sin x$.

2. (1) $y=\frac{1}{2}(\sin x-\cos x+e^x)$； (2) $y=(C+x^2)e^{x^2}$；

(3) $y=5x-2$； (4) $y=Cx^2+x^2\sin x$；

(5) $y=(x-\pi-1)\cos x$.

3. (1) $I(t)=5-5e^{-3t}$；(2) $I(1)\approx 4.75$.

测试训练三

1. (1) $y=(C_1+C_2x)e^x$；(2) $y=C_1e^{2x}+C_2e^{-\frac{4}{3}x}$；(3) $y=C_1+C_2e^{4x}$；

(4) $y=e^x\left(C_1\cos\frac{x}{2}+C_2\sin\frac{x}{2}\right)$.

2. (1) $y=4e^x+2e^{3x}$；(2) $y=2\cos 2x+3\sin 2x$；(3) $y=(1-6x)e^{6x}$.

3. $s(t)=C_1e^{-2t}+C_2e^{-t}$，($C_1$，$C_2$ 为任意常数)

测试训练四

1. (1) $y=\frac{1}{2}x^2\ln x-\frac{3}{4}x^2+C_1x+C_2$； (2) $y=\frac{1}{12}\sin^4 x+C_1\sin x+C_2$；

(3) $y=\frac{1}{C_1}\arcsin x-\frac{3}{4}x^2+C_2$； (4) $y=(C_1x+C_2)^{\frac{2}{3}}$.

2. (1) $y=3x+x^3+1$； (2) $y=-\frac{1}{2}\ln(1-x)$.

项目训练四

一、1. B； 2. B； 3. D； 4. C； 5. C； 6. C； 7. C； 8. B； 9. C.

二、1. $y^2=Cx$；

2. $y=2x-\sin x$；

3. 一阶线性非齐次微分，$y=-x\cos x+Cx$；

4. $y=C_1\cos x+C_2\sin x$；

5. $y=C_1e^{-2x}+C_2e^x$；

6. $y=e^{-2x}(C_1\cos x+C_2\sin x)$.

三、1. $\arctan y=x-\frac{1}{2}x^2+C$； 2. $(y^2-1)(x^2-1)=C$；

3. $e^y=\frac{1}{2}e^{2x}+C$； 4. $\sin y=\frac{C}{x^2+3}$；

5. $e^{-\frac{1}{2}x^2}=Cx(1+y^2)$； 6. $y=-\frac{1}{\sin x+C}$.

四、1. $y=e^{-x}(x+C)$； 2. $y=e^{-\sin x}(x+C)$；

3. $y=\frac{1}{2}x^3+x^2+Cx$； 4. $y=x^2(2+Ce^{\frac{1}{x}})$；

5. $y=x-x^2$；　　　　6. $y=1$.

五、1. $y=(2+x)e^{-\frac{1}{2}x}$；　2. $y=\frac{2}{3}+\frac{1}{3}e^{-3x}$；　3. $y=e^{-x}(\cos\sqrt{2}x+\sqrt{2}\sin\sqrt{2}x)$.

六、(1) 约7.31米；(2) 约4.428米/秒.

模块二　概率论与数理统计初步

项目一　随机事件及概率

测试训练一

1. (1)互逆(对立)事件；(2) $A\cap B=\phi$；(3)1；(4) $P(A)+P(B)$.

2. (1) $ABCD$；(2) $\bar{A}\bar{B}\bar{C}\bar{D}$；(3) $A\bar{B}\bar{C}\bar{D}\cup\bar{A}B\bar{C}\bar{D}\cup\bar{A}\bar{B}C\bar{D}\cup\bar{A}\bar{B}\bar{C}D$；(4) $\overline{ABCD}$.

3. (1) 3/8；(2) 1/8.

4. (1) $\frac{C_3^1\cdot C_{37}^2}{C_{40}^3}\approx 0.135$；　(2) $\frac{C_{37}^3}{C_{40}^3}\approx 0.786$；

(3) $1-\frac{C_{37}^3}{C_{40}^3}=0.214$；　(4) $\frac{C_3^2\cdot C_{37}^1}{C_{40}^3}+\frac{C_3^3\cdot C_{37}^0}{C_{40}^3}\approx 0.079$.

测试训练二

1. (1) 0.3，0.8，0.3，0.8；

(2) 0.7，0，0.88.

2. (1) $C_5^2\cdot 0.3^2\cdot 0.7^3=0.3087$；

(2) $1-C_5^0\cdot 0.3^0\cdot 0.7^5-C_5^1\cdot 0.3^1\cdot 0.7^4=0.47178$.

3. 设 $B_i(i=1,2,3)$ 表示第 i 个车间生产的，A 表示“从中任取一件是正品”.

(1) $P(A)=P(B_1)P(A|B_1)+P(B_2)P(A|B_2)+P(B_3)P(A|B_3)$

$=\frac{5}{10}\times\frac{9}{10}+\frac{3}{10}\times\frac{14}{15}+\frac{2}{10}\times\frac{19}{20}=0.92$；

(2) $\frac{P(B_1)P(A|B_1)}{P(A)}=\frac{0.5\times 0.9}{0.92}=0.489$.

项目训练一

一、1. ×；　2. ×；　3. ×；　4. √；　5. √；　6. √.

二、1. 1/4；　2. 随机事件,基本事件；　3. ϕ，0；　4. 0.0486；　5. 独立重复.

三、1. D；　2. B；　3. B；　4. D；　5. D.

四、1. (1) $A_1A_2A_3$；(2) $\bar{A}_1\bar{A}_2\bar{A}_3$；(3) $\overline{\bar{A}_1\bar{A}_2\bar{A}_3}$；(4) $A_1\bar{A}_2\bar{A}_3$.

2. (1) $P(A)=\frac{C_6^3}{C_{10}^3}=\frac{1}{6}$；

(2) $P(A)=\frac{C_6^2\cdot C_4^1}{C_{10}^3}=\frac{1}{2}$；

(3) $P(A)=\frac{C_4^1\cdot C_3^1\cdot C_6^1}{A_{10}^3}=\frac{1}{10}$；

(4) $P(A)=\frac{C_6^1\cdot C_5^1\cdot C_4^1+C_6^1\cdot C_4^1\cdot C_5^1+C_4^1\cdot C_6^1\cdot C_5^1+C_4^1\cdot C_3^1\cdot C_6^1}{A_{10}^3}=\frac{3}{5}$.

3. $P(A)=1-\frac{C_{95}^5}{C_{100}^5}\approx 0.23$.

4. (1) $\frac{20}{63}$；(2) $\frac{34}{63}$.

5. (1)$\frac{3}{136}$；(2)$\frac{21}{68}$.

项目二　随机变量及数字特征

测试训练一

1. (1) $\frac{37}{16}$；(2) 0.16；(3) 0.25；(4) $\frac{1}{32}$；(5) 0.5.

2.

X	0	1	2
P	0.6	0.6	0.3

3. (1) $10.67e^{-4}$；(2) $3.54e^{-4}$.

4. (1) 0.999 7；(2) 0.000 2.

5. (1) 0.158 7；(2) $P = 0.952\ 5$，能得到保证.

测试训练二

1. $E(X) = \frac{2}{3}$，$D(X) = \frac{1}{18}$.

2. $D(X) < D(Y)$，故乙的风险比较大.

3.

	平均数	中位数	方差	均方差
工人甲	15	12	110	$\sqrt{110}$
工人乙	15	15	17	$\sqrt{17}$

4. 49 万元.

测试训练三

1. (1) $\frac{1}{1\ 000}$，$\frac{1}{1\ 000}$；(2) 6，2.4；(3) 10^6.

2. $E(X) = 0.9$，$D(X) = 0.61$.

项目训练二

一、1. √；　2. ×；　3. √；　4. ×；　5. √；　6. ×；　7. ×；　8. ×.

二、1. $[a, b]$；　2. $\frac{X-\mu}{\sigma}$；　3. $f(x) = \begin{cases} \frac{1}{4}, & 0 \leqslant x \leqslant 4 \\ 0, & \text{其他} \end{cases}$；　4. 0.008；

5. $f(x) = \begin{cases} 0.1, & 0 \leqslant x \leqslant 10, \\ 0, & \text{其他}; \end{cases}$　6. $\frac{1}{\lambda}$，$\frac{1}{\lambda^2}$；　7. 5，5；　8. 0.6，0.48；　9. 5，$\frac{25}{3}$；

10. $CE(X)$，$C^2D(X)$.

三、1. D；　2. D；　3. C；　4. D；　5. C；　6. C；　7. B；　8. C；　9. C；　10. B.

四、1.

X	2	3	4
P	0.3	0.4	0.3

$$F(x) = \begin{cases} 0, & x \in (-\infty, 2), \\ 0.3, & x \in [2, 3), \\ 0.7, & x \in [3, 4), \\ 1, & x \in [4, +\infty). \end{cases}$$

2. $f(x) = \begin{cases} \frac{1}{6}, & x \in [0, 6], \\ 0, & \text{其他}, \end{cases}$　$P(X \leqslant 3) = \frac{1}{2}$，$P(X > 4) = \frac{1}{3}$.

3. $E(X)=0.9$, $E(X^2)=1.3$, $D(X)=0.49$.

4. $E(X)=\dfrac{1}{3}$, $D(X)=\dfrac{97}{72}$.

项目三　数理统计初步

测试训练一

1. (1) 50； (2) 4.8, 8.585； (3) μ, 1； (4) 8, 4； (5) 样本方差，$n-1$，样本均方差； (6) $n-1$, χ^2；

(7) $n-1$, t.

2. (1) (a), (b), (c)； (2) (e), (g)，统计量中不含任何未知参数.

3. (1) $\bar{X}=180.41$, $S^2\approx 18.6077$；

(2) $\bar{X}=0.5$, $S=\dfrac{2}{3}\sqrt{15}$；

(3) $E(\bar{X})=8$, $D(\bar{X})=\dfrac{8}{n}$, $E(S^2)=8$；

(4) $E(\bar{X})=m$, $D(\bar{X})=2m$；

(5) (a) $P(X_1=x_1, X_2=x_2, \cdots, X_n=x_n)=p^{\sum x_i}(1-p)^{n-\sum x_i}$；

(b) $P(\sum x_i=k)=C_n^k p^k(1-p)^{n-k}$；

(c) $E(\bar{X})=p$, $D(\bar{X})=\dfrac{pq}{n}$, $E(S^2)=pq$.

(6) 91.92%, 1.79%.

测试训练二

1. $\hat{a}=\bar{X}-\dfrac{3S^2}{\bar{X}}$, $\hat{b}=\bar{X}+\dfrac{3S^2}{\bar{X}}$.　2. $\hat{p}=\bar{X}$.　3. $\hat{\theta}=2.66$.　4. $\hat{\theta}=2\bar{X}$.

5. (1) 证明：因为 $X\sim N(0,\sigma^2)$，$x_1, x_2, \cdots, x_n$ 是来自这一总体的样本，

所以 $E(x_i)=O$, $D(x_i)=\sigma^2$, $(i=1, 2, \cdots, n)$,

而 $D(x_i)=E(x_i^2)-E^2(x_i)=\sigma^2$, $(i=1, 2, \cdots, n)$，从而 $E(x_i^2)=\sigma^2$,

因此 $E\left(\dfrac{1}{n}\sum_{i=1}^{n}x_i^2\right)=\sigma^2$, $(i=1, 2, \cdots, n)$，即 $\hat{\sigma}^2=\dfrac{1}{n}\sum_{i=1}^{n}x_i^2$ 是 σ^2 的无偏估计.

(2) $D(\hat{\sigma}^2)=\dfrac{\sigma^4}{n}$.

6. [61.65%, 66.35%].　7. [22.134, 24.866].　8. [2.4344, 2.8656], [2.3662, 2.9338].

9. [0.03, 1.17].　10. [337.89, 381.31].

测试训练三

1. 接受.　2. 不合格.　3. 不对.　4. 显著地偏大.

项目训练三

一、1. C； 2. B； 3. A； 4. C； 5. A, C, D； 6. D.

二、1. 172.67；

2. 证明：因为 $E(S_1^2)=\sigma^2$, $E(S_2^2)=\sigma^2$，且 $a+b=1$,

所以 $E(Z)=E(aS_1^2+bS_2^2)=(a+b)\sigma^2=\sigma^2$,

因此 $Z=aS_1^2+bS_2^2$ 是 σ^2 的无偏估计.

3. (提示 $E(A_k)=E\left(\dfrac{1}{n}\sum_{i=1}^{n}X_i^k\right)=\dfrac{1}{n}\sum_{i=1}^{n}E(X_i^k)=\dfrac{1}{n}\times nE(X^k)=E(X^k)$).

4. 5/6.

5. (1) $\hat{\theta}_1=\dfrac{\bar{X}}{1-\bar{X}}$，(2) $\hat{\theta}_2=-\dfrac{n}{\sum\limits_{i=1}^{n}\ln x_i}$.

6. $\hat{\lambda}=\dfrac{1}{\bar{X}}$.

7. $\hat{a}=\min\limits_{1\leqslant i\leqslant n}(X_i)=X(1)$，$\hat{b}=\max\limits_{1\leqslant i\leqslant n}(X_i)=X(n)$.

8. [9.739，10.261].

9. [161.673，164.327].

10. (1)（提示：由期望的性质证明 $E(\hat{\mu}_1)=E(\hat{\mu}_2)=E(\hat{\mu}_3)=\mu$）；

(2) $\hat{\mu}_2$ 最有效.（因为 $D(\hat{\mu}_2)<D(\hat{\mu}_1)<D(\hat{\mu}_3)$，最小者最有效）.

11. (1)[4.786，6.214]；(2)[1.825，5.792].

12. (−1.473，5.473).

模块三　线性代数基础

项目一　矩阵及应用

测试训练一

1. (1) ×；(2) ×；(3) √；(4) ×；(5) ×.

2. (1) A；(2) B.

3. (1) $\begin{pmatrix}2&6\\8&4\end{pmatrix}$，$\begin{pmatrix}13&9\\12&16\end{pmatrix}$；　(2) $\boldsymbol{AB}=\begin{pmatrix}2&1\\4&5\end{pmatrix}$，$\boldsymbol{BA}=\begin{pmatrix}2&-1&0\\-1&-1&-3\\4&1&6\end{pmatrix}$；

(3) $\begin{pmatrix}-17&12&2\\8&-9&4\\0&2&-23\end{pmatrix}$.

测试训练二

1. (1) √；(2) ×；(3) √；(4) √；(5) ×；(6) √.

2. (1) −16；(2) 5；(3) 正号；(4) 3.

3. (1) 0；(2) −34；(3) 192.

4. (1) $x_1=\dfrac{10}{11}$，$x_2=\dfrac{14}{11}$，$x_3=\dfrac{6}{11}$；　(2) $x_1=\dfrac{11}{15}$，$x_2=\dfrac{16}{15}$，$x_3=\dfrac{12}{5}$.

测试训练三

1. (1) √；(2) √；(3) ×；(4) √.

2. (1) $\dfrac{1}{3}$；(2) 32；(3) $\begin{pmatrix}2&1\\1&1\end{pmatrix}$；(4) $\dfrac{3}{2}$；(5) $\begin{pmatrix}1&0&0\\0&2&0\\0&0&3\end{pmatrix}$.

3. $\begin{pmatrix}1&0&0\\-1&2&4\\3&-1&-1\end{pmatrix}$.

项目训练一

一、1. ×；2. ×；3. √；4. √；5. ×；6. ×.

二、1. A； 2. C、D； 3. B； 4. C； 5. D； 6. C； 7. B.

三、1. $\begin{pmatrix}1 & 2\\2 & 2\end{pmatrix}$； 2. $abc(c-a)(c-b)(b-a)$； 3. A； 4. $\boldsymbol{A}^{-1}$； 5. 8.

四、1. $\boldsymbol{AB}=\begin{pmatrix}-16 & -32\\8 & 16\end{pmatrix}$, $\boldsymbol{BA}=\begin{pmatrix}0 & 0\\0 & 0\end{pmatrix}$； 2. $\boldsymbol{A}^{-1}=\begin{pmatrix}-\frac{5}{2} & 1 & -\frac{1}{2}\\5 & -1 & 1\\\frac{7}{2} & -1 & \frac{1}{2}\end{pmatrix}$； 3. 3； 4. $81\boldsymbol{A}$.

五、1. $\boldsymbol{A}^{-1}\boldsymbol{CB}^{-1}$； 2. $x_1=x_2=x_3=1$.

项目二　线性方程组

测试训练一

1. (1) -1； (2) 唯一;无数;无；
   (3) 行初等,行阶梯形或行最简形,矩阵的秩； (4) 逆矩阵和秩.

2. (1) 4, $\begin{vmatrix}1 & 1 & 0 & 5\\0 & 2 & 3 & 2\\2 & 0 & 1 & 2\end{vmatrix}$； (2) $r(\boldsymbol{A})=r(\boldsymbol{B})=4$；

3. (1) $x_1=\frac{10}{11}$, $x_2=\frac{14}{11}$, $x_3=\frac{6}{11}$； (2) $x_1=\frac{11}{15}$, $x_2=\frac{16}{15}$, $x_3=\frac{12}{5}$.

4. $\begin{pmatrix}1 & 1 & 2\\-2 & 0 & -2\\3 & 3 & 7\end{pmatrix}$.

测试训练二

一、1. C； 2. D； 3. A； 4. D； 5. B.

二、1. -1； 2. 0； 3. $\xi=k(1\ \ 1\ \ -1)^{\mathrm{T}}$,(其中 k 为任意实数).

三、3. (1) $\xi=k_1\left(6\ \ 0\ \ -\frac{7}{3}\ \ 1\ \ 0\right)^{\mathrm{T}}+k_2\left(-4\ \ 0\ \ -\frac{5}{3}\ \ 0\ \ 1\right)^{\mathrm{T}}$；

(2) $\xi=k_1(-3\ \ 2\ \ -1\ \ 1\ \ 0)^{\mathrm{T}}+k_2(3\ \ -2\ \ 3\ \ 0\ \ 1)^{\mathrm{T}}$($k_1$, k_2 为任意实数)；

(3) $\eta=(1\ \ 0\ \ 0\ \ 0\ \ 2)^{\mathrm{T}}+k_1(-3\ \ 1\ \ 0\ \ 0\ \ 0)^{\mathrm{T}}+k_2(1.4\ \ 0\ \ 0.2\ \ 1\ \ 0)^{\mathrm{T}}+$
$k_3(0.2\ \ 0\ \ 0.4\ \ 0\ \ 1)^{\mathrm{T}}$；

(4) $\eta=\left(\frac{9}{44}\ \ \frac{38}{44}\ \ \frac{51}{44}\ \ \frac{21}{44}\ \ 0\right)^{\mathrm{T}}+k\left(\frac{37}{44}\ \ -\frac{10}{44}\ \ -\frac{25}{44}\ \ \frac{13}{44}\ \ 1\right)^{\mathrm{T}}(k\in\mathbf{R})$.

项目训练二

一、1. C； 2. A； 3. B.

二、1. -1； 2. 0； 3. $\xi=(-1\ \ -1\ \ 1)^{\mathrm{T}}$.

三、1. $\eta=\left(\frac{9}{44}\ \ \frac{38}{44}\ \ \frac{51}{44}\ \ \frac{21}{44}\ \ 0\right)^{\mathrm{T}}+k\left(\frac{37}{44}\ \ -\frac{10}{44}\ \ -\frac{25}{44}\ \ \frac{13}{44}\ \ 1\right)^{\mathrm{T}}(k\in\mathbf{R})$；

2. $t=-2$ 时有解,且通解为 $\eta=(2\ \ 2\ \ 0\ \ 0)^{\mathrm{T}}+k_1(3\ \ 5\ \ 0\ \ 1)^{\mathrm{T}}+k_2(1\ \ 4\ \ 1\ \ 0)^{\mathrm{T}}$；

3. $\eta=(3\ \ -2\ \ 0\ \ 0)^{\mathrm{T}}+k_1(-2\ \ 3\ \ 0\ \ 1)^{\mathrm{T}}+k_2(-2\ \ 3\ \ 1\ \ 0)^{\mathrm{T}}(k_1\in\mathbf{R}, k_2\in\mathbf{R})$.

参考文献

1. 王岳,任晓燕.高等应用数学.北京:北京师范大学出版社,2012.
2. 任晓燕,王岳.工程应用数学.北京:北京师范大学出版社,2013.
3. 颜文勇,柯善军.高等应用数学.北京:高等教育出版社,2008.
4. 马颖.高等数学.北京:高等教育出版社,2008.
5. 雷天礼.经济与管理数学.北京:高等教育出版社,2004.
6. 王新华.应用数学基础.北京:清华大学出版社,2010.
7. 薛志俊,王翠萍.应用数学.上海:东华大学出版社,2010.
8. 康永强.应用数学与数学文化.北京:高等教育出版社,2011.
9. 李心灿.高等应用数学.北京:高等教育出版社,1997.
10. 张天德,等.高等数学习题精选精讲:专科版.济南:山东科学技术出版社,2014.
11. 韩中庚.数学建模实用教程.北京:高等教育出版社,2012.
12. Wayne L. Winston.运筹学应用范例与解法.4版.北京:清华大学出版社,2006.
13. 刘吉佑,徐诚浩.线性代数:经管类.武汉:武汉大学出版社,2006.
14. 隋亚莉,张启全.概率统计学习指导.北京:清华大学出版社,2007.
15. 范玉妹,汪飞星.概率论与数理统计.北京:机械工业出版社,2014.
16. 黄建雄,李康弟.概率统计教程.上海:华东师范大学出版社,2014.
17. 李继根.概率与统计.上海:华东师范大学出版社,2014.
18. 杨荣,张静,付瑶.概率论与数理统计习题课教程.北京:清华大学出版社,2014.
19. 常柏林,等.概率与数理统计.北京:高等教育出版社, 2001.
20. 金炳陶.概率论与数理统计.北京:高等教育出版社,2004.
21. 金炳陶,等.概率论与数理统计训练教程.北京:高等教育出版社,2004.
22. 朱鋐道.概率论与数理统计教与学指导书.北京:高等教育出版社,2004.
23. 孙洪祥.概率论与数理统计(二).沈阳:辽宁大学出版社,2006.
24. 王媛.概率论与数理统计(二).北京:光明日报出版社,2009.
25. 郁宗隽.数理统计在纺织工程中的应用.北京:纺织工业出版社,1984.
26. 郭嫣,王绍斌.织造质量控制.北京:中国纺织出版社,2005.
27. 陆慧贞.工程数理统计.上海:上海交通大学出版社,1987.
28. 柳金甫,王义东.概率论与数理统计:经管类.武汉:武汉大学出版社,2006.
29. 张玉惕.产业用纺织品.北京:中国纺织出版社,2009.